算法艺术与信息学竞赛

# 算法竞赛入门经典

## 算法实现

陈　锋◎编著

清华大学出版社
北　京

## 内 容 简 介

本书精选《算法竞赛入门经典（第 2 版）》和《算法竞赛入门经典——训练指南》中的经典题目，按算法要点和竞赛考点重新进行分拆和归类，提供了 240 余套简洁、高效、规范的完整代码模板。此外，也加入了一些虽然未在两本书中出现，但实际上对初学者入门非常重要的题目代码。借助于这些模板，读者在练习环节和比赛时，可大大减轻因来回琢磨代码实现细节而导致调试时间大幅增加的压力。

全书共分 7 章，第 1 章介绍 C++编程基础与 STL，第 2 章介绍算法设计与优化，第 3 章介绍数学相关算法，第 4 章介绍数据结构，第 5 章介绍字符串，第 6 章介绍计算几何，第 7 章介绍图论。

本书题目覆盖了 ACM/ICPC/NOI/NOIP 等算法竞赛的大多数经典题型和细分算法要点，内容全面，信息量大，非常适合选手在练习环节和比赛时参考使用。



**图书在版编目（CIP）数据**

算法竞赛入门经典. 算法实现 / 陈锋编著. —北京：清华大学出版社，2021.5（2025.4重印）
（算法艺术与信息学竞赛）
ISBN 978-7-302-57127-8

Ⅰ. ①算… Ⅱ. ①陈… Ⅲ. ①计算机算法 Ⅳ. ①TP301.6

中国版本图书馆 CIP 数据核字（2020）第 259254 号

**责任编辑：**贾小红
**封面设计：**刘　超
**版式设计：**文森时代
**责任校对：**马军令
**责任印制：**丛怀宇

**出版发行：**清华大学出版社
**网　　址：**https://www.tup.com.cn，https://www.wqxuetang.com
**地　　址：**北京清华大学学研大厦 A 座　　**邮　　编：**100084
**社 总 机：**010-83470000　　**邮　　购：**010-62786544
**投稿与读者服务：**010-62776969，c-service@tup.tsinghua.edu.cn
**质量反馈：**010-62772015，zhiliang@tup.tsinghua.edu.cn
**印 装 者：**三河市铭诚印务有限公司
**经　　销：**全国新华书店
**开　　本：**185mm×260mm　　**印　　张：**28.5　　**字　　数：**674 千字
**版　　次：**2021 年 5 月第 1 版　　**印　　次：**2025 年 4 月第 6 次印刷
**定　　价：**98.00 元

---

产品编号：090913-03

# 推　荐　序

时光飞逝，从陈锋老师独立编写的第一本书《算法竞赛入门经典——习题与解答》出版至今，已经三年有余。很高兴陈锋老师从一个转行不久，全凭自身兴趣钻研和学习的算法爱好者逐步转变成为一名已培养出多位优秀选手、在 NOI、ACM/ICPC 相关赛事的培训上颇有心得，而且深受学生爱戴、教练认可的教育工作者。

虽然我在编写“算法竞赛入门经典”丛书的时候希望面向初学者，但由于我自身接触到的 NOI/IOI 选手较多，导致书中很多内容对于初学者来说要么太难，要么思维跨度太大，读者戏称为“劝退题太多”。相反，陈锋老师在这几年间继续保持自身代码简洁清晰的优势的同时，从他的一线教学工作中也积累了大量的经验，了解到各位选手，特别是“资源”不太好的初学者最需要的是什么，因此极力推进，促成了本书的问世。本书中的代码虽然有不少来源于已经出版或者网上公开的资料，但这次不仅做了很多细节修改和完善，而且补充了一些缺失的内容，实用性大大提高。而《算法竞赛入门经典（第 2 版）》中的其他缺憾也将由陈锋老师团队在已开始筹划的第 3 版中尽力弥补。

我很期待陈锋老师能继续在教育教学的道路上不断探索和完善本丛书，也真诚地邀请对教学、写书有兴趣、有热情的朋友加入我们，让这套丛书在一次又一次的改版升级中能更实用、更接地气，就像我当年邀请陈老师参与一样。

感谢大家选择本书，就让我们一起进入算法这个有趣的世界吧！

刘汝佳

# 前　言

最近三年，笔者在工作及创作之余，一直在参与大学生 ACM/ICPC 以及中学生 NOI 系列竞赛的培训工作，在此期间认识了很多朋友，大家一起交流算法学习及比赛趣事，互相促进，甚是开心。

很多算法初学者，甚至一些算法高手，都跟我反馈，弄明白算法的基本原理之后，迫切地希望能有一本介绍相关算法代码实现的图书，以方便大家在练习环节和比赛时作为参考。对于大学生来说，因为 ICPC 竞赛允许自带资料，因此他们对这样的算法代码实现书有着更迫切的期望，通过调用这些简洁、规范的代码实现，可以大大减轻他们比赛时因来回琢磨代码实现细节而导致调试时间大幅增加的压力。

而在省选以及 NOI 赛场上也出现过因为没有掌握较好的模板代码，导致考场上实现时间大幅度增加，最终与奖牌失之交臂的憾事。许多中学生在学习计算几何时并不知道刘汝佳老师在《算法竞赛入门经典（第 2 版）》《算法竞赛入门经典——训练指南》中提供了简洁、完整的模板代码，这也是本书创作的一个动机。

虽然“算法艺术与信息学竞赛”系列图书中的所有题目都在线提供了解题代码，但毕竟这些代码散落在网上，在日常练习、赛前的高强度练习以及竞赛现场，非常不方便使用和查阅。正是在大家的鼓舞下，我有了创作本书的冲动。

## 本书内容

本书不介绍具体的算法理论知识，而是精选《算法竞赛入门经典（第 2 版）》和《算法竞赛入门经典——训练指南》中的典型题目，按算法要点和竞赛考点重新进行分拆和归类，并提供 240 余套简洁、高效、规范、完整的实现代码模板。此外，也加入了一些虽然未在两本书中出现，但实际上对初学者入门非常重要的题目代码。

全书共分为 7 章，各章的具体内容如下。

第 1 章介绍 C++编程基础与 STL 中的常用算法实现，共计 15 道真题的算法实现。

第 2 章介绍算法设计与优化，包含算法优化策略、贪心算法、搜索算法、动态规划算法等内容，共计 56 道真题的算法实现。

第 3 章介绍数学相关算法，包含数论、组合计数、概率与期望、组合游戏、置换、矩阵和线性方程组、快速傅里叶变换（FFT）、数值方法、数学专题等内容，共计 46 道真题的算法实现。

第 4 章介绍数据结构相关算法，包含基础数据结构、区间信息维护、排序二叉树、树的经典问题与方法、动态树与 LCT、离线算法、kd-tree、可持久化数据结构、嵌套和分块数据结构等内容，共计 52 道真题的算法实现。

第 5 章介绍字符串相关算法，包含 Trie 与 KMP 以及 AC 自动机、后缀数组、后缀自动机等内容，共计 13 道真题的算法实现。

第 6 章介绍计算几何相关算法，包含二维几何基础、圆有关的计算问题、二维几何常用算法、三维几何基础、几何专题算法等内容，共计 21 道真题的算法实现。

第 7 章介绍图论相关算法，共包含深度优先遍历、最短路问题、生成树相关问题、二分图匹配、网络流问题，共计 36 道真题的算法实现。

本书只关注近些年在正式比赛（包括 ACM/ICPC 区域赛、NOIP 以及 NOI 这样的全国性比赛）中常见的算法实现。书中所有真题都极具典型性，每道题在求解过程中都经过了严密、仔细的剖析和反复的优化，最终择选较优的算法代码进行实现。

## 系列书学习说明

至此，“算法艺术与信息学竞赛”系列已包含如下 4 本书。

《算法竞赛入门经典（第 2 版）》（以下简称《入门经典》），是系列中的核心算法理论书。如果你是个新手，刚刚步入信息学奥赛大阵营，欢迎你学习此书，它将系统地讲解 C/C++语言基础知识，数据结构知识，以及信息学奥赛和 ACM/ICPC 中的常考必考算法知识点、技巧和剖析。

《算法竞赛入门经典——训练指南》（以下简称《训练指南》），是《入门经典》的姊妹篇，主要针对更多的算法竞赛题型进行横向拓展，以及更广范围内的讲解和训练，“覆盖面广，点到为止，注重代码”是本书的最大特点。

《算法竞赛入门经典——习题与解答》，是《入门经典》的配套习题详解，将其中的多数练习题，尤其是限于篇幅无法展开的练习题，进行了细致的解析，使其更简单、易学，快速提升读者的算法思维能力。更适合初学者配合着《入门经典》一起学习。

《算法竞赛入门经典——算法实现》，是一本高效备考工具书，择选近些年来信息学奥赛中最新、最经典的比赛真题，给出优化过的各类代码实现模板，通过它可快速备考各类竞赛。

读者可以根据自己的学习情况和备战目标，分时分段选择不同的图书，以最大效果地发挥“1+1>2”的事半功倍的效果。

## 学习、交流与勘误

本书的实例源代码、差错勘误等，读者可扫描右侧“文泉云盘”二维码获取，并可通过网站的 Issue 部分进行答疑交流。读者在学习过程中遇到难解的问题，对本书的改进想法以及宝贵意见，可在网站留言联系我们，大家一起来研究、解决，共同进步。

技术支持

本书笔者虽已再三审查，力求减少纰漏，但因为水平有限，书中难免存在错漏之处，恳请广大读者朋友们批评指正。

## 致谢

首先是要感谢多年来算法学习道路上，刘汝佳老师对我的鼓励与支持。其次，本书中三维计算几何，几何专题，数值计算，数学专题等高级专题的代码也是以刘老师在《训练指南》中提供的代码为主。而且本书来自于《训练指南》以及《入门经典》的题目也直接采用了刘老师的翻译。

另外，对本书创作给予很大帮助的几位朋友分别是（排名不分先后）：王翰、潘逸铭、张洋、陈章敏、魏子豪、何正浩、杨明天、卢品仁、吴语晨、刘知源、孙典圣、王璐同、曾祥瑞、曾梓云、鲁一丁、曾一笑、方云、詹宜瑞、李劲逸和陈荣钰。在此向他们表示衷心的感谢。

笔者在四川大学集训队进行辅导教学工作中，计算机学院段磊教授以及集训队的左劼老师在教学实践上给予了我很大支持，在此一并表示感谢。

感谢清华大学出版社辛勤工作的编辑们，尤其是一直与我合作多年的贾小红老师，她严谨、认真的工作态度给我留下深刻的印象。

感谢我的妻子和父母，你们的鼓励是我工作之余仍能坚持信息学奥赛相关教学工作的力量源泉。感谢我可爱的女儿，每当我疲惫的时候，总是你让我满血复活，继续前行。

最后，感谢广大读者朋友们，你们的信任和支持是我在算法道路上能持续前行的最大动力。祝大家读书快乐！

陈　锋

2021 年 5 月

# 目　　录

# 第 1 章　C++编程基础与 STL

STL 是 C++标准模板库（Standard Template Library）的简称，使用得当能够省去不少代码篇幅。

### 例 1-1　【输入输出函数】TeX 中的引号（Tex Quotes, UVa 272）

在 TeX 中，左双引号是“``”，右双引号是“''”。输入一篇包含双引号的文章，你的任务是把它转换成 TeX 的格式。

【样例输入】

```
"To be or not to be," quoth the Bard, "that
is the question".
```

【样例输出】

```
``To be or not to be,'' quoth the Bard, ``that
is the question''.
```

【代码实现】

```
// 陈锋
#include <cstdio>
int main() {
  int c, first = 1;
  char s[2][4] = {"''", "``"};
  while ((c = getchar()) != EOF) {
    if (c == '"')
      printf("%s", s[first]), first ^= 1;
    else
      printf("%c", c);
  }
  return 0;
}
/*
算法分析请参考：《算法竞赛入门经典（第 2 版）》例题 3-1
注意：本题是如何使用 first 变量及其 xor 运算来控制是否为首次输出的
*/
```

### 例 1-2　【计数排序与 IO 优化】年龄排序（Age Sort, UVa 11462）

给定 $n$（$0<n\leqslant 2\,000\,000$）个居民的年龄（都是 1～100 的整数），把它们按照从小到大的顺序输出。

【代码实现】

```
// 陈锋
#include <bits/stdc++.h>
```

```
using namespace std;
#define _for(i, a, b) for (int i = (a); i < (b); ++i)
typedef long long LL;
const int MAXN = 100;
int main() {
  int n, a, cnt[MAXN + 4];
  while (scanf("%d", &n) == 1 && n) {
    fill_n(cnt, MAXN + 4, 0);
    _for(i, 0, n) scanf("%d", &a), ++cnt[a];
    _for(i, 0, MAXN) _for(j, 0, cnt[i])
      printf("%d%s", i, (i == MAXN - 1 && j == cnt[i] - 1) ? "" : " ");
    puts("");
  }
}
/*
算法分析请参考：《算法竞赛入门经典——训练指南》升级版 1.3 节例题 17
注意：本题中的 fill_n 函数比 memset 更方便，性能更好
*/
```

如果还要精益求精，可以优化输入输出，进一步降低运行时间，程序如下。

```
// 刘汝佳
#include <cstdio>
#include <cstring>
#include <cctype>                // 为了使用 isdigit 宏

inline int readint() {
  char c = getchar();
  while(!isdigit(c)) c = getchar();

  int x = 0;
  while(isdigit(c)) {
    x = x * 10 + c - '0';
    c = getchar();
  }
  return x;
}

int buf[10];                     // 声明为全局变量可以减小开销
inline void writeint(int i) {
  int p = 0;if(i < 0) putchar('-'), i = -i;
  if(i == 0) p++;                // 特殊情况：i 等于 0 时需要输出 0，而不是什么也不输出
  else while(i) {
    buf[p++] = i % 10,i /= 10;
  }
  for(int j = p - 1; j >= 0; j--) putchar('0' + buf[j]); // 逆序输出
}

int main() {
```

```
  int n, x, c[101];
  while(n = readint()) {
    memset(c, 0, sizeof(c));
    for(int i = 0; i < n; i++) c[readint()]++;
    int first = 1;
    for(int i = 1; i <= 100; i++)
      for(int j = 0; j < c[i]; j++) {
        if(!first) putchar(' ');
        first = 0;
        writeint(i);
      }
    putchar('\n');
  }
  return 0;
}
```

### 例 1-3 【字符函数；常量数组】回文词（Palindromes, UVa 401）

输入一个字符串，判断它是否为回文串以及镜像串。输入字符串保证不含数字 0。所谓回文串，就是反转以后和原串相同，如 abba 和 madam。所谓镜像串，就是左右镜像之后和原串相同，如 2S 和 3AIAE。注意，并不是每个字符在镜像之后都能得到一个合法字符。在本题中，每个字符的镜像如图 1-1 所示（空白项表示该字符镜像后不能得到一个合法字符）。

| Character | Reverse | Character | Reverse | Character | Reverse |
|---|---|---|---|---|---|
| A | A | M | M | Y | Y |
| B | | N | | Z | 5 |
| C | | O | O | 1 | 1 |
| D | | P | | 2 | S |
| E | 3 | Q | | 3 | E |
| F | | R | | 4 | |
| G | | S | 2 | 5 | Z |
| H | H | T | T | 6 | |
| I | I | U | U | 7 | |
| J | L | V | V | 8 | 8 |
| K | | W | W | 9 | |
| L | J | X | X | | |

图 1-1 镜像字符

输入的每行包含一个字符串（保证只有上述字符，不含空白字符），判断它是否为回文串和镜像串（共 4 种组合）。每组数据之后输出一个空行。

【样例输入】

```
NOTAPALINDROME
ISAPALINILAPASI
2A3MEAS
ATOYOTA
```

【样例输出】

```
NOTAPALINDROME -- is not a palindrome.

ISAPALINILAPASI -- is a regular palindrome.
```

```
2A3MEAS -- is a mirrored string.

ATOYOTA -- is a mirrored palindrome.
```

【代码实现】

```
// 刘汝佳
#include <bits/stdc++.h>
using namespace std;
string rev = "A   3  HIL JM O   2TUVWXY51SE Z  8 ",
  msg[] = {
    "not a palindrome",
    "a regular palindrome",
    "a mirrored string",
    "a mirrored palindrome"
  };

char r(char c) {
  if (isalpha(c)) return rev[c - 'A'];
  return rev[c - '0' + 25];
}

int main() {
  char s[32];
  while (scanf("%s", s) == 1) {
    int len = strlen(s), p = 1, m = 1;
    for (int i = 0; i < (len + 1) / 2; i++) {
      if (s[i] != s[len - 1 - i]) p = 0;          // 不是回文串
      if (r(s[i]) != s[len - 1 - i]) m = 0;       // 不是镜像串
    }
    printf("%s -- is %s.\n\n", s, msg[m * 2 + p]);
  }
  return 0;
}
/*
算法分析请参考：《算法竞赛入门经典（第 2 版）》例题 3-3
注意：本题中输入字符串应该使用 scanf 而不是 gets，以避免出现读入空行的问题
*/
```

## 例 1-4　【字典序】环状序列（Circular Sequence, ACM/ICPC Seoul 2004, UVa 1584）

长度为 $n$ 的环状串有 $n$ 种表示方法，分别为从某个位置开始顺时针得到的字母序列。例如，图 1-2 所示的环状串有 10 种表示方法：CGAGTCAGCT、GAGTCAGCTC、AGTCAGCTCG 等。在这些表示法中，字典序最小的称为“最小表示”。

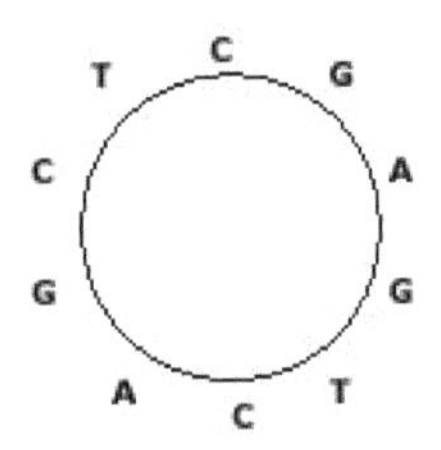


图 1-2　环状串

输入一个长度为 $n$（$n$≤100）的环状 DNA 串（只包含 A、C、G、T 这 4 种字符）。输入样式对应该串所有表示方法中的一种表示法，你的任务是输出该环状串的最小表示。例如，

CTCC 的最小表示是 CCCT，CGAGTCAGCT 的最小表示为 AGCTCGAGTC。

【代码实现】

```
// 刘汝佳
#include <bits/stdc++.h>
using namespace std;
// 环状串 s 的表示法 p 是否比表示法 q 的字典序小
int less_than(const string& s, int p, int q) {
  int n = s.length();
  for (int i = 0; i < n; i++) {
    char cp = s[(p + i) % n], cq = s[(q + i) % n];
    if (cp != cq) return cp < cq;
  }
  return 0;  // 相等
}

int main() {
  ios::sync_with_stdio(false), cin.tie(0);
  int T;
  string s;
  cin >> T;
  while (T--) {
    cin >> s;
    int ans = 0, n = s.length();
    for (int i = 1; i < n; i++)
      if (less_than(s, i, ans)) ans = i;
    for (int i = 0; i < n; i++) cout << (s[(ans + i) % n]);
    cout << endl;
  }
  return 0;
}
/*
算法分析请参考：《算法竞赛入门经典（第 2 版）》例题 3-6
注意：main()函数的第一行可以加速 STL 的 IO 操作，但不能再和 stdio 中的 printf 混用
同类问题：Periodic Strings, UVa 455
*/
```

**例 1-5　【二进制；输入技巧；调试技巧】信息解码（Message Decoding, ACM/ICPC WF 1991, UVa 213）**

考虑下面的 01 串序列：

{0, 00, 01, 10, 000, 001, 010, 011, 100, 101, 110, 0000, 0001, …, 1101, 1110, 00000, …}

首先是长度为 1 的串，然后是长度为 2 的串，以此类推。如果看成二进制，相同长度的后一个串等于前一个串加 1。注意，上述序列中不存在全为 1 的串。

你的任务是编写一个解码程序。首先输入一个编码头（如 AB#TANCnrtXc），则上述序列的每个串依次对应编码头的每个字符。例如，0 对应 A，00 对应 B，01 对应#，…，110 对应 X，0000 对应 c。接下来是编码文本（可能由多行组成，你应当把它们拼成一个长长的

01 串）。编码文本由多个小节组成，每个小节的前 3 个数字代表小节中每个编码的长度（用二进制表示，例如 010 代表长度为 2），然后是各个字符的编码，以全 1 结束（例如，编码长度为 2 的小节以 11 结束）。编码文本以编码长度为 000 的小节结束。

例如，编码头为 $#**\，编码文本为 0100000101101100011100101000，应这样解码：010（编码长度为 2）00（#）00（#）10（*）11（小节结束）011（编码长度为 3）000（\）111（小节结束）001（编码长度为 1）0（$）1（小节结束）000（编码结束）。

**【代码实现】**

```
// 刘汝佳
// 此版本保留调试语句
#include <cstdio>
#include <cstring>

int readchar() {
  while (true) {
    int ch = getchar();
    if (ch != '\n' && ch != '\r') return ch;
  }
}

int read_bin_int(int len) {
  int v = 0;
  while (len--) v = v * 2 + readchar() - '0';
  return v;
}

int code[8][1 << 8];

int readcodes() {
  memset(code, 0, sizeof(code));
  code[1][0] = readchar();
  for (int len = 2; len <= 7; len++) {
    for (int i = 0; i < (1 << len) - 1; i++) {
      int ch = getchar();
      if (ch == EOF) return 0;
      if (ch == '\n' || ch == '\r') return 1;
      code[len][i] = ch;
    }
  }
  return 1;
}

// 用于调试
void printcodes() {
  for (int len = 1; len <= 3; len++)
    for (int i = 0; i < (1 << len) - 1; i++) {
      if (code[len][i] == 0) return;
      printf("code[%d][%d] = %c\n", len, i, code[len][i]);
```

```
    }
}

int main() {
  while (readcodes()) {
    while (true) {
      int len = read_bin_int(3);
      if (len == 0) break;
      while (true) {
        int v = read_bin_int(len);
        if (v == (1 << len) - 1) break;
        putchar(code[len][v]);
      }
    }
    puts("");
  }
  return 0;
}
/*
算法分析请参考：《算法竞赛入门经典（第 2 版）》例题 4-4
*/
```

### 例 1-6 【排序和查找】大理石在哪儿（Where is the Marble?, UVa 10474）

现有 $N$ 个大理石，每个大理石上写了一个非负整数。首先把各数从小到大排序，然后回答 $Q$ 个问题。首先回答是否有一个大理石上写着某个整数 $x$，如果是，还要回答哪个大理石上写着 $x$。排序后的大理石从左到右编号为 1～$N$（在样例中，为了节约篇幅，所有大理石上的数合并到一行，所有问题也合并到一行）。

【样例输入】

```
4 1
2 3 5 1
5
5 2
1 3 3 3 1
2 3
```

【样例输出】

```
CASE# 1:
5 found at 4
CASE# 2:
2 not found
3 found at 3
```

【代码实现】

```
// 陈锋
#include <cstdio>
#include <algorithm>
using namespace std;
```

```
const int maxn = 10000 + 4;

int main() {
  int a[maxn];
  for (int n, q, x, kase = 1; scanf("%d%d", &n, &q) == 2 && n; kase++) {
    printf("CASE# %d:\n", kase);
    for (int i = 0; i < n; i++) scanf("%d", &a[i]);
    sort(a, a + n);                                    // 排序
    while (q--) {
      scanf("%d", &x);
      int p = lower_bound(a, a + n, x) - a;            // 在已排序数组 a 中寻找 x
      if (p < n && a[p] == x)
        printf("%d found at %d\n", x, p + 1);
      else
        printf("%d not found\n", x);
    }
  }
  return 0;
}
/*
算法分析请参考：《算法竞赛入门经典（第 2 版）》例题 5-1
注意：本题中 lower_bound 函数的使用，这里它返回的是指针，通过减法运算可以得到其在数组中的位置
同类题目：Prime Gap, ACM/ICPC Japan 2007, UVa 1644
*/
```

### 例 1-7 【stack；set 实现集合操作】集合栈计算机（The SetStack Computer, ACM/ICPC NWERC 2006, UVa 12096）

有一个专门为了集合运算而设计的“集合栈”计算机。该机器有一个初始为空的栈，并且支持以下操作。

- PUSH：空集“{}”入栈。
- DUP：把当前栈顶元素复制一份后再入栈。
- UNION：出栈两个集合，然后把二者的并集入栈。
- INTERSECT：出栈两个集合，然后把二者的交集入栈。
- ADD：出栈两个集合，然后把先出栈的集合加入后出栈的集合，把结果入栈。

每次操作后，输出栈顶集合的大小（即元素个数）。例如，栈顶元素是 $A = \{ \{\}, \{\{\}\} \}$，下一个元素是 $B = \{ \{\}, \{\{\{\}\}\} \}$，则：

- UNION 操作将得到{ {}, {{}}, {{{}}} }，输出 3。
- INTERSECT 操作将得到{ {} }，输出 1。
- ADD 操作将得到{ {}, {{{}}}, {{},{{}}} }，输出 3。

输入不超过 2000 个操作，并且保证操作均能顺利进行（不需要对空栈执行出栈操作）。

【代码实现】

```
// 陈锋
#include <bits/stdc++.h>
```

```
using namespace std;

typedef set<int> Set;
map<Set, int> IDcache;                          // 把集合映射成 ID
vector<Set> Setcache;                           // 根据 ID 取集合

// 查找给定集合 x 的 ID。如果找不到，分配一个新 ID
int ID (const Set& x) {
  if (IDcache.count(x)) return IDcache[x];
  Setcache.push_back(x);                        // 添加新集合
  return IDcache[x] = Setcache.size() - 1;
}

int main () {
  int T, n; cin >> T;
  Set empty, x;
  while (T--) {
    stack<int> s;                               // 题目中的栈
    cin >> n;
    for (int i = 0; i < n; i++) {
      string op; cin >> op;
      if (op[0] == 'P') s.push(ID(empty));
      else if (op[0] == 'D') s.push(s.top());
      else {
        const Set &x1 = Setcache[s.top()]; s.pop();
        const Set &x2 = Setcache[s.top()]; s.pop();
        x.clear();
        if (op[0] == 'U')
          set_union(x1.begin(), x1.end(), x2.begin(), x2.end(),
            inserter(x, x.begin()));
        if (op[0] == 'I')
          set_intersection(x1.begin(), x1.end(), x2.begin(), x2.end(),
            inserter(x, x.begin()));
        if (op[0] == 'A') x = x2, x.insert(ID(x1));
        s.push(ID(x));
      }
      cout << Setcache[s.top()].size() << endl;
    }
    cout << "***" << endl;
  }
  return 0;
}
/*
算法分析请参考：《算法竞赛入门经典（第 2 版）》例题 5-5
注意：本题中对于 set_union 以及 set_intersection 的使用
同类题目：Extraordinarily Tired Students, ACM/ICPC Xi'an 2006, UVa 12108
          Foreign Exchange, UVa 10763
          Searching the Web, ACM/ICPC Beijing 2004, UVa 1597
*/
```

## 例 1-8 【map 的使用】反片语（Ananagrams, UVa 156）

输入一些单词，找出所有满足如下条件的单词：该单词不能通过字母重排得到输入文本中的另外一个单词。在判断是否满足条件时，字母不区分大小写，但在输出时应保留输入时的大小写，按字典序进行排列（所有大写字母排在所有小写字母的前面）。

【样例输入】

```
ladder came tape soon leader acme RIDE lone Dreis peat
 ScAlE orb  eye  Rides dealer  NotE derail LaCeS  drIed
noel dire Disk mace Rob dries
#
```

【样例输出】

```
Disk
NotE
derail
drIed
eye
ladder
soon
```

【代码实现】

```
// 刘汝佳
// 把每个单词“标准化”，即全部转化为小写字母后排序，然后放到 map 中进行统计
using namespace std;
#include <bits/stdc++.h>

char ch_tolower(char c){ return tolower(c); }
// 将单词 s“标准化”
string repr(const string& s) {
  string ans = s;
  transform(ans.begin(), ans.end(), ans.begin(), ch_tolower);
  sort(ans.begin(), ans.end());
  return ans;
}

int main() {
  map<string, int> cnt;
  vector<string> words, ans;
  string s;
  while (cin >> s && s.front() != '#') words.push_back(s), cnt[repr(s)]++;
  for(size_t i = 0; i < words.size(); i++)
    if (cnt[repr(words[i])] == 1) ans.push_back(words[i]);
  sort(ans.begin(), ans.end());
  for(size_t i = 0; i < ans.size(); i++) cout << ans[i] << endl;
  return 0;
}
/*
```

```
算法分析请参考：《算法竞赛入门经典（第 2 版）》例题 5-4
注意：string 也是 C++ STL 中的标准容器，可以像 vector 一样进行排序操作
同类题目：Morse Mismatches, ACM/ICPC WF 1997, UVa 508
*/
```

### 例 1-9　【queue 的使用】团体队列（Team Queue, UVa 540）

有 $t$ 个团队的人正在排一个长队。每次新来一个人时，如果他有队友在排队，那么这个新人会插队到最后一个队友的身后。如果没有任何一个队友排队，则他会排到长队的队尾。

输入每个团队中所有队员的编号，要求支持如下 3 种指令（前两种指令可以穿插进行）。

- ENQUEUE $x$：编号为 $x$ 的人进入长队。
- DEQUEUE：长队的队首出队。
- STOP：停止模拟。

对于每个 DEQUEUE 指令，输出出队的人的编号。

【代码实现】

```
// 陈锋
#include <bits/stdc++.h>
using namespace std;

const int maxt = 1000 + 4;
typedef queue<int> IntQ;
char cmd[16];
int main() {
  for (int t, kase = 1; scanf("%d", &t) == 1 && t; kase++) {
    printf("Scenario #%d\n", kase);
    map<int, int> team;              // team[x]表示编号为 x 的人所在的团队编号
    for (int i = 0, n, x; i < t; i++) {
      scanf("%d", &n);
      while (n--) scanf("%d", &x), team[x] = i;
    }

    IntQ tq, qs[maxt];               // tq 是团队的队列，而 qs[i]是团队 i 成员的队列
    for (int x; scanf("%s", cmd) == 1 && cmd[0] != 'S'; ) {
      if (cmd[0] == 'D') {
        IntQ &q = qs[tq.front()];
        printf("%d\n", q.front()), q.pop();
        if (q.empty()) tq.pop();     // 团体 t 全体出队列
      }
      else if (cmd[0] == 'E') {
        scanf("%d", &x);
        IntQ &q = qs[team[x]];
        if (q.empty()) tq.push(team[x]); // 团队 t 进入队列
        q.push(x);
      }
    }
    puts("");
  }
```

```
  return 0;
}
/*
算法分析请参考：《算法竞赛入门经典（第 2 版）》例题 5-6
注意：队列的出队操作由 front()获取队头元素以及 pop()组成
同类题目：Throwing cards away I, UVa 10935
          Printer Queue, ACM/ICPC NWERC 2006, UVa 12100
*/
```

### 例 1-10 【map 的妙用】数据库（Database, ACM/ICPC NEERC 2009, UVa 1592）

输入一个 $n$ 行 $m$ 列的数据库（$1 \leqslant n \leqslant 10\,000$，$1 \leqslant m \leqslant 10$），是否存在两个不同的行 $r_1, r_2$ 和两个不同的列 $c_1$，$c_2$，使得这两行和这两列相同，即$(r_1,c_1)$和$(r_2,c_1)$相同，$(r_1,c_2)$和$(r_2,c_2)$相同。例如，对于如图 1-3 所示的数据库，第 2、3 行和第 2、3 列满足要求。

| How to compete in ACM ICPC | Peter | peter@neerc.ifmo.ru |
|---|---|---|
| How to win ACM ICPC | Michael | michael@neerc.ifmo.ru |
| Notes from ACM ICPC champion | Michael | michael@neerc.ifmo.ru |

图 1-3　数据库

【代码实现】

```
// 刘汝佳
// 本程序只是为了演示 STL 各种用法，效率较低。实践中一般用 C 字符串和哈希表来实现
#include <bits/stdc++.h>
using namespace std;

typedef pair<int, int> PII;
const int maxr = 10000 + 5, maxc = 10 + 5;

int m, n, db[maxr][maxc], cnt;
map<string, int> id;
int ID(const string& s) {
  if (!id.count(s)) id[s] = ++cnt;
  return id[s];
}

void find() {
  for (int c1 = 0; c1 < m; c1++)
    for (int c2 = c1 + 1; c2 < m; c2++) {
      map<PII, int> d;
      for (int i = 0; i < n; i++) {
        PII p = make_pair(db[i][c1], db[i][c2]);
        if (d.count(p)) {
          puts("NO");
          printf("%d %d\n", d[p] + 1, i + 1);
          printf("%d %d\n", c1 + 1, c2 + 1);
          return;
        }
        d[p] = i;
```

```
    }
  }
  puts("YES");
}

int main() {
  string s;
  ios::sync_with_stdio(false), cin.tie(0);
  while (getline(cin, s)) {
    stringstream ss(s);
    if (!(ss >> n >> m)) break;
    cnt = 0, id.clear();
    for (int i = 0; i < n; i++) {
      getline(cin, s);
      int lastpos = -1;
      for (int j = 0; j < m; j++) {
        size_t p = s.find(',', lastpos + 1);
        if (p == string::npos) p = s.length();
        db[i][j] = ID(s.substr(lastpos + 1, p - lastpos - 1));
        lastpos = p;
      }
    }
    find();
  }
  return 0;
}
/*
算法分析请参考：《算法竞赛入门经典（第 2 版）》例题 5-9
注意：本题中 string 的 find 以及 substr 的使用
同类题目：Borrowers, ACM/ICPC World Finals 1994, UVa 230
          Bug Hunt, ACM/ICPC Tokyo 2007, UVa 1596
          Updating a Dictionary, UVa 12504
*/
```

### 例 1-11　【vector 的使用】木块问题（The Blocks Problem, UVa 101）

从左到右有 $n$ 个木块，编号为 $0\sim n-1$，要求模拟以下 4 种操作（$a$ 和 $b$ 都是木块编号）。

- move $a$ onto $b$：把 $a$ 和 $b$ 上方的木块全部归位，然后把 $a$ 摞在 $b$ 上方。
- move $a$ over $b$：把 $a$ 上方的木块全部归位，然后把 $a$ 放在 $b$ 所在木块堆的顶部。
- pile $a$ onto $b$：把 $b$ 上方的木块全部归位，然后把 $a$ 及其上方的木块整体摞在 $b$ 上方。
- pile $a$ over $b$：把 $a$ 及其上方的木块整体摞在 $b$ 所在木块堆的顶部。

遇到 quit 时终止一组数据。$a$ 和 $b$ 在同一堆的指令是非法指令，应当忽略。

所有操作结束后，输出每个位置的木块列表，按照从底部到顶部的顺序排列。

【代码实现】

```
// 刘汝佳
#include <bits/stdc++.h>
using namespace std;
```

```
const int NN = 30;
int N;
vector<int> pile[NN];

// 找木块 a 所在的 pile 和 height，以引用的形式返回调用者
int find_block(int a, int& h) {
  int p = -1;
  for (p = 0; p < N; p++)
    for (h = 0; h < pile[p].size(); h++)
      if (pile[p][h] == a) return p;
  return -1;
}

// 把第 p 堆高度为 h 的木块上方的所有木块移回原位
void clear_above(int p, int h) {
  vector<int>& s = pile[p];
  for (size_t i = h + 1; i < s.size(); i++)
    pile[s[i]].push_back(s[i]);                  // 把木块 b 放回原位
  s.resize(h + 1);                               // pile 只应保留下标 0~h 的元素
}

// 把第 p 堆高度 h 及其上方的木块整体移到 p2 堆的顶部
void pile_onto(int p, int h, int p2) {
  vector<int>& s = pile[p];
  for (size_t i = h; i < s.size(); i++)
    pile[p2].push_back(s[i]);
  s.resize(h);
}

void print() {
  for (int i = 0; i < N; i++) {
    printf("%d:", i);
    for (auto x : pile[i]) printf(" %d", x);
    printf("\n");
  }
}

int main() {
  int a, b;
  cin >> N;
  string s1, s2;
  for (int i = 0; i < N; i++) pile[i].push_back(i);
  while (cin >> s1 >> a >> s2 >> b) {
    int pa, pb, ha, hb;
    pa = find_block(a, ha), pb = find_block(b, hb);
    if (pa == pb) continue;                      // 非法指令
    if (s2 == "onto") clear_above(pb, hb);
    if (s1 == "move") clear_above(pa, ha);
```

```
    pile_onto(pa, ha, pb);
  }
  print();
  return 0;
}
/*
算法分析请参考：《算法竞赛入门经典（第 2 版）》例题 5-2
注意：vector::size()的返回值是 size_t 而不是 int
同类题目：Alignment of Code, ACM/ICPC NEERC 2010, UVa 1593
          Ducci Sequence, ACM/ICPC Seoul 2009, UVa 1594
*/
```

### 例 1-12　【set 的使用】安迪的第一个字典（Andy's First Dictionary, UVa 10815）

输入一个文本，找出所有不同的单词（连续的字母序列），按字典序从小到大输出。单词不区分大小写。

【样例输入】

```
Adventures in Disneyland

Two blondes were going to Disneyland when they came to a fork in the
road. The sign read: "Disneyland Left."

So they went home.
```

【样例输出（为了节约篇幅只保留前 5 行）】

```
a
adventures
blondes
came
disneyland
```

【代码实现】

```
// 陈锋
// 题意：输入一个文本，找出所有不同的单词（连续字母序列），按字典序从小到大输出
// 单词不区分大小写
#include <bits/stdc++.h>
using namespace std;

int main() {
  string s, buf;
  set<string> dict;
  while (cin >> s) {
    for (size_t i = 0; i < s.length(); i++)
      s[i] = isalpha(s[i]) ? tolower(s[i]) : ' ';
    stringstream ss(s);
    while (ss >> buf) dict.insert(buf);
  }
  for (set<string>::iterator sit = dict.begin(); sit != dict.end(); sit++)
```

```
    cout << *sit << endl;
  return 0;
}
/*
算法分析请参考:《算法竞赛入门经典（第 2 版)》例题 5-3
注意: 本题中 isalpha、stringstream 以及 set::iterator 的使用
同类题目: Alignment of Code, ACM/ICPC NEERC 2010, UVa 1593
          Compound Words, UVa 10391
          Symmetry, ACM/ICPC Seoul 2004, UVa 1595
*/
```

## 例 1-13 【priority_queue 的使用】丑数（Ugly Numbers, UVa 136）

丑数是指不能被 2, 3, 5 以外的其他素数整除的数。把丑数从小到大排列起来，结果如下：

1,2,3,4, 5, 6, 8, 9, 10, 12, 15, …

求第 1500 个丑数。

【代码实现】

```
// 刘汝佳
#include <bits/stdc++.h>
using namespace std;
typedef long long LL;

int main() {
  const int coeff[3] = {2, 3, 5};
  priority_queue<LL, vector<LL>, greater<LL> > pq;
  set<LL> s;
  pq.push(1), s.insert(1);
  LL x;
  for (int i = 1; x = pq.top(), pq.pop(), x; i++) {
    if (i == 1500) {
      cout << "The 1500'th ugly number is " << x << ".\n";
      break;
    }
    for (int j = 0; j < 3; j++) {
      LL x2 = x * coeff[j];
      if (!s.count(x2)) s.insert(x2), pq.push(x2);
    }
  }
  return 0;
}
/*
算法分析请参考:《算法竞赛入门经典（第 2 版)》例题 5-7
注意: priority_queue::top()默认是取最大值，如果取最小值就需要改变其泛型参数
同类题目: Exchange, ACM/ICPC NEERC 2006, UVa 1598
*/
```

## 例 1-14 【STL 链表的使用】破损的键盘（又名“悲剧文本”）（Broken Keyboard（a.k.a. Beiju Text）, UVa 11988）

你有一个破损的键盘。键盘上的所有键都可以正常工作，但有时 Home 键或者 End 键

会自动按下。你并不知道键盘存在这一问题，而是专心地录入文章，甚至连显示器都没打开。当你打开显示器之后，展现在面前的是一段“悲剧”的文本。你的任务是在打开显示器之前计算出这段“悲剧”文本。

输入包含多组数据。每组数据占一行，包含不超过 100 000 个字母、下画线、字符“[”或者“]”。其中，字符“[”表示 Home 键，“]”表示 End 键。输入结束标志为文件结束符（EOF）。输入文件不超过 5MB。对于每组数据，输出一行，即屏幕上的“悲剧”文本。

【样例输入】

```
This_is_a_[Beiju]_text
[[]][][]Happy_Birthday_to_Tsinghua_University
```

【样例输出】

```
BeijuThis_is_a__text
Happy_Birthday_to_Tsinghua_University
```

【代码实现】

```
// 陈锋
#include <bits/stdc++.h>
using namespace std;
typedef list<char> CL;
int main() {
  for (string line; cin >> line; cout << endl) {
    CL l;
    CL::iterator pos = l.begin();
    for (size_t i = 0; i < line.size(); i++) {
      char c = line[i];
      if (c == '[')
        pos = l.begin();
      else if (c == ']')
        pos = l.end();
      else
        l.insert(pos, c);
    }
    for (pos = l.begin(); pos != l.end(); pos++) cout << *pos;
  }
  return 0;
}
/*
算法分析请参考:《算法竞赛入门经典（第 2 版）》例题 6-4
注意: 本题对 STL 中基于双向链表的容器 list 以及 list::iterator 的使用
同类题目: 士兵队列训练问题, HDU 1276
*/
```

### 例 1-15　【离散化】城市正视图（Urban Elevations, ACM/ICPC World Finals 1992, UVa 221）

如图 1-4 所示，有 $n$（$n \leqslant 100$）栋建筑物。左侧是俯视图（左上角为建筑物编号，右下角为高度），右侧是从南向北看的正视图。

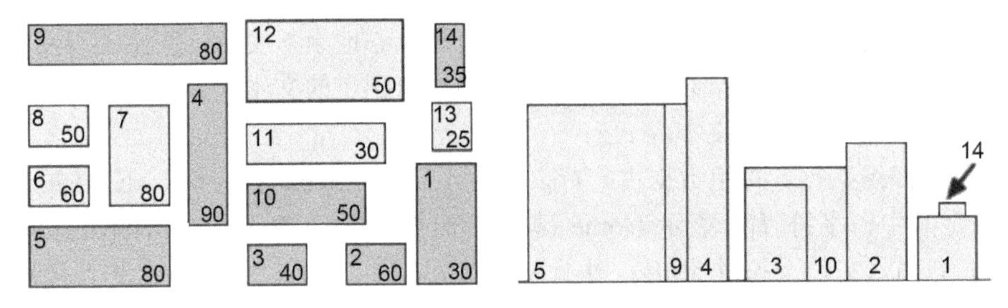


图 1-4　建筑俯视图与正视图

输入每个建筑物左下角坐标（即 $x$、$y$ 坐标的最小值）、宽度（即 $x$ 方向的长度）、深度（即 $y$ 方向的长度）和高度，以上数据均为实数，输出正视图中能看到的所有建筑物，按照左下角 $x$ 坐标从小到大进行排序。左下角 $x$ 坐标相同时，按 $y$ 坐标从小到大排序。

输入保证不同的 $x$ 坐标不会很接近（即任意两个 $x$ 坐标要么完全相同，要么差别足够大，不会引起精度问题）。

**【代码实现】**

```
// 刘汝佳
#include <bits/stdc++.h>
using namespace std;
const int NN = 100 + 4;
struct Building {
  int id;
  double x, y, w, d, h;
  bool operator < (const Building& rhs) const {
    return x < rhs.x || (x == rhs.x && y < rhs.y);
  }
} B[NN];
int N;
bool cover(const Building& b, double mx) { return b.x<=mx && mx<=b.x+b.w; }
bool visible(const Building& b, double mx) { // 判断建筑物 i 在 x=mx 处是否可见
  if (!cover(b, mx)) return false;
  for (int k = 0; k < N; ++k)
    if (B[k].y < b.y && B[k].h >= b.h && cover(B[k], mx))
      return false;
  return true;
}

int main() {
  for (int kase = 1; scanf("%d", &N) == 1 && N; kase++) {
    vector<double> X;
    for (int i = 0; i < N; i++) {
      Building& b = B[i];
      scanf("%lf%lf%lf%lf%lf", &b.x, &b.y, &b.w, &b.d, &b.h);
      X.push_back(b.x), X.push_back(b.x + b.w);
      b.id = i + 1;
    }
    sort(B, B + N), sort(X.begin(), X.end());
```

```
    int m = unique(X.begin(), X.end()) - X.begin(); // x坐标排序去重
    if (kase > 1) puts("");
    printf("For map #%d, the visible buildings are numbered as follows:\n%d",
      kase, B[0].id);
    for (int i = 1; i < N; ++i) {
      bool vis = false;
      for (int j = 0; j < m - 1; ++j)
        if (visible(B[i], (X[j] + X[j + 1]) / 2)) { vis = true; break; }
      if (vis) printf(" %d", B[i].id);
    }
    puts("");
  }
  return 0;
}
/*
算法分析请参考：《算法竞赛入门经典（第 2 版）》例题 5-12
注意：引用变量的使用，在函数中传递引用类型参数可以节省内存复制时间，简化代码长度
同类题目：Sculpture, ACM/ICPC NWERC 2008, UVa 12171
*/
```

## 本章例题列表

本章讲解的例题及其囊括的知识点，如表 1-1 所示。

表 1-1　C++编程基础与 STL 例题归纳

| 编　号 | 题　号 | 标　题 | 知 识 点 | 代码作者 |
|---|---|---|---|---|
| 例 1-1 | UVa 272 | TEX Quotes | 输入输出函数 | 陈锋 |
| 例 1-2 | UVa 11462 | Age Sort | 计数排序与 IO 优化 | 陈锋 |
| 例 1-3 | UVa 401 | Palindromes | 字符函数；常量数组 | 刘汝佳 |
| 例 1-4 | UVa 1584 | Circular Sequence | 字典序 | 刘汝佳 |
| 例 1-5 | UVa 213 | Message Decoding | 二进制；输入技巧；调试技巧 | 刘汝佳 |
| 例 1-6 | UVa 10474 | Where is the Marble? | 排序和查找 | 陈锋 |
| 例 1-7 | UVa 12096 | The SetStack Computer | stack；set 实现集合操作 | 刘汝佳 |
| 例 1-8 | UVa 156 | Ananagrams | map 的使用 | 刘汝佳 |
| 例 1-9 | UVa 540 | Team Queue | queue 的使用 | 陈锋 |
| 例 1-10 | UVa 1592 | Database | map 的妙用 | 刘汝佳 |
| 例 1-11 | UVa 101 | The Blocks Problem | vector 的使用 | 刘汝佳 |
| 例 1-12 | UVa 10815 | Andy's First Dictionary | set 的使用 | 陈锋 |
| 例 1-13 | UVa 136 | Ugly Numbers | priority_queue 的使用 | 刘汝佳 |
| 例 1-14 | UVa 11988 | Broken Keyboard | STL 链表的使用 | 陈锋 |
| 例 1-15 | UVa 221 | Urban Elevations | 离散化 | 刘汝佳 |

# 第 2 章　算法设计与优化

## 2.1　算法优化策略

有一些题目并不需要巧妙的思路和缜密的推理，就能找到一个解决方案，只是时间效率难以令人满意。降低时间复杂度的方法有很多，本小节的题目就覆盖了其中最常见的一些算法优化策略。

### 例 2-1　【快速选择问题】谁在中间（Who's in the Middle, POJ 2388）

给出 $N$（$1 \leqslant N < 10\,000$ 且 $N$ 为奇数）个大小不超过 $10^6$ 的正整数，计算这些整数的中位数。

【代码实现】

```
// 陈锋
#include <cstdio>
#include <algorithm>
#include <cassert>
using namespace std;

const int NN = 1e5 + 4;
int N, A[NN];
int main() {
  scanf("%d", &N);
  for (int i = 0; i < N; i++) scanf("%d", &A[i]);
  int k = N / 2;
  nth_element(A, A + k, A + N);
  printf("%d\n", A[k]);
  return 0;
}
/*
算法分析请参考：《算法竞赛入门经典（第 2 版）》8.2.2 节快速排序、快速选择问题
注意：本题中对于 nth_element 函数的使用
*/
```

### 例 2-2　【线性扫描；前缀和；单调性】子序列（Subsequence, SEERC 2006, UVa 1121）

有 $n$（$10 < n \leqslant 100\,000$）个正整数组成一个序列，给定整数 $S$（$S < 10^9$），求长度最短的连续序列，使它们的和大于或等于 $S$。

【代码实现】

```
// 刘汝佳
#include <algorithm>
#include <cstdio>
```

```
using namespace std;

const int maxn = 1e5 + 8;
int A[maxn], B[maxn];
int main() {
  for (int n, S; scanf("%d%d", &n, &S) == 2 && n;) {
    for (int i = 1; i <= n; i++) scanf("%d", &A[i]);
    B[0] = 0;
    for (int i = 1; i <= n; i++) B[i] = B[i - 1] + A[i];
    int ans = n + 1, i = 1;
    for (int j = 1; j <= n; j++) {
      if (B[i - 1] > B[j] - S) continue;      // (1)没有满足条件的 i，换下一个 j
      while (B[i] <= B[j] - S) i++;           // (2)求满足 B[i-1]<=B[j]-S 的最大 i
      ans = min(ans, j - i + 1);
    }
    printf("%d\n", ans == n + 1 ? 0 : ans);
  }
  return 0;
}
/*
算法分析请参考：《算法竞赛入门经典——训练指南》升级版 1.3 节例题 21
注意：本题中 for 嵌套 while 循环的时间复杂度是 O(n)，而不是 O(n^2)
同类题目：Garbage Heap, UVa 10755
          Feel Good, ACM/ICPC NEERC 2005, UVa 1619
*/
```

### 例 2-3　【扫描；维护最大值】开放式学分制（Open Credit System, UVa 11078）

给定一个长度为 $n$ 的整数序列$\{A_0, A_1, \cdots, A_{n-1}\}$（$2 \leqslant n \leqslant 100\ 000$），找出两个整数 $A_i$ 和 $A_j$（$i<j$），使得 $A_i-A_j$ 尽量大。

【代码实现】

```
// 陈锋
#include <cassert>
#include <cstdio>
#include <algorithm>

using namespace std;
#define _for(i, a, b) for (int i = (a); i < (b); ++i)
typedef long long LL;
const int MAXN = 1e5 + 4;
int A[MAXN];
int main() {
  int n, T;
  scanf("%d", &T);
  while (T--) {
    scanf("%d", &n);
    _for(i, 0, n) scanf("%d", &(A[i]));
    int m = A[0], ans = A[0] - A[1];    // maxA[i]
    _for(i, 1, n)                       // m = max{A0, A1, A_{i-1}}
```

```
      ans = max(m - A[i], ans), m = max(A[i], m);
    printf("%d\n", ans);
  }
  return 0;
}
/*
算法分析请参考:《算法竞赛入门经典——训练指南》升级版 1.3 节例题 18
同类题目: Cricket Field, ACM/ICPC NEERC 2002, UVa 1312
*/
```

### 例 2-4 【Floyd 判圈】计算器谜题(Calculator Conundrum, UVa 11549)

有一个老式计算器,只能显示 $n$ 位数字。有一天,你无聊了,于是输入一个整数 $k$($1 \leqslant n \leqslant 9$,$0 \leqslant k < 10^n$),然后反复平方,直到溢出。每次溢出时,计算器会显示结果的最高 $n$ 位和一个错误标记。然后,清除错误标记,继续平方。如果一直这样做下去,能得到的最大数是多少?比如,当 $n$=1, $k$=6 时,计算器将依次显示 6、3(36 的最高位),9、8(81 的最高位),6(64 的最高位),3,…

【代码实现】

```
// 刘汝佳
#include <iostream>

using namespace std;
#define _for(i, a, b) for (int i = (a); i < (b); ++i)
typedef long long LL;
LL K, M;
LL next(LL x) {
  LL ans = x * x;
  while (ans >= M) ans /= 10;
  return ans;
}
int main() {
  int T, n;
  scanf("%d", &T);
  while (T--) {
    scanf("%d%lld", &n, &K);
    M = 1;
    _for(i, 0, n) M *= 10;
    LL ans = K, k1 = K, k2 = K;
    do {
      k1 = next(k1), ans = max(ans, k1);
      k2 = next(k2), ans = max(ans, k2);
      k2 = next(k2), ans = max(ans, k2);
    } while (k1 != k2);
    printf("%lld\n", ans);
  }
}
/*
算法分析请参考:《算法竞赛入门经典——训练指南》升级版 1.3 节例题 19
*/
```

### 例 2-5　【中途相遇】和为 0 的 4 个值（4 Values Whose Sum is Zero, ACM/ICPC SWERC 2005, UVa 1152）

给定 4 个包含 $n$（$1 \leqslant n \leqslant 4000$）个元素的集合 $A, B, C, D$，要求分别从中选取一个元素 $a, b, c, d$，使得 $a+b+c+d=0$。问：有多少种选法？

例如，$A$={-45,-41,-36,26,-32}，$B$={22,-27,53,30,-38,-54}，$C$={42,56,-37,-75,-10,-6}，$D$={-16,30,77,-46,62,45}，则有 5 种选法：(-45, -27, 42, 30)，(26, 30, -10, -46)，(-32, 22, 56, -46)，(-32, 30, -75, 77)，(-32, -54, 56, 30)。

【代码实现】

```
// 陈锋
#include <cstdio>
#include <algorithm>
using namespace std;

const int NN = 4000 + 8;
int A[NN], B[NN], C[NN], D[NN], sums[NN * NN];
int main() {
  int T, n, c;
  scanf("%d", &T);
  while (T--) {
    scanf("%d", &n);
    for (int i = 0; i < n; i++)
      scanf("%d%d%d%d", &A[i], &B[i], &C[i], &D[i]);
    c = 0;
    for (int i = 0; i < n; i++)
      for (int j = 0; j < n; j++)
        sums[c++] = A[i] + B[j];
    sort(sums, sums + c);
    long long cnt = 0;
    for (int i = 0; i < n; i++)
      for (int j = 0; j < n; j++) {
        pair<int*, int*> p = equal_range(sums, sums + c, -C[i] - D[j]);
        cnt += p.second - p.first;
      }
    printf("%lld\n", cnt);
    if (T) printf("\n");
  }
  return 0;
}
/*
算法分析请参考：《算法竞赛入门经典（第 2 版）》例题 8-3
注意：如何通过对 equal_range 的一次调用获得目标区间的两个端点
同类题目：Jurassic Remains, Codeforces Gym 101388J
          Non-boring sequences, UVa 1608
          Weak Key, ACM/ICPC Seoul 2004, UVa 1618
*/
```

## 例 2-6 【滑动窗口】唯一的雪花（Unique Snowflakes, UVa 11572）

输入一个长度为 $n$（$n \leqslant 10^6$）的序列 $A$，找到一个尽量长的连续子序列 $A_L \sim A_R$，使得该序列中没有相同的元素。

【代码实现】

```
// 刘汝佳
#include <bits/stdc++.h>

using namespace std;
#define _for(i, a, b) for (int i = (a); i < (b); ++i)
typedef long long LL;
const int MAXN = 1e6 + 4;
int A[MAXN];
int main() {
  int T, n;
  scanf("%d", &T);
  while (T--) {
    scanf("%d", &n);
    _for(i, 0, n) scanf("%d", &(A[i]));
    int L = 0, R = 1, ans = 1;       // [L, R)，滑动窗口长度最大值
    set<int> s = {A[L]};             // 当前窗口中的所有元素，C++11 的容器初始化语法
    while (R < n) {
      while (s.count(A[R]) && L < R) s.erase(A[L++]);
      s.insert(A[R++]);
      ans = max(ans, R - L);
    }
    printf("%d\n", ans);
  }
  return 0;
}
/*
算法分析请参考：《算法竞赛入门经典（第 2 版）》例题 8-7
同类题目：Shuffle, UVa 12174
         Smallest Sub-Array, UVa 11536
*/
```

## 例 2-7 【滑动窗口；单调队列】滑动窗口（Sliding Window, POJ 2823）

输入正整数 $k$ 和一个长度为 $n$ 的整数序列$\{A_1, A_2, A_3,\cdots, A_n\}$。定义 $f(i)$表示从元素 $i$ 开始的连续 $k$ 个元素的最小值，即 $f(i)=\min\{A_i, A_{i+1},\cdots, A_{i+k-1}\}$。要求计算 $f(1), f(2), f(3),\cdots, f(n-k+1)$。例如，对于序列$\{5, 2, 6, 8, 10, 7, 4\}$，$k=4$，则 $f(1)=2, f(2)=2, f(3)=6, f(4)=4$。

【代码实现】

```
// 陈锋
#include <cstdio>
#include <deque>
#include <iostream>
#include <queue>
using namespace std;
```

```
#define _for(i, a, b) for (int i = (a); i < (int)(b); ++i)
const int NN = 1e6 + 8;
int N, K, A[NN], Q[NN];
int main() {
  ios::sync_with_stdio(false), cin.tie(0);
  cin >> N >> K;
  _for(i, 0, N) cin >> A[i];
  int head = 0, tail = 0;                                 // Q[head, tail)
  _for(i, 0, N) {                                          // 单调递增队列
    while (head < tail && Q[head] <= i - K) ++head;       // 删除过期元素
    while (head < tail && A[Q[tail - 1]] >= A[i]) --tail; // 保持单调性
    Q[tail++] = i;                                         // 顶端是最小元素
    if (i >= K - 1) cout << A[Q[head]] << (i == N - 1 ? "\n" : " ");
  }

  head = 0, tail = 0;
  _for(i, 0, N) {    // 单调递减队列，顶端是最大元素
    while (head < tail && Q[head] <= i - K) ++head;
    while (head < tail && A[Q[tail - 1]] <= A[i]) --tail;
    Q[tail++] = i;
    if (i >= K - 1) cout << A[Q[head]] << (i == N - 1 ? "\n" : " ");
  }
  return 0;
}
/*
算法分析请参考：《算法竞赛入门经典（第 2 版）》8.5 节滑动窗口部分
注意：本题队列使用左闭右开区间，必须使用手写的队列而不是 deque，才能够通过时限
同类题目：Robotruck, UVa 1169
*/
```

### 例 2-8　【线性扫描；事件点处理】流星（Meteor, Seoul 2007, UVa 1398）

给你一个矩形照相机，还有 $n$（$1\leqslant n\leqslant 100\,000$）个流星的初始位置和速度，求能照到流星最多的时刻。注意，在相机边界上的点不会被照到。如图 2-1 所示，流星 2,3,4,5 将不会被照到，因为它们从来没有经过图中矩形的内部。

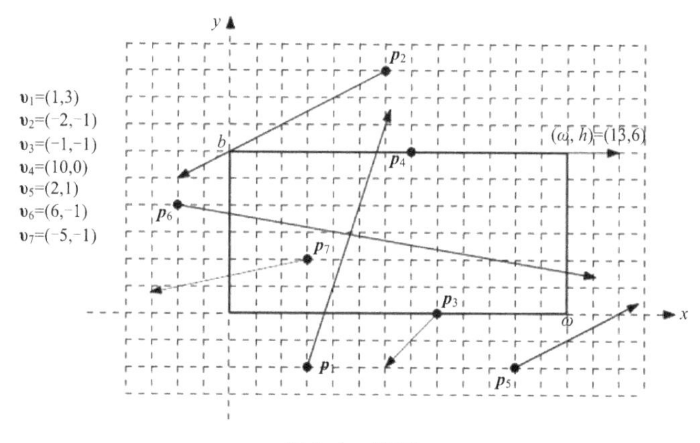


图 2-1　流星

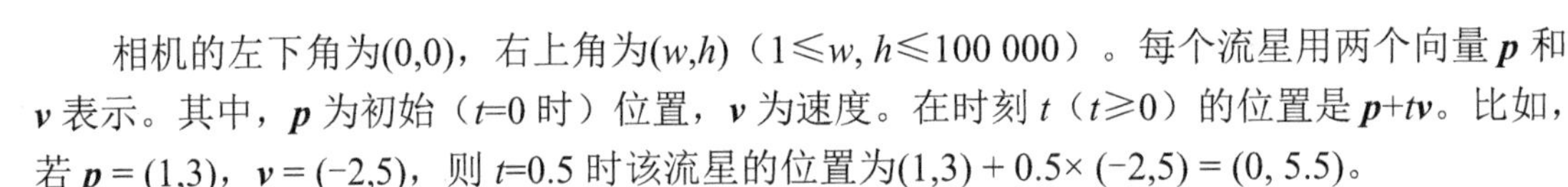

相机的左下角为(0,0)，右上角为$(w,h)$（$1 \leqslant w, h \leqslant 100\,000$）。每个流星用两个向量$\boldsymbol{p}$和$\boldsymbol{v}$表示。其中，$\boldsymbol{p}$为初始（$t$=0 时）位置，$\boldsymbol{v}$为速度。在时刻$t$（$t \geqslant 0$）的位置是$\boldsymbol{p}+t\boldsymbol{v}$。比如，若$\boldsymbol{p}=(1,3)$，$\boldsymbol{v}=(-2,5)$，则$t$=0.5 时该流星的位置为$(1,3)+0.5\times(-2,5)=(0, 5.5)$。

【代码实现】

```
// 刘汝佳
#include <cstdio>
#include <algorithm>
using namespace std;
// 0<x+at<w
void update(int x, int a, int w, double& L, double& R) {
  if(a == 0) {
    if(x <= 0 || x >= w) R = L - 1;                          // 无解
  } else if(a > 0) {
    L = max(L, -(double)x / a);
    R = min(R, (double)(w - x)/a);
  } else {
    L = max(L, (double)(w - x)/a);
    R = min(R, -(double)x / a);
  }
}

const int maxn = 100000 + 10;

struct Event {
  double x;
  int type;
  bool operator < (const Event& a) const {
    return x < a.x || (x == a.x && type > a.type);      // 先处理右端点
  }
} events[maxn*2];

int main() {
  int T;
  scanf("%d", &T);
  while(T--) {
    int w, h, n, e = 0;
    scanf("%d%d%d", &w, &h, &n);
    for(int i = 0; i < n; i++) {
      int x, y, a, b;
      scanf("%d%d%d%d", &x, &y, &a, &b);
      // 0 < x + at < w, 0 < y + bt < h, t>=0
      double L = 0, R = 1e9;
      update(x, a, w, L, R);
      update(y, b, h, L, R);
      if(R > L) {
        events[e++] = (Event){L, 0};
        events[e++] = (Event){R, 1};
      }
```

```
    }
    sort(events, events+e);
    int cnt = 0, ans = 0;
    for(int i = 0; i < e; i++) {
      if(events[i].type == 0) ans = max(ans, ++cnt);
      else cnt--;
    }
    printf("%d\n", ans);
  }
  return 0;
}
/*
算法分析请参考：《算法竞赛入门经典——训练指南》升级版 1.3 节例题 20
同类题目：Distant Galaxy, UVa 1382
          Cave, UVa 1442
*/
```

另外，本题还可以完全避免实数运算，全部采用整数。只需要把代码中的 double 全部改成 int，然后在 update 函数中把所有返回值乘以 lcm(1,2,⋯,10)=2520 即可（想一想，为什么）。

```
void update(int x, int a, int w, int& L, int& R) {
  if(a == 0) {
    if(x <= 0 || x >= w) R = L - 1;              // 无解
  } else if(a > 0) {
    L = max(L, -x * 2520 / a);
    R = min(R, (w - x) * 2520 / a);
  } else {
    L = max(L, (w - x) * 2520 / a);
    R = min(R, -x * 2520 / a);
  }
}
```

### 例 2-9　【逆序对数计算】参谋（Brainman, POJ 1804）

给出长度为 $N$ 的数组，计算通过多少次相邻元素的交换操作，可以将其变为升序。

【代码实现】

```
// 陈锋
#include <algorithm>
#include <cassert>
#include <cstdio>
using namespace std;

const int NN = 1000 + 4;
int N, A[NN], B[NN];
int merge(int l, int r) {                          // 归并排序，求 A[l,r)的逆序对数
  if (r - l <= 1) return 0;
  int mid = (l + r) / 2, ans = merge(l, mid) + merge(mid, r);
  copy(A + l, A + r, B + l);                       // A[l,r)->B[l,r)
  int a = l, b = mid, i = l;
  while (a < mid || b < r) {
```

```
    if ((a < mid && B[a] <= B[b]) || b >= r)
      A[i++] = B[a++];
    else                              // 左边所有比 B[b]大的数分别与 B[b]构成逆序对
      ans += mid - a, A[i++] = B[b++];
  }
  return ans;
}

int main() {
  int T = 0;
  scanf("%d", &T);
  for (int k = 1; k <= T; k++) {
    if (k > 1) printf("\n");
    scanf("%d", &N);
    for (int i = 0; i < N; i++) scanf("%d", &A[i]);
    int ans = merge(0, N);
    printf("Scenario #%d:\n%d\n", k, ans);
  }

  return 0;
}
/*
算法分析请参考：《算法竞赛入门经典（第 2 版）》8.2.1 节归并排序、逆序对问题
注意：本题中归并排序的合并部分仅仅使用了一个循环
同类题目：Frosh Week, HDU 3743
*/
```

### 本节例题列表

本节讲解的例题及其囊括的知识点，如表 2-1 所示。

表 2-1　算法优化策略例题归纳

| 编　号 | 题　号 | 标　题 | 知 识 点 | 代 码 作 者 |
|---|---|---|---|---|
| 例 2-1 | POJ 2388 | Who's in the Middle | 快速选择问题 | 陈锋 |
| 例 2-2 | UVa 1121 | Subsequence | 线性扫描；前缀和；单调性 | 刘汝佳 |
| 例 2-3 | UVa 11078 | Open Credit System | 扫描；维护最大值 | 陈锋 |
| 例 2-4 | UVa 11549 | Calculator Conundrum | Floyd 判圈 | 刘汝佳 |
| 例 2-5 | UVa 1152 | 4 Values Whose Sum is Zero | 中途相遇 | 陈锋 |
| 例 2-6 | UVa 11572 | Unique Snowflakes | 滑动窗口 | 刘汝佳 |
| 例 2-7 | POJ 2823 | Sliding Window | 滑动窗口；单调队列 | 陈锋 |
| 例 2-8 | UVa 1398 | Meteor | 线性扫描；事件点处理 | 刘汝佳 |
| 例 2-9 | POJ 1804 | Brainman | 逆序对数计算 | 陈锋 |

## 2.2 贪 心 算 法

贪心算法是一种解决问题的策略。如果策略正确，那么贪心算法往往是易于描述和实

现的。本节给出可以用贪心算法解决的若干经典问题的代码实现。

### 例 2-10　【贪心】装箱（Bin Packing, SWERC 2005, UVa 1149）

给定 $N$（$N \leqslant 10^5$）个物品的重量 $L_i$，背包的容量 $M$，要求每个背包最多装两个物品。求至少要多少个背包，才能装下所有的物品。

【代码实现】

```
// 陈锋
#include <algorithm>
#include <iostream>
using namespace std;
#define _for(i, a, b) for (int i = (a); i < (int)(b); ++i)
const int MAXN = 1e5 + 8;
int n, l, len[MAXN];
int solve() {
  cin >> n >> l;
  _for(i, 0, n) cin >> len[i];
  sort(len, len + n, greater<int>());
  int ans = 0, left = 0, right = n - 1;
  while (left <= right) {
    ans++, left++;
    if (left != right && len[left] + len[right] <= l) right--;
  }
  return ans;
}

int main() {
  ios::sync_with_stdio(false), cin.tie(0);
  int T;
  cin >> T;
  _for(t, 0, T) {
    if (t) cout << endl;
    cout << solve() << endl;
  }
  return 0;
}
/*
算法分析请参考：《算法竞赛入门经典——习题与解答》习题 8-1
注意：本题使用了双指针扫描法
同类题目：The Dragon of Loowater, UVa 11292
*/
```

### 例 2-11　【贪心；选择不相交区间】今年暑假不 AC（HDU 2037）

数轴上有 $n$ 个开区间$(a_i, b_i)$。选择尽量多的区间，使得这些区间两两没有公共点。

【代码实现】

```
// 陈锋
#include <cstdio>
```

```
#include <algorithm>
using namespace std;

struct Seg {
  int a, b;
  bool operator < (const Seg &s) const {
    if (b != s.b) return b < s.b;
    return a > s.a;
  }
} A[100 + 4];

int main() {
  for (int n; scanf("%d", &n) == 1 && n; ) {
    for (int i = 0; i < n; i++) scanf("%d%d", &A[i].a, &A[i].b);
    sort(A, A + n);
    int ans = 1, cur_b = A[0].b;
    for (int i = 1; i < n; i++)
      if (A[i].a >= cur_b) ans++, cur_b = A[i].b;
    printf("%d\n", ans);
  }
}
/*
算法分析请参考:《算法竞赛入门经典（第 2 版)》8.4.2 节选择不相交区间
同类题目: Gene Assembly, ACM/ICPC SouthAmerica 2001, ZOJ 1076
         Radar Installation, POJ 1328
*/
```

## 例 2-12 【贪心；区间选点】高速公路（Highway, ACM/ICPC SEERC 2005, UVa 1615）

给定平面上有 $n$（$n \leqslant 10^5$）个点和一个值 $D$，要求在 $x$ 轴上选出尽量少的点，使得对于给定的每个点，都有一个选出的点离它的欧几里得距离不超过 $D$。

【代码实现】

```
// 陈锋
#include <bits/stdc++.h>
#define _for(i, a, b) for (int i = (a); i < (b); ++i)
using namespace std;
struct Point {
  double x, y;
  Point(double x = 0, double y = 0) : x(x), y(y) {}
};

const double eps = 1e-4;
double dcmp(double x) {
  if (fabs(x) < eps) return 0;
  return x < 0 ? -1 : 1;
}
typedef Point Segment;

const int MAXN = 1e5 + 8;
```

```
int L, D, N;
Point points[MAXN];
vector&lt;Segment&gt; segs;

// 圆[p,D]和 x 轴的两个交点
Segment getInterSeg(const Point& p) {
  double m = sqrt(D * D - p.y * p.y), x = p.x - m, y = p.x + m;
  if (dcmp(x) < 0) x = 0;
  if (dcmp(y - L) > 0) y = L;
  return Segment(x, y);
}

bool segcmp(const Segment& sl, const Segment& sr) {
  double yd = dcmp(sl.y - sr.y);
  return yd < 0 || (yd == 0 && dcmp(sl.x - sr.x) > 0);
}

void solve() {
  segs.clear();
  _for(i, 0, N) segs.push_back(getInterSeg(points[i]));
  sort(segs.begin(), segs.end(), segcmp);
  int ans = 1;
  double p = segs[0].y;
  for (size_t i = 1; i < segs.size(); i++) {
    const Segment &prev = segs[i - 1], &cur = segs[i];
    if (dcmp(cur.x - prev.x) < 0) continue;
    if (dcmp(cur.x - p) > 0) p = cur.y, ans++;
  }
  cout << ans << endl;
}

int main() {
  while (cin >> L >> D >> N) {
    _for(i, 0, N) cin >> points[i].x >> points[i].y;
    solve();
  }
  return 0;
}
/*
算法分析请参考：《算法竞赛入门经典——习题与解答》习题 8-11，《算法竞赛入门经典》8.4.5 节区间
选点问题
*/
```

### 例 2-13　【贪心；区间覆盖】喷水装置（Watering Grass, UVa 10382）

有一块草坪，长为 $l$，宽为 $w$。在其中心线的不同位置处装有 $n$（$1 \leqslant n \leqslant 10\,000$）个点状的喷水装置。每个喷水装置 $i$ 可将以它为中心，半径为 $r_i$ 的圆形区域喷湿（见图 2-2）。请选择尽量少的喷水装置，把整个草坪全部喷湿。输出需要打开的喷水装置数目的最小值。如果无解，输出-1。

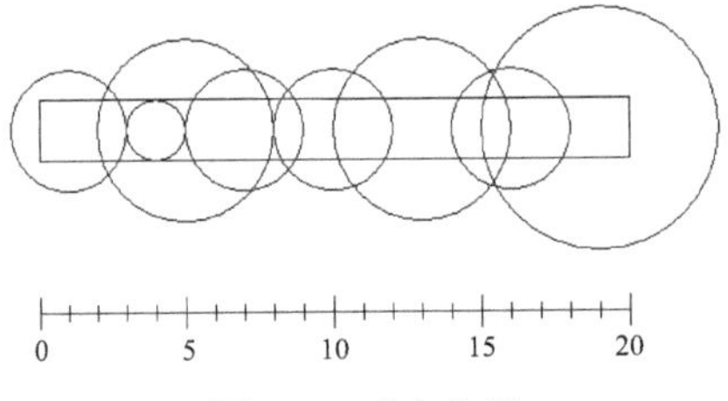


图 2-2　喷水装置

【代码实现】

```
// 陈锋
#include <cstdio>
#include <cmath>
#include <vector>
#include <algorithm>
#include <functional>

using namespace std;
const int MAXN = 10240;
const double EPS = 1e-11;
double dcmp(double x) {
  if (fabs(x) < EPS) return 0;
  return x < 0 ? -1 : 1;
}

struct Seg {
  double a, b;
  inline bool operator< (const Seg& rhs) const {
    return a < rhs.a || (a == rhs.a && b < rhs.b);
  }
};

int solve(const vector<Seg> &segs, double len) {
  int cnt = 0;
  double start = 0.0, end = 0.0;
  for (size_t i = 0; i < segs.size();) {
    start = end;
    if (dcmp(segs[i].a - start) > 0) return -1;
    cnt++;
    while (i < segs.size() && segs[i].a <= start) {
      if (dcmp(segs[i].b - end) > 0) end = segs[i].b;
      i++;
    }
    if (dcmp(end - len) > 0) break;
  }
  if (dcmp(end - len) < 0) cnt = -1;
  return cnt;
}

int main() {
```

```
  for (int n, l, w; scanf("%d%d%d", &n, &l, &w) == 3; ) {
    double len = l, w2 = w / 2.0;
    vector<Seg> segs;
    for (int i = 0, p, r; i < n; i++) {
      scanf("%d%d", &p, &r);
      if (r * 2 <= w) continue;
      double xw = sqrt((double)r * r - w2 * w2), a = p - xw;
      if (dcmp(a - len) > 0) continue;
      if (dcmp(a) <= 0) a = 0;
      segs.push_back({a, p + xw});
    }
    sort(segs.begin(), segs.end());
    printf("%d\n", solve(segs, len));
  }
  return 0;
}
/*
算法分析请参考:《算法竞赛入门经典(第 2 版)》8.4.2 节区间覆盖问题
注意:本题使用 dcmp 对浮点数做比较，避免了浮点误差
同类题目: Cleaning Shifts, POJ 2376
*/
```

### 例 2-14 【贪心法求最优排列】突击战（Commando War, UVa 11729）

你有 $n$（$1 \leqslant n \leqslant 1000$）个部下，每个部下需要完成一项任务。第 $i$ 个部下需要你花费 $B_i$ 分钟交待任务，然后他会立刻独立、无间断地执行 $J_i$ 分钟后完成任务（$1 \leqslant B_i \leqslant 10\,000$，$1 \leqslant J_i \leqslant 10\,000$）。你需要选择交待任务的顺序，使得所有任务能尽早地执行完毕（即最后一个执行完的任务应尽早结束），输出所有任务完成的最短时间。注意，不能同时给两个部下交待任务，但部下们可以同时执行他们各自的任务。

**【代码实现】**

```
// 陈锋
#include <algorithm>
#include <cstdio>
#include <iostream>
#include <vector>
using namespace std;

struct Job {
  int j, b;
  bool operator<(const Job& x) const {
    return j > x.j;                    // 运算符重载，不要忘记 const 修饰符
  }
};

int main() {
  ios::sync_with_stdio(false), cin.tie(0);
  for (int n, b, j, kase = 1; cin >> n && n; kase++) {
    vector<Job> v(n);
    for (int i = 0; i < n; i++) cin >> v[i].b >> v[i].j;
```

```
    sort(v.begin(), v.end());                    // 使用 Job 类的 < 运算符排序
    int ans = 0;
    for (int i = 0, s = 0; i < n; i++) {
      s += v[i].b;                               // 当前任务的开始执行时间
      ans = max(ans, s + v[i].j);                // 任务执行完毕时的最晚时间
    }
    printf("Case %d: %d\n", kase, ans);
  }
  return 0;
}
/*
算法分析请参考:《算法竞赛入门经典——训练指南》升级版 1.1 节例题 2
同类题目: Shoemaker's Problem, UVa 10026
         Schedule, HDU 6180
*/
```

## 本节例题列表

本节讲解的例题及其囊括的知识点，如表 2-2 所示。

表 2-2　贪心算法例题归纳

| 编　　号 | 题　　号 | 标　　题 | 知　识　点 | 代 码 作 者 |
|---|---|---|---|---|
| 例 2-10 | UVa 1149 | Bin Packing | 贪心 | 陈锋 |
| 例 2-11 | HDU 2037 | 今年暑假不 AC | 贪心；选择不相交区间 | 陈锋 |
| 例 2-12 | UVa 1615 | Highway | 贪心；区间选点 | 陈锋 |
| 例 2-13 | Uva 10382 | Watering Grass | 贪心；区间覆盖 | 陈锋 |
| 例 2-14 | UVa 11729 | Commando War | 贪心法求最优排列 | 陈锋 |

# 2.3　搜 索 算 法

搜索算法包含多种，其中回溯法的应用范围很广，只要能把待求解的问题分成不太多的步骤，每个步骤又只有不太多的选择，都可以考虑使用回溯法。

## 例 2-15　【下一个排列】排列（POJ 1833）

给出正整数 $n$，则 1～$n$ 这 $n$ 个数可以构成 $n!$种排列，把这些排列按照从小到大的顺序（字典顺序）列出，如 $n$=3 时，列出{1,2,3}，{1,3,2}，{2,1,3}，{2,3,1}，{3,1,2}，{3,2,1}共 6 个排列。给出某个排列，求出这个排列的下 $k$ 个排列，如果遇到最后一个排列，则下一个排列为第 1 个排列，即排列{1,2,3,…,$n$}。

例如，$n = 3$，$k = 2$ 给出排列{2,3,1}，则它的下一个排列为{3,1,2}，下 2 个排列为{3,2,1}，因此答案为{3,2,1}。

【代码实现】

```
// 陈锋
#include <cstdio>
```

```
#include <algorithm>
using namespace std;
const int NN = 1024 + 8;
int A[NN];
int main() {
  int T, n, K;
  scanf("%d", &T);
  while (T--) {
    scanf("%d %d", &n, &K);
    for (int i = 0; i < n; ++i) scanf("%d", &A[i]);
    for (int i = 0; i < K; i++) next_permutation(A, A + n);
    for (int i = 0; i < n; ++i) printf("%d ", A[i]);
    puts("");
  }
  return 0;
}
/*
算法分析请参考：《算法竞赛入门经典（第 2 版）》7.2.1 节生成 1～n 的排列
注意：next_permutation 会直接改变输入的容器（本题中就是数组 A）
同类题目：Ignatius and the Princess II, HDU 1027
*/
```

### 例 2-16　【生成可重集的排列】订单（Orders, CEOI 1999, POJ 1731）

给出不超过 200 个小写字母，计算这些字母能够组成的所有全排列，并按照字典序输出。

【代码实现】

```
// 陈锋
#include <iostream>
#include <algorithm>
#include <string>
using namespace std;
int main() {
  ios::sync_with_stdio(false), cin.tie(0);
  string s;
  cin >> s;
  sort(s.begin(), s.end());
  cout << s << endl;
  while (next_permutation(s.begin(), s.end()))
    cout << s << endl;
  return 0;
}
/*
算法分析请参考：《算法竞赛入门经典（第 2 版）》7.2.1 节生成可重集的排列
注意：对 next_permutation 的调用
*/
```

### 例 2-17　【BFS 搜索最短路径】Abbott 的复仇（Abbott's Revenge, ACM/ICPC WF 2000, UVa 816）

有一个最多包含 9×9 个交叉点的迷宫。输入起点、离开起点时的朝向和终点，求一条最短路径（多解时任意输出一个即可）。

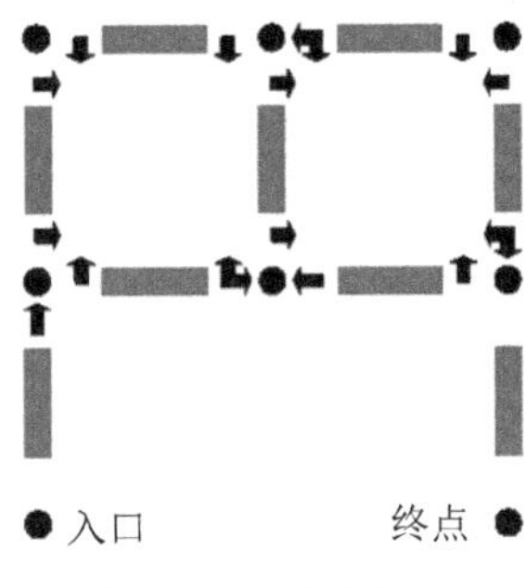

图 2-3　迷宫及走向

这个迷宫的特殊之处在于：进入一个交叉点的方向（用N、E、W、S这4个字母分别表示北、东、西、南，即上、右、左、下）不同，允许出去的方向也不同。例如，“1 2 WLF NR ER *”表示交叉点(1, 2)（上数第1行，左数第2列）有3个路标（字符“*”只是结束标志）。如果进入该交叉点时的朝向为W（即朝左），则可以左转（L）或者直行（F）；如果进入时朝向为N或者E，则只能右转（R），如图2-3所示。

**注意：**初始状态是“刚刚离开入口”，所以即使出口和入口重合，最短路径也不为空。例如，图2-3中从交叉口(3, 1)进入并到达目标交叉口(3, 3)的一条最短路径为(3, 1), (2, 1), (1, 1), (1, 2), (2, 2), (2, 3), (1, 3), (1, 2), (1, 1), (2, 1), (2, 2), (1, 2), (1, 3), (2, 3), (3, 3)。

【代码实现】

```
// 刘汝佳
#include <cstdio>
#include <cstring>
#include <queue>
#include <vector>
using namespace std;

struct Node {
  int r, c, dir;              // 站在(r,c)，面朝方向dir（0~3分别表示N, E, S, W）
  Node(int r = 0, int c = 0, int dir = 0) : r(r), c(c), dir(dir) {}
};

const int NN = 10, dr[] = { -1, 0, 1, 0}, dc[] = {0, 1, 0, -1};
const char *dirs = "NESW", *turns = "FLR";          // 顺时针旋转
int has_edge[NN][NN][4][3], d[NN][NN][4];
int r0, c0, dir, r1, c1, r2, c2;
Node p[NN][NN][4];

int dir_id(char c) { return strchr(dirs, c) - dirs; }
int turn_id(char c) { return strchr(turns, c) - turns; }

Node walk(const Node& u, int turn) {
  int dir = u.dir;
  if (turn == 1) dir = (dir + 3) % 4;                // 逆时针
  if (turn == 2) dir = (dir + 1) % 4;                // 顺时针
  return Node(u.r + dr[dir], u.c + dc[dir], dir);
}
bool inside(int r, int c) { return r >= 1 && r <= 9 && c >= 1 && c <= 9; }
bool read_case() {
  char s[99], s2[99];
  if (scanf("%s%d%d%s%d%d", s, &r0, &c0, s2, &r2, &c2) != 6) return false;
```

```
  printf("%s\n", s);
  dir = dir_id(s2[0]), r1 = r0 + dr[dir], c1 = c0 + dc[dir];
  memset(has_edge, 0, sizeof(has_edge));
  for (int r, c; scanf("%d", &r) == 1 && r;) {
    scanf("%d", &c);
    while (scanf("%s", s) == 1 && s[0] != '*') {
      for (size_t i = 1; i < strlen(s); i++)
        has_edge[r][c][dir_id(s[0])][turn_id(s[i])] = 1;
    }
  }
  return true;
}

void print_ans(Node u) {
  // 从目标结点逆序追溯到初始结点
  vector<Node> nodes;
  while(true) {
    nodes.push_back(u);
    if (d[u.r][u.c][u.dir] == 0) break;
    u = p[u.r][u.c][u.dir];
  }
  nodes.push_back(Node(r0, c0, dir));

  // 打印解，每行 10 个
  for (int i = nodes.size() - 1, cnt = 0; i >= 0; i--) {
    if (cnt % 10 == 0) printf(" ");
    printf(" (%d,%d)", nodes[i].r, nodes[i].c);
    if (++cnt % 10 == 0) printf("\n");
  }
  if (nodes.size() % 10 != 0) printf("\n");
}

void solve() {
  queue<Node> q;
  memset(d, -1, sizeof(d));
  Node u(r1, c1, dir);
  d[u.r][u.c][u.dir] = 0;
  q.push(u);
  while (!q.empty()) {
    Node u = q.front();
    q.pop();
    if (u.r == r2 && u.c == c2) {
      print_ans(u);
      return;
    }
    for (int i = 0; i < 3; i++) {
      Node v = walk(u, i);
      if (has_edge[u.r][u.c][u.dir][i] && inside(v.r, v.c) &&
          d[v.r][v.c][v.dir] < 0) {
```

```
        d[v.r][v.c][v.dir] = d[u.r][u.c][u.dir] + 1;
        p[v.r][v.c][v.dir] = u;
        q.push(v);
      }
    }
  }
  puts(" No Solution Possible");
}

int main() {
  while (read_case()) solve();
  return 0;
}
/*
算法分析请参考：《算法竞赛入门经典（第 2 版）》例题 6-14
注意：本题中通过对 4 个方向统一编码，减少了大量的分支判断代码
同类题目：Patrol Robot, ACM/ICPC Hanoi 2006, UVa 1600
*/
```

## 例 2-18 【BFS；路径查找优化】万圣节后的早晨（The Morning after Halloween, Japan 2007, UVa 1601）

$w \times h$（$w,h \leqslant 16$）网格上有 $n$（$n \leqslant 3$）个小写字母（代表鬼）。要求把它们分别移动到对应的大写字母里。每步可以有多个鬼同时移动（均为往上、下、左、右 4 个方向之一移动），但该步结束之后任何两个鬼不能占用同一个位置，也不能在一步之内交换位置。例如，在如图 2-4 所示的局面中，一共有 4 种移动方式（见图 2-5）。

```
####
 ab#
#c##
####
```

图 2-4　题设局面

```
####   ####   ####   ####
 ab#   a b#   acb#   ab #
#c##   #c##   # ##   #c##
####   ####   ####   ####
```

图 2-5　4 种移动方式

输入保证所有空格连通，所有障碍格也连通，且任何一个 2×2 子网格中至少有一个障碍格。输出最少的步数，且输入保证有解。

【代码实现】

```
// 陈锋
#include <bits/stdc++.h>
using namespace std;
#define _for(i, a, b) for (int i = (a); i < (int)(b); ++i)
typedef long long LL;
const int MAXH = 16 + 4, MAXV = 16 * 16;
const int DX[] = { -1, 1, 0, 0, 0}, DY[] = {0, 0, -1, 1, 0};
int W, H, N, V, ID[16][16], X[MAXV], Y[MAXV];
int D[MAXV][MAXV][MAXV], Src[3], Dest[3];
char MAP[MAXH][MAXH];
vector<int> G[MAXV];
```

```
inline int enc(int a, int b, int c) { return (a << 16) + (b << 8) + c; }

inline bool conflict(int a, int b, int na, int nb) {
  assert(a != b);
  if (na == nb) return true;
  if (na == b && nb == a) return true;
  return false;
}

int bfs() {
  memset(D, -1, sizeof(D));
  queue<int> Q;
  Q.push(enc(Src[0], Src[1], Src[2])), D[Src[0]][Src[1]][Src[2]] = 0;
  while (!Q.empty()) {
    int x = Q.front(), a = x >> 16, b = (x >> 8) & 255, c = x & 255;
    Q.pop();
    int d = D[a][b][c];
    if (a == Dest[0] && b == Dest[1] && c == Dest[2]) return d;
    for (size_t ai = 0; ai < G[a].size(); ai++) {
      int na = G[a][ai];
      for (size_t bi = 0; bi < G[b].size(); bi++) {
        int nb = G[b][bi];
        if (conflict(a, b, na, nb)) continue;
        for (size_t ci = 0; ci < G[c].size(); ci++) {
          int nc = G[c][ci], &nd = D[na][nb][nc];
          if (!conflict(a, c, na, nc) && !conflict(b, c, nb, nc) && nd == -1)
            nd = D[a][b][c] + 1, Q.push(enc(na, nb, nc));
        }
      }
    }
  }
  return -1;
}

int main() {
  while (scanf("%d%d%d", &W, &H, &N) == 3 && W) {
    getchar();
    _for(r, 0, H) fgets(MAP[r], MAXH, stdin);
    V = 0;
    _for(r, 0, H) _for(c, 0, W) {
      char ch = MAP[r][c];
      if (ch == '#') continue;
      ID[r][c] = V, X[V] = r, Y[V] = c;
      if (isupper(ch)) Dest[ch - 'A'] = V;
      if (islower(ch)) Src[ch - 'a'] = V;
      ++V;
    }
    _for(u, 0, V) {
      G[u].clear();
```

```
    int x = X[u], y = Y[u];
    _for(d, 0, 5) {
      int nx = x + DX[d], ny = y + DY[d];
      if (0 <= nx && nx < H && 0 <= ny && ny < W && MAP[nx][ny] != '#')
        G[u].push_back(ID[nx][ny]);
    }
  }
  if (N <= 2) Src[2] = Dest[2] = V, G[V].clear(), G[V].push_back(V), ++V;
  if (N <= 1) Src[1] = Dest[1] = V, G[V].clear(), G[V].push_back(V), ++V;
  printf("%d\n", bfs());
 }
 return 0;
}
/*
算法分析请参考：《算法竞赛入门经典（第 2 版）》例题 7-9
注意：本题仅仅通过简化图的结构就足够通过时限
*/
```

## 例 2-19 【双向 BFS】骑士移动（Knight Moves, POJ 1915）

编写一个程序，计算一个骑士从棋盘上的一个格子到另一个格子所需的最少步数。骑士一步可以移动到的位置如图 2-6 所示。其中，黑点表示骑士，灰色格子表示可跳到的位置。

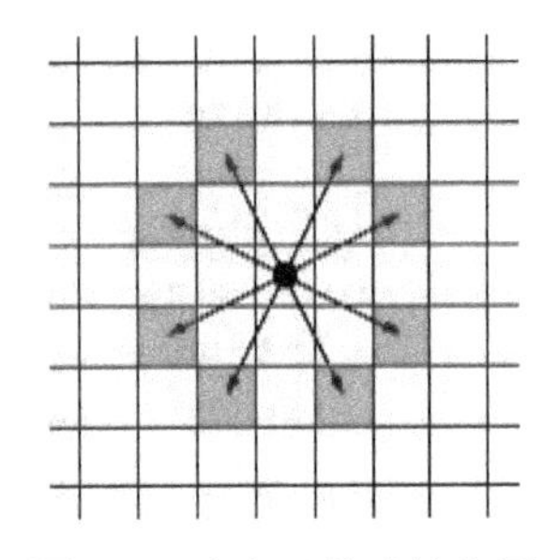

图 2-6 骑士可移动的位置

【代码实现】

```
// 陈锋
#include <queue>
#include <cstdio>
#include <cstring>
#include <iostream>
#include <algorithm>
using namespace std;

int DX[] = { 1, 2, 1, 2, -1, -2, -1,-2}, DY[] = { 2, 1, -2, -1, 2, 1, -2,-1},N;
struct Point {
  int x, y;
  Point(int x = 0, int y = 0) : x(x), y(y) {}
  bool operator==(const Point& p) const {
    return x == p.x && y == p.y;
  }
};
queue<Point> Qs[2];
bool Vis[2][305][305];

bool BFS(int qi) {
  queue<Point> &q = Qs[qi];
  int sz = q.size();
  while (sz--) {
    Point p = q.front();
```

```
    q.pop();
    for (int i = 0; i < 8; ++i) {
      int nx = p.x + DX[i], ny = p.y + DY[i];
      if (nx < 0 || ny < 0 || nx >= N || ny >= N || Vis[qi][nx][ny])
        continue;
      Vis[qi][nx][ny] = true;
      q.push(Point(nx, ny));
      if (Vis[1 ^ qi][nx][ny]) return true;
    }
  }
  return false;
}

int solve(const Point& s, const Point& e) {
  if (s == e) return 0;
  memset(Vis, 0, sizeof(Vis));
  while (!Qs[0].empty()) Qs[0].pop();
  while (!Qs[1].empty()) Qs[1].pop();
  Qs[0].push(s), Vis[0][s.x][s.y] = true;
  Qs[1].push(e), Vis[1][e.x][e.y] = true;
  int step = 0;
  while (!Qs[0].empty() || !Qs[1].empty()) {
    bool met = BFS(0);
    step++;
    if (met) return step;
    met = BFS(1), ++step;
    if (met) return step;
  }
  return -1;
}

int main() {
  ios::sync_with_stdio(false), cin.tie(0);
  Point s, e;
  int t;
  cin >> t;
  while (t--) {
    cin >> N;
    cin >> s.x >> s.y >> e.x >> e.y;
    cout << solve(s, e) << endl;
  }
  return 0;
}
/*
算法分析请参考：《算法竞赛入门经典（第 2 版）》7.5 节双向 BFS
注意：本题的双向 BFS 实现对于两个队列的操作，以及异或运算的运用
同类题目：Nightmare II, HDU 3085
*/
```

## 例 2-20 【八皇后问题】苏丹的继任者（The Sultan's Successors, UVa 167）

在 8×8 棋盘的每个格子中放置一个数字。计算将 8 个皇后放到棋盘并且使其不互相攻击的方案中，皇后所在格子上数字之和的最大值。

【代码实现】

```
// 刘汝佳
// 算法：枚举全排列，然后判断是否有两个皇后在同一条对角线上
#include <algorithm>
#include <cstdio>
using namespace std;
const int SZ = 8;
int v[SZ][SZ], P[SZ];

bool judge() {
  bool ok = true;
  for (int i = 0; i < SZ; i++)
    for (int j = 0; j < i; j++)
      if (P[i] - i == P[j] - j || P[i] + i == P[j] + j) return false;
  return true;
}

int main() {
  int T;
  scanf("%d", &T);
  while (T--) {
    for (int i = 0; i < SZ; i++) {
      P[i] = i;
      for (int j = 0; j < SZ; j++) scanf("%d", &v[i][j]);
    }
    int ans = 0;
    do {
      if (!judge()) continue;
      int sum = 0;
      for (int i = 0; i < SZ; i++) sum += v[i][P[i]];
      ans = max(ans, sum);
    } while (next_permutation(P, P + SZ));
    printf("%5d\n", ans);
  }
  return 0;
}
/*
算法分析请参考：《算法竞赛入门经典（第 2 版）》7.4.1 节八皇后问题
注意：本题中通过调用 next_permutation 避免了手写递归过程
同类题目：N 皇后问题，HDU 2553
*/
```

## 例 2-21 【回溯法和生成测试法的比较】素数环（Prime Ring Problem, UVa 524）

输入正整数 $n$，把整数 1, 2, 3,⋯, $n$ 组成一个环，使得相邻两个整数之和均为素数。输

出时从整数 1 开始逆时针排列。同一个环应恰好输出一次。其中，$n \leqslant 16$。

【样例输入】

```
6
```

【样例输出】

```
1 4 3 2 5 6
1 6 5 2 3 4
```

【代码实现】

```
// 陈锋
#include <bits/stdc++.h>
using namespace std;
int used[17], P[] = {2, 3, 5, 7, 11, 13, 17, 19, 23, 29, 31};
void dfs(const size_t N, vector<int>& nums) {
  if (nums.size() == N) {
    for (size_t i = 0; i < N; i++)
      printf("%d%s", nums[i], i == N - 1 ? "\n" : " ");
    return;
  }

  for (size_t i = 1; i <= N; i++)
    if (!used[i] && binary_search(P, P + 11, i + nums.back())) {
      if (nums.size() == N - 1 && !binary_search(P, P + 11, i + nums.front()))
        continue;
      used[i] = 1, nums.push_back(i);
      dfs(N, nums);
      used[i] = 0, nums.pop_back();
    }
}

int main() {
  vector<int> nums({1});
  for (int t = 1, N; scanf("%d", &N) == 1; t++) {
    if (t > 1) puts("");
    printf("Case %d:\n", t);
    fill_n(used, 17, 0), used[1] = 1;
    dfs(N, nums);
  }
  return 0;
}
/*
算法分析请参考：《算法竞赛入门经典（第 2 版）》例题 7-4
注意：本题充分使用 vector，简化了递归调用前后的代码
*/
```

### 例 2-22　【回溯法；避免无用判断】困难的串（Krypton Factor, UVa 129）

如果一个字符串包含两个相邻的重复子串，则称它是“容易的串”，其他串称为“困

难的串”。例如，BB、ABCDACABCAB、ABCDABCD 都是容易的串，而 D、DC、ABDAB、CBABCBA 都是困难的串。

输入正整数 $n$ 和 $L$，输出由前 $L$ 个字符组成的、字典序第 $k$ 小的困难的串。例如，当 $L$=3 时，前 7 个困难的串分别为 A、AB、ABA、ABAC、ABACA、ABACAB、ABACABA。输入保证答案不超过 80 个字符。

【样例输入】

```
7 3
30 3
```

【样例输出】

```
ABACABA
ABACABCACBABCABACABCACBACABA
```

【代码实现】

```
// 陈锋
#include <bits/stdc++.h>
using namespace std;
typedef long long LL;
int N, L;
// s[st1...] == s[st2...], size = len
bool rangeEqual(const string& s, int st1, int st2, int len) {
  return equal(s.begin() + st1, s.begin() + st1 + len, s.begin() + st2);
}

bool dfs(int& k, string& cur, string& ans) {
  if (!cur.empty() && ++k == N) {
    ans = cur;                                        // 已经得到解，无须继续搜索
    return true;
  }
  for (char ch = 'A'; ch < 'A' + L; ch++)
    if (cur.empty() || cur.back() != ch) {
      cur += ch;
      bool valid = true;
      int sz = cur.size();
      string::iterator sit = cur.begin();
      for (int l = 2; l <= sz / 2; l++) {             // 尝试长度为j*2 的后缀
        if (rangeEqual(cur, sz - l, sz - l * 2, l)) {
          valid = false;                              // 后一半等于前一半，方案不合法
          break;
        }
      } // 递归搜索，如果已经找到解，则直接退出
      if (valid && dfs(k, cur, ans)) return true;
      cur.pop_back();
    }
  return false;
}
```

```
int main() {
  ios::sync_with_stdio(false), cin.tie(0);
  while (cin >> N >> L && N && L) {
    string cur, ans;
    int k = 0;
    dfs(k, cur, ans);
    for (size_t i = 0; i < ans.size(); i++) {   // 输出答案
      cout << ans[i];
      if (i == 63 || i == ans.size() - 1) cout << endl;
      else if (i % 4 == 3) cout << " ";
    }
    cout << ans.size() << endl;
  }
  return 0;
}
/*
算法分析请参考：《算法竞赛入门经典（第 2 版）》例题 7-5
注意：对字符串子串进行比较可以使用 STL 中的 equal 函数，避免手写循环
同类题目：Bandwidth, UVa 140
*/
```

### 例 2-23 【迭代加深搜索】埃及分数问题（Egyptian Fractions, BIO 1997 Round 1 Question 3）

在古埃及，人们使用单位分数的和（即 $1/a$ 的和，$a$ 是自然数）表示一切有理数。例如，2/3=1/2+1/6，但不允许 2/3=1/3+1/3，因为在加数中不允许有相同的分母。

对于一个分数 $a/b$，表示方法有很多种，其中加数少的比加数多得好，如果加数个数相同，则最小的分数越大越好。例如，19/45=1/5+1/6+1/18 是最优方案。

输入整数 $a,b$（$0<a<b<500$），试编程计算最佳表达式。

【代码实现】

```
// 陈锋
// http://www.olympiad.org.uk/papers/1997/bio/bio97r1q3.html
#include <bits/stdc++.h>
using namespace std;
typedef long long LL;
int A, B;
vector<LL> D, Ans;
bool better() {                                  // D是否比Ans好
  if (Ans.empty()) return true;
  assert(D.size() == Ans.size());
  for (int i = D.size() - 1; i >= 0; i--)
    if (D[i] != Ans[i]) return D[i] < Ans[i];
  return false;
}
// a / b + 1/ c = A / B - > 1 / c < = A / B - a / b = (A * b - a * B) / (B * b)->c >=
(B * b)/(A * b - a * B)
inline LL firstc(LL a,LL b,LL last) {
return max(B * b / (A * b - a * B), last + 1);
```

```
}
void dfs(LL a, LL b, const int d, const int maxd) {
  if (d > maxd || a * B > A * b) return;    // a / b > A / B
  if (A * b == a * B) {                      // A / B == a / b
    if (better()) Ans = D;
    return;
  }
  LL lastc = D.empty() ? 1LL : D.back();    // a / b+(maxd - d)/c < A / B: break
  for (LL c = firstc(a,b,lastc); a * B * c + (maxd - d)* B * b >= A * b * c; ++c)
    D.push_back(c), dfs(a * c + b, b * c, d + 1, maxd), D.pop_back();
}

int main() {
  ios::sync_with_stdio(false), cin.tie(0);
  cin >> A >> B;
  for (int maxd = 2; maxd <= 100; maxd++) {
    dfs(0, 1, 0, maxd);
    if (!Ans.empty()) {
      for (size_t i = 0; i < Ans.size(); i++)
        printf("%s%lld", (i ? " " : ""), Ans[i]);
      puts("");
      break;
    }
  }
  return 0;
}
```

### 例 2-24 【IDA*；迭代加深搜索】埃及分数（Egyptian Fractions (HARD version), Rujia Liu's Present 6, UVa 12558）

把 $a/b$ 写成不同的埃及分数之和，要求项数尽量少，但最小的分数尽量大，然后第 2 小的分数尽量大……另外，有 $k$（$0 \leqslant k \leqslant 5$）个数不能用作分母。例如，$k$=0 时 5/121=1/33+1/121+1/363，不能使用。$k$=33 时，最优解为 5/121=1/45+1/55+1/1089。

输入保证 $2 \leqslant a < b \leqslant 876$，gcd($a$,$b$)=1，且会挑选比较容易求解的数据。

【代码实现】

```
// 陈锋
#include <bits/stdc++.h>
using namespace std;
typedef long long LL;
int A, B, K;
set<int> R;
LL gcd(LL a, LL b) { return b == 0 ? a : gcd(b, a % b); }

bool better(const vector<LL>& D, const vector<LL>& Ans) {
  if (Ans.empty()) return true;
  size_t sz = D.size();
  assert(sz == Ans.size());
  for (int i = sz - 1; i >= 0; i--)
```

```
    if (D[i] != Ans[i]) return D[i] < Ans[i];
  return false;
}

inline LL get_first(LL a, LL b, LL last) {
  // a/b + 1/c = A/B
  // 1/c <= A/B - a/b = (A*b - a*B)/(B*b)
  // c >= (B*b) / (A*b-a*B)
  return max((B * b) / (A * b - a * B), last + 1);
}

void dfs(LL a, LL b, const int d, const int maxd, vector<LL>& D,
         vector<LL>& Ans) {
  if (d > maxd) return;
  if (a * B > A * b) return;
  if (a == A && b == B) {
    if (better(D, Ans)) Ans = D;
    return;
  }
  LL deno = get_first(a, b, D.empty() ? 1LL : D.back());
  while (true) {
    if (a * B * deno + (maxd - d) * B * b < A * b * deno)
      break;  // a/b + (maxd-d)/deno < A/B
    if (!R.count(deno)) {
      LL na = a * deno + b, nb = b * deno, g = gcd(na, nb);
      D.push_back(deno);
      dfs(na / g, nb / g, d + 1, maxd, D, Ans);
      D.pop_back();
    }
    deno++;
  }
  return;
}

int main() {
  int T; scanf("%d", &T);
  for (int t = 1; t <= T; t++) {
    R.clear(), scanf("%d%d%d", &A, &B, &K);
    for (int i = 0, x; i < K; i++) scanf("%d", &x), R.insert(x);
    for (int maxd = 2; maxd <= 100; maxd++) {
      vector<LL> D, Ans;
      dfs(0, 1, 0, maxd, D, Ans);
      if (Ans.empty()) continue;
      printf("Case %d: %d/%d=", t, A, B);
      for (size_t i = 0; i < Ans.size(); i++)
        printf("1/%lld%c", Ans[i], (i == Ans.size() - 1) ? '\n' : '+');
      break;
    }
  }
```

```
  return 0;
}
/*
算法分析请参考：《算法竞赛入门经典——习题与解答》习题 7-7
注意：本题将容易出错的两个子逻辑单独封装，以方便代码检查
同类题目：Editing a Book, UVa 11212
         Power Calculus, UVa 1374
         DNA sequence, HDU 1560
*/
```

## 例 2-25 【A*；K 短路问题】Remmarguts 的约会（Remmarguts'Date, POJ 2449）

给出一个包含 $N$ 个结点、$M$ 条边的带权有向图，结点编号为 1～$N$。给出两个点 $S$ 和 $T$，计算所有从 $S$ 到 $T$ 的路径中，总长度为第 $K$ 短的路径的长度。

【代码实现】

```
// 陈锋
#include <iostream>
#include <algorithm>
#include <vector>
#include <cstring>
#include <queue>
const int NN = 1000 + 4, INF = 0x3f3f3f3f;
using namespace std;

typedef pair<int, int> P;
struct Edge {
  int v, w;
  Edge(int t, int l): v(t), w(l) {}
};

int N, TD[NN];
vector<Edge> G[NN], Rev[NN];
typedef Edge HeapNode;

struct cmpT {                                    // 计算到 T 的最短路径
  bool operator()(const HeapNode &a, const HeapNode &b) {
    return a.w > b.w;
  }
};
void dijkstra(int s) {                           // 求 s 到任一点的最短路径，使用反向边
  priority_queue<HeapNode, vector<HeapNode>, cmpT> q;
  fill_n(TD, N + 1, INF), TD[s] = 0, q.push(HeapNode(s, 0));
  while (!q.empty()) {
    int u = q.top().v, w = q.top().w;
    q.pop();
    if (TD[u] < w) continue;
    for (size_t i = 0; i < Rev[u].size(); i++) {
      const Edge& e = Rev[u][i];
      if (w + e.w < TD[e.v])
```

```
        TD[e.v] = w + e.w, q.push(HeapNode(e.v, TD[e.v]));
    }
  }
}

struct cmpAstar {                               // A*使用
  bool operator()(const HeapNode &a, const HeapNode &b) {
    return a.w + TD[a.v] > b.w + TD[b.v];
  }
};

int aStar(int S, int T, int K) {
  if (TD[S] == INF) return -1;                  // 不连通
  int cnt = 0;
  if (S == T) --cnt;                            // 出发时不作数，核减 1 次
  priority_queue<HeapNode, vector<HeapNode>, cmpAstar> q;
  q.push(HeapNode(S, 0));
  while (!q.empty()) {
    int u = q.top().v, d = q.top().w;
    q.pop();
    if (u == T && ++cnt == K) return d;         // 第 K 短路径找到了
    for (size_t i = 0; i < G[u].size(); i++) {
      const Edge& e = G[u][i];
      q.push(Edge(e.v, d + e.w));
    }
  }
  return -1;
}

int main() {
  std::ios::sync_with_stdio(false);
  int M, S, T, K;
  cin >> N >> M;
  for (int i = 0, a, b, w; i < M; i++) {
    cin >> a >> b >> w;
    G[a].push_back(Edge(b, w)), Rev[b].push_back(Edge(a, w));
  }
  cin >> S >> T >> K;
  dijkstra(T);
  cout << aStar(S, T, K) << endl;
  return 0;
}
/*
注意：领会本题中对于最短路径的使用
同类题目：path, HDU 6705
*/
```

## 例 2-26　【棋盘皇后覆盖】守卫棋盘（Guarding the Chessboard, UVa 11214）

输入一个 $n \times m$ 棋盘（$n, m < 10$），某些格子有标记。用最少的皇后守卫（即占据或者

攻击）所有带标记的格子。

【代码实现】

```
// 陈锋
#include <bits/stdc++.h>
#define _for(i, a, b) for (int i = (a); i < (int)(b); ++i)
using namespace std;

int n, m;
struct Point {
  int x, y;
  Point(int x = 0, int y = 0) : x(x), y(y) {}
};
typedef Point Vector;
Vector operator+(const Vector& A, const Vector& B) {
  return Vector(A.x + B.x, A.y + B.y);
}

const int MAXM = 9;
Vector dirs[] = {{-1, -1},{1, 1},{1, -1},{-1, 1},{1, 0},{-1, 0},{0, 1},{0, -1}
};        // 8个方向向量
bool isValid(const Point& p) {
  return p.x >= 0 && p.x < n && p.y >= 0 && p.y < m;
}

struct Grid {
  int bits[4];
  inline void clear() { memset(bits, 0, sizeof(bits)); }
  inline void set(int r, int c) {
    int l = r * m + c;
    bits[l / 32] |= (1 << (l & 31));
  }

  inline bool canCover(const Grid& g) const {
    return (bits[0] & g.bits[0]) == g.bits[0] &&
           (bits[1] & g.bits[1]) == g.bits[1] &&
           (bits[2] & g.bits[2]) == g.bits[2];
  }

  Grid() { clear(); }
};

// [i,j]如果有皇后，所有被其覆盖的布局就是covers[i * m + j]
Grid covers[MAXM * MAXM + 3], target;

void dfs(int ci, const Grid& g, int depth, int& best) {
  if (depth >= best) return;
  if (g.canCover(target)) {
    best = min(best, depth);
```

```
    return;
  }
  if (ci > n * m || depth + 1 > best) return;

  dfs(ci + 1, g, depth, best);
  Grid ng = g;
  int* cb = covers[ci].bits;
  ng.bits[0] |= cb[0], ng.bits[1] |= cb[1], ng.bits[2] |= cb[2];
  dfs(ci + 1, ng, depth + 1, best);
}

int main() {
  string line;
  for (int k = 1; cin >> n >> m && n && m; k++) {
    target.clear();
    memset(covers, 0, sizeof(covers));
    _for(i, 0, n) {
      cin >> line;
      assert(line.size() == m);
      _for(j, 0, m) {
        if (line[j] == 'X') target.set(i, j);
        _for(di, 0, 8) for (Point pc(i, j); isValid(pc); pc = pc + dirs[di])
          covers[i * m + j].set(pc.x, pc.y);
      }
    }

    int best = 6;
    Grid g;
    dfs(0, g, 0, best);
    cout << "Case " << k << ": " << best << endl;
  }
  return 0;
}
/*
算法分析请参考：《算法竞赛入门经典——习题与解答》习题 7-10
注意：本题中如何使用一个长度为 4 的一维数组来对整个棋盘状态进行压缩存储
*/
```

### 例 2-27　【极大极小过程；Alpha-beta 剪枝；对抗搜索】纸牌房屋（House of Cards, WF 2009, UVa 1085）

有一副牌，共有红、黑两种花色，每种花色有 $M$ 张牌。把这 $2M$ 张牌按照某种顺序排好，取出前 8 张牌拼成如图 2-7 所示的“房子”状（有 4 个峰和 3 个谷），剩下的牌正面朝上排列好放在桌面上，这样两个游戏者都能知道接下来的每轮各是什么牌。

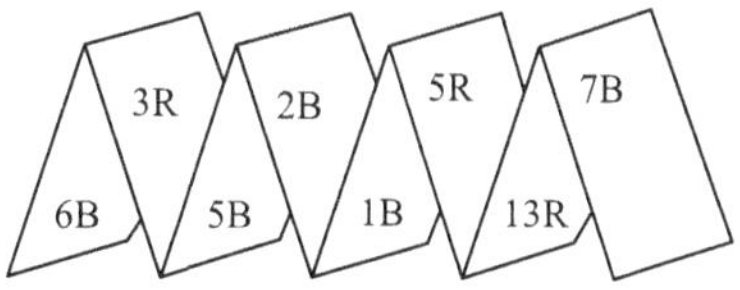

图 2-7　纸牌房屋

Axel 和 Birgit 两人进行游戏，其中 Axel 拥有红色牌，Birgit 拥有黑色牌。拥有牌的颜色与图 2-7 中左数第一张牌的颜色相同的游戏者为先手。

Birgit 为先手，因为第一张牌 6B 是黑色的。

游戏者轮流操作。每次操作都取出剩下的左数第一张牌，然后进行以下 3 种操作之一。

- 拿在手里（成为“拿着的牌”）。
- 在两个相邻峰之间搭一张牌（使用拿着的牌或者新取的牌），作为一层楼面。剩下的一张（如果有的话）拿在手里。
- 将两张牌搭在一张楼面牌上，形成一个新的峰（其中一张牌一定是拿着的牌）。

注意，不是所有情况下这 3 种操作都是可行的。游戏规定手里最多只能拿一张牌，因此第一种操作可行的前提是手里没有牌。

每当组成一个新的三角形（加楼面牌时会形成一个向下的三角形，加峰时会形成一个向上的三角形）时，计分如下：首先数一数组成三角形的 3 张牌中哪种花色较多，然后给该游戏者加分，分值为这 3 张牌的点数之和。

在上面的例子中，如果 Birgit 在中间的谷上放一张（11R）作为楼面牌，其将得到 14 分；如果其把这张牌放在左边的谷上，Axel 将得到 19 分；如果放到右边的谷上，Axel 将得到 29 分。

当桌面上没有正面朝上的游戏牌时，游戏结束。如果一个游戏者手里拿着牌，那么还将对他的得分进行最后的调整：如果此牌的花色和自己拥有的牌的颜色相同，加分；否则减分。加减的分值均为该牌的点数。

假定两位游戏者都足够聪明，你的任务是计算某个游戏者最多可以比对手高多少分。

【代码实现】

```
// 刘汝佳
#include <cstdio>
#include <cstring>
#include <algorithm>
#include <vector>
using namespace std;

const int UP = 0, FLOOR = 1, DOWN = 2, maxn = 20;
int n, deck[maxn*2];
struct State {
  int card[8], type[8];              // 两张相同的 FLOOR 牌代表一张真实的 FLOOR 牌
  int hold[2], pos, score;           // MAX 游戏者（即 Axel）的得分
  State child() const {
    State s;
    memcpy(&s, this, sizeof(s));
    s.pos = pos + 1;
    return s;
  }

  State() {
    for(int i = 0; i < 8; i++) {
      card[i] = deck[i];
      type[i] = i % 2 == 0 ? UP : DOWN;
    }
```

```
  hold[0] = hold[1] = score = 0;
  pos = 8;
}

bool isFinal() {
  if(pos == 2*n) {
    score += hold[0] + hold[1];
    hold[0] = hold[1] = 0;
    return true;
  }
  return false;
}

int getScore(int c1, int c2, int c3) const {
  int S = abs(c1) + abs(c2) + abs(c3);
  int cnt = 0;
  if(c1 > 0) cnt++; if(c2 > 0) cnt++; if(c3 > 0) cnt++;
  return cnt >= 2 ? S : -S;
}

void expand(int player, vector<State>& ret) const {
  int cur = deck[pos];

  // 决策 1：拿在手里
  if(hold[player] == 0) {
    State s = child();
    s.hold[player] = cur;
    ret.push_back(s);
  }

  // 决策 2：摆楼面牌
  for(int i = 0; i < 7; i++) if(type[i] == DOWN && type[i+1] == UP) {
    // 用当前的牌
    State s = child();
    s.score += getScore(card[i], card[i+1], cur);
    s.type[i] = s.type[i+1] = FLOOR;
    s.card[i] = s.card[i+1] = cur;
    ret.push_back(s);

    if(hold[player] != 0) {
      // 用手里的牌
      State s = child();
      s.score += getScore(card[i], card[i+1], hold[player]);
      s.type[i] = s.type[i+1] = FLOOR;
      s.card[i] = s.card[i+1] = hold[player];
      s.hold[player] = cur;
      ret.push_back(s);
    }
  }
```

```
    // 决策 3: 新的山峰
    if(hold[player] != 0)
      for(int i = 0; i < 7; i++) if(type[i] == FLOOR && type[i+1] == FLOOR && card[i]
== card[i+1]) {
        State s = child();
        s.score += getScore(card[i], hold[player], cur);
        s.type[i] = UP; s.type[i+1] = DOWN;
        s.card[i] = cur; s.card[i+1] = hold[player]; s.hold[player] = 0;
        ret.push_back(s);

        swap(s.card[i], s.card[i+1]);
        ret.push_back(s);
      }
  }
};

// 带 alpha-beta 剪枝的对抗搜索
int alphabeta(State& s, int player, int alpha, int beta) {
  if(s.isFinal()) return s.score;             // 终态

  vector<State> children;
  s.expand(player, children);                 // 扩展子结点

  int n = children.size();
  for(int i = 0; i < n; i++) {
    int v = alphabeta(children[i], player^1, alpha, beta);
    if(!player) alpha = max(alpha, v); else beta = min(beta, v);
    if(beta <= alpha) break;                  // alpha-beta 剪枝
  }
  return !player ? alpha : beta;
}
const int INF = 1e9;

int main() {
  int kase = 0;
  char P[10];
  while(scanf("%s", P) == 1 && P[0] != 'E') {
    scanf("%d", &n);
    for(int i = 0; i < n*2; i++) {
      char ch;
      scanf("%d%c", &deck[i], &ch);
      if(ch == 'B') deck[i] = -deck[i];
    }
    State initial;
    int first_player = deck[0] > 0 ? 0 : 1, score = alphabeta(initial, first_player,
-INF, INF);
    if(P[0] == 'B') score = -score;
    printf("Case %d: ", ++kase);
```

```
    if(score == 0) printf("Axel and Birgit tie\n");
    else if(score > 0) printf("%s wins %d\n", P, score);
    else printf("%s loses %d\n", P, -score);
  }
  return 0;
}
/*
算法分析请参考：《算法竞赛入门经典——训练指南》升级版 6.3 节例题 10
*/
```

### 例 2-28　【数独；Dancing Links】数独（Sudoku, SEERC 2006, POJ 3076）

求解 16 行、16 列数独问题的一组解。给定一个 16×16 的字母方阵，要求在所有的空格子填上 A～P 中的一个字符，并满足以下条件。

（1）在每行中 A～P 恰好各出现一次。

（2）在每列中 A～P 恰好各出现一次。

（3）粗线分隔出的每个 4×4 子方阵（一共有 4×4 个）中，A～P 恰好各出现一次。

该数独问题及其解如图 2-8 所示。

|  |  | A |  |  |  |  | C |  |  |  |  |  | O |  | I |
|---|---|---|---|---|---|---|---|---|---|---|---|---|---|---|---|
|  | J |  |  | A |  | B |  | P |  | C | G | F |  | H |  |
|  |  | D |  |  | F |  | I |  | E |  |  |  |  | P |  |
|  | G |  | E | L |  | H |  |  |  |  | M |  | J |  |  |
|  |  |  |  | E |  |  |  |  | C |  |  | G |  |  |  |
|  | I |  |  | K |  | G | A |  | B |  |  |  | E |  | J |
| D |  | G | P |  |  | J |  | F |  |  |  |  | A |  |  |
|  | E |  |  |  | C |  | B |  |  | D | P |  |  | O |  |
| E |  |  | F |  | M |  |  | D |  |  | L |  | K |  | A |
|  | C |  |  |  |  |  |  |  |  | O |  | I |  | L |  |
| H |  | P |  | C |  |  | F |  | A |  |  | B |  |  |  |
|  |  |  | G |  | O | D |  |  |  | J |  |  |  |  | H |
| K |  |  |  | J |  |  |  |  | H |  | A |  | P |  | L |
|  |  | B |  |  | P |  |  | E |  |  | K |  |  | A |  |
|  | H |  |  | B |  |  | K |  |  | F | I |  | C |  |  |
|  |  | F |  |  |  | C |  |  | D |  |  | H |  | N |  |

| F | P | A | H | M | J | E | C | N | L | B | D | K | O | G | I |
|---|---|---|---|---|---|---|---|---|---|---|---|---|---|---|---|
| O | J | M | I | A | N | B | D | P | K | C | G | F | L | H | E |
| L | N | D | K | G | F | O | I | J | E | A | H | M | B | P | C |
| B | G | C | E | L | K | H | P | O | F | I | M | A | J | D | N |
| M | F | H | B | E | L | P | O | A | C | K | J | G | N | I | D |
| C | I | L | N | K | D | G | A | H | B | M | O | P | E | F | J |
| D | O | G | P | I | H | J | M | F | N | L | E | C | A | K | B |
| J | E | K | A | F | C | N | B | G | I | D | P | L | H | O | M |
| E | B | O | F | P | M | I | J | D | G | H | L | N | K | C | A |
| N | C | J | D | H | B | A | E | K | M | O | F | I | G | L | P |
| H | M | P | L | C | G | K | F | I | A | E | N | B | D | J | O |
| A | K | I | G | N | O | D | L | B | P | J | C | E | F | M | H |
| K | D | E | M | J | I | F | N | C | H | G | A | O | P | B | L |
| G | L | B | C | D | P | M | H | E | O | N | K | J | I | A | F |
| P | H | N | O | B | A | L | K | M | J | F | I | D | C | E | G |
| I | A | F | J | O | E | C | G | L | D | P | B | H | M | N | K |

图 2-8　数独求解

【代码实现】

```
// 刘汝佳
#include <cstdio>
#include <cstring>
#include <vector>

using namespace std;

const int maxr = 5000;
const int maxn = 2000;
const int maxnode = 20000;

// 行编号从 1 开始，列编号为 1～n，结点 0 是表头结点，结点 1～n 是各列顶部的虚拟结点
struct DLX {
  int n, sz;                          // 列数，结点总数
```

```
int S[maxn];                         // 各列结点数

int row[maxnode], col[maxnode];  // 各结点行列编号
int L[maxnode], R[maxnode], U[maxnode], D[maxnode]; // 十字链表

int ansd, ans[maxr];                 // 解

void init(int n) {                   // n 是列数
  this->n = n;

  // 虚拟结点
  for(int i = 0 ; i <= n; i++) {
    U[i] = i; D[i] = i; L[i] = i-1, R[i] = i+1;
  }
  R[n] = 0; L[0] = n;

  sz = n + 1;
  memset(S, 0, sizeof(S));
}

void addRow(int r, vector<int> columns) {
  int first = sz;
  for(int i = 0; i < columns.size(); i++) {
    int c = columns[i];
    L[sz] = sz - 1; R[sz] = sz + 1; D[sz] = c; U[sz] = U[c];
    D[U[c]] = sz; U[c] = sz;
    row[sz] = r; col[sz] = c;
    S[c]++; sz++;
  }
  R[sz - 1] = first; L[first] = sz - 1;
}

// 顺着链表 A，遍历除 s 外的其他元素
#define FOR(i,A,s) for(int i = A[s]; i != s; i = A[i])

void remove(int c) {
  L[R[c]] = L[c];
  R[L[c]] = R[c];
  FOR(i,D,c)
    FOR(j,R,i) { U[D[j]] = U[j]; D[U[j]] = D[j]; --S[col[j]]; }
}

void restore(int c) {
  FOR(i,U,c)
    FOR(j,L,i) { ++S[col[j]]; U[D[j]] = j; D[U[j]] = j; }
  L[R[c]] = c;
  R[L[c]] = c;
}
```

```
  // d 为递归深度
  bool dfs(int d) {
    if (R[0] == 0) {                    // 找到解
      ansd = d;                         // 记录解的长度
      return true;
    }

    // 找 S 最小的列 c
    int c = R[0];                       // 第一个未删除的列
    FOR(i,R,0) if(S[i] < S[c]) c = i;

    remove(c);                          // 删除第 c 列
    FOR(i,D,c) {                        // 用结点 i 所在行覆盖第 c 列
      ans[d] = row[i];
      FOR(j,R,i) remove(col[j]);        // 删除结点 i 所在行能覆盖的所有其他列
      if(dfs(d+1)) return true;
      FOR(j,L,i) restore(col[j]);       // 恢复结点 i 所在行能覆盖的所有其他列
    }
    restore(c);                         // 恢复第 c 列

    return false;
  }

  bool solve(vector<int>& v) {
    v.clear();
    if(!dfs(0)) return false;
    for(int i = 0; i < ansd; i++) v.push_back(ans[i]);
    return true;
  }

};

////////////// 题目相关
#include<cassert>

DLX solver;

const int SLOT = 0;
const int ROW = 1;
const int COL = 2;
const int SUB = 3;

// 行/列的统一编解码函数。从 1 开始编号
int encode(int a, int b, int c) {
  return a*256+b*16+c+1;
}

void decode(int code, int& a, int& b, int& c) {
  code--;
```

```
  c = code%16; code /= 16;
  b = code%16; code /= 16;
  a = code;
}

char puzzle[16][20];

bool read() {
  for(int i = 0; i < 16; i++)
    if(scanf("%s", puzzle[i]) != 1) return false;
  return true;
}

int main() {
  int kase = 0;
  while(read()) {
    if(++kase != 1) printf("\n");
    solver.init(1024);
    for(int r = 0; r < 16; r++)
      for(int c = 0; c < 16; c++)
        for(int v = 0; v < 16; v++)
          if(puzzle[r][c] == '-' || puzzle[r][c] == 'A'+v) {
            vector<int> columns;
            columns.push_back(encode(SLOT, r, c));
            columns.push_back(encode(ROW, r, v));
            columns.push_back(encode(COL, c, v));
            columns.push_back(encode(SUB, (r/4)*4+c/4, v));
            solver.addRow(encode(r, c, v), columns);
          }

    vector<int> ans;
    assert(solver.solve(ans));

    for(int i = 0; i < ans.size(); i++) {
      int r, c, v;
      decode(ans[i], r, c, v);
      puzzle[r][c] = 'A'+v;
    }
    for(int i = 0; i < 16; i++)
      printf("%s\n", puzzle[i]);
  }
  return 0;
}
/*
算法分析请参考：《算法竞赛入门经典——训练指南》升级版 6.3.3 节例题 11
*/
```

**例 2-29 【数位统计；DFS】数字游戏（牛客 NC 50517）**

科协里最近很流行数字游戏。某人命名了一种不降数，这种数字必须满足从左到右各位数字呈小于等于的关系，如 123，446。现在大家决定玩一个游戏，指定一个整数闭区间 $[a,b]$，问这个区间内有多少个不降数。

【代码实现】

```
// 陈锋
#include <bits/stdc++.h>
using namespace std;
int A, B, Ans;
typedef long long LL;
// cur：当前已经生成的数字；last_d：最后一位数字
inline void dfs(LL cur, LL last_d) {
  if (cur >= A) Ans++;
  for(int d = last_d; d < 10; ++d)
    if (cur * 10 + d < B) dfs(cur * 10 + d, d);
}

int main() {
  ios::sync_with_stdio(false), cin.tie(0);
  while (cin >> A >> B) {
    Ans = 0;
    dfs(0, 1);
    cout << Ans << endl;
  }
  return 0;
}
/*
注意：在递归调用之前先判断是否合法
*/
```

### 例 2-30　【数位统计；DFS】数字的个数（Amount of Degrees，牛客 NC 50516）

求给定区间 $[X, Y]$ 中满足下列条件的整数个数：这个数恰好等于 $K$ 个互不相等的整数 $B$ 的整数次幂之和。例如，$X$=15，$Y$=20，$K$=2，$B$=2，则有且仅有下列 3 个数满足题意：$17 = 2^4+2^0$，$18 = 2^4+2^1$，$20 = 2^4+2^2$。

【代码实现】

```
// 陈锋
#include <bits/stdc++.h>
typedef long long LL;
using namespace std;
int N, M, K, B, Ans;
// 从右往左构造，每次隔一段距离加一个 1
// c1：1 的个数；cur：当前构造好的数字；pb:B 的幂
void dfs(int c1, int cur, int pb) {
  if (c1 == K) {
    if (cur >= N) Ans++;
    return;
  }
  // next_pb 下一个 ai = 1 对应的 B^i
```

```
  for (LL next_pb = c1 ? pb * B : 1; cur + next_pb <= M; next_pb *= B)
    dfs(c1 + 1, cur + next_pb, next_pb);
}
int main() {
  ios::sync_with_stdio(false), cin.tie(0);
  cin >> N >> M >> K >> B;
  dfs(0, 0, 0);
  cout << Ans << endl;
  return 0;
}
/*
注意：本题说明了 DP 和搜索问题的紧密联系
*/
```

### 本节例题列表

本节讲解的例题及其囊括的知识点，如表 2-3 所示。

表 2-3　搜索算法例题归纳

| 编　号 | 题　号 | 标　题 | 知　识　点 | 代码作者 |
| --- | --- | --- | --- | --- |
| 例 2-15 | POJ 1833 | 排列 | 下一个排列 | 陈锋 |
| 例 2-16 | POJ 1731 | Orders | 生成可重集的排列 | 陈锋 |
| 例 2-17 | UVa 816 | Abbott's Revenge | BFS 搜索最短路径 | 刘汝佳 |
| 例 2-18 | UVa 1601 | The Morning after Halloween | BFS；路径查找优化 | 陈锋 |
| 例 2-19 | POJ 1915 | Knight Moves | 双向 BFS | 陈锋 |
| 例 2-20 | UVa 167 | The Sultan's Successors | 八皇后问题 | 刘汝佳 |
| 例 2-21 | UVa 524 | Prime Ring Problem | 回溯法和生成测试法的比较 | 陈锋 |
| 例 2-22 | UVa 129 | Krypton Factor | 回溯法；避免无用判断 | 陈锋 |
| 例 2-23 | BIO 1997 Round 1 Question 3 | Egyptian Fractions | 迭代加深搜索 | 陈锋 |
| 例 2-24 | UVa 12558 | Egyptian Fractions | IDA*；迭代加深搜索 | 陈锋 |
| 例 2-25 | POJ 2449 | Remmarguts'Date | A*；K 短路问题 | 陈锋 |
| 例 2-26 | UVa 11214 | Guarding the Chessboard | 棋盘皇后覆盖 | 陈锋 |
| 例 2-27 | UVa 1085 | House of Cards | 极大极小过程；Alpha-beta 剪枝；对抗搜索 | 刘汝佳 |
| 例 2-28 | POJ 3076 | Sudoku | 数独；Dancing Links | 刘汝佳 |
| 例 2-29 | NC 50517 | 数字游戏 | 数位统计；DFS | 陈锋 |
| 例 2-30 | NC 50516 | Amount of Degrees | 数位统计；DFS | 陈锋 |

## 2.4　动态规划算法

几乎所有算法竞赛中都会出现考察动态规划算法的题目。本节主要介绍一些经典问题（如 LIS、LCS、最优矩阵链乘、树的重心和 TSP 等）的代码实现。

### 例 2-31　【01 背包；滚动数组优化】手链（Charm Bracelet, POJ 3624）

给出 $N$（$1 \leqslant N \leqslant 3402$）个珠子，其中第 $i$ 个珠子的重量是 $W_i$（$1 \leqslant W_i \leqslant 400$），价值是 $D_i$（$1 \leqslant D_i \leqslant 100$）。现在要从中挑出尽量多的珠子，在总重量不超过 $M$（$1 \leqslant M \leqslant 12\,880$）的情况下，使得总价值最大。计算总价值的最大值。

【代码实现】

```
// 陈锋
#include <algorithm>
#include <cmath>
#include <cstdio>

const int MAXN = 5000;
using namespace std;
int N, M, W[MAXN], D[MAXN], S[20 * MAXN];
int main() {
  scanf("%d %d", &N, &M);  // n 为商品数量，m 为背包大小
  for (int i = 1; i <= N; i++) scanf("%d %d", &W[i], &D[i]);

  // 二维背包空间 O(N*M)，对于本题而言为 3402*12880，所以空间太大
  // 采用滚动数组，空间降为 O(M)
  // S(i,j):前 i 个珠子，总重不超过 j 所能获得的最大价值
  // S(i,j) = max(S(i-1,j), S(i-1,j-W(i)) + D[i])
  // 滚动数组，仅保留第 2 维度，S[j] = max(S[j],S[j-W[i]]+D[i])
  // 按照从大到小的顺序更新数组
  for (int i = 1; i <= N; i++)
    for (int j = M; j >= W[i]; j--) S[j] = max(S[j], S[j - W[i]] + D[i]);
  printf("%d\n", S[M]);
  return 0;
}

/*
同类题目: Jin Ge Jin Qu [h]ao, UVa 12563
         Team them up!, UVa 1627
         Bookcase, UVa 12099
*/
```

### 例 2-32　【树的最大独立集】Hali-Bula 的晚会（Party at Hali-Bula, UVa 1220）

公司里有 $n$（$n \leqslant 200$）个人形成一个树状结构，即除老板外，每名员工都有唯一的直属上司。要求选尽量多的人，但不能同时选择一个人和他的直属上司。问：最多能选多少人？在人数最多的前提下方案是否唯一？

【代码实现】

```
// 陈锋
#include <bits/stdc++.h>
using namespace std;
typedef long long LL;
const int MAXN = 200 + 4;
```

```
vector<int> CH[MAXN];
int D[MAXN][2][2], VIS[MAXN][2];
// 子树 u，父结点选中状态，父结点 pa
int dp(const int u, const int pa) {
  assert(pa == 0 || pa == 1);
  int &d = D[u][pa][0], &cnt = D[u][pa][1];                // 最大值，方案数
  if (VIS[u][pa]) return d;
  VIS[u][pa] = 1;
  d = 0, cnt = 1;
  for (size_t i = 0; i < CH[u].size(); i++)
    d += dp(CH[u][i], 0), cnt *= D[CH[u][i]][0][1];

  if (pa == 0) {                                           // u 的父亲未选
    int nd = 1, c = 1;                                     // 选 u 的对应结果
    for (size_t i = 0; i < CH[u].size(); i++)
      nd += dp(CH[u][i], 1), c *= D[CH[u][i]][1][1];       // 子树方案数之积
    if (nd == d) cnt += c;
    else if (nd > d) d = nd, cnt = c;
  }
  return d;
}

map<string, int> names;
int nCnt = 0;
int getId(const string& s) {
  if (!names.count(s)) names[s] = nCnt++;
  return names[s];
}

int main() {
  ios::sync_with_stdio(false), cin.tie(0);
  string n1, n2;
  for (int N; cin >> N && N; ) {
    for (int i = 0; i < N; i++) CH[i].clear();
    names.clear(), nCnt = 0;
    memset(D, 0, sizeof(D)), memset(VIS, 0, sizeof(VIS));
    cin >> n1, names[n1] = nCnt++;
    for (int i = 1; i < N; i++) {
      cin >> n1 >> n2;
      int pa = getId(n2), u = getId(n1);
      CH[pa].push_back(u);
    }
    int ans = dp(0, 0);
    printf("%d %s\n", ans, (D[0][0][1] == 1 ? "Yes" : "No"));
  }
  return 0;
}
/*
算法分析请参考：《算法竞赛入门经典（第 2 版）》例 9-13
```

```
同类题目：Another Crisis, UVa 12186
        Perfect Service, ACM/ICPC Kaoshiung 2006, UVa 1218
        骑士, ZJOI 2008, 牛客 NC 20481
*/
```

**例 2-33　【最长公共子序列问题（LCS）】公共子序列（Common Subsequence, POJ 1458）**

给出一个序列，从中删除零到多个元素后，剩余的就是其子序列。例如，$Z=\{a,b,f,c\}$ 是 $X=\{a,b,c,f,b,c\}$ 的子序列，索引序列为 $\{1,2,4,6\}$。给定两个序列 $X$ 和 $Y$，计算其最大长度公共子序列的长度。

【代码实现】

```
// 陈锋
#include <algorithm>
#include <cmath>
#include <cstdio>
#include <cstring>
const int NN = 1000;
using namespace std;
char s1[NN], s2[NN];
int dp[NN][NN];
int main() {
  while (scanf("%s %s", s1, s2) == 2) {
    int L1 = strlen(s1), L2 = strlen(s2);
    memset(dp, 0, sizeof(dp));
    for (int i = 0; i < L1; i++)
      for (int j = 0; j < L2; j++)
        if (s1[i] == s2[j])                      // 相同字符
          dp[i + 1][j + 1] = dp[i][j] + 1;
        else                                     // 在两个序列中选择一个删除字符
          dp[i + 1][j + 1] = max(dp[i][j + 1], dp[i + 1][j]);
    printf("%d\n", dp[L1][L2]);
  }
  return 0;
}
/*
算法分析请参考：《算法竞赛入门经典（第 2 版）》9.4.1 节最长公共子序列问题（LCS）
同类题目：Cyborg Genes, UVa 10723
*/
```

**例 2-34　【最长上升子序列问题（LIS）】对齐（Alignment, POJ 1836）**

给定 $n$ 个整数 $A_1, A_2, \cdots, A_n$，按从左到右的顺序选出尽量多的整数，组成一个先升后降的子序列（子序列可以理解为：删除 0 个或多个数后，其他数的顺序不变）。例如，对于序列{1, 6, 2, 3, 7, 5}，可以选出上升子序列{1, 2, 3, 5}，也可以选出上升子序列{1, 6, 7}，但前者更长。选出的子序列中相邻元素不能相等。

【代码实现】

```
// 陈锋
#include <algorithm>
```

```
#include <cstdio>
#include <cstring>
const int NN = 1000 + 4;
using namespace std;
int F[NN], G[NN];
float A[NN];
int main() {
  for (int n, ans = 0; scanf("%d", &n) == 1;) {
    fill_n(F, n, 0), fill_n(G, n, 0);
    for (int i = 1; i <= n; i++) scanf("%f", &A[i]);
    for (int i = 1; i <= n; i++) {
      F[i] = 1;                          // F[i]：以i为结尾的最长LIS
      for (int j = i - 1; j >= 1; j--)
        if (A[i] > A[j] && F[i] < F[j] + 1) F[i] = F[j] + 1;
    }

    for (int i = n; i >= 1; i--) {
      G[i] = 1;                          // G[i]：以i为开始的最长LDS
      for (int j = i + 1; j <= n; j++)
        if (A[i] > A[j] && G[i] < G[j] + 1) G[i] = G[j] + 1;
    }

    for (int i = 1; i <= n; i++)
      for (int j = i + 1; j <= n; j++) ans = max(ans, F[i] + G[j]);
    printf("%d\n", n - ans);
  }
  return 0;
}
/*
算法分析请参考：《算法竞赛入门经典（第2版）》9.4.1节中最长上升子序列问题
同类题目：Constructing Roads In JGShining's Kingdom, HDU 1025
*/
```

## 例2-35 【LCS；可转化为LIS】王子和公主（Prince and Princess, UVa 10635）

有两个长度分别为$p$+1和$q$+1的序列$A$和$B$，每个序列中的各个元素互不相同，且都是1～$n^2$（2≤$n$≤250，1≤$p,q$≤$n^2$）的整数。两个序列的第一个元素均为1。求出$A$和$B$的最长公共子序列长度。

【代码实现】

```
// 陈锋
#include <bits/stdc++.h>
using namespace std;
const int MAXN = 256, MAXP = MAXN * MAXN;
typedef vector<int> VI;
int IDX[MAXP];
int main() {
  ios::sync_with_stdio(false), cin.tie(0);
  int T; cin >> T;
```

```
  for (int t = 1, n, a, p, q; cin >> n >> p >> q && n; t++) {
    ++p, ++q;
    fill_n(IDX, n * n + 2, 0);
    for (int i = 1; i <= p; i++) cin >> a, IDX[a] = i;
    VI D;
    for (int i = 0, b; i < q; i++) {
      cin >> b, b = IDX[b];
      if (b == 0) continue;
      VI::iterator it = lower_bound(D.begin(), D.end(), b);
      if (it == D.end()) D.push_back(b);
      else *it = b;
    }
    printf("Case %d: %llu\n", t, D.size());
  }
  return 0;
}
/*
算法分析请参考：《算法竞赛入门经典——训练指南》升级版 1.4 节例题 27
*/
```

## 例 2-36　【最大连续和】最大连续子序列（HDU 1231）

给定 $K$ 个整数的序列{ $N_1, N_2, \cdots, N_K$}，其任意连续子序列可表示为{$N_i, N_{i+1}, \cdots, N_j$}，其中 $1 \leqslant i \leqslant j \leqslant K$。最大连续子序列是所有连续子序列中元素和最大的一个，如给定序列{-2, 11, -4, 13, -5, -2}，其最大连续子序列为{11, -4, 13}，最大和为 20。

计算最大和的子序列，输出其元素和以及第一个和最后一个元素。

【代码实现】

```
// 陈锋
#include <bits/stdc++.h>
/*
d(i)表示以 i 为结尾的最大连续和，d(i)=max(0,d(i-1))+Ai
要么包含 D[i-1]，要么不包含
*/
using namespace std;
const int NN = 10004;
int D[NN], A[NN];
int main() {
  for (int n; scanf("%d", &n) == 1 && n;) {
    D[0] = 0;
    for (int i = 1; i <= n; i++) {
      int &a = A[i];
      scanf("%d", &a);                    // D[i]：以 i 为结尾的子序列和的最大值
      D[i] = max(D[i - 1] + a, a);        // 是否包含 A[i]
    }
    int ed_v = A[1], maxd = D[1], ed = 1;
    for (int i = 1; i <= n; i++)          // 最大子序列结束元素及其位置
      if (D[i] > maxd) maxd = D[i], ed_v = A[i], ed = i;
```

```
    int st_v = A[ed];                        // 开始元素值
    for (int i = ed, s = 0; i > 0 && s < maxd; i--) s += A[i], st_v = A[i];
    if (maxd >= 0) printf("%d %d %d\n", maxd, st_v, ed_v);
    else printf("%d %d %d\n", 0, A[1], A[n]);
  }
  return 0;
}
/*
同类题目：Max Sum, HDU 1003
*/
```

### 例 2-37 【矩阵链乘】乘法谜题（Multiplication Puzzle, POJ 1651）

乘法谜题是用一行纸牌玩的游戏，每张纸牌包含一个正整数。在游戏过程中，玩家将一张纸牌从该行中取出，并为其打分，分值等于所获得的纸牌所含整数与该牌左右两侧纸牌所含整数的乘积。不允许取出该行中的第一张和最后一张牌。最后一步之后，该行只剩下两张牌。

计算最终总得分的最小值。

例如，假设该行中的纸牌包含数字 10、1、50、20、5，则玩家可能会依次选择一张所含整数为 1、20 和 50 的纸牌，该做法最终所得分数为 $10 * 1 * 50 + 50 * 20 * 5 + 10 * 50 * 5 = 500 + 5000 + 2500 = 8000$。如果他以相反的顺序拿牌，即 50、20，然后 1，则得分为 $1 * 50 * 20 + 1 * 20 * 5 + 10 * 1 * 5 = 1000 + 100 + 50 = 1150$。

【代码实现】

```
// 陈锋
#include <algorithm>
#include <cstdio>
#include <cstring>
using namespace std;
const int NN = 100 + 10;
int N, A[NN], F[NN][NN];  // DP 数组，F[i][j]表示取出 i～j 数字的最小花费

int main() {
  scanf("%d", &N);
  // 注意：memset 为 0x3f 会使得每个数组中的数字都为 0x3f3f3f3f，是一个极大值
  memset(F, 0x3f, sizeof F);
  for (int i = 1; i <= N; i++) scanf("%d", A + i);
  for (int len = 2; len <= N; len++)              // 枚举长度
    for (int i = 1; i + len - 1 <= N; i++) {      // 枚举起始点
      F[i][i] = F[i][i + 1] = 0;
      for (int j = i + len - 1, k = i; k < j; k++)
        F[i][j] = min(F[i][k] + F[k][j] + A[i] * A[k] * A[j], F[i][j]);
    }
  printf("%d", F[1][N]);
  return 0;
}
/*
算法分析请参考：《算法竞赛入门经典（第 2 版）》9.4.1 节最优矩阵链乘
```

```
同类题目：Expression, HDU 5396
*/
```

### 例 2-38　【区间切割 DP】切木棍（Cutting Sticks, UVa 10003）

有一根长度为 $L$（$L$<1000）的木棍，还有 $n$（$n$<50）个切割点的位置（按照从小到大排列）。你的任务是在这些切割点的位置处把棍子切成 $n$+1 部分，使得总切割费用最小。每次切割的费用等于被切割的木棍长度。例如，$L$=10，切割点为 2, 4, 7。如果按照 2, 4, 7 的顺序切，费用为 10+8+6=24；如果按照 4, 2, 7 的顺序切，费用为 10+4+6=20。

【代码实现】

```
// 陈锋
#include <bits/stdc++.h>
using namespace std;
typedef long long LL;
const int MAXN = 50 + 2, INF = 0x7f7f7f7f;
int L, N, C[MAXN], D[MAXN][MAXN];

int dp(int l, int r) {                               // O(n^3)
  assert(l < r);
  int &d = D[l][r];
  if (d != -1) return d;
  if (l + 1 == r) return d = 0;
  d = INF;
  for (int i = l + 1; i < r; i++)                    // 选择一个点作为切割点
    d = min(C[r] - C[l] + dp(l, i) + dp(i, r), d);
  return d;
}

int main() {
  while (scanf("%d", &L) == 1 && L) {
    scanf("%d", &N);
    C[0] = 0, C[N + 1] = L;
    for(int i = 1; i <= N; i++) scanf("%d", &(C[i]));
    memset(D, -1, sizeof(D));
    int ans = dp(0, N + 1);
    printf("The minimum cutting is %d.\n", ans);
  }
  return 0;
}
/*
算法分析请参考：《算法竞赛入门经典（第 2 版）》例题 9-9
同类题目：Cake Slicing, ACM/ICPC Nanjing 2007, UVa 1629
          棋盘分割, POJ 1191
          Post Office, POJ 1161
*/
```

### 例 2-39　【括号序列】括号序列（Brackets Sequence, NEERC 2001, UVa 1626）

定义如下正规括号序列（字符串）。

- 空序列是正规括号序列。
- 如果 *S* 是正规括号序列，那么(*S*)和[*S*]也是正规括号序列。
- 如果 *A* 和 *B* 都是正规括号序列，那么 *AB* 也是正规括号序列。

例如，下面的字符串都是正规括号序列：()，[]，(())，([])，()[]，()[()]；而如下字符串则不是正规括号序列：(，[，]，)(，([()。

输入一个长度不超过 100，由“(” “)” “[” “]”构成的序列，添加尽量少的括号，得到一个正规括号序列。如有多解，输出任意一个序列即可。

【代码实现】

```
// 陈锋
#include <bits/stdc++.h>

using namespace std;
#define _for(i, a, b) for (int i = (a); i < (b); ++i)
#define _rep(i, a, b) for (int i = (a); i <= (b); ++i)
typedef long long LL;

const int MAXN = 100 + 4, INF = 0x7f7f7f7f;
char S[MAXN];
map<char, string> M2;

inline bool match(char c1, char c2) {
  return (c1 == '[' && c2 == ']') || (c1 == '(' && c2 == ')');
}
int D[MAXN][MAXN], N;
void init_dp() {  // (i, j) <- i+1, j-1, i+1, j-1, (i,k + k+1,j)
  memset(D, 0, sizeof(D));
  _rep(i, 0, N - 1) D[i][i] = 2;
  for (int i = N - 2; i >= 0; i--) {
    _rep(j, i + 1, N - 1) {
      int& d = D[i][j];
      d = INF;
      if (match(S[i], S[j])) d = min(d, 2 + D[i + 1][j - 1]);
      _for(m, i, j) d = min(d, D[i][m] + D[m + 1][j]);
    }
  }
}

ostream& print(ostream& os, int i, int j) {
  if (i > j) return os;
  char cl = S[i], cr = S[j];
  if (i == j) return os << M2[cl];
  int d = D[i][j];

  if (match(cl, cr) && d == D[i + 1][j - 1] + 2)
    return print(os << cl, i + 1, j - 1) << cr;
  _for(m, i, j) if (d == D[i][m] + D[m + 1][j])
```

```
    return print(print(os, i, m), m + 1, j);
  return os;
}
int main() {
  int T;
  M2['['] = "[]", M2['('] = "()", M2[']'] = "[]", M2[')'] = "()";
  fgets(S, MAXN, stdin);
  sscanf(S, "%d", &T);
  _for(t, 0, T) {
    if (t) puts("");
    fgets(S, MAXN, stdin), fgets(S, MAXN, stdin);
    N = strlen(S) - 1;
    init_dp();
    stringstream ss;
    print(ss, 0, N - 1);
    puts(ss.str().c_str());
  }
  return 0;
}
/*
算法分析请参考：《算法竞赛入门经典（第 2 版）》例题 9-10
注意：本题中对于 ostream&类型的使用
*/
```

### 例 2-40　【字符串划分问题；回文预处理】划分成回文串（Partitioning by Palindromes, UVa 11584）

输入一个由小写字母组成的字符串，你的任务是把它划分成尽量少的回文串。例如，racecar 本身就是回文串；fastcar 只能分成 7 个单字母的回文串；aaadbccb 最少可分成 3 个回文串 aaa, d, bccb。字符串长度不超过 1000。

【代码实现】

```
// 陈锋
#include <bits/stdc++.h>
using namespace std;
typedef long long LL;
const int MAXN = 1024;
int N, isPa[MAXN][MAXN], D[MAXN];
string S;

int dp(int k) {                // S[0,k]对应的方案数 O(n^2)
  int &d = D[k];
  if (d != -1) return d;
  d = MAXN;
  if (isPa[0][k]) return d = 1;
  for (int i = 1; i <= k; i++)
    if (isPa[i][k]) d = min(1 + dp(i - 1), d);
  return d;
}
```

```
int main() {
  int T;
  cin >> T;
  while (T--) {
    cin >> S, N = S.length();
    memset(isPa, 0, sizeof(isPa)), memset(D, -1, sizeof(D));
    for (int i = 0; i < N; i++) {
      int l = i, r = i;
      while (l >= 0 && r < N && S[l] == S[r]) isPa[l--][r++] = 1;
      l = i, r = i + 1;
      while (l >= 0 && r < N && S[l] == S[r]) isPa[l--][r++] = 1;
    }
    int ans = dp(N - 1);
    printf("%d\n", ans);
  }
  return 0;
}
/*
算法分析请参考:《算法竞赛入门经典(第 2 版)》例题 9-7
注意: 预处理所有回文的方法
同类题目: Chopsticks, UVa 10271
          Folding, NEERC 2001, UVa 1630
          Palindrome, POJ 1159
*/
```

## 例 2-41 【树形 DP; 二次换根】计算机网络 (Computer, HDU 2196)

给定一棵树,边有权值,输出离每个点最远的那个点的距离。

【代码实现】

```
// 陈锋
#include <bits/stdc++.h>
using namespace std;
const int NN = 10000 + 8;
struct Edge {
  int v, w;
};
vector<Edge> G[NN];
int N, F[NN], SF[NN], FV[NN], H[NN];
/*
F(u): Tree(u)中距离 u 的最长距离; H(u): 树中除子树 u 外的点到 u 的最大距离。
F(u)一次 DFS 即可: F(u)=max{w(u→v) + F(v)}
如何计算 H? 假设 u 有 k 个子: v1,v2…,vk:
v 不是 F(u)经过的点, H(v) = w(v,u)+max(F(u), H(u))
反之, 不能选择 F(u), 要选择 Tree(u)第二大距离 SF(U), H(v)=w(v,u) + max(SF(u),H(u))
所求结果就是 max{F(u), H(u)}
*/
int dfsF(int u) {
  int &f = F[u], &sf = SF[u];
```

```
  f = 0, sf = 0;
  for (size_t ei = 0; ei < G[u].size(); ei++) {
    const Edge& e = G[u][ei];
    int nf = dfsF(e.v) + e.w;
    if (nf >= f) {
      sf = f;
      f = nf, FV[u] = e.v;
    } else if (nf > sf)
      sf = nf;
  }
  return f;
}

void dfsH(int u) {  // H[u]: 所求解
  for (size_t ei = 0; ei < G[u].size(); ei++) {
    const Edge& e = G[u][ei];
    H[e.v] = max(H[u], FV[u] == e.v ? SF[u] : F[u]) + e.w;
    dfsH(e.v);
  }
}

int main() {
  ios::sync_with_stdio(false), cin.tie(0);
  while (cin >> N && N) {
    for (int i = 1; i <= N; ++i) G[i].clear();
    for (int u = 2, v, w; u <= N; ++u)
      cin >> v >> w, G[v].push_back((Edge){u, w});
    dfsF(1);
    H[1] = 0;
    dfsH(1);
    for (int i = 1; i <= N; ++i) cout << max(F[i], H[i]) << endl;
  }

  return 0;
}
/*
同类题目: Fiber-optic Network, ACM/ICPC 牡丹江 2014, 牛客 NC 127548
*/
```

**例 2-42　【树形 DP；二次换根；树上流量】累计的度数（Accumulation Degree, POJ 3585）**

树形水系中，有 $N-1$ 条河道，$N(N\leqslant 2\times 10^5)$ 个交叉点。每条河道 $x$-$y$ 都有一个容量 $c(x,y)$。河道中单位时间流水量不能超过河道容量。求每个交叉点作为根，到叶子结点的最大流量。

**【代码实现】**

```
// 二次扫描，换根
// 陈锋
#include <algorithm>
#include <cstdio>
#include <iostream>
```

```
#include <vector>

/*
记 D(x)为以 x 为根的子树中，以 x 为源点从 x 发出的最大流量，则:
D(x)=Σ Deg(y)==1?(x,y):min(D(y),c(x,y)), y∈son(x)
任选 x=1 作为树根，DFS 一次，计算所有的 D(u)
记 F(u)为 u 作为根到叶结点的最大流量。以 1 为根，则显然 F(1)=D(1)。
对于 y，记 x=pa(y)，如果 Degree(x)=1，则 F(y)=D(y)+c(x,y)
否则，从 y 流出的流量，就是 D(y)+y→x→w。
x→y 的部分为 min(D(y), c(x,y))
那么 x→w 就是 F(x)- min(D(y), c(x,y))
F(y)=D(y)+min(c(x,y), F(x)-min(D(y), c(x,y)))
*/
using namespace std;

const int MAXN = 2e5 + 4;
int N, F[MAXN], D[MAXN];
struct Edge {
  int v, w;
  Edge(int to = 0, int _w = 0) : v(to), w(_w) {}
};
vector<Edge> G[MAXN];
int dfs1(int u, int fa) {
  int& d = D[u];
  d = 0;
  for (size_t i = 0; i < G[u].size(); i++) {
    const Edge& e = G[u][i];
    if (e.v == fa) continue;
    int c = e.w;
    if (G[e.v].size() > 1) c = min(c, dfs1(e.v, u));
    d += c;
  }
  return d;
}

void dfs2(int u, int fa) {
  for (size_t i = 0; i < G[u].size(); i++) {
    const Edge& e = G[u][i];
    if (e.v == fa) continue;
    if (G[u].size() == 1)
      F[e.v] = D[e.v] + e.w;
    else
      F[e.v] = D[e.v] + min(e.w, F[u] - min(D[e.v], e.w));
    dfs2(e.v, u);
  }
}

int main() {
  int T;
```

```
  scanf("%d", &T);
  while (T--) {
    scanf("%d", &N);
    fill_n(D, N + 1, 0);
    for (int i = 0; i <= N; i++) G[i].clear();
    for (int i = 1, x, y, z; i < N; i++) {
      scanf("%d%d%d", &x, &y, &z);
      G[x].push_back(Edge(y, z)), G[y].push_back(Edge(x, z));
    }
    dfs1(1, -1);
    F[1] = D[1];
    dfs2(1, -1);
    int ans = *max_element(F + 1, F + N + 1);
    printf("%d\n", ans);
  }
  return 0;
}
/*
同类题目：Magic boy Bi Luo with his excited tree, HDU 5834
*/
```

### 例 2-43　【树的重心】平衡的艺术（Balancing Act, POJ 1655）

给出一棵包含 $N$（$1 \leqslant N \leqslant 20\ 000$）个结点的树，结点编号从 1 开始。删除任何结点都会形成一个森林。定义结点的平衡度为删除这个结点后形成的森林中结点数最多的树的结点数。

例如，从如图 2-9 所示的树中删除结点 4，会形成两棵树{5}和{1,2,3,6,7}，所以结点 4 的平衡度就是 5。

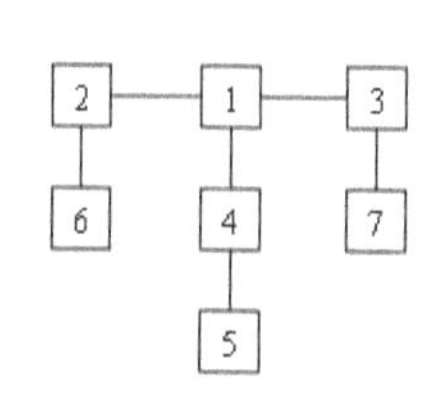

图 2-9　平衡的艺术

计算整棵树上平衡度最小的结点。如果多个结点的平衡度相同，则输出编号最小的那个。

【代码实现】

```
// 陈锋
#include <cstdio>
#include <vector>
const int MAXN = 20000 + 4;
using namespace std;
int N, MaxS, Centroid;
vector<int> E[MAXN];
int dfs(int u, int fa) {
  int s = 1, max_s = -1;
  for (size_t i = 0; i < E[u].size(); i++) {
    int v = E[u][i];
    if (v == fa) continue;
    int sv = dfs(v, u);
    s += sv, max_s = max(max_s, sv);      // 统计最大的结点树的子结点数
  }
  max_s = max(max_s, N - s);              // 除子树 u 外的其他子树大小
```

```
  if (max_s < MaxS || (max_s == MaxS && Centroid > u))
    MaxS = max_s, Centroid = u;
  return s;
}

int main() {
  int T;
  scanf("%d", &T);
  while (T--) {
    scanf("%d", &N);
    for (int i = 1; i <= N; i++) E[i].clear();
    for (int i = 1, u, v; i < N; i++) {
      scanf("%d %d", &u, &v);
      E[u].push_back(v), E[v].push_back(u);
    }
    MaxS = MAXN, Centroid = 0;
    dfs(1, -1);
    printf("%d %d\n", Centroid, MaxS);
  }
  return 0;
}
/*
算法分析请参考：《算法竞赛入门经典（第 2 版）》9.4.2 节树的重心
同类题目：树的重心, CSP-S 2019 D2T3
*/
```

## 例 2-44 【树的直径】牛的马拉松（Cow Marathon, POJ 1985）

对于一棵包含 $n$ 个结点的无根树，找到一条最长路径。换句话说，要找到两个点，使得它们之间的距离最远。

【代码实现】

```
// 陈锋
#include <algorithm>
#include <cstdio>
#include <iostream>
#include <vector>

const int MAXN = 1e6 + 4;
struct Edge {
  Edge(int _v, int _w) : v(_v), w(_w) {}
  int v, w;
};
using namespace std;
int N, M, ans;
vector<Edge> G[MAXN];
int D[MAXN];

void dfs(int u, int fa) {
  int &d = D[u], d1 = 0;                    // D 到不同子树叶子的第 1,2 长路径
```

```
  d = 0;
  for (size_t i = 0; i < G[u].size(); i++) {
    const Edge& e = G[u][i];
    if (e.v == fa) continue;
    dfs(e.v, u);
    int nd = e.w + D[e.v];
    if (nd >= d)
      d1 = d, d = nd;
    else if (nd > d1)
      d1 = nd;
  }
  ans = max(ans, d + d1);
}

int main() {
  scanf("%d %d", &N, &M);
  char S[8];
  for (int i = 1, u, v, w; i <= M; i++) {
    scanf("%d %d %d %s", &u, &v, &w, S);
    G[u].push_back(Edge(v, w)), G[v].push_back(Edge(u, w));
  }
  ans = -1;
  dfs(1, -1);
  printf("%d\n", ans);
  return 0;
}
/*
算法分析请参考：《算法竞赛入门经典（第 2 版）》9.4.2 节树的最长路径
注意：同一个结点往下的最长路径以及第二长路径的更新方法
*/
```

### 例 2-45　【树上的动态规划；多个优化目标】放置街灯（Placing Lampposts, UVa 10859）

给你一个包含 $n$ 个点、$m$ 条边（$m<n\leqslant 1000$）的无向无环图，在尽量少的结点上放灯，使得所有边都能被照亮。每盏灯将照亮以它为端点的所有边。在灯的总数最小的前提下，被两盏灯同时照亮的边数应尽量大。

【代码实现】

```
// 刘汝佳
#include <cstdio>
#include <cstring>
#include <vector>
using namespace std;
const int NN = 1000 + 8, BASE = 2000;
vector<int> G[NN];                // 森林是稀疏的，这样节省空间，枚举相邻结点也更快
int Vis[NN][2], D[NN][2], N, M;

int dp(int i, int j, int f) {  // DFS 的同时进行动态规划，f 是父结点，不存入状态里
  if (Vis[i][j]) return D[i][j];
```

```
  Vis[i][j] = 1;
  int& ans = D[i][j];

  // 放灯总是合法决策
  ans = BASE;                    // 灯的数量加 1, x 加 BASE
  for (int k = 0; k < G[i].size(); k++)
    if (G[i][k] != f)            // 这个判断非常重要！除父结点外的相邻结点才是子结点
      ans += dp(G[i][k], 1, i);  // 注意，这些结点的父结点是 i
  if (!j && f >= 0) ans++;       // 如果 i 不是根，且父结点没放灯，则 x 加 1

  if (j || f < 0) {              // i 是根或者其父结点已放灯，i 才可以不放灯
    int sum = 0;
    for (int k = 0; k < G[i].size(); k++)
      if (G[i][k] != f) sum += dp(G[i][k], 0, i);
    if (f >= 0) sum++;           // 如果 i 不是根，则 x 加 1
    ans = min(ans, sum);
  }
  return ans;
}

int main() {
  int T, a, b;
  scanf("%d", &T);
  while (T--) {
    scanf("%d%d", &N, &M);
    for (int i = 0; i < N; i++) G[i].clear();
    for (int i = 0, a, b; i < M; i++)
      scanf("%d%d", &a, &b), G[a].push_back(b), G[b].push_back(a);
    memset(Vis, 0, sizeof(Vis));
    int ans = 0;
    for (int i = 0; i < N; i++)
      if (!Vis[i][0]) ans += dp(i, 0, -1);                  // 新的一棵树的树根
    printf("%d %d %d\n", ans/BASE, M-ans%BASE, ans%BASE);  // 从 x 计算 3 个整数
  }
  return 0;
}
/*
算法分析请参考:《算法竞赛入门经典——训练指南》升级版 1.5.3 节例题 30
*/
```

## 例 2-46 【货郎挑担问题（TSP）】匹萨派送（Hie with the Pie, POJ 3311）

有 $n+1$ 个城市，两两之间均有道路直接相连。给出两个城市 $i$ 和 $j$ 之间的道路长度 $D_{i,j}$，求一条可经过每个城市且仅经过一次，最后可回到起点的路线，使得经过的道路总长度最短。$n \leqslant 10$，城市编号为 $0 \sim n$。

【代码实现】

```
// 陈锋
#include <algorithm>
```

```
#include <cstdio>
#include <cstring>
using namespace std;

const int NN = 10 + 1, INF = 0x3f3f3f3f;
int N, D[NN][NN], F[NN][1 << 12];                       // 状态压缩

inline void floyd() {                                   // D(i,j)->i 到 j 的最短距离
  for (int k = 0; k <= N; k++)
    for (int i = 0; i <= N; i++)
      for (int j = 0; j <= N; j++)
        D[i][j] = min(D[i][k] + D[k][j], D[i][j]);  // i-j 的最短路
}
// F(i,s): 当前在 i，还需要访问 s 中的点各一次
int dp(int i, int s) {
  int &f = F[i][s];
  if (s == 0) return f = D[i][0];                       // 已达目的地
  if (f != -1) return f;
  f = INF;
  for (int j = 0; j <= N; j++) {
    if (s & (1 << j))                                   // j: 下一个点
      f = min(f, D[i][j] + dp(j, s ^ (1 << j)));
  }
  return f;
}

int main() {
  while (scanf("%d", &N) == 1 && N) {
    memset(F, -1, sizeof(F)), memset(D, 0x3f, sizeof(D));
    for (int i = 0; i <= N; i++)
      for (int j = 0; j <= N; j++) scanf("%d", &D[i][j]);
    floyd(); // 结果 dp(0, (1,2,...,N-1))
    printf("%d\n", dp(0, (1 << (N + 1)) - 2));
  }
}
/*
算法分析请参考：《算法竞赛入门经典（第 2 版）》9.4.3 节货郎担问题（TSP）
同类题目：Nuts for nuts, UVa 10944
*/
```

**例 2-47　【集合动态规划；子集枚举】黑客的攻击（Hacker's Crackdown, UVa 11825）**

假设你是一个黑客，侵入了一个有着 $n$（$1\leqslant n\leqslant 16$）台计算机（编号为 $0, 1, \cdots, n-1$）的网络。一共有 $n$ 种服务，每台计算机都运行着所有服务。对于任意一台计算机，你都可以选择一项服务，终止这台计算机和所有与它相邻的计算机的该项服务（如果其中一些服务已经停止，则这些服务继续处于停止状态）。你的目标是让尽量多的服务器完全瘫痪（即没有任何计算机运行该项服务），输出完全瘫痪的服务器的最大数量。

【代码实现】

```
// 陈锋
#include <algorithm>
#include <cstdio>
using namespace std;

const int NN = 16;
int P[NN], cover[1 << NN], f[1 << NN];
int main() {
  for (int kase = 1, n; scanf("%d", &n) == 1 && n; kase++) {
    for (int i = 0, m, x; i < n; i++) {
      scanf("%d", &m), P[i] = 1 << i;
      while (m--) scanf("%d", &x), P[i] |= (1 << x);
    }
    for (int S = 0; S < (1 << n); S++) {
      cover[S] = 0;
      for (int i = 0; i < n; i++)
        if (S & (1 << i)) cover[S] |= P[i];
    }
    f[0] = 0;
    int ALL = (1 << n) - 1;
    for (int S = 1; S < (1 << n); S++) {
      f[S] = 0;
      for (int S0 = S; S0; S0 = (S0 - 1) & S)
        if (cover[S0] == ALL) f[S] = max(f[S], f[S ^ S0] + 1);
    }
    printf("Case %d: %d\n", kase, f[ALL]);
  }
  return 0;
}
/*
算法分析请参考：《算法竞赛入门经典——训练指南》升级版 1.5.3 节例题 29
*/
```

### 例 2-48 【状态压缩 DP】玉米地（Corn Fields, POJ 3254）

有一块长方形的牧场，被划分成 $M$ 行、$N$ 列（$1 \leqslant M, N \leqslant 12$），每一格都是一块正方形的土地。FJ 打算在牧场的某些格土地里种上美味的草，供他的奶牛们享用。遗憾的是，有些土地相当贫瘠，不能用来放牧。并且，奶牛们喜欢独占一块草地，于是 FJ 不会选择两块相邻的土地，即没有两块草地有公共边。当然，FJ 还没有决定在哪些土地上种草。

作为一个好奇的农场主，FJ 想知道，如果不考虑草地的总块数，那么一共有多少个种植方案可供他选择。当然，把新的牧场荒废，不在任何土地上种草，也算一个方案。请你帮 FJ 算一下这个总方案数。

【代码实现】

```
// 陈锋
#include <cstdio>
const int MOD = 100000000;
```

```
int B[13], St[377], F[13][377];
int main() {
  int S = 1 << 12, k = 0;
  for (int i = 0; i < (1 << 12); i++)
    if (!(i & (i << 1))) St[k++] = i;                    // 合法的行状态
  St[k] = S;

  int M, N, t;
  scanf("%d%d", &M, &N);
  for (int i = 0; i < M; i++)
    for (int j = 0; j < N; j++)
      scanf("%d", &t), B[i] = (B[i] << 1) | !t;          // 荒地

  S = 1 << N;
  for (int i = 0; St[i] < S; i++) if (!(B[0]&St[i])) F[0][i] = 1; // 第 0 行
  for (int r = 1; r < M; r++)
    for (int i = 0; St[i] < S; i++) {                    // 第 r-1 行状态
      if (B[r - 1] & St[i]) continue;
      for (int ri = 0; St[ri] < S; ri++)                 // 第 r 行状态
        if (!(B[r]&St[ri]) && !(St[i]&St[ri]))           // 不和上一行及当前行荒地冲突
          (F[r][ri] += F[r - 1][i]) %= MOD;
    }

  int r = M - 1, ans = F[r][0];
  for (int i = 1; St[i] < S; i++)                        // 处理最后一行
    ans = (ans + F[r][i]) % MOD;
  printf("%d\n", ans);
  return 0;
}
/*
每行状态只影响下一行。
可以将所有合法的行状态都记录下来。(s&(s<<1))==0。荒地状态也记录下来。
F(r,s)，前 r 行，第 r 行状态已经决策成 s，总共多少种方案。
转移：F(i,s) = ΣF(i-1,ls)，s 和 ls 的 1 的位置不重复
一行行递推即可，最后答案是ΣF(M,s)
注意：各种位运算技巧的运用。
同类题目：Dyslexic Gollum, ACM/ICPC Amritapuri 2012, UVa 1633
         Locker, Tianjin 2012, UVa 1631
         炮兵阵地, POJ 1185
*/
```

### 例 2-49　【DAG 上的 DP；矩形嵌套问题】巴比伦塔（The Tower of Babylon, UVa 437）

有 $n$（$n \leqslant 30$）种立方体，每种都有无穷多个。要求选一些立方体摞成一根尽量高的柱子（可以自行选择哪一条边作为高），使得每个立方体的底面长宽小于它下方立方体的底面长宽。

【代码实现】

```
// 刘汝佳
#include <cstdio>
```

```
#include <cassert>
#include <cstring>
#include <algorithm>

using namespace std;
#define _for(i, a, b) for (int i = (a); i < (b); ++i)
#define _rep(i, a, b) for (int i = (a); i <= (b); ++i)
typedef long long LL;
const int maxn = 32;
struct Block{
  int x,y,z;
  int H[3], TP[3][2];
  void init(){
    H[0] = x;
    TP[0][0] = min(y,z), TP[0][1] = max(y,z);

    H[1] = y;
    TP[1][0] = min(x,z), TP[1][1] = max(x,z);

    H[2] = z;
    TP[2][0] = min(x,y), TP[2][1] = max(x,y);
  }
};
int n, D[maxn][3];
Block blocks[maxn];
int dp(int k, int h){ // 当前是第 i 个块，第 h 条边作为其高度
  assert(0 <= h && h < 3);
  int& d = D[k][h];
  if(d != -1) return d;
  const Block& bk = blocks[k];
  d = bk.H[h];
  int x = bk.TP[h][0], y = bk.TP[h][1];
  _for(i, 0, n){
    const Block& b = blocks[i];
    _for(hi, 0, 3)
      if(b.TP[hi][0] < x && b.TP[hi][1] < y) d = max(d, bk.H[h] + dp(i, hi));
  }
  return d;
}

int main() {
  for(int t = 1; scanf("%d", &n) == 1 && n; t++){
    _for(i, 0, n) {
      Block& b = blocks[i];
      scanf("%d%d%d", &(b.x), &(b.y), &(b.z));
      b.init();
    }
    memset(D, -1, sizeof(D));
    int ans = -1;
```

```
    _for(i, 0, n) _for(hi, 0, 3) ans = max(ans, dp(i, hi));
    printf("Case %d: maximum height = %d\n", t, ans);
  }
  return 0;
}
/*
算法分析请参考:《算法竞赛入门经典（第 2 版）》例题 9-2
同类题目: A Spy in the Metro, ACM/ICPC World Finals 2003, UVa 1025
*/
```

### 例 2-50　【斜率优化 DP】任务安排（Batch Scheduling, IOI 2002，牛客 NC 51204）

有 $N$ 个任务排成一个序列，在一台机器上等待执行，且它们的顺序不得改变。机器会把这 $N$ 个任务分成若干批，每批包含连续的若干个任务。从时刻 0 开始，任务被分批加工，执行第 $i$ 个任务所需的时间是 $T_i$。另外，在每批任务开始前，机器需要 $S$ 的启动时间，故执行一批任务所需的时间是启动时间 $S$ 加上每个任务所需的时间。

一个任务执行后，将在机器中短暂等待，直至该批任务全部执行完毕。也就是说，同一批任务将在同一时刻完成。每个任务的费用是它的完成时刻乘以一个费用系数 $C_i$。

请为机器规划一个分组方案，使得总费用最小。

**【代码实现】**

```
// 陈锋
#include<bits/stdc++.h>

using namespace std;
typedef long long LL;
const int NN = 10000 + 4;
int N, S, T[NN], C[NN], Q[NN], G[NN], D[NN];
inline double f(int k, int i) {return (double)(D[k] - D[i]) / (Q[k] - Q[i]); }

int main() {
  scanf("%d%d", &N, &S);
  Q[N + 1] = G[N + 1] = D[N + 1] = 0;
  for (int i = 1; i <= N; i++) scanf("%d%d", &(T[i]), &(C[i]));
  deque<int> q;
  q.push_back(N + 1);
  for (int i = N; i >= 1; i--) {
    Q[i] = T[i] + Q[i + 1], G[i] = C[i] + G[i + 1];
    while (q.size() >= 2 && f(q[0], q[1]) < (double) G[i])
      q.pop_front();
    D[i] = D[q[0]] + (S + Q[i] - Q[q[0]]) * G[i];
    while (q.size() >= 2 && f(q[q.size() - 2], q.back()) > f(q.back(), i))
      q.pop_back();
    q.push_back(i);
  }
  printf("%d\n", D[1]);
  return 0;
}
```

```
/*
算法分析请参考：http://www.ioi2002.or.kr/eng/tasks/batch-handout.pdf
*/
```

### 例 2-51 【最优三角剖分】最大面积最小的三角剖分（Minimax Triangulation, ACM/ICPC NWERC 2004, UVa 1331）

三角剖分是指用不相交的对角线把一个多边形分成若干个三角形，如图 2-10 所示是一个六边形几种不同的三角剖分方案。

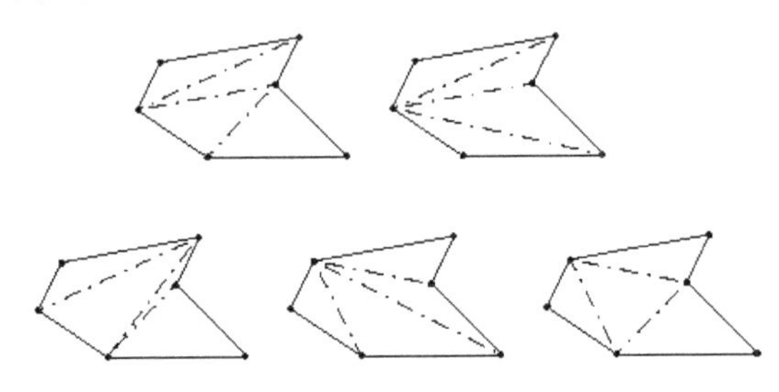

图 2-10 六边形的不同三角剖分

输入一个简单的 $m$（$2<m<50$）边形，寻找一种三角剖分方案，使得其中最大三角形的面积最小。输出最大三角形的面积。在图 2-10 所示的 5 个方案中，左下角的方案最优。

【代码实现】

```
// 刘汝佳
#include<bits/stdc++.h>
using namespace std;
#define _for(i, a, b) for (int i = (a); i < (b); ++i)
typedef long long LL;

const double eps = 1e-10;
int dcmp(double x) {
  if (fabs(x) < eps) return 0;
  return x < 0 ? -1 : 1;
}

struct Point {
  double x, y;
  Point(double x = 0, double y = 0) : x(x), y(y) {}
};

typedef Point Vector;

Vector operator+(const Vector& A, const Vector& B)
{  return Vector(A.x + B.x, A.y + B.y);}
Vector operator-(const Point& A, const Point& B)
{ return Vector(A.x - B.x, A.y - B.y); }
Vector operator*(const Vector& A, double p)
{ return Vector(A.x * p, A.y * p); }
bool operator<(const Point& a, const Point& b)
```

```
{ return a.x < b.x || (a.x == b.x && a.y < b.y); }
bool operator==(const Point& a, const Point& b)
{ return dcmp(a.x - b.x) == 0 && dcmp(a.y - b.y) == 0;}
double Dot(const Vector& A, const Vector& B)
{ return A.x * B.x + A.y * B.y; }
double Cross(const Vector& A, const Vector& B)
{ return A.x * B.y - A.y * B.x; }
double Length(Vector A) { return sqrt(Dot(A, A)); }
bool SegmentProperIntersection(const Point& a1, const Point& a2,
                               const Point& b1, const Point& b2) {
  double c1 = Cross(a2 - a1, b1 - a1), c2 = Cross(a2 - a1, b2 - a1),
         c3 = Cross(b2 - b1, a1 - b1), c4 = Cross(b2 - b1, a2 - b1);
  return dcmp(c1) * dcmp(c2) < 0 && dcmp(c3) * dcmp(c4) < 0;
}

bool OnSegment(const Point& p, const Point& a1, const Point& a2) {
  return dcmp(Cross(a1 - p, a2 - p)) == 0 && dcmp(Dot(a1 - p, a2 - p)) < 0;
}

typedef vector<Point> Polygon;

int isPointInPolygon(const Point& p, const Polygon& poly) {
  int n = poly.size();
  int wn = 0;
  for (int i = 0; i < n; i++) {
    const Point& p1 = poly[i];
    const Point& p2 = poly[(i + 1) % n];
    if (p1 == p || p2 == p || OnSegment(p, p1, p2)) return -1; // 在边界上
    int k = dcmp(Cross(p2 - p1, p - p1));
    int d1 = dcmp(p1.y - p.y);
    int d2 = dcmp(p2.y - p.y);
    if (k > 0 && d1 <= 0 && d2 > 0) wn++;
    if (k < 0 && d2 <= 0 && d1 > 0) wn--;
  }
  if (wn != 0) return 1;                        // 内部
  return 0;                                     // 外部
}

bool isDiagonal(const Polygon& poly, int a, int b) {
  int n = poly.size();
  for (int i = 0; i < n; i++)
    if (i != a && i != b && OnSegment(poly[i], poly[a], poly[b]))
      return false;                             // 中间不能有其他点
  for (int i = 0; i < n; i++)
    if (SegmentProperIntersection(poly[i], poly[(i + 1) % n], poly[a], poly[b]))
      return false;                             // 不能和多边形的边规范相交
  Point midp = (poly[a] + poly[b]) * 0.5;
  return (isPointInPolygon(midp, poly) == 1);  // 整条线段在多边形内
}
```

```
const int MAXM = 50 + 2;
int M;
double D[MAXM][MAXM];
double dp(const Polygon& poly, int i, int j) {
  double& d = D[i][j];
  if (d > -1) return d;
  if (i + 1 == j) return d = 0;
  d = DBL_MAX;
  if (!(i == 0 && j == M - 1) && !isDiagonal(poly, i, j)) return d = DBL_MAX;
  _for(k, i + 1, j) {
    double m = max(dp(poly, i, k), dp(poly, k, j));
    // (i,j,k)-面积
    m = max(m, fabs(Cross(poly[i] - poly[j], poly[i] - poly[k])) / 2.0);
    d = min(d, m);
  }
  return d;
}

// 输入一个M边形，寻找其最大三角形的面积最小的三角剖分方案，输出最大三角形的面积
double solve(const Polygon& poly) {
  _for(i, 0, M) _for(j, 0, M) D[i][j] = -1;
  return dp(poly, 0, M - 1);
}

int main() {
  int T;
  ios::sync_with_stdio(false), cin.tie(0);
  cin >> T;
  double x, y;
  Polygon p;
  while (T--) {
    cin >> M;
    p.clear();
    _for(i, 0, M) cin >> x >> y, p.emplace_back(x, y);
    double ans = solve(p);
    printf("%.1lf\n", ans);
  }
  return 0;
}
/*
算法分析请参考：《算法竞赛入门经典（第2版）》例题 9-11
同类题目：Triangle Count Sequences of Polygon Triangulations, ACM/ICPC Greater NY 2013
*/
```

### 例 2-52 【单调队列优化 DP】纸币（Banknotes, POI 2005，牛客 NC 50532）

Byteotian Bit Bank（BBB）拥有一套先进的货币系统，该系统共有 $n$ 种不同面值的硬币，面值分别为 $b_1, b_2, \cdots, b_n$。已知每种硬币都有一定的数量限制，问：想要凑出面值 $k$，最少要用多少个硬币？

【代码实现】

```
// 陈锋
#include <bits/stdc++.h>
using namespace std;
const int NN = 210, MM = 20010, INF = 0x3f3f3f3f;
typedef pair<int, int> IPair;
int N, A[NN], C[NN], M, F[MM];
struct Item {int fk, k; };
int main() {
  ios::sync_with_stdio(false), cin.tie(0);
  cin >> N;
  memset(F, 0x3f, sizeof(F)); F[0] = 0;
  for (int i = 1; i <= N; ++i) cin >> A[i];
  for (int i = 1; i <= N; ++i) cin >> C[i];
  cin >> M;
  deque<Item> Q;
  for (int i = 1; i <= N; ++i) {             // 考虑 F[1...i]
    int a = A[i];
    for (int r = 0; r < a; ++r) {            // r = k%M
      Q.clear();
      /*
        f(i, r + xa) = min(f(i - 1, r + ya) + x - y}, y < x < y + C[i]
        f(i, r + xa) - x = min(f(i - 1, r + ya) - y)
      */
      for (int k = 0; k * a + r <= M; ++k) {
        int x = k * a + r;
        while (!Q.empty() && k - Q.front().k > C[i]) Q.pop_front();
        while (!Q.empty() && F[x] - k <= Q.front().fk) Q.pop_back();
        Q.push_back({F[x] - k, k});
        F[x] = min(F[x], Q.front().fk + k);
      }
    }
  }
  cout << F[M] << endl;
  return 0;
}
/*
同类题目：UVa 12170  Easy Climb
*/
```

### 例 2-53 【数位统计】统计问题（The Counting Problem, ACM/ICPC 上海 2004, UVa 1640）

给出整数 $a$，$b$，统计 $a$ 和 $b$（包含 $a$ 和 $b$）之间的整数中，数字 0,1,2,3,4,5,6,7,8,9 分别出现了多少次。$1 \leqslant a,b \leqslant 10^8$。注意，$a$ 有可能大于 $b$。

【代码实现（C++11）】

```
// 陈锋
#include <bits/stdc++.h>
using namespace std;
```

```
#define _for(i, a, b) for (int i = (a); i < (b); ++i)
#define _rep(i, a, b) for (int i = (a); i <= (b); ++i)
typedef long long LL;
typedef valarray<int> TRes;

int P10[9];                                          // P10[i] = 10^i
TRes solve(int N) {                                  // 计算 0~N 的每个值
  TRes ans(0, 10);
  if (N == 0) {
    ans[0] = 1;
    return ans;
  }
  auto S = to_string(N);
  int W = S.size();
  _for(k, 1, W) {                                    // ***** 宽度为 k 的数字
    if (k == 1) {                                    // 0~9
      ans += 1;
      continue;
    }
    _rep(d, 1, 9) ans[d] += P10[k - 1];              // d****
    ans += 9 * P10[k - 2] * (k - 1);                 // 9*(10^(k-1))*(k-1)/10
  }
  _for(i, 0, W - 1) {
    int sd = i == 0 ? 1 : 0;
    _for(d, sd, S[i] - '0') {                        // 考虑----d**** d<S[i]
      int l = W - i - 1;                             // ----d**** 中*的个数
      _for(j, 0, i) ans[S[j] - '0'] += P10[l];       // ----d**** 中的 -
      ans[d] += P10[l];                              // ----d**** 中的 d
      ans += P10[l - 1] * l;                         // ----d**** 中的*
    }
  }

  _rep(d, 0, S[W - 1] - '0') {  //******d
    _for(j, 0, W - 1) ans[S[j] - '0']++;
    ans[d]++;
  }

  return ans;
}

TRes solve(int a, int b) {
  if (a > b) swap(a, b);
  const TRes &ta = solve(a - 1), &tb = solve(b);
  return tb - ta;
}

int main() {
  P10[0] = 1;
  _for(i, 1, 9) P10[i] = 10 * P10[i - 1];
```

```
  for (int a, b; scanf("%d%d", &a, &b) == 2 && a && b; ) {
    const auto& ans = solve(a, b);
    _for(i, 0, 10) printf("%d%s", ans[i], i == 9 ? "\n" : " ");
  }
  return 0;
}
/*
算法分析请参考:《算法竞赛入门经典（第 2 版）》例题 10-22
注意：本题使用了 C++11 中新引入的数据结构 valarray，来简化对一个数组中所有元素的同时操作
*/
```

### 例 2-54　【数位统计】Windy 数（牛客 NC 20268）

Windy 定义了一种 Windy 数：不含前导零且相邻两个数字之差至少为 2 的正整数倍。询问在 $A$ 和 $B$ 之间（包括 $A,B$）总共有多少个 Windy 数？

【代码实现】

```
// 陈锋
#include <bits/stdc++.h>
using namespace std;
#define _for(i, a, b) for (int i = (a); i < (int)(b); ++i)
#define _rep(i, a, b) for (int i = (a); i <= (int)(b); ++i)

int F[20][20];                    // F[i][j]表示 i 位数，最高位为 j 的 windy 数的个数
void init() {
  _for(i, 0, 10) F[1][i] = 1;    // 1 位数
  _rep(i, 2, 10) _for(j, 0, 10) _for(k, 0, 10) if (abs(j - k) >= 2) {
    F[i][j] += F[i - 1][k];
  }
}

int solve(int x) {                                  // 小于 x 的 windy 数
  int ans = 0, len = 0, b[20];
  while (x > 0) b[++len] = x % 10, x /= 10;        // 从右到左解析
  b[len + 1] = -1;
  _for(i, 1, len) _for(j, 1, 10) ans += F[i][j]; // 比 x 短的数字
  _for(i, 1, b[len]) ans += F[len][i];             // 位数相同，但是高位小于 b 的高位
  // 目标数字从右数第 i+1 开始和 x 都相同，但是 i 位比 x 小，且前面部分符合 windy 数的规则
  for (int i = len - 1; i > 0; i--) {
    _for(j, 0, b[i]) if (abs(j - b[i + 1]) >= 2) ans += F[i][j];
    if (abs(b[i] - b[i + 1]) < 2) break;
  }
  return ans;
}

typedef long long LL;
int main() {
  init();
  ios::sync_with_stdio(false), cin.tie(0);
  for (int x, y; cin >> x >> y;)
```

```
    cout << solve(y + 1) - solve(x) << endl;
  return 0;
}
/*
同类题目：Sum of Log, ACM/ICPC 上海 2020, Codeforces Gym 102900C
*/
```

## 例 2-55 【轮廓线动态规划；覆盖模型】铺放骨牌（Tiling Dominoes, UVa 11270）

用 1×2 骨牌覆盖 $n×m$（$n,m\leqslant100$）棋盘，有多少种方法？如图 2-11 所示，是一种铺放方法。

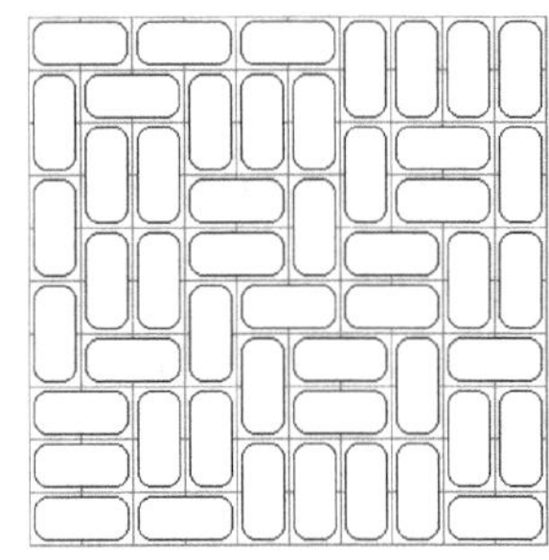

图 2-11 铺放骨牌

【代码实现】

```
// 刘汝佳
#include <cstdio>
#include <cstring>
#include <algorithm>
using namespace std;
int n, m, cur;

const int maxn = 15;
long long d[2][1<<maxn], memo[maxn*maxn][maxn*maxn];

void up(int a, int b) {
  if(b&(1<<m)) d[cur][b^(1<<m)] += d[1-cur][a];
}

long long solve(int n, int m) {
  memset(d, 0, sizeof(d));
  cur = 0;
  d[0][(1<<m)-1] = 1;
  for(int i = 0; i < n; i++)
    for(int j = 0; j < m; j++) {                    // 枚举当前要算的阶段
      cur ^= 1;
      memset(d[cur], 0, sizeof(d[cur]));
      for(int k = 0; k < (1<<m); k++) {             // 枚举上个阶段的状态
        up(k, k<<1);
        if(i && !(k&(1<<m-1))) up(k, (k<<1)^(1<<m)^1);
        if(j && !(k&1)) up(k, (k<<1)^3);
      }
    }
  return d[cur][(1<<m)-1];
}

int main() {
  memset(memo, -1, sizeof(memo));
  while(scanf("%d%d", &n, &m) == 2) {
    if(n < m) swap(n, m);
    if(memo[n][m] < 0) memo[n][m] = solve(n, m);
    printf("%lld\n", memo[n][m]);
  }
```

```
  return 0;
}
/*
算法分析请参考：《算法竞赛入门经典——训练指南》升级版 6.1 节例题 1
同类题目：UVa 1214, Manhattan Wiring
*/
```

### 例 2-56　【扫描线】最大子矩阵（City Game, SEERC 2004, POJ 1964）

给定一个 $m\times n$（$1\leqslant m,n\leqslant 1000$）的矩阵，其中一些格子是空地（$F$），其他格子是障碍（$R$）。找出一个全部由 $F$ 组成的面积最大的子矩阵，输出其面积乘以 3 后的结果。

【代码实现】

```
// 刘汝佳
#include <algorithm>
#include <cstdio>
using namespace std;

const int maxn = 1000;
int mat[maxn][maxn], up[maxn][maxn], left[maxn][maxn], right[maxn][maxn];
int main() {
  int T, m, n;
  scanf("%d", &T);
  while (T--) {
    scanf("%d%d", &m, &n);
    for (int i = 0; i < m; i++)
      for (int j = 0; j < n; j++) {
        int ch = getchar();
        while (ch != 'F' && ch != 'R') ch = getchar();
        mat[i][j] = ch == 'F' ? 0 : 1;
      }

    int ans = 0;
    for (int i = 0; i < m; i++) {                    // 从上到下逐行处理
      int lo = -1, ro = n;
      for (int j = 0; j < n; j++) {                  // 从左到右扫描，维护 up 和 left
        int &u = up[i][j], &l = left[i][j];
        if (mat[i][j] == 1)
          u = l = 0, lo = j;
        else {
          u = i == 0 ? 1 : up[i - 1][j] + 1;
          l = i == 0 ? lo + 1 : max(left[i - 1][j], lo + 1);
        }
      }
      for (int j = n - 1; j >= 0; j--) {             // 从右到左扫描，维护 right 并更新答案
        int &r = right[i][j];
        if (mat[i][j] == 1)
          r = n, ro = j;
        else {
          r = i == 0 ? ro - 1 : min(right[i - 1][j], ro - 1);
          ans = max(ans, up[i][j] * (r - left[i][j] + 1));
```

```
        }
      }
    }
    printf("%d\n", ans * 3);                    // 输出最大面积乘以 3 后的结果
  }
  return 0;
}
/*
算法分析请参考:《算法竞赛入门经典——训练指南》升级版 1.3 节例题 22
同类题目: Cricket Field, ACM/ICPC NEERC 2002, UVa 1312
*/
```

## 本节例题列表

本章讲解的例题及其囊括的知识点，如表 2-4 所示。

表 2-4　动态规划算法例题归纳

| 编　号 | 题　号 | 标　题 | 知　识　点 | 代码作者 |
|---|---|---|---|---|
| 例 2-31 | POJ 3624 | Charm Bracelet | 01 背包；滚动数组优化 | 陈锋 |
| 例 2-32 | UVa 1220 | Party at Hali-Bula | 树的最大独立集 | 陈锋 |
| 例 2-33 | POJ 1458 | Common Subsequence | 最长公共子序列问题（LCS） | 陈锋 |
| 例 2-34 | POJ 1836 | Alignment | 最长上升子序列问题（LIS） | 陈锋 |
| 例 2-35 | UVa 10635 | Prince and Princess | LCS；可转化为 LIS | 陈锋 |
| 例 2-36 | HDU 1231 | 最大连续子序列 | 最大连续和 | 陈锋 |
| 例 2-37 | POJ 1651 | Multiplication Puzzle | 矩阵链乘 | 陈锋 |
| 例 2-38 | UVa 10003 | Cutting Sticks | 区间切割 DP | 陈锋 |
| 例 2-39 | UVa 1626 | Brackets Sequence | 括号序列 | 陈锋 |
| 例 2-40 | UVa 11584 | Partitioning by Palindromes | 字符串划分问题；回文预处理 | 陈锋 |
| 例 2-41 | HDU 2196 | Computer | 树形 DP；二次换根 | 陈锋 |
| 例 2-42 | POJ 3585 | Accumulation Degree | 树形 DP；二次换根；树上流量 | 陈锋 |
| 例 2-43 | POJ 1655 | Balancing Act | 树的重心 | 陈锋 |
| 例 2-44 | POJ 1985 | Cow Marathon | 树的直径 | 陈锋 |
| 例 2-45 | UVa 10859 | Placing Lampposts | 树上的动态规划；多个优化目标 | 刘汝佳 |
| 例 2-46 | POJ 3311 | Hie with the Pie | 货郎挑担问题（TSP） | 陈锋 |
| 例 2-47 | UVa 11825 | Hacker's Crackdown | 集合动态规划；子集枚举 | 陈锋 |
| 例 2-48 | POJ 3254 | Corn Fields | 状态压缩 DP | 陈锋 |
| 例 2-49 | UVa 437 | The Tower of Babylon | DAG 上的 DP；矩形嵌套问题 | 刘汝佳 |
| 例 2-50 | NC 51204 | Batch Scheduling | 斜率优化 DP | 陈锋 |
| 例 2-51 | UVa 1331 | Minimax Triangulation | 最优三角剖分 | 刘汝佳 |
| 例 2-52 | NC 50532 | Banknotes | 单调队列优化 DP | 陈锋 |
| 例 2-53 | UVa 1640 | The Counting Problem | 数位统计 | 陈锋 |
| 例 2-54 | NC 20268 | Windy 数 | 数位统计 | 陈锋 |
| 例 2-55 | UVa 11270 | Tiling Dominoes | 轮廓线动态规划；覆盖模型 | 刘汝佳 |
| 例 2-56 | POJ 1964 | City Game | 扫描线 | 刘汝佳 |

# 第3章　数　　学

## 3.1　数　　论

在算法竞赛中，数论常常以各种面貌出现，但万变不离其宗。本节介绍几个最为常见的算法的例题及其代码实现。

**例 3-1　【唯一分解】最小公倍数的最小和（Minimum Sum LCM, UVa 10791）**

输入整数 $n$（$1 \leqslant n < 2^{31}$），求至少两个正整数，使得它们的最小公倍数为 $n$，且这些整数的和最小。输出最小的和。

【代码实现】

```
// 陈锋
#include <cmath>
#include <iostream>
using namespace std;
typedef long long LL;

LL solve(int n) {
  if (n == 1) return 2;
  int maxp = floor(sqrt(n) + 0.5), pf = 0; // 素因子(prime_factor)个数
  LL ans = 0;
  for (int i = 2; i < maxp; i++) {
    if (n % i) continue;
    int x = 1;                            // 新的素因子 i
    while (n % i == 0) n /= i, x *= i;    // x = i^()
    ans += x, pf++;
  }
  if (n > 1) pf++, ans += n;              // 注意，此时 n 没被除尽，也是一个素因子
  if (pf <= 1) ans++;
  return ans;
}

int main() {
  ios::sync_with_stdio(false), cin.tie(0);
  for (int n, kase = 1; cin >> n && n; kase++)
    cout << "Case " << kase << ": " << solve(n) << "\n";
  return 0;
}
/*
算法分析请参考：《算法竞赛入门经典（第 2 版）》例题 10-4
同类题目：Almost Prime Numbers, UVa 10539
         Perfect Pth Powers, UVa 10622
```

```
        Divisors, UVa 294
        A Research Problem, UVa 10837
*/
```

### 例 3-2 【模算术；幂取模】巨大的斐波那契数（Colossal Fibonacci Numbers, UVa 11582）

输入两个非负整数 $a, b$ 和正整数 $n$（$0 \leqslant a, b < 2^{64}$，$1 \leqslant n \leqslant 1000$），你的任务是计算 $f(a^b)$ 除以 $n$ 的余数。其中，$f(0)=f(1)=1$，且对于所有非负整数 $i$，$f(i+2)=f(i+1)+f(i)$。

【代码实现】

```
// 刘汝佳
#include <bits/stdc++.h>
using namespace std;

const int NN = 1000 + 8;
typedef unsigned long long ULL;
int F[NN][NN * 6], period[NN];

int pow_mod(ULL a, ULL b, int MOD) {
  if (!b) return 1;
  int k = pow_mod(a, b / 2, MOD);
  k = k * k % MOD;
  if (b % 2) k = k * a % MOD;
  return k;
}

int solve(ULL a, ULL b, int MOD) {
  if (a == 0 || MOD == 1) return 0;          // 需要注意边界情况
  int p = pow_mod(a % period[MOD], b, period[MOD]);
  return F[MOD][p];
}

int main() {
  ios::sync_with_stdio(false), cin.tie(0);
  for (int n = 2; n <= 1000; n++) {
    F[n][0] = 0, F[n][1] = 1;
    for (int i = 2;; i++) {
      F[n][i] = (F[n][i - 1] + F[n][i - 2]) % n;
      if (F[n][i - 1] == 0 && F[n][i] == 1) {
        period[n] = i - 1;
        break;
      }
    }
  }
  ULL a, b;
  int T;
  cin >> T;
  for (int t = 0, n; t < T; t++)
    cin >> a >> b >> n, cout << solve(a, b, n) << endl;
  return 0;
```

```
}
/*
算法分析请参考：《算法竞赛入门经典（第 2 版）》例题 10-1
同类题目：Raising Modulo Numbers, POJ 1995
*/
```

### 例 3-3　【模幂运算；素数判定】选择与除法（Choose and Divide, UVa 10375）

已知 $C_m^n = m!/(n!(m-n)!)$，输入整数 $p, q, r, s$（$p \geqslant q$，$r \geqslant s$，$p,q,r,s \leqslant 10\,000$），计算 $C_p^q / C_r^s$。输出保证不超过 $10^8$，保留 5 位小数。

【代码实现】

```
// 刘汝佳
#include <cstdio>
#include <cmath>
#include <iostream>
#include <vector>
using namespace std;

const int NN = 10000;
vector<int> primes;
int E[NN];
// 乘以或除以 n，d=0 表示乘，d=-1 表示除
void add_integer(int n, int d) {
  for (size_t i = 0; n > 1 && i < primes.size(); i++) {
    while (n % primes[i] == 0)
      n /= primes[i], E[i] += d;
    // if (n == 1) break;                  // 提前终止循环，节约时间
  }
}

void add_factorial(int n, int d) {        // 阶乘中的每一个数字计入计算结果
  for (int i = 1; i <= n; i++) add_integer(i, d);
}

bool is_prime(int n) {
  int m = floor(sqrt(n) + 0.5);
  for (int a = 2; a <= m; a++)
    if (n % a == 0) return false;
  return true;
}

int main() {
  for (int i = 2; i <= NN; i++)
    if (is_prime(i)) primes.push_back(i);
  ios::sync_with_stdio(false), cin.tie(0);
  for (int p, q, r, s; cin >> p >> q >> r >> s;) {
    fill_n(E, NN, 0);
    add_factorial(p, 1), add_factorial(q, -1), add_factorial(p - q, -1);
    add_factorial(r, -1), add_factorial(s, 1), add_factorial(r - s, 1);
```

```
    double ans = 1;
    for (size_t i = 0; i < primes.size(); i++) ans *= pow(primes[i], E[i]);
    printf("%.5lf\n", ans);
  }
  return 0;
}
/*
算法分析请参考:《算法竞赛入门经典(第 2 版)》例题 10-3
*/
```

### 例 3-4 【数列求和】约瑟夫的数论问题(Joseph's Problem, NEERC 2005, UVa 1363)

输入正整数 $n$ 和 $k$($1\leqslant n, k\leqslant 10^9$),计算 $\sum_{i=1}^{n} k \bmod i$。

【代码实现】

```
// 陈锋
#include <algorithm>
#include <cstdio>
using namespace std;
typedef long long LL;

int main() {
  for (int N, K; scanf("%d%d", &N, &K) == 2;) {
    LL ans = 0;
    if (N >= K) ans = (LL)(N - K) * K, N = K - 1;
    for (int i = 1, j; i <= N; i = j + 1) {
      j = min(K / (K / i), N);
      ans += (LL)(K % i + K % j) * (LL)(j - i + 1) / 2;
    }
    printf("%lld\n", ans);
  }
  return 0;
}
/*
算法分析请参考:《算法竞赛入门经典(第 2 版)》例题 10-25
*/
```

### 例 3-5 【扩展欧几里得】整数对(Pair of Integers, ACM/ICPC NEERC 2001, UVa 1654)

考虑一个不含前导 0 的正整数 $X$,把它去掉一个数字以后得到另外一个数 $Y$。输入 $X+Y$ 的值 $N$($1\leqslant N\leqslant 10^9$),输出所有可能的等式 $X+Y=N$。例如,$N$=34 有两个解:31+3=34,27+7=34。

【代码实现】

```
// 陈锋
#include <bits/stdc++.h>
using namespace std;
#define _for(i, a, b) for (int i = (a); i < (b); ++i)
#define _rep(i, a, b) for (int i = (a); i <= (b); ++i)
```

```
typedef long long LL;
void gcd(LL a, LL b, LL& d, LL& x, LL& y) {
  if (!b)
    d = a, x = 1, y = 0;
  else
    gcd(b, a % b, d, y, x), y -= x * (a / b);
}

const int MAXD = 10;
LL P10[MAXD];

inline int lenof(LL x) { return to_string(x).size(); }
void solve(LL N, map<LL, LL>& ans) {
  ans.clear();
  int D = lenof(N);
  if (N % P10[D - 1] == 0) ans[N] = 0;
  _for(i, 0, D) {
    _for(d, 0, 10) if (N > d * P10[i]) {  // 解:10^i*11*x + 2*y = N-d*10^i
      LL x, y, g, a = P10[i] * 11, b = 2, c = N - d * P10[i];
      gcd(a, b, g, x, y);
      if (c % g) continue;
      LL k = c / g;
      a /= g, b /= g, x *= k, y *= k; // x+kb, y-ka, 0≤x<10^(D-i-1), 0≤y<10^i
      for (LL step = 1 << 30; step >= 1; step >>= 1) {
        if (y >= step * a) y -= step * a, x += step * b;
        if (y < -step * a) y += step * a, x -= step * b;
      }
      while (y < 0) y += a, x -= b;
      if (y >= 0 && y < P10[i] && x >= 0 && x < P10[D - i - 1]) {
        LL X = x * P10[i + 1] + d * P10[i] + y, Y = x * P10[i] + y;
        if (X > Y && X + Y == N) ans[X] = Y;
      }
    }
  }
}

int main() {
  P10[0] = 1;
  _for(i, 1, MAXD) P10[i] = 10 * P10[i - 1];
  int T, N;
  scanf("%d", &T);
  map<LL, LL> ans;
  for (int t = 0; scanf("%d", &N) == 1; t++) {
    if (t) puts("");
    solve(N, ans);
    printf("%lu\n", ans.size());
    for (auto p : ans)
      printf("%lld + %0*lld = %d\n", p.first, lenof(p.first)-1, p.second, N);
  }
```

```
  return 0;
}
/*
算法分析请参考:《算法竞赛入门经典——习题与解答》习题 10-43
注意: 解不定方程时的倍增逻辑
同类题目: 青蛙的约会, POJ 1061
*/
```

## 例 3-6 【素数筛法：阶乘的 phi 函数】帮帮 Tomisu（Help Mr. Tomisu, UVa 11440）

给定正整数 $N$ 和 $M$，统计 2 和 $N!$之间有多少个整数 $x$ 满足：$x$ 的所有素因子都大于 $M$（$2 \leqslant N \leqslant 10^7$，$1 \leqslant M \leqslant N$，$N-M \leqslant 10^5$）。输出答案除以 100 000 007 的余数。例如，$N$=100，$M$=10 时，答案为 43 274 465。

【代码实现】

```
// 刘汝佳
#include <bits/stdc++.h>
using namespace std;
#define _for(i, a, b) for (int i = (a); i < (b); ++i)
#define _rep(i, a, b) for (int i = (a); i <= (b); ++i)
typedef long long LL;
const LL MOD = 1e8 + 7;
const int MAXM = 1e7 + 4, MAXP = MAXM + 4;
LL PF[MAXM + 4];                   // p[i]:phi(N!)
bool isPrime[MAXP];
vector<int> primes;                // primes
void sieve() {                     // 素数筛法
  fill_n(isPrime, MAXP, true);
  _for(i, 2, MAXP) if (isPrime[i]) {
    LL j = i;
    for (j *= i; j < MAXP; j += i) isPrime[j] = false;
    primes.push_back(i);
  }
}

void init() {                      // 初始化φ(N!)
  sieve();
  PF[1] = 1, PF[2] = 1;
  _rep(n, 3, MAXM) {
    if (isPrime[n])
      PF[n] = (n - 1) * PF[n - 1];
    else
      PF[n] = n * PF[n - 1];
    PF[n] %= MOD;
  }
}

int main() {
  init();
```

```
  for (LL N, M; scanf("%lld%lld", &N, &M) == 2 && N && M;) {
    LL ans = 1;
    _rep(i, M + 1, N) ans = (ans * i) % MOD;
    ans = (ans * PF[M] - 1) % MOD;
    printf("%lld\n", ans);
  }
}
/*
算法分析请参考：《算法竞赛入门经典（第 2 版）》例题 10-26
同类题目：Semi-prime H-numbers, UVa 11105
*/
```

### 例 3-7 【gcd 函数；phi 函数】最大公约数之和——极限版 II（GCD-Extreme(II), UVa 11426）

输入正整数 $n$，求 gcd(1,2)+gcd(1,3)+gcd(2,3)+⋯+gcd($n$−1,$n$)，即所有满足 $1 \leqslant i < j \leqslant n$ 的数对($i$,$j$)所对应的 gcd($i$,$j$)之和。例如，$n$=10 时答案为 67，$n$=100 时答案为 13 015，$n$=200 000 时答案为 143 295 493 160。

【代码实现】

```
// 刘汝佳
#include <cstdio>
#include <cstring>
#include <algorithm>
using namespace std;
const int NN = 4000000;
typedef long long LL;

int phi[NN + 1];
void phi_table(int n) {
  for (int i = 2; i <= n; i++) phi[i] = 0;
  phi[1] = 1;
  for (int i = 2; i <= n; i++)
    if (!phi[i])
      for (int j = i; j <= n; j += i) {
        if (!phi[j]) phi[j] = j;
        phi[j] = phi[j] / i * (i - 1);
      }
}
LL S[NN + 1], f[NN + 1];
int main() {
  phi_table(NN);
  fill_n(f, NN, 0);                      // 预处理 f
  for (int i = 1; i <= NN; i++)
    for (int n = i * 2; n <= NN; n += i) f[n] += i * phi[n / i];
  S[2] = f[2];                           // 预处理 S
  for (int n = 3; n <= NN; n++) S[n] = S[n - 1] + f[n];
  for (int n; scanf("%d", &n) == 1 && n;) printf("%lld\n", S[n]);
  return 0;
}
```

```
/*
算法分析请参考：《算法竞赛入门经典——训练指南》升级版 2.3.2 节例题 9
同类题目：GCD Extreme (hard), SPOJ GCDEX2
*/
```

## 例 3-8 【欧拉 phi 函数预处理】交表（Send a Table, UVa 10820）

有一道比赛题目：输入两个整数 $x,y$（$1\leqslant x, y\leqslant n$），输出某个函数 $f(x, y)$。有位选手想交表（即事先计算出所有的 $f(x, y)$，写在源代码里），但是表太大了，源代码超过了比赛的限制，需要精简。

好在那道题目有一个性质，使得很容易根据 $f(x, y)$算出 $f(x*k, y*k)$（其中 $k$ 是任意正整数），这样有一些 $f(x, y)$就不需要存在表里了。

输入 $n$（$n\leqslant 50\,000$），你的任务是统计最简的表里有多少个元素。例如，$n$=2 时有 3 个元素，分别为(1,1), (1,2), (2,1)。

【代码实现】

```
// 刘汝佳
#include <cmath>
#include <cstdio>
const int NN = 50000;
int Phi[NN + 1], PhiS[NN + 1];

void phi_table(int n) {                        // 预处理欧拉函数表
  Phi[1] = 0;
  for (int i = 2; i <= n; i++) {
    if (Phi[i]) continue;
    for (int j = i; j <= n; j += i) {
      int &pj = Phi[j];
      if (pj == 0) pj = j;
      pj = pj / i * (i - 1);
    }
  }
}

int main() {
  phi_table(NN);
  PhiS[0] = 0;
  for (int i = 1; i <= NN; i++) PhiS[i] = PhiS[i - 1] + Phi[i];
  for (int n; scanf("%d", &n) == 1 && n;) printf("%d\n", 2 * PhiS[n] + 1);
  return 0;
}
/*
算法分析请参考：《算法竞赛入门经典（第 2 版）》例题 10-7
同类题目：Farey Sequence, POJ 2578
*/
```

## 例 3-9 【欧拉 phi 函数】树林里的树（Trees in a Wood, UVa 10214）

在满足$|x|\leqslant a$，$|y|\leqslant b$（$a\leqslant 2000$，$b\leqslant 2\,000\,000$）的网格中，除原点外的整点（即 $x, y$ 坐

标均为整数的点）各种着一棵树。树的半径可以忽略不计，但是可以相互遮挡。求从原点能看到多少棵树。设这个值为 $K$，要求输出 $K/N$，其中 $N$ 为网格中树的总数。如图 3-1 所示，只有黑色的树可见。

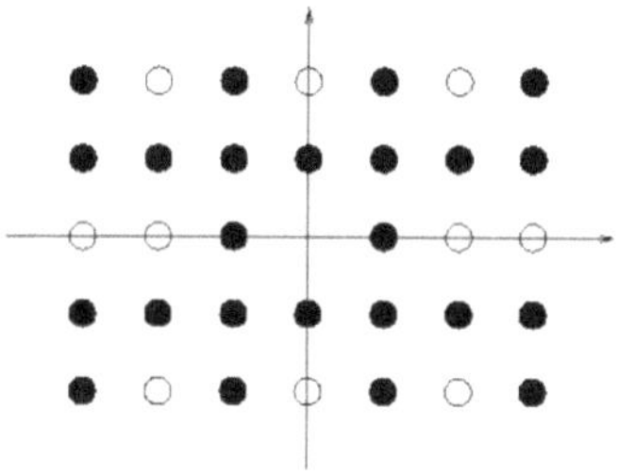

图 3-1　树林里的树

【代码实现】

```
// 刘汝佳
#include <bits/stdc++.h>
using namespace std;
#define _for(i, a, b) for (int i = (a); i < (b); ++i)
typedef long long LL;
int gcd(int a, int b) { return b == 0 ? a : gcd(b, a % b); }
const int MAXA = 2000 + 4;
LL Phi[MAXA];
void init() {
  fill_n(Phi, MAXA, 0);
  Phi[1] = 1;
  _for(i, 2, MAXA) if (Phi[i] == 0) {
    for (LL j = i; j < MAXA; j += i) {
      LL& pj = Phi[j];
      if (pj == 0) pj = j;
      pj = pj / i * (i - 1);
    }
  }
}
int main() {
  init();
  for (int A, B; scanf("%d%d", &A, &B) == 2 && A && B; ) {
    LL P = 0;
    for (int x = 1; x <= A; x++) {
      int k = B / x;
      P += k * Phi[x];
      for (int y = k * x + 1; y <= B; y++) if (gcd(x, y) == 1) P++;
    }
    double ans = 4 * (P + 1);
    LL N = 4LL * A * B + 2LL * A + 2LL * B;
    printf("%.7lf\n", ans / N);
  }
  return 0;
}
/*
算法分析请参考：《算法竞赛入门经典（第 2 版）》例题 10-27
同类题目：Primitive Roots, POJ 1284
*/
```

### 例 3-10　【中国剩余定理】数论难题（Code Feat, UVa 11754）

有一个正整数 $N$ 满足 $C$ 个条件，每个条件都形如“它除以 $X$ 的余数在集合{$Y_1$, $Y_2$, …, $Y_k$}中”，所有条件中的 $X$ 两两互素，你的任务是找出最小的 $S$ 个解。

【代码实现】

```
// 刘汝佳
typedef long long LL;

// 即使a, b在int范围内，x和y有可能超出int范围
void gcd(LL a, LL b, LL& d, LL& x, LL& y) {
  if (!b) d = a, x = 1, y = 0;
  else gcd(b, a % b, d, y, x), y -= x * (a / b);
}

// n个方程: x=a[i](mod m[i]) (0<=i<n)
LL china(int n, int* a, int* m) {
  LL M = 1, d, y, x = 0;
  for (int i = 0; i < n; i++) M *= m[i];
  for (int i = 0; i < n; i++) {
    LL w = M / m[i];
    gcd(m[i], w, d, d, y);
    x = (x + y * w * a[i]) % M;
  }
  return (x + M) % M;
}

#include <algorithm>
#include <cstdio>
#include <set>
#include <vector>
using namespace std;

const int maxc = 9, maxk = 100, LIMIT = 10000;
set<int> values[maxc];
int C, X[maxc], k[maxc], Y[maxc][maxk];

void solve_enum(int S, int bc) {
  for (int c = 0; c < C; c++)
    if (c != bc) {
      values[c].clear();
      for (int i = 0; i < k[c]; i++) values[c].insert(Y[c][i]);
    }
  for (int t = 0; S != 0; t++) {
    for (int i = 0; i < k[bc]; i++) {
      LL n = (LL)X[bc] * t + Y[bc][i];
      if (n == 0) continue;              // 只输出正数解
      bool ok = true;
      for (int c = 0; c < C; c++)
        if (c != bc)
          if (!values[c].count(n % X[c])) {
            ok = false;
            break;
          }
```

```
      if (ok) {
        printf("%lld\n", n);
        if (--S == 0) break;
      }
    }
  }
}

int a[maxc];                                  // 搜索对象，用于中国剩余定理（孙子定理）
vector<LL> sol;

void dfs(int dep) {
  if (dep == C)
    sol.push_back(china(C, a, X));
  else
    for (int i = 0; i < k[dep]; i++) a[dep] = Y[dep][i], dfs(dep + 1);
}

void solve_china(int S) {
  sol.clear();
  dfs(0);
  sort(sol.begin(), sol.end());

  LL M = 1;
  for (int i = 0; i < C; i++) M *= X[i];

  vector<LL> ans;
  for (int i = 0; S != 0; i++) {
    for (int j = 0; j < sol.size(); j++) {
      LL n = M * i + sol[j];
      if (n > 0) {
        printf("%lld\n", n);
        if (--S == 0) break;
      }
    }
  }
}

int main() {
  int S;
  while (scanf("%d%d", &C, &S) == 2 && C) {
    LL tot = 1;
    int bestc = 0;
    for (int c = 0; c < C; c++) {
      scanf("%d%d", &X[c], &k[c]);
      tot *= k[c];
      for (int i = 0; i < k[c]; i++) scanf("%d", &Y[c][i]);
      sort(Y[c], Y[c] + k[c]);
      if (k[c] * X[bestc] < k[bestc] * X[c]) bestc = c;
```

```
    }
    if (tot > LIMIT)
      solve_enum(S, bestc);
    else
      solve_china(S);
    printf("\n");
  }
  return 0;
}
/*
算法分析请参考：《算法竞赛入门经典——训练指南》升级版 2.3.2 节例题 10
同类题目：Strange Way to Express Integers, POJ 2891
*/
```

## 例 3-11 【Hash；线性筛；素数分解】可怕的诗篇（A Horrible Poem, POI 2012，牛客 NC 50316）

给出一个由小写英文字母组成的字符串 $S$，再给出 $q$ 个询问，要求找出某个子串 $S[a,b]$ 的最短循环节。如果字符串 $B$ 是字符串 $A$ 的循环节，那么 $A$ 可以由 $B$ 重复若干次得到（$1 \leqslant a \leqslant b \leqslant n \leqslant 5 \times 10^5$，$q \leqslant 2 \times 10^6$）。

【代码实现】

```
// 陈锋
#include <bits/stdc++.h>
using namespace std;

const int NN = 5e5 + 4, x = 263;
typedef unsigned long long ULL;
typedef long long LL;

ULL XP[NN];
void initXP() {
  XP[0] = 1;
  for (size_t i = 1; i < NN; i++) XP[i] = x * XP[i - 1];
}
template <size_t SZ>
struct StrHash {
  size_t N;
  ULL H[SZ];

  void init(const char* pc, size_t n = 0) {
    if (XP[0] != 1) initXP();
    if (n == 0) n = strlen(pc);
    N = n;
    assert(N > 0);
    assert(N + 1 < SZ);
    H[N] = 0;
    for (int i = N - 1; i >= 0; --i) H[i] = pc[i] - 'a' + 1 + x * (H[i + 1]);
  }
```

```
  void init(const string& S) { init(S.c_str(), S.size()); }
  inline ULL hash(size_t i, size_t j) {     // hash[i, j]
    // assert(i <= j);
    // assert(j < N);
    return H[i] - H[j + 1] * XP[j - i + 1];
  }
  inline ULL hash() { return H[0]; }
};

StrHash<NN> hs;
char S[NN];
int lastP[NN], primes[NN], pCnt;
void sieve(int N) {
  pCnt = 0;
  fill_n(lastP, N, 0);
  int* P = primes;
  for (int i = 2; i < N; ++i) {
    int& l = lastP[i];                          // i的最小素因子
    if (l == 0) l = i, P[pCnt++] = i;           // i是素数
    for (int j = 0; j < pCnt && P[j] <= l && P[j] * i < N; ++j)
      lastP[i * P[j]] = P[j];                   // i*p的最小素因子是p
  }
}

int find_rep(int a, int b) {
  int L = b - a + 1, xl = L;
  while (xl > 1) {
    int p = lastP[xl];                          // 尝试每一个素因子
    if (hs.hash(a, b - L / p) == hs.hash(a + L / p, b)) L /= p;
    xl /= p;
  }
  return L;
}

int main() {
  int n, q;
  S[0] = '|';
  scanf("%d%s%d", &n, S + 1, &q);
  hs.init(S, n + 1), sieve(n + 1);
  for (int i = 0, a, b; i < q; i++)
    scanf("%d%d", &a, &b), printf("%d\n", find_rep(a, b));
  return 0;
}
/*
算法分析请参考:《算法竞赛入门经典——训练指南》升级版 2.3.3 节例题 12
注意: 本题是如何利用线性筛的性质来对任意数字做唯一分解的
同类题目: The Embarrassed Cryptographer, POJ 2635
*/
```

### 例 3-12 【莫比乌斯反演】可见格点（Visible Lattice Points, Indian ICPC training camp, SPOJ VLATTICE）

对于三维坐标系中的点$\{(x, y, z) \mid 0 \leqslant x, y, z \leqslant N\}$，$1 \leqslant N \leqslant 10^6$，问：这些点中有哪些是原点可以看到的（原点除外）？

【代码实现】

```
// 陈锋
#include <bits/stdc++.h>
using namespace std;
#define _for(i, a, b) for (int i = (a); i < (int)(b); ++i)
#define _rep(i, a, b) for (int i = (a); i <= (int)(b); ++i)
typedef long long LL;
const int MAXN = 1000000 + 4;
valarray<bool> isPrime(true, MAXN);
valarray<LL> Mu(0LL, MAXN), Lp(0LL, MAXN);
vector<LL> Ps;
void sieve(int N) {
  Ps.clear(), Mu[1] = 1;
  _for(i, 2, N) {
    LL& l = Lp[i];
    if (l == 0) Ps.push_back(i), Mu[i] = -1, l = i;
    for (size_t j = 0; j < Ps.size() && Ps[j] <= l && Ps[j] * i < N; ++j) {
      LL p = Ps[j];
      Lp[i * p] = p;
      if (i % p == 0) {
        Mu[i * p] = 0;
        break;
      }
      Mu[i * p] = -Mu[i];
    }
  }
}

int main() {
  sieve(MAXN);
  int T, N;
  scanf("%d", &T);
  while (T--) {
    scanf("%d", &N);
    LL ans = 3;                               // 3 个坐标轴上的点
    _rep(d, 1, N) {
      LL k = N / d;
      ans += Mu[d] * k * k * (k + 3);         // (x,y,z)个数以及 3 个平面上的(x,y)个数
    }
    printf("%lld\n", ans);
  }
  return 0;
}
```

```
/*
算法分析请参考：《算法竞赛入门经典——训练指南》升级版 2.3.5 节例题 13
同类题目：GCD, HDU 1695
*/
```

**例 3-13　【莫比乌斯反演；GCD】墨菲斯（Mophues, ACM/ICPC 杭州在线 2013, HDU 4746）**

给出 $Q$（$1 \leqslant Q \leqslant 5000$）个询问，每个询问给出 3 个整数 $N, M, P$（$N, M, P \leqslant 5 \times 10^5$），求 $\sum_{i=1}^{N}\sum_{j=1}^{M}[h(\gcd(i,j)) \leqslant P]$。其中，$h(x)$表示 $x$ 的唯一分解中的素因子个数，如 $12=2^2 \times 3$，$h(12)=3$。注意，这里 $h(1)=0$。

【代码实现】

```
// 陈锋
#include <bits/stdc++.h>
using namespace std;
typedef long long LL;

const int MAXN = 500000 + 4, MAXP = MAXN;
vector<bool> isPrime(MAXP, true);
vector<LL> Mu(MAXP), Primes, H(MAXP, 1);
LL G[MAXN][20];
void sieve() {                              // 筛法计算素数以及 mu 函数
  Mu[1] = 1, H[1] = 0;
  for (int i = 2; i < MAXP; ++i) {
    if (isPrime[i]) Primes.push_back(i), Mu[i] = -1, H[i] = 1;
    for(size_t j = 0; j < Primes.size(); ++j) {
      LL p = Primes[j], t = p * i;
      if (t >= MAXP) break;
      isPrime[t] = false, H[t] = H[i] + 1;
      if (i % p == 0) {
        Mu[t] = 0;
        break;
      }
      Mu[t] = -Mu[i];
    }
  }
  memset(G, 0, sizeof(G));
  for (int n = 1; n < MAXN; n++) {
    for (int k = 1, T = n; T < MAXN; ++k, T += n)
      G[T][H[n]] += Mu[k];                   // Σμ(T/n)|h(n)=P
  }

  for (int n = 1; n < MAXN; n++)
    for(int p = 1; p < 20; p++)
      G[n][p] += G[n][p - 1];                // Σμ(T/n)|h(n)≤P
  for (int n = 1; n < MAXN; n++)
    for(int p = 0; p < 20; p++)  G[n][p] += G[n - 1][p];// ΣnΣμ(T/n)|h(n)≤P
}
```

```
LL N, M, P;
LL solve() {
  if (P >= 20) return N * M;
  if (N > M) swap(N, M);
  LL ans = 0;
  for (int T = 1, et = 0; T <= N; T = et + 1) {
    et = min(N / (N / T), M / (M / T)); // t∈[T,et],N/t,M/t相同
    ans += (G[et][P] - G[T - 1][P]) * (N / T) * (M / T);
  }
  return ans;
}

int main() {
  sieve();
  int Q;
  scanf("%d", &Q);
  while (Q--) {
    scanf("%lld%lld%lld", &N, &M, &P);
    printf("%lld\n", solve());
  }
  return 0;
}
/*
算法分析请参考:《算法竞赛入门经典——训练指南》升级版 2.3.5 节例题 14
同类题目: Count a*b, ACM/ICPC 长春 2015, HDU 5528
*/
```

## 例 3-14 【高次模方程; BSGS; 原根】信息解密(Decrypt Messages,上海 2009, UVa 1457)

假设从 2000 年 1 月 1 日 00:00:00 到现在经过了 $x$ 秒，计算 $x^q \bmod p$，设答案为 $a$。这里，$p$ 严格大于 $x$。已知 $p, q, a$（$2<p\leqslant 1\ 000\ 000\ 007$，$1<q\leqslant 10$，$0\leqslant a<p$，$p$ 保证为素数），求现在时刻的所有可能值。

**提示：**如果一个年份是 4 的倍数但不是 100 的倍数，或者这个年份是 400 的倍数，则这个年份是闰年。闰年的二月有 29 天，其他年（平年）的二月只有 28 天。在本题中，如果年份除以 10 的余数为 5 或者 8，则这一年的最后还会有一个“闰秒”。比如，2005 年 12 月 31 日 23:59:59 的下一秒是 2005 年 12 月 31 日 23:59:60，再下一秒才是 2006 年 1 月 1 日 00:00:00。

【代码实现】

```
// 刘汝佳
#include <cstdio>
#include <cstdlib>
#include <cstring>
#include <cmath>
#include <vector>
#include <map>
#include <algorithm>
```

```
#include <iostream>
using namespace std;

typedef long long LL;
// 日期时间部分
const int SECONDS_PER_DAY = 24 * 60 * 60;
const int num_days[12] = {31, 28, 31, 30, 31, 30, 31, 31, 30, 31, 30, 31};
bool is_leap(int year) {
  if (year % 400 == 0) return true;
  if (year % 4 == 0) return year % 100 != 0;
  return false;
}

int leap_second(int year, int month) {
  return ((year % 10 == 5 || year % 10 == 8) && month == 12) ? 1 : 0;
}

void print(int year, int month, int day, int hh, int mm, int ss) {
  printf("%d.%02d.%02d %02d:%02d:%02d\n", year, month, day, hh, mm, ss);
}

void print_time(LL t) {
  int year = 2000;
  while(1) {
    int days = is_leap(year) ? 366 : 365;
    LL sec = (LL)days * SECONDS_PER_DAY + leap_second(year, 12);
    if(t < sec) break;
    t -= sec;
    year++;
  }

  int month = 1;
  while(1) {
    int days = num_days[month-1];
    if(is_leap(year) && month == 2) days++;
    LL sec = (LL)days * SECONDS_PER_DAY + leap_second(year, month);
    if(t < sec) break;
    t -= sec;
    month++;
  }

  if(leap_second(year, month) && t == 31 * SECONDS_PER_DAY)
    print(year, 12, 31, 23, 59, 60);
  else {
    int day = t / SECONDS_PER_DAY + 1;
    t %= SECONDS_PER_DAY;
    int hh = t / (60*60);
    t %= 60*60;
    int mm = t / 60;
```

```
    t %= 60;
    int ss = t;
    print(year, month, day, hh, mm, ss);
  }
}

// 数论部分

LL gcd(LL a, LL b) {
  return b ? gcd(b, a%b) : a;
}

// 求 d = gcd(a, b)，以及满足 ax+by=d 的(x,y)（注意，x 和 y 可能为负数）
// 扩展 euclid 算法
void gcd(LL a, LL b, LL& d, LL& x, LL& y) {
  if(!b){ d = a; x = 1; y = 0; }
  else{ gcd(b, a%b, d, y, x); y -= x*(a/b); }
}

// 注意，返回值可能是负的
int pow_mod(LL a, LL p, int MOD) {
  if(p == 0) return 1;
  LL ans = pow_mod(a, p/2, MOD);
  ans = ans * ans % MOD;
  if(p%2) ans = ans * a % MOD;
  return ans;
}

// 注意，返回值可能是负的
int mul_mod(LL a, LL b, int MOD) {
  return a * b % MOD;
}

// 求 ax = 1 (mod MOD) 的解，其中 a 和 MOD 互素
// 注意，由于 MOD 不一定为素数，因此不能直接用 pow_mod(a, MOD-2, MOD)求解
// 解法：求出 ax + MODy = 1 的解(x,y)，则 x 即为所求
int inv(LL a, int MOD) {
  LL d, x, y;
  gcd(a, MOD, d, x, y);
  return (x + MOD) % MOD; // 这里的 x 可能是负数，因此要调整
}

// 解模方程（即离散对数）a^x = b，要求 MOD 为素数
// 解法：Shank 的大步小步算法
int log_mod(int a, int b, int MOD) {
  int m, v, e = 1, i;
  m = (int)sqrt(MOD);
  v = inv(pow_mod(a, m, MOD), MOD);
  map<int,int> x;
```

```
  x[1] = 0;
  for(i = 1; i < m; i++){ e = mul_mod(e, a, MOD); if (!x.count(e)) x[e] = i; }
  for(i = 0; i < m; i++){
    if(x.count(b)) return i*m + x[b];
    b = mul_mod(b, v, MOD);
  }
  return -1;
}

// 返回MOD（不一定是素数）的某一个原根，phi为MOD的欧拉函数值（若MOD为素数则phi=MOD-1）
// 解法：考虑phi(MOD)的所有素因子p，如果所有m^(phi/p) mod MOD都不等于1，则m是MOD的原根
int get_primitive_root(int MOD, int phi) {
  // 计算phi的所有素因子
  vector<int> factors;
  int n = phi;
  for(int i = 2; i*i <= n; i++) {
    if(n % i != 0) continue;
    factors.push_back(i);
    while(n % i == 0) n /= i;
  }
  if(n > 1) factors.push_back(n);

  while(1) {
    int m = rand() % (MOD-2) + 2;        // m = 2~MOD-1
    bool ok = true;
    for(int i = 0; i < factors.size(); i++)
      if(pow_mod(m, phi/factors[i], MOD) == 1) { ok = false; break; }
    if(ok) return m;
  }
}

// 解线性模方程 ax = b (mod n)，返回所有解（模n剩余系）
// 解法：令d = gcd(a, n)，两边同时除以d后得a'x = b' (mod n')，由于此时gcd(a',n')=1，两边同时左乘a'在模n'中的逆即可，最后把模n'剩余系中的解转化为模n剩余系
vector<LL> solve_linear_modular_equation(int a, int b, int n) {
  vector<LL> ans;
  int d = gcd(a, n);
  if(b % d != 0) return ans;
  a /= d; b /= d;
  int n2 = n / d;
  int p = mul_mod(inv(a, n2), b, n2);
  for(int i = 0; i < d; i++)
    ans.push_back(((LL)i * n2 + p) % n);
  return ans;
}

// 解高次模方程 x^q = a (mod p)，返回所有解（模n剩余系）
// 解法：设m为p的一个原根，且x = m^y，a = m^z，则m^qy = m^z(mod p)，因此qy = z(mod p-1)，解线性模方程即可
```

```
vector<LL> mod_root(int a, int q, int p) {
  vector<LL> ans;
  if(a == 0) {
    ans.push_back(0);
    return ans;
  }
  int m = get_primitive_root(p, p-1);   // p是素数，因此phi(p)=p-1
  int z = log_mod(m, a, p);
  ans = solve_linear_modular_equation(q, z, p-1);
  for(int i = 0; i < ans.size(); i++)
    ans[i] = pow_mod(m, ans[i], p);
  sort(ans.begin(), ans.end());
  return ans;
}

int main() {
  int T, P, Q, A;
  cin >> T;
  for(int kase = 1; kase <= T; kase++) {
    cin >> P >> Q >> A;
    vector<LL> ans = mod_root(A, Q, P);
    cout << "Case #" << kase << ":" << endl;
    if (ans.empty()) {
      cout << "Transmission error" << endl;
    } else {
      for(int i = 0; i < ans.size(); i++) print_time(ans[i]);
    }
  }
  return 0;
}
/*
算法分析请参考：《算法竞赛入门经典——训练指南》升级版 6.5.1 节例题 22
*/
```

## 例 3-15 【扩展 BSGS；离散对数】幂取模反转（Power Modulo Inverted, SPOJ MOD）

给定 $a, b$ 和 $p$（$1 \leqslant a, b, p \leqslant 10^9$），求出最小的 $x$，使其满足 $a^x \equiv b (\bmod p)$。

【代码实现】

```
// 陈锋
#include <cassert>
#include <cstring>
#include <cmath>
#include <ctime>
#include <iostream>
#include <map>
#include <vector>

using namespace std;
#define _for(i, a, b) for (int i = (a); i < (b); ++i)
```

```
#define _rep(i, a, b) for (int i = (a); i <= (b); ++i)
typedef long long LL;

LL gcd(LL a, LL b) { return b == 0 ? a : gcd(b, a % b); }
void gcd(LL a, LL b, LL& d, LL& x, LL& y) {
  if (b == 0)
    d = a, x = 1, y = 0;
  else
    gcd(b, a % b, d, y, x), y -= x * (a / b);
}
LL mul_mod(LL a, LL b, LL n) { return a * b % n; };
LL pow_mod(LL a, LL p, LL n) {
  if (p == 0) return 1;
  LL ans = pow_mod(a, p / 2, n);
  ans = mul_mod(ans, ans, n);
  if (p % 2 == 1) ans = mul_mod(ans, a, n);
  return ans;
}
LL inv(LL a, LL n) {
  LL d, x, y;
  gcd(a, n, d, x, y);
  return d == 1 ? (x + n) % n : -1;
}

// 求出最小的x，使之满足c*a^x≡b(mod p)，此时gcd(a, p)≡1
LL solve(const LL a, const LL c, LL b, const LL p) {
  LL m = (LL)ceil(sqrt(p)), e = c;
  map<LL, int> indice;
  indice[e] = 0;
  _for(i, 1, m) {
    e = mul_mod(e, a, p);
    if (!indice.count(e)) indice[e] = i;
  }
  LL iA = inv(pow_mod(a, m, p), p);      // A^-1
  _for(i, 0, m) {                        // 判断所有的a^(jm+k), k = [0,m)
    if (indice.count(b)) return i * m + indice[b];
    b = mul_mod(b, iA, p);               // 求出indice中是否存在(a^jm)-1*b
  }

  return -1;
}

bool simplify(const LL& a, LL& b, LL& p, LL& c, LL& cnt) {
  c = 1, cnt = 0;
  while (true) {
    LL d = gcd(a, p);
    if (d == 1) return true;
    if (b % d != 0) return false;
    b /= d, p /= d, c = mul_mod(c, a / d, p), cnt++;
```

```
  }
  return false;
}

int main() {
  LL a, b, p, ans;                        // a^x ≡ b (MOD p)，求最小的 x
  while (cin >> a >> p >> b && a && b && p) {
    a %= p, b %= p, ans = -1;
    LL c, cnt, e = 1;
    _for(i, 0, 50) {
      if (e == b) {
        ans = i;
        break;
      }
      e = mul_mod(e, a, p);
    }

    if (ans == -1 && simplify(a, b, p, c, cnt)) ans = solve(a, c, b, p) + cnt;
    if (ans == -1)
      cout << "No Solution" << endl;
    else
      cout << ans << endl;
  }
  return 0;
}
/*
算法分析请参考：《算法竞赛入门经典——训练指南》升级版 2.3.2 节例题 11
同类题目：UVa 11916, Emoogle Grid
          随机数生成器, SDOI 2013, NC 20362
*/
```

## 本节例题列表

本节讲解的例题及其囊括的知识点，如表 3-1 所示。

表 3-1　数论例题归纳

| 编　号 | 题　号 | 标　题 | 知　识　点 | 代 码 作 者 |
|---|---|---|---|---|
| 例 3-1 | UVa 10791 | Minimum Sum LCM | 唯一分解 | 陈锋 |
| 例 3-2 | UVa 11582 | Colossal Fibonacci Numbers | 模算术；幂取模 | 刘汝佳 |
| 例 3-3 | UVa 10375 | Choose and Divide | 模幂运算；素数判定 | 刘汝佳 |
| 例 3-4 | UVa 1363 | Joseph's Problem | 数列求和 | 陈锋 |
| 例 3-5 | UVa 1654 | Pair of Integers | 扩展欧几里得 | 陈锋 |
| 例 3-6 | UVa 11440 | Help Mr. Tomisu | 素数筛法；阶乘的 phi 函数 | 刘汝佳 |
| 例 3-7 | UVa 11426 | GCD-Extreme(II) | gcd 函数；phi 函数 | 刘汝佳 |
| 例 3-8 | UVa 10820 | Send a Table | 欧拉 phi 函数预处理 | 刘汝佳 |
| 例 3-9 | UVa 10214 | Trees in a Wood | 欧拉 phi 函数 | 刘汝佳 |
| 例 3-10 | UVa 11754 | Code Feat | 中国剩余定理 | 刘汝佳 |

续表

| 编　　号 | 题　　号 | 标　　题 | 知　识　点 | 代码作者 |
|---|---|---|---|---|
| 例 3-11 | NC 50316 | A Horrible Poem | Hash；线性筛；素数分解 | 陈锋 |
| 例 3-12 | SPOJ-VLATTICE | Visible Lattice Points | 莫比乌斯反演 | 陈锋 |
| 例 3-13 | HDU 4746 | Mophues | 莫比乌斯反演；GCD | 陈锋 |
| 例 3-14 | UVa 1457 | Decrypt Messages | 高次模方程；BSGS；原根 | 刘汝佳 |
| 例 3-15 | SPOJ MOD | Power Modulo Inverted | 扩展 BSGS；离散对数 | 陈锋 |

## 3.2　组合计数

组合计数是与算法关系最紧密的数学领域，许多经典问题的思路都与其紧密相关。本节给出一些经典例题及其实现。

**例 3-16　【编码解码问题】密码（Password, ACM/ICPC Daejon 2010, UVa 1262）**

给出两个 6 行、5 列的字母矩阵，找出满足如下条件的“密码”：密码中的每个字母在两个矩阵的对应列中均出现。例如，左数第 2 个字母必须在两个矩阵中的左数第 2 列中均出现。如图 3-2 所示，COMPU 和 DPMAG 都满足条件。

| | | | | |
|---|---|---|---|---|
| A | Y | G | S | U |
| D | O | M | R | A |
| C | P | F | A | S |
| X | B | O | D | G |
| W | D | Y | P | K |
| P | R | X | W | O |

| | | | | |
|---|---|---|---|---|
| C | B | O | P | T |
| D | O | S | B | G |
| G | T | R | A | R |
| A | P | M | M | S |
| W | S | X | N | U |
| E | F | G | H | I |

图 3-2　满足条件的密码

字典序最小的 5 个满足条件的密码分别是 ABGAG、ABGAS、ABGAU、ABGPG 和 ABGPS。给定 $k$（$1 \leqslant k \leqslant 7777$），你的任务是找出字典序第 $k$ 小的密码。如果不存在，输出“NO”。

【代码实现】

```
// 刘汝佳
#include <cstdio>
#include <cstring>
using namespace std;

int k, cnt;
char p[2][6][9], ans[9];
const int SIGMA = 26;

bool dfs(int col) {
  if (col == 5) {
    if (++cnt == k) {
```

```
    ans[col] = '\0', puts(ans);
    return true;  // 找到了
   }
   return false;
  }
 bool vis[2][SIGMA];
 memset(vis, 0, sizeof(vis));
 for (int i = 0; i < 2; i++)
   for (int j = 0; j < 6; j++) vis[i][p[i][j][col] - 'A'] = true;
 for (int i = 0; i < SIGMA; i++)
   if (vis[0][i] && vis[1][i]) {
     ans[col] = 'A' + i;
     if (dfs(col + 1)) return true;
   }
 return false;
}

int main() {
 int T;
 scanf("%d", &T);
 while (T--) {
   scanf("%d", &k);
   for (int i = 0; i < 2; i++)
     for (int j = 0; j < 6; j++) scanf("%s", p[i][j]);
   cnt = 0;
   if (!dfs(0)) puts("NO");
 }
 return 0;
}
/*
算法分析请参考：《算法竞赛入门经典（第 2 版）》例题 10-8
同类题目：Code, POJ 1850
*/
```

**例 3-17 【支持四则运算的大整数类；平面的欧拉定理；计数】多少块土地（How Many Pieces of Land, UVa 10213）**

有一块椭圆形的地。在边界上选 $n$（$0 \leqslant n < 2^{31}$）个点并两两连接，得到 $n(n-1)/2$ 条线段。它们最多能把地分成多少个部分？如图 3-3 所示，$n$=6 时最多能分成 31 块。

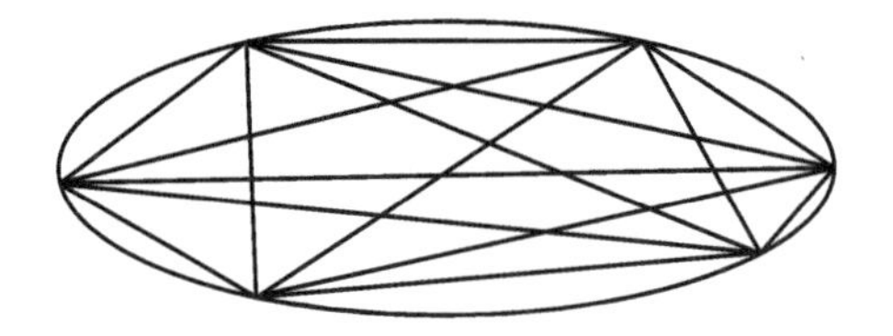

图 3-3 $n$=6 时可分的土地块数

【代码实现】

```
// 刘汝佳
#include <bits/stdc++.h>
```

```
using namespace std;
typedef long long LL;
struct bigint {
  static const int base = 1e9, base_digits = 9;
  vector<int> a;
  int sign;
  bigint() : sign(1) {}
  bigint(LL v) { *this = v; }
  bigint(const string &s) { read(s); }
  void operator=(const bigint &v) {
    sign = v.sign;
    a = v.a;
  }

  void operator=(LL v) {
    sign = 1;
    if (v < 0) sign = -1, v = -v;
    for (; v > 0; v = v / base) a.push_back(v % base);
  }

  bigint operator+(const bigint &v) const {
    if (sign == v.sign) {
      bigint res = v;

      for (int i=0, carry=0; i < (int)max(a.size(),v.a.size())||carry; ++i){
        if (i == (int)res.a.size()) res.a.push_back(0);
        res.a[i] += carry + (i < (int)a.size() ? a[i] : 0);
        carry = res.a[i] >= base;
        if (carry) res.a[i] -= base;
      }
      return res;
    }
    return *this - (-v);
  }

  bigint operator-(const bigint &v) const {
    if (sign == v.sign) {
      if (abs() >= v.abs()) {
        bigint res = *this;
        for (int i = 0, carry = 0; i < (int)v.a.size() || carry; ++i) {
          res.a[i] -= carry + (i < (int)v.a.size() ? v.a[i] : 0);
          carry = res.a[i] < 0;
          if (carry) res.a[i] += base;
        }
        res.trim();
        return res;
      }
      return -(v - *this);
    }
```

```
    return *this + (-v);
  }

  void operator*=(int v) {
    if (v < 0) sign = -sign, v = -v;
    for (int i = 0, carry = 0; i < (int)a.size() || carry; ++i) {
      if (i == (int)a.size()) a.push_back(0);
      LL cur = a[i] * (LL)v + carry;
      carry = (int)(cur / base);
      a[i] = (int)(cur % base);
      // asm("divl %%ecx" : "=a"(carry), "=d"(a[i]) : "A"(cur), "c"(base))
    }
    trim();
  }

  bigint operator*(int v) const {
    bigint res = *this;
    res *= v;
    return res;
  }

  friend pair<bigint, bigint> divmod(const bigint &a1, const bigint &b1) {
    int norm = base / (b1.a.back() + 1);
    bigint a = a1.abs() * norm;
    bigint b = b1.abs() * norm;
    bigint q, r;
    q.a.resize(a.a.size());

    for (int i = a.a.size() - 1; i >= 0; i--) {
      r *= base;
      r += a.a[i];
      int s1 = r.a.size() <= b.a.size() ? 0 : r.a[b.a.size()];
      int s2 = r.a.size() <= b.a.size() - 1 ? 0 : r.a[b.a.size() - 1];
      int d = ((LL)base * s1 + s2) / b.a.back();
      r -= b * d;
      while (r < 0) r += b, --d;
      q.a[i] = d;
    }

    q.sign = a1.sign * b1.sign;
    r.sign = a1.sign;
    q.trim();
    r.trim();
    return make_pair(q, r / norm);
  }

  bigint operator/(const bigint &v) const { return divmod(*this, v).first; }

  bigint operator%(const bigint &v) const { return divmod(*this, v).second; }
```

```
void operator/=(int v) {
  if (v < 0) sign = -sign, v = -v;
  for (int i = (int)a.size() - 1, rem = 0; i >= 0; --i) {
    LL cur = a[i] + rem * (LL)base;
    a[i] = (int)(cur / v);
    rem = (int)(cur % v);
  }
  trim();
}

bigint operator/(int v) const {
  bigint res = *this;
  res /= v;
  return res;
}

int operator%(int v) const {
  if (v < 0) v = -v;
  int m = 0;
  for (int i = a.size() - 1; i >= 0; --i) m = (a[i] + m * (LL)base) % v;
  return m * sign;
}

void operator+=(const bigint &v) { *this = *this + v; }
void operator-=(const bigint &v) { *this = *this - v; }
void operator*=(const bigint &v) { *this = *this * v; }
void operator/=(const bigint &v) { *this = *this / v; }

bool operator<(const bigint &v) const {
  if (sign != v.sign) return sign < v.sign;
  if (a.size() != v.a.size()) return a.size() * sign < v.a.size() * v.sign;
  for (int i = a.size() - 1; i >= 0; i--)
    if (a[i] != v.a[i]) return a[i] * sign < v.a[i] * sign;
  return false;
}

bool operator>(const bigint &v) const { return v < *this; }
bool operator<=(const bigint &v) const { return !(v < *this); }
bool operator>=(const bigint &v) const { return !(*this < v); }
bool operator==(const bigint &v) const {
  return !(*this < v) && !(v < *this);
}
bool operator!=(const bigint &v) const { return *this < v || v < *this; }

void trim() {
  while (!a.empty() && !a.back()) a.pop_back();
  if (a.empty()) sign = 1;
}
```

```
bool isZero() const { return a.empty() || (a.size() == 1 && !a[0]); }

bigint operator-() const {
  bigint res = *this;
  res.sign = -sign;
  return res;
}

bigint abs() const {
  bigint res = *this;
  res.sign *= res.sign;
  return res;
}

LL longValue() const {
  LL res = 0;
  for (int i = a.size() - 1; i >= 0; i--) res = res * base + a[i];
  return res * sign;
}

friend bigint gcd(const bigint &a, const bigint &b) {
  return b.isZero() ? a : gcd(b, a % b);
}
friend bigint lcm(const bigint &a, const bigint &b) {
  return a / gcd(a, b) * b;
}

void read(const string &s) {
  sign = 1;
  a.clear();
  int pos = 0;
  while (pos < (int)s.size() && (s[pos] == '-' || s[pos] == '+')) {
    if (s[pos] == '-') sign = -sign;
    ++pos;
  }
  for (int i = s.size() - 1; i >= pos; i -= base_digits) {
    int x = 0;
    for (int j = max(pos, i - base_digits + 1); j <= i; j++)
      x = x * 10 + s[j] - '0';
    a.push_back(x);
  }
  trim();
}

friend istream &operator>>(istream &stream, bigint &v) {
  string s;
  stream >> s;
  v.read(s);
```

```
    return stream;
  }

  friend ostream &operator<<(ostream &stream, const bigint &v) {
    if (v.sign == -1) stream << '-';
    stream << (v.a.empty() ? 0 : v.a.back());
    for (int i = (int)v.a.size() - 2; i >= 0; --i)
      stream << setw(base_digits) << setfill('0') << v.a[i];
    return stream;
  }

  static vector<int> convert_base(const vector<int> &a, int old_digits,
                                  int new_digits) {
    vector<LL> p(max(old_digits, new_digits) + 1);
    p[0] = 1;
    for (int i = 1; i < (int)p.size(); i++) p[i] = p[i - 1] * 10;
    vector<int> res;
    LL cur = 0;
    int cur_digits = 0;
    for (int i = 0; i < (int)a.size(); i++) {
      cur += a[i] * p[cur_digits];
      cur_digits += old_digits;
      while (cur_digits >= new_digits) {
        res.push_back(int(cur % p[new_digits]));
        cur /= p[new_digits];
        cur_digits -= new_digits;
      }
    }
    res.push_back((int)cur);
    while (!res.empty() && !res.back()) res.pop_back();
    return res;
  }

  typedef vector<LL> vll;

  static vll karatsubaMultiply(const vll &a, const vll &b) {
    int n = a.size();
    vll res(n + n);
    if (n <= 32) {
      for (int i = 0; i < n; i++)
        for (int j = 0; j < n; j++) res[i + j] += a[i] * b[j];
      return res;
    }

    int k = n >> 1;
    vll a1(a.begin(), a.begin() + k);
    vll a2(a.begin() + k, a.end());
    vll b1(b.begin(), b.begin() + k);
    vll b2(b.begin() + k, b.end());
```

```
    vll a1b1 = karatsubaMultiply(a1, b1);
    vll a2b2 = karatsubaMultiply(a2, b2);

    for (int i = 0; i < k; i++) a2[i] += a1[i];
    for (int i = 0; i < k; i++) b2[i] += b1[i];

    vll r = karatsubaMultiply(a2, b2);
    for (int i = 0; i < (int)a1b1.size(); i++) r[i] -= a1b1[i];
    for (int i = 0; i < (int)a2b2.size(); i++) r[i] -= a2b2[i];

    for (int i = 0; i < (int)r.size(); i++) res[i + k] += r[i];
    for (int i = 0; i < (int)a1b1.size(); i++) res[i] += a1b1[i];
    for (int i = 0; i < (int)a2b2.size(); i++) res[i + n] += a2b2[i];
    return res;
  }

  bigint operator*(const bigint &v) const {
    vector<int> a6 = convert_base(this->a, base_digits, 6);
    vector<int> b6 = convert_base(v.a, base_digits, 6);
    vll a(a6.begin(), a6.end());
    vll b(b6.begin(), b6.end());
    while (a.size() < b.size()) a.push_back(0);
    while (b.size() < a.size()) b.push_back(0);
    while (a.size() & (a.size() - 1)) a.push_back(0), b.push_back(0);
    vll c = karatsubaMultiply(a, b);
    bigint res;
    res.sign = sign * v.sign;
    for (size_t i = 0, carry = 0; i < c.size(); i++) {
      LL cur = c[i] + carry;
      res.a.push_back((int)(cur % 1000000));
      carry = (int)(cur / 1000000);
    }
    res.a = convert_base(res.a, 6, base_digits);
    res.trim();
    return res;
  }
};

// V-E+F=2, F=2-V+E-1=1+E-V
bigint solve(LL n) {
  bigint ans = n;
  ans *= (n - 1);
  ans *= bigint(n * n - 5 * n + 18);
  ans /= 24;
  ans += 1;
  return ans;
}
```

```
int main() {
  int s, n;
  cin >> s;
  while (cin >> n) cout << solve(n) << endl;
  return 0;
}
/*
算法分析请参考：《算法竞赛入门经典（第 2 版）》例题 10-23
同类题目：Edge Case, ACM/ICPC NWERC 2012, UVa 1646
          That Nice Euler Circuit, 上海 2004, POJ 2284
*/
```

### 例 3-18　【有根树计数】统计有根树（Count, 成都 2012, UVa 1645）

输入 $n$（$n\leqslant 1000$），统计有多少个 $n$ 结点的有根树，使得每个深度中所有结点的子结点数相同。例如，$n$=4 时有 3 棵，如图 3-4 所示；$n$=7 时有 10 棵。输出数目除以 $10^9+7$ 的余数。

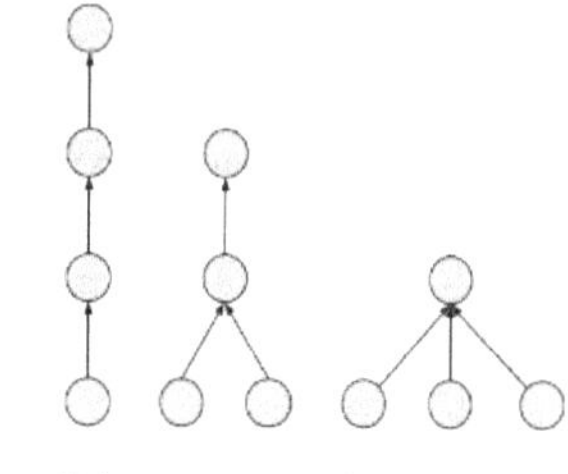

图 3-4　$n$=7 时有 10 棵树

【代码实现】

```
// 陈锋
#include <bits/stdc++.h>
using namespace std;
const int MOD = 1e9 + 7, MAXN = 1024;
typedef long long LL;
LL A[MAXN];
void init() {
  A[1] = A[2] = 1;
  for (int i = 3; i < MAXN; ++i) {
    LL& a = A[i];
    a = 0;
    for (int j = 1; j < i; j++)
      if ((i - 1) % j == 0) (a += A[j]) %= MOD;
  }
}

int main() {
  init();
  for (int n, t = 1; scanf("%d", &n) == 1; t++)
    printf("Case %d: %lld\n", t, A[n]);
  return 0;
}
/*
算法分析请参考：《算法竞赛入门经典——习题与解答》习题 10-10
同类题目：Exploring Pyramids, ACM/ICPC NEERC 2005, Codeforces Gym 101334E
*/
```

### 例 3-19　【反向计算二项式系数】二项式系数（Binomial coefficients, ACM/ICPC NWERC 2011, UVa 1649）

输入 $m$（$2\leqslant m\leqslant 10^{15}$），求所有使得 $C(n,k)=m$ 的$(n,k)$。输出按照 $n$ 升序排列，当 $n$ 相

同时按 $k$ 升序排列。

【代码实现】

```
// 陈锋
#include <bits/stdc++.h>
using namespace std;
typedef long long LL;
typedef pair<LL, LL> LPair;
typedef map<LL, set<LL>>::iterator MIT;

LL gcd(LL a, LL b) { return b == 0 ? a : gcd(b, a % b); }
int binomial_cmp(LL n, LL k, LL m) {             // C(n, k)<M:-1, =0:0, >0:1
  LL C = 1;
  for (int i = 1; i <= k; i++) {                 // C *= (n-i+1)/i
    LL g = gcd(n - i + 1, i), b = (n - i + 1) / g;
    C /= (i / g);
    if (C > LONG_MAX / b) return 1;              // 提前判断溢出
    C *= b;
    if (C > m) return 1;
  }
  if (C == m) return 0;                          // assert(C < m)
  return -1;
}

void solve(LL M, map<LL, set<LL>>& ans, int& sz) {
  ans.clear();
  sz = 0;
  if (M == 2) {
    ans[2].insert(1), sz = 1;
    return;
  }
  int k = 2;
  while (true) {
    LL L = 2 * k, R = M, n = 0;
    // if (is_debug()) printf("L:%lld, R:%lld, k:%d\n", L, R, k);
    if (binomial_cmp(L, k, M) > 0) break;
    while (L < R && !n) {                        // C(L,k) <= M < C(R,k)
      LL mid = L + (R - L) / 2;
      int cmp = binomial_cmp(mid, k, M);
      if (cmp == 0)
        n = mid;
      else if (cmp < 0)
        L = mid + 1;
      else if (cmp > 0)
        R = mid;
    }
    if (n) ans[n].insert(k), ans[n].insert(n - k);
    k++;
  }
```

```
  ans[M].insert(1), ans[M].insert(M - 1);
  for (MIT p = ans.begin(); p != ans.end(); p++) sz += p->second.size();
}

int main() {
  int T;
  scanf("%d\n", &T);
  map<LL, set<LL>> ans;
  for (LL M; scanf("%lld\n", &M) == 1;) {
    int sz = 0;
    solve(M, ans, sz);
    printf("%d\n", sz);
    int cnt = 0;
    for (MIT p = ans.begin(); p != ans.end(); p++) {
      const set<LL> s = p->second;
      for (set<LL>::iterator it = s.begin(); it != s.end(); it++) {
        if (cnt++) printf(" ");
        printf("(%lld,%lld)", p->first, *it);
      }
    }
    puts("");
  }
  return 0;
}
/*
算法分析请参考：《算法竞赛入门经典——习题与解答》习题 10-21
注意：本题的溢出判断技巧，以及如何用整数运算来避免浮点误差
同类题目：Irrelevant Elements, ACM/ICPC NEERC 2004, UVa 1635
*/
```

### 例 3-20　【容斥原理】拉拉队（Cheerleaders, UVa 11806）

在一个 $m$ 行 $n$ 列的矩形网格里放 $k$ 个相同的石子，问有多少种放法。每个格子最多放一个石子，所有石子都要用完，并且第一行、最后一行、第一列、最后一列都得有石子。

【代码实现】

```
// 陈锋
#include <bits/stdc++.h>

using namespace std;
#define _for(i, a, b) for (int i = (a); i < (b); ++i)
#define _rep(i, a, b) for (int i = (a); i <= (b); ++i)
typedef long long LL;
const int MOD = 1000007, MAXC = 400 + 4;
int M, N, K;
LL C[MAXC][MAXC];
void init() {
  C[1][0] = C[1][1] = 1;
  for (int n = 2; n < MAXC; n++) {
    C[n][0] = 1;
```

```
    for (int k = 1; k <= n; k++)
      C[n][k] = (C[n - 1][k - 1] + C[n - 1][k]) % MOD;
  }
}
inline LL CK(int m, int n) { return C[m * n][K]; }     // get C(m*n, k)

LL solve() {
  if (K < 2 || K > M * N) return 0;
  LL S = C[M * N][K];
  /*S -= (2*CK(M, N-1) + 2*CK(M-1, N))%MOD;            // A,B,C,D
    S += (4*CK(M-1,N-1) + CK(M-2, N) + CK(M,N-2))%MOD; // AB,AC,AD,BC,BD,CD
    S -= (2*CK(M-2,N-1) + 2*CK(M-1, N-2))%MOD;         // ABC, ABD, ACD, BCD
    S += CK(M-2, N-2);                                 // ABCD
  for (int b = 1; b < 16; b++) {                       // 3210 LRTB
    int cnt = 0, m = M, n = N;
    if (b & 8) --m, ++cnt;
    if (b & 4) --m, ++cnt;
    if (b & 2) --n, ++cnt;
    if (b & 1) --n, ++cnt;
    LL x = C[m * n][K];
    if (cnt % 2) x = -x;
    S = (S + MOD + x) % MOD;
  }
  return S;
}

int main() {
  int T;

  init();
  ios::sync_with_stdio(false), cin.tie(0);
  cin >> T;
  for (int t = 1; t <= T; t++) {
    cin >> M >> N >> K;
    printf("Case %d: %lld\n", t, solve());
  }
  return 0;
}
/*
算法分析请参考:《算法竞赛入门经典(第 2 版)》2.1 节例题 3
同类题目: Deranged Exams, ACM/ICPC Greater NY 2013
*/
```

### 例 3-21 【多项式;差分;整除性】总是整数(Always an Integer, World Finals 2008, UVa 1069)

组合数学主要研究计数问题。比如,从 $n$ 个人中选两个人,有多少种方法;圆周上有 $n$ 个点,两两相连之后最多能把圆分成多少部分(见图 3-5);有一个金字塔,从塔顶开始每一层分别有 $1\times1, 2\times2, \cdots, n\times n$ 个小立方体,问一共有多少个小立方体。

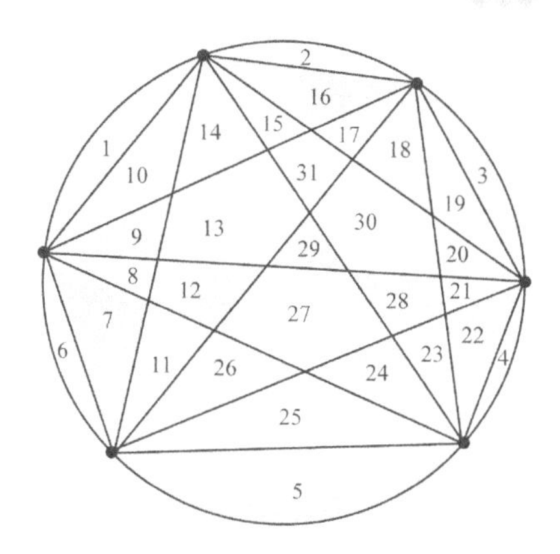

图 3-5　用圆周上的 $n$ 个点分割圆

很多问题的答案都可以写成 $n$ 的简单多项式。比如，上述第 1 个问题的答案是 $n(n-1)/2$，也就是 $(n^2-n)/2$；第 2 个问题的答案是 $(n^4-6n^3+23n^2-18n+24)/24$；第 3 个问题的答案是 $n(n+1)(2n+1)/6$，即 $(2n^3+2n^2+n)/6$。

由于上述 3 个多项式是计数问题的答案，因此当 $n$ 取任意正整数时，这些多项式的值都是整数。当然，对于其他多项式，这个性质并不一定成立。

给定一个形如 $P/D$（其中，$P$ 是 $n$ 的整系数多项式，$D$ 是正整数）的多项式，判断它是否能在所有正整数处取到整数值。

【代码实现】

```
// 刘汝佳
#include <bits/stdc++.h>
using namespace std;
typedef long long LL;

struct Polynomial {
  vector<int> a, p;                        // 第 i 项为 a[i] * n^p[i]
  void parse_polynomial(string expr) {     // 解析多项式（不带括号）
    int i = 0, len = expr.size();
    while (i < len) {                      // 每次循环体解析一个 a * n^p
      int sign = 1, v = 0;
      if (expr[i] == '+') i++;
      if (expr[i] == '-') sign = -1, i++;
      while (i < len && isdigit(expr[i])) v = v * 10 + expr[i++] - '0';
      // 系数的绝对值
      if (i == len) {
        a.push_back(v), p.push_back(0);
        continue;
      }                                    // 常数项
      assert(expr[i] == 'n');
      if (v == 0) v = 1;                   // 无系数，按 1 处理
      v *= sign;
      if (expr[++i] == '^') {              // 有指数项
        a.push_back(v), v = 0;             // 清空 v，接下来用 v 保存指数
```

```
        i++;
        while (i < len && isdigit(expr[i])) v = v * 10 + expr[i++] - '0';
        p.push_back(v);
      } else                                     // 无指数项
        a.push_back(v), p.push_back(1);
    }
  }

  int mod(int x, int MOD) {                      // 计算 f(x)除以 MOD 的余数
    int ans = 0;
    for (size_t i = 0; i < a.size(); i++) {
      int m = a[i];
      for (int j = 0; j < p[i]; j++) m = (LL)m * x % MOD;
      ans = ((LL)ans + m) % MOD;                 // 注意避免加法也可能会溢出
    }
    return ans;
  }
};

bool check(string expr) {
  int p = expr.find('/');
  Polynomial poly;
  poly.parse_polynomial(expr.substr(1, p - 2));
  int D = atoi(expr.substr(p + 1).c_str());
  for (int i = 1; i <= poly.p[0] + 1; i++)
    if (poly.mod(i, D) != 0) return false;
  return true;
}

int main() {
  string expr;
  for (int kase = 1; cin >> expr; kase++) {
    if (expr[0] == '.') break;
    printf("Case %d: ", kase);
    if (check(expr))
      puts("Always an integer");
    else
      puts("Not always an integer");
  }
  return 0;
}
/*
算法分析请参考：《算法竞赛入门经典——训练指南》升级版 2.3.1 节例题 8
同类题目：Complete the sequence!, POJ 1398
*/
```

## 本节例题列表

本节讲解的例题及其囊括的知识点，如表 3-2 所示。

表 3-2　组合计数例题归纳

| 编　　号 | 题　　号 | 标　　题 | 知　识　点 | 代码作者 |
|---|---|---|---|---|
| 例 3-16 | UVa 1262 | Password | 编码解码问题 | 刘汝佳 |
| 例 3-17 | UVa 10213 | How Many Pieces of Land | 支持四则运算的大整数类；平面的欧拉定理；计数 | 刘汝佳 |
| 例 3-18 | UVa 1645 | Count | 有根树计数 | 陈锋 |
| 例 3-19 | UVa 1649 | Binomial coefficients | 反向计算二项式系数 | 陈锋 |
| 例 3-20 | UVa 11806 | Cheerleaders | 容斥原理 | 陈锋 |
| 例 3-21 | UVa 1069 | Always an Integer | 多项式；差分；整除性 | 刘汝佳 |

# 3.3　概率与期望

很多和概率相关的问题并不需要特别的知识，熟悉排列组合就够了。

### 例 3-22　【离散条件概率】条件概率（Probability Given, UVa 11181）

有 $n$ 个人准备去逛超市，其中第 $i$ 个人买东西的概率是 $P_i$。逛完以后你得知有 $r$ 个人买了东西，根据这一信息，请计算每个人实际买东西的概率。输入 $n$（$1 \leqslant n \leqslant 20$）和 $r$（$0 \leqslant r \leqslant n$），输出每个人实际买东西的概率。

【代码实现】

```
// 陈锋
#include <bits/stdc++.h>

using namespace std;
#define _for(i, a, b) for (int i = (a); i < (b); ++i)
typedef long long LL;
const int MAXN = 20 + 4;
int N, R;
double P[MAXN], P1[MAXN], B;
/*
  P(A|B)=P(AB)/P(B)
  for i, A|B : i buy; AB:买 r 个且包含第 i 个; B : 买 r 个, P1=P(AB)
*/
int main() {
  for (int t = 1; scanf("%d%d", &N, &R) == 2 && N; t++) {
    printf("Case %d:\n", t);
    B = 0;
    _for(i, 0, N) P1[i] = 0, scanf("%lf", &(P[i]));
    _for(s, 0, (1 << N)) {
      int r = 0, sc = s;
      while (sc) r++, sc = sc & (sc - 1);    // s 中元素个数
      if (R != r) continue;                  // 元素个数不对
      double p = 1;
      _for(i, 0, N) p *= (s & (1 << i)) ? P[i] : 1 - P[i];
```

```
      B += p;
      _for(i, 0, N) if (s & (1 << i)) P1[i] += p;
    }
    _for(i, 0, N) printf("%.6lf\n", P1[i] / B);
  }
  return 0;
}
/*
算法分析请参考：《算法竞赛入门经典（第 2 版）》例题 10-11
同类题目：Catch the Plane, ACM/ICPC WF 2018, Codeforces Gym 102482A
         Headshot, ACM/ICPC NEERC 2009, UVa 1636
*/
```

### 例 3-23 【离散概率；DP】纸牌游戏（Double Patience, NEERC 2005, UVa 1637）

36 张牌分成 9 堆，每堆 4 张牌。每次可以拿走某两堆顶部的牌，但需要点数相同。如果有多种拿法，则等概率地随机拿。例如，9 堆牌的顶部分别为 KS, KH, KD, 9H, 8S, 8D, 7C, 7D, 6H，则有 5 种拿法，分别为(KS,KH), (KS,KD), (KH,KD), (8S,8D), (7C,7D)，每种拿法的概率均为 1/5。如果最后拿完所有牌，则游戏成功。按顺序给出每堆牌的 4 张牌，求游戏成功概率。

【代码实现】

```
// 陈锋
#include <cstdio>
#include <algorithm>
using namespace std;
typedef long long LL;

struct Stat {
  int C[9];
  Stat() { fill_n(C, 9, 4); }
  int index() const {                    // 状态压缩编码
    int ans = 0;
    for (int i = 0; i < 9; i++) ans = ans * 5 + C[i];
    return ans;
  }
};
const int MAXS = 1953125 + 4;           // 5^9
double Ans[MAXS];
char Piles[9][4][3];

double DP(Stat& st) {
  double& ans = Ans[st.index()];
  if (ans != -1.0) return ans;
  ans = 0;
  int cnt = 0, empty = 1;
  for (int i = 0; i < 9; i++) {
    int& ci = st.C[i];
    if (ci < 1) continue;
```

```
    empty = 0;
    for (int j = i + 1; j < 9; j++) {
      int& cj = st.C[j];
      if (cj < 1) continue;
      if (Piles[i][ci - 1][0] == Piles[j][cj - 1][0]) {
        ci -= 1, cj -= 1;                   // 后续的一种可能局面
        ans += DP(st);
        cnt++;
        ci += 1, cj += 1;
      }
    }
  }

  if (empty) return ans = 1;               // 都已经空了
  if (cnt == 0) return ans = 0;            // 必输
  return ans /= cnt;
}

int main() {
  while (true) {
    for (int i = 0; i < 9; i++)
      for (int j = 0; j < 4; j++)
        if (scanf("%s", Piles[i][j]) != 1) return 0;
    fill_n(Ans, MAXS, -1.0);
    Stat st;
    printf("%.6lf\n", DP(st));
  }
  return 0;
}
/*
算法分析请参考：《算法竞赛入门经典（第 2 版）》例题 10-12
同类题目：Collecting Bugs, POJ 2096
*/
```

### 例 3-24　【离散概率；递推】麻球繁衍（Tribbles, UVa 11021）

有 $k$ 只麻球，每只活一天就会死亡，临死之前可能会生出一些新的麻球。具体来说，生 $i$ 个麻球的概率为 $P_i$。给定 $m$，求 $m$ 天后所有麻球均死亡的概率（$1 \leqslant n \leqslant 1000$，$0 \leqslant k \leqslant 1000$，$0 \leqslant m \leqslant 1000$）。注意，不足 $m$ 天时已全部死亡的情况也计算在内。

【分析】

由于每只麻球的后代可独立存活，所以只需求出一开始只有 1 只麻球，$m$ 天后全部死亡的概率 $f(m)$。由全概率公式可知：

$$f(i) = P_0 + P_1 f(i-1) + P_2 f(i-1)^2 + P_3 f(i-1)^3 + \cdots + P_{n-1} f(i-1)^{n-1}$$

所以答案是 $f(m)^k$。

【代码实现】

```
// 陈锋
#include <cmath>
```

```
#include <cstdio>
using namespace std;
typedef long long LL;
const int MAXN = 1000 + 4;
double P[MAXN], F[MAXN];
int main() {
  int T;
  scanf("%d", &T);
  for (int t = 1, n, k, m; t <= T; t++) {
    scanf("%d%d%d", &n, &k, &m);
    for (int i = 0; i < n; i++) scanf("%lf", &(P[i]));
    F[0] = 0, F[1] = P[0];
    for (int x = 2; x <= m; x++) {
      F[x] = 0;
      for (int i = 0; i < n; i++) F[x] += P[i] * pow(F[x - 1], i);
    }
    printf("Case #%d: %.7lf\n", t, pow(F[m], k));
  }
  return 0;
}
/*
算法分析请参考：《算法竞赛入门经典——训练指南》升级版 2.5 节例题 18
同类题目：Scout YYF I, POJ 3744
*/
```

## 例 3-25 【数学期望；有理数】优惠券（Coupons, UVa 10288）

某种彩票一元钱一张，购买后撕开上面的锡箔，你会看到一个漂亮的图案。图案有 $n$ 种，如果你收集全这 $n$（$n\leqslant 33$）种图案，就可以得大奖。请问，在平均情况下，需要买多少张彩票才能得到大奖呢？如 $n=5$ 时，答案为 137/12。

【分析】

假设已有 $k$ 个图案，令 $s=k/n$，得到一个新的图案需要 $t$ 次的概率为 $s^{t-1}(1-s)$，因此平均需要的次数为$(1-s)(1+2s+3s^2+4s^3+\cdots) = (1-s)E$，而 $sE = s+2s^2+3s^3+\cdots = E-(1+s+s^2+\cdots)$，移项可得

$$(1-s)E=1+s+s^2+\cdots=1/(1-s) = n/(n-k)$$

换句话说，已有 $k$ 个图案时，平均再拿 $n/(n-k)$次就可多搜集一个图案，所以总次数为

$$n(1/n+1/(n-1)+1/(n-2)+\cdots+1/2+1/1)$$

【代码实现】

```
// 陈锋
#include <bits/stdc++.h>
using namespace std;
typedef long long LL;

LL gcd(LL a, LL b) { return b == 0 ? a : gcd(b, a % b); }
struct Rational {        // 有理数类
  LL a, b;               // a/b
```

```
  Rational& operator+=(const Rational& r) {
    LL na = a * r.b + b * r.a, nb = b * r.b;
    a = na, b = nb;
    reduce();
    return *this;
  }

  void reduce() {
    LL g = gcd(a, b);
    a /= g, b /= g;
  }
};

int lenOf(LL x) {
  static char buf[32];
  sprintf(buf, "%lld", x);
  return strlen(buf);
}

ostream& operator<<(ostream& os, const Rational& r) {
  if (r.b == 1) return os << r.a;
  LL a = r.a % r.b, b = r.b, k = r.a / r.b;
  int la = lenOf(a), lb = lenOf(b), lk = lenOf(k);
  lk = k == 0 ? 0 : lk + 1, la = max(la, lb);
  if (lk)
    for (int i = 0; i < lk; ++i) os << " ";
  os << a << endl;
  if (lk) os << k << " ";

  for (int i = 0; i < la; ++i) os << "-";
  os << endl;
  if (lk)
    for (int i = 0; i < lk; ++i) os << " ";
  return os << b;
}

int main() {
  for (int n; scanf("%d", &n) == 1; ) {
    Rational r = {n, n};
    for (int i = 1; i < n; i++) r += (Rational) {n, i};
    cout << r << endl;
  }
}
/*
算法分析请参考：《算法竞赛入门经典（第 2 版）》例题 10-18
注意：如何重载 Rational 的 iostream << 操作
同类题目：Pock, HDU 5984
*/
```

## 例 3-26 【数学期望】玩纸牌（Expect the Expected, UVa 11427）

每天晚上你都玩纸牌游戏，如果第一次就赢了便高高兴兴地去睡觉，如果输了就继续玩。假设每盘游戏你获胜的概率都是 $p$（$p$ 的分母不超过 1000），且各盘游戏的输赢是独立的。你是一个固执的完美主义者，因此会一直玩到当晚获胜局数的比例严格大于 $p$ 时才停止，然后高高兴兴地去睡觉。当然，晚上的时间有限，最多只能玩 $n$（$1 \leqslant n \leqslant 100$）盘游戏，如果获胜比例一直不超过 $p$ 的话，你只能垂头丧气地去睡觉，以后再也不玩纸牌了。你的任务是计算出平均情况下你会玩多少个晚上的纸牌。

【代码实现】

```
// 刘汝佳
#include <cmath>
#include <cstdio>
#include <cstring>
const int NN = 100 + 5;
double D[NN][NN];
int main() {
  int T;
  scanf("%d", &T);
  for (int kase = 1, n, a, b; kase <= T; kase++) {
    scanf("%d/%d%d", &a, &b, &n);  // 请注意 scanf 的技巧
    double p = (double)a / b;
    memset(D, 0, sizeof(D));
    D[0][0] = 1.0, D[0][1] = 0.0;
    for (int i = 1; i <= n; i++)
      for (int j = 0; j * b <= a * i; j++) {
        // 等价于枚举满足 j/i <= a/b 的 j，同时避免了除法误差
        double &d = D[i][j];
        d = D[i - 1][j] * (1 - p);
        if (j) d += D[i - 1][j - 1] * p;
      }
    double Q = 0.0;
    for (int j = 0; j * b <= a * n; j++) Q += D[n][j];
    printf("Case #%d: %d\n", kase, (int)(1 / Q));
  }
  return 0;
}
/*
算法分析请参考：《算法竞赛入门经典——训练指南》升级版 2.5 节例题 20
同类题目：POJ3682 King Arthur's Birthday Celebration
*/
```

## 例 3-27 【马尔可夫过程；数学期望】得到 1（Race to 1, UVa 11762）

给出一个整数 $N$（$1 \leqslant N \leqslant 1\,000\,000$），每次可以在不超过 $N$ 的素数中随机选择一个 $P$，如果 $P$ 是 $N$ 的约数，则把 $N$ 变成 $N/P$，否则 $N$ 不变。计算平均情况下需要多少次随机选择，才能把 $N$ 变成 1。例如，$N$=3 时，答案为 2；$N$=13 时，答案为 6。

【代码实现】

```
// 刘汝佳
#include <algorithm>
#include <cmath>
#include <cstdio>
#include <cstring>
using namespace std;

const int NN = 1e6 + 10;
double F[NN];
int IsPrime[NN], primes[NN], vis[NN];

void gen_primes(int n) {                    // 素数筛法
  fill_n(IsPrime, n + 1, 1);
  for (int i = 2, p = 0; i <= n; i++) {
    if (!IsPrime[i]) continue;
    primes[p++] = i;
    if (i <= n / i)
      for (int j = i * i; j <= n; j += i) IsPrime[j] = 0;
  }
}

double dp(int x) {
  double& f = F[x];
  if (x == 1) return 0.0;                   // 边界
  if (vis[x]) return f;                     // 记忆化
  vis[x] = 1;
  int g = 0, p = 0;                         // 累加g(x)和p(x)
  f = 0;
  for (int i = 0; primes[i] <= x; i++) {
    p++;
    if (x % primes[i] == 0) g++, f += dp(x / primes[i]);
  }
  return f = (f + p) / g;
}

int main() {
  int T;
  scanf("%d", &T);
  gen_primes(NN - 1), fill_n(vis, NN, 0);
  for (int kase = 1, n; kase <= T; kase++) {
    scanf("%d", &n);
    printf("Case %d: %.10lf\n", kase, dp(n));
  }
  return 0;
}
/*
算法分析请参考：《算法竞赛入门经典——训练指南》升级版 2.5 节例题 21
同类题目：Wandering Robots, HDU 6229
*/
```

## 本节例题列表

本节讲解的例题及其囊括的知识点，如表 3-3 所示。

表 3-3 概率与期望例题归纳

| 编 号 | 题 号 | 标 题 | 知 识 点 | 代码作者 |
|---|---|---|---|---|
| 例 3-22 | UVa 11181 | Probability Given | 离散条件概率 | 陈锋 |
| 例 3-23 | UVa 1637 | Double Patience | 离散概率；DP | 陈锋 |
| 例 3-24 | UVa 11021 | Tribbles | 离散概率；递推 | 陈锋 |
| 例 3-25 | UVa 10288 | Coupons | 数学期望；有理数 | 陈锋 |
| 例 3-26 | UVa 11427 | Expect the Expected | 数学期望 | 刘汝佳 |
| 例 3-27 | UVa 11762 | Race to 1 | 马尔可夫过程；数学期望 | 刘汝佳 |

# 3.4 组合游戏

组合游戏也是一种常见的题型，主要考点在于 SG 定理的灵活运用。

## 例 3-28 【SG 定理；输出方案】Treblecross 游戏（Treblecross, UVa 10561）

有 $n$ 个格子排成一行，其中一些格子里面有字符 X。两个游戏者轮流操作，每次可以选一个空格，在里面放上字符 X。如果此时有 3 个连续的 X 出现，则该游戏者赢得比赛。初始情况下不会有 3 个 X 连续出现。你的任务是判断先手必胜还是必败，如果必胜，输出所有必胜策略。

【代码实现】

```
// 刘汝佳
#include <algorithm>
#include <cstdio>
#include <cstring>
#include <vector>
using namespace std;

const int NN = 200;
int g[NN + 10];

bool winning(const char* state) {
  int n = strlen(state);
  for (int i = 0; i < n - 2; i++)
    if (state[i] == 'X' && state[i + 1] == 'X' && state[i + 2] == 'X')
      return false;       // 已经输掉了

  int no[NN + 1];         // no[i] = 1: 下标为 i 的格子是“禁区”（离某个'X'的距离不超过 2）
  fill_n(no, NN + 1, 0);
  no[n] = 1;              // 哨兵
  for (int i = 0; i < n; i++) {
```

```
    if (state[i] != 'X') continue;
    for (int d = -2; d <= 2; d++)
      if (i + d >= 0 && i + d < n) {
        if (d != 0 && state[i + d] == 'X')
          return true;                       // 有两个距离不超过 2 的'X'，一步即可取胜
        no[i + d] = 1;
      }
  }

  int sg = 0;                                // 当前块的起点坐标
  for (int i = 0, start = -1; i <= n; i++) {          // 注意要循环到“哨兵”为止
    if (start < 0 && !no[i]) start = i;                // 新的块
    if (no[i] && start >= 0) sg ^= g[i - start];       // 当前块结束
    if (no[i]) start = -1;
  }
  return sg != 0;
}

int mex(vector<int>& s) {
  if (s.empty()) return 0;
  sort(s.begin(), s.end());
  if (s[0] != 0) return 0;
  for (int i = 1; i < s.size(); i++)
    if (s[i] > s[i - 1] + 1) return s[i - 1] + 1;
  return s[s.size() - 1] + 1;
}

void init() {                                // 预处理计算 g 数组
  g[0] = 0, g[1] = g[2] = g[3] = 1;
  for (int i = 4; i <= NN; i++) {
    vector<int> s;
    s.push_back(g[i - 3]);                   // 最左边（下标为 0 的格子）
    s.push_back(g[i - 4]);                   // 下标为 1 的格子
    if (i >= 5) s.push_back(g[i - 5]);       // 下标为 2 的格子
    for (int j = 3; j < i - 3; j++)          // 下标为 3～i-3 的格子
      s.push_back(g[j - 2] ^ g[i - j - 3]); // 左边有 j-2 个，右边有 i-j-3 个格子
    g[i] = mex(s);
  }
}

int main() {
  init();
  int T;
  scanf("%d", &T);
  while (T--) {
    char state[NN + 10];
    scanf("%s", state);
    int n = strlen(state);
    if (!winning(state)) {
```

```
      puts("LOSING\n");
      continue;
    }
    puts("WINNING");
    vector<int> moves;
    for (int i = 0; i < n; i++)
      if (state[i] == '.') {
        state[i] = 'X';
        if (!winning(state)) moves.push_back(i + 1);
        state[i] = '.';
      }
    printf("%d", moves[0]);
    for (int i = 1; i < moves.size(); i++) printf(" %d", moves[i]);
    puts("");
  }
  return 0;
}
/*
算法分析请参考：《算法竞赛入门经典——训练指南》升级版 2.4 节例题 17
同类题目：Playing With Stones, UV 1482
          Box Game, UVa 12293
          ENimEN, UVa 11892
          River Game, ACM/ICPC SWERC 2019, Codeforces Gym 102501L
*/
```

## 本节例题列表

本节讲解的例题及其囊括的知识点，如表 3-4 所示。

表 3-4　组合游戏例题归纳

| 编　　号 | 题　　号 | 标　　题 | 知　识　点 | 代 码 作 者 |
|---|---|---|---|---|
| 例 3-28 | UVa 10561 | Treblecross | SG 定理；输出方案 | 刘汝佳 |

# 3.5　置　　换

本节将介绍一些置换相关的经典例题以及代码实现。

### 例 3-29　【等价类计数】项链和手镯（Arif in Dhaka(First Love Part 2), UVa 10294）

项链和手镯都是由若干珠子穿成的环形首饰，区别在于手镯可以翻转，但项链不可以。换句话说，图 3-6（a）和图 3-6（b）两个图，如果是手镯则看作相同，如果是项链则看作不同。当然，不管是项链还是手镯，旋转之后一样可看作相同。

输入整数 $n$ 和 $t$，输出用 $t$ 种颜色的 $n$（$1 \leqslant n \leqslant 50$，$1 \leqslant t \leqslant 10$）颗珠子（每种颜色的珠子个数无限制，但珠子总数必须是 $n$）能穿成的项链和手镯的个数。比如 $n=5$，$t=3$ 时，项链有 51 个，手镯有 39 个。

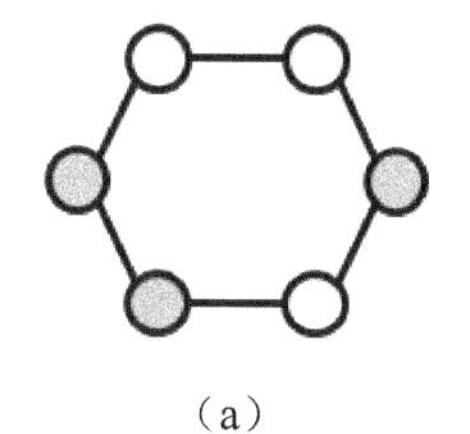
（a）

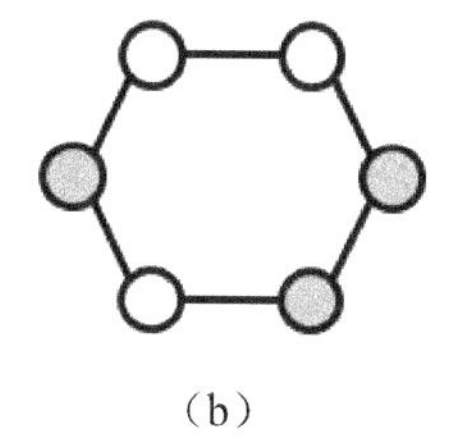
（b）

图 3-6 项链和手镯

【代码实现】

```
// 刘汝佳
#include <cstdio>
typedef long long LL;
const int NN = 100;
int gcd(int a, int b) { return b == 0 ? a : gcd(b, a % b); }

int main() {
  for (int n, t; scanf("%d%d", &n, &t) == 2 && n;) {
    LL pow[NN], a = 0, b = 0;
    pow[0] = 1;
    for (int i = 1; i <= n; i++) pow[i] = pow[i - 1] * t;
    for (int i = 0; i < n; i++) a += pow[gcd(i, n)];
    if (n % 2 == 1) b = n * pow[(n + 1) / 2];
    else b = n / 2 * (pow[n / 2 + 1] + pow[n / 2]);
    printf("%lld %lld\n", a / n, (a + b) / 2 / n);
  }
  return 0;
}
/*
算法分析请参考：《算法竞赛入门经典——训练指南》升级版 2.6 节例题 22
*/
```

### 例 3-30 【置换分解；递推】Leonardo 的笔记本（Leonardo's Notebook, NWERC 2006, POJ 3128）

给出 26 个大写字母的置换 $\boldsymbol{B}$，问是否存在一个置换 $\boldsymbol{A}$，使得 $\boldsymbol{A}^2=\boldsymbol{B}$。

【代码实现】

```
// 刘汝佳
#include <algorithm>
#include <cstdio>
#include <cstring>
using namespace std;
int main() {
  const int NN = 30;
  char B[NN];
  int vis[NN], cnt[NN], T;
  scanf("%d", &T);
  while (T--) {
```

```
    scanf("%s", B);
    fill_n(vis, NN, 0), fill_n(cnt, NN, 0);
    for (int i = 0; i < 26; i++)
      if (!vis[i]) {                          // 找一个从 i 开始的循环
        int j = i, n = 0;
        do {
          vis[j] = 1, j = B[j] - 'A', n++;    // 标记 j 为"已访问"
        } while (j != i);
        cnt[n]++;
      }
    int ok = 1;
    for (int i = 2; i <= 26; i++)
      if (i % 2 == 0 && cnt[i] % 2 == 1) ok = 0;
    puts(ok ? "Yes" : "No");
  }
  return 0;
}
/*
算法分析请参考:《算法竞赛入门经典——训练指南》升级版 2.6 节例题 23
*/
```

## 例 3-31 【置换分解;置换乘法】排列统计(Find the Permutations, UVa 11077)

给出 1~$n$ 的一个排列,可以通过一系列的交换变成$\{1,2,3,\cdots,n\}$。比如$\{2,1,4,3\}$需要两次交换(1 和 2,3 和 4),$\{4,2,3,1\}$只需要一次(1 和 4),$\{2,3,4,1\}$需要 3 次,而$\{1,2,3,4\}$一次都不需要。给定 $n$ 和 $k$($1\leqslant n\leqslant 21$,$0\leqslant k<n$),统计有多少个排列至少需要交换 $k$ 次才能变成$\{1,2,\cdots,n\}$。

【代码实现】

```
// 刘汝佳
#include <cstdio>
#include <cstring>
const int maxn = 30;
unsigned long long f[maxn][maxn];
int main() {
  memset(f, 0, sizeof(f));
  f[1][0] = 1;
  for (int i = 2; i <= 21; i++)
    for (int j = 0; j < i; j++) {
      f[i][j] = f[i - 1][j];
      if (j > 0) f[i][j] += f[i - 1][j - 1] * (i - 1);
    }
  for (int n, k; scanf("%d%d", &n, &k) == 2 && n; )
    printf("%llu\n", f[n][k]);
  return 0;
}
/*
算法分析请参考:《算法竞赛入门经典——训练指南》升级版 2.6 节例题 24
同类题目: Pixel Shuffle, SPOJ JPIX
*/
```

### 本节例题列表

本节讲解的例题及其囊括的知识点，如表 3-5 所示。

表 3-5　置换例题归纳

| 编　号 | 题　号 | 标　题 | 知　识　点 | 代码作者 |
|---|---|---|---|---|
| 例 3-29 | UVa 10294 | Arif in Dhaka | 等价类计数 | 刘汝佳 |
| 例 3-30 | POJ 3128 | Leonardo's Notebook | 置换分解；递推 | 刘汝佳 |
| 例 3-31 | UVa 11077 | Find the Permutations | 置换分解；置换乘法 | 刘汝佳 |

## 3.6　矩阵和线性方程组

本节我们介绍一些与矩阵和线性方程组有关的经典题目的代码实现。

### 例 3-32　【线性递推关系；*Q* 矩阵】递推关系（Recurrences, UVa 10870）

考虑线性递推关系 $f(n)=a_1f(n-1)+a_2f(n-2)+a_3f(n-3)+\cdots+a_df(n-d)$，最著名的例子是 Fibonacci 数列：$f(1)=f(2)=1$，$f(n)=f(n-1)+f(n-2)$，其中 $d=2$，$a_1=a_2=1$。你的任务是计算 $f(n)$除以 $m$（$1\leqslant d\leqslant 15$，$1\leqslant n\leqslant 2^{31}-1$，$1\leqslant m\leqslant 46\,340$）的余数。

【代码实现】

```
// UVa 10870 Recurrences
// 刘汝佳
#include <cstring>
#include <iostream>
#include <string>
using namespace std;

const int NN = 20;
typedef long long Matrix[NN][NN];                    // typedef 定义二维数组别名
typedef long long Vector[NN];

int sz, mod;
void matrix_mul(Matrix A, Matrix B, Matrix res) {  // 矩阵乘法
  Matrix C;
  memset(C, 0, sizeof(C));
  for (int i = 0; i < sz; i++)
    for (int j = 0; j < sz; j++)
      for (int k = 0; k < sz; k++)
        C[i][j] = (C[i][j] + A[i][k] * B[k][j]) % mod;
  memcpy(res, C, sizeof(C));
}

void matrix_pow(Matrix A, int n, Matrix res) {      // 矩阵幂
  Matrix a, r;
  memcpy(a, A, sizeof(a)), memset(r, 0, sizeof(r));
```

```
  for (int i = 0; i < sz; i++) r[i][i] = 1;
  while (n) {
    if (n & 1) matrix_mul(r, a, r);
    n >>= 1;
    matrix_mul(a, a, a);
  }
  memcpy(res, r, sizeof(r));
}

void transform(Vector d, Matrix A, Vector res) {
  Vector r;
  memset(r, 0, sizeof(r));
  for (int i = 0; i < sz; i++)
    for (int j = 0; j < sz; j++) r[j] = (r[j] + d[i] * A[i][j]) % mod;
  memcpy(res, r, sizeof(r));
}

int main() {
  for (int d, n, m; cin >> d >> n >> m && d;) {
    Matrix A;
    Vector a, f;
    for (int i = 0; i < d; i++) cin >> a[i], a[i] %= m;
    for (int i = d - 1; i >= 0; i--) cin >> f[i], f[i] %= m;
    memset(A, 0, sizeof(A));
    for (int i = 0; i < d; i++) A[i][0] = a[i];
    for (int i = 1; i < d; i++) A[i - 1][i] = 1;
    sz = d, mod = m;
    matrix_pow(A, n - d, A);
    transform(f, A, f);
    cout << f[0] << endl;
  }
  return 0;
}
/*
算法分析请参考：《算法竞赛入门经典——训练指南》升级版 2.7 节例题 26
同类题目：233 Matrix, HDU 5015
          Queuing, HDU 2604
*/
```

## 例 3-33 【循环矩阵的乘法】细胞自动机（Cellular Automaton, NEERC 2006, POJ 3150）

一个细胞自动机包含 $n$ 个格子，每个格子的取值为 $0\sim m-1$。给定距离 $d$，则每次操作后每个格子的值将变为到它的距离不超过 $d$ 的所有格子在操作之前的值之和除以 $m$ 的余数，其中 $i$ 和 $j$ 的距离为 $\min\{|i-j|, n-|i-j|\}$。给出 $n, m, d, k$（$1\leqslant n\leqslant 500$，$1\leqslant m\leqslant 10^6$，$0\leqslant d< n/2$，$1\leqslant k\leqslant 10^7$）和自动机各格子的初始值，你的任务是计算 $k$ 次操作以后各格子的值。

如图 3-7 所示，$n$=5，$m$=3，$d$=1，一次操作将把图 3-7（a）变为图 3-7（b）。比如，与格子 3 距离不超过 1 的格子（即格子 2,3,4）在操作前的值分别为 2, 2, 1，因此操作后格子 3 的值为(2+2+1) mod 3=2。

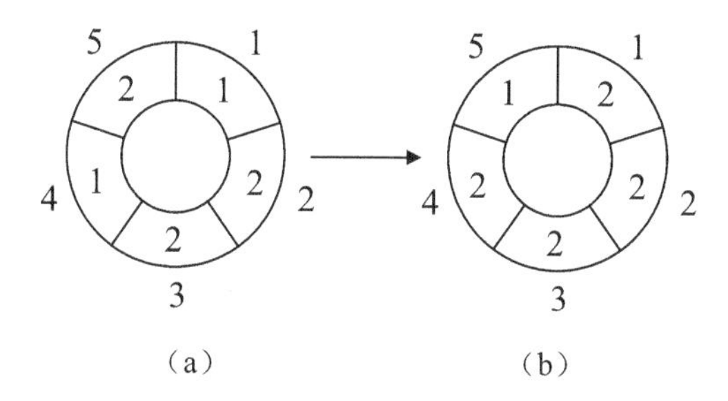


图3-7 细胞自动机

【代码实现】

```
// 刘汝佳
#include <cstdio>
#include <cstring>
#include <algorithm>
using namespace std;
typedef long long LL;
const int maxn = 500 + 8;
int MOD;
struct Matrix {
  int a[maxn], n;
  Matrix(int _n = 1) : n(_n) { fill_n(a, n + 1, 0); }
  Matrix operator * (const Matrix &rhs) { // 重载乘法运算符
    Matrix m(n);
    for (int i = 0; i < n; i++)
      for (int j = 0; j < n; j++)
        (m.a[i] += (LL)a[(i - j + n) % n] * rhs.a[j] % MOD) %= MOD;
    return m;
  }
};

Matrix fast_pow(Matrix x, int n) {
  Matrix m(x.n); m.a[0] = 1;
  while (n) {
    if (n % 2) m = m * x;
    x = x * x, n /= 2;
  }
  return m;
}

int main() {
  for (int d, k, n, m; scanf("%d %d %d %d", &n, &m, &d, &k) == 4;) {
    MOD = m;
    Matrix x(n), y(n);
    for (int i = 0; i < n; ++i)  scanf("%d", &x.a[i]);
    fill_n(y.a, d + 1, 1), fill_n(y.a + n - d, d, 1);
    Matrix ans = x * fast_pow(y, k);
    for (int i = 0; i < n; ++i)  printf("%d%c", ans.a[i], " \n"[i + 1 == n]);
  }
```

```
  return 0;
}
/*
算法分析请参考:《算法竞赛入门经典——训练指南》升级版 2.7 节例题 27
同类题目: Kiki & Little Kiki 2, HDU 2276
*/
```

## 例 3-34 【高斯消元：马尔可夫过程；实数域的线性方程组（有特殊情况）】随机程序（Back to Kernighan-Ritchie, UVa 10828）

给出一个类似图 3-8 的程序控制流图，从每个结点出发到每个后继结点的概率均相等。当执行完一个没有后继的结点后，整个程序终止。程序总是从编号为 1 的结点开始执行。你的任务是对于若干个查询结点，求出每个结点的期望执行次数。

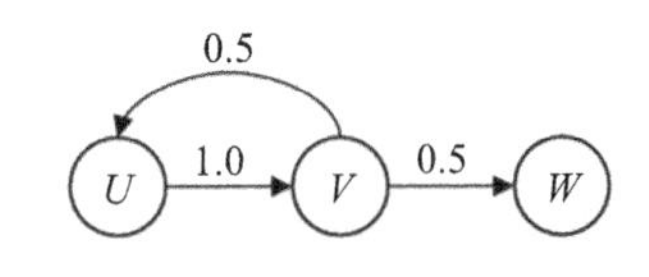


图 3-8 程序控制流图

比如，在图 3-8 中，如果从结点 $U$ 开始执行，那么结点 $U, V$ 和 $W$ 的期望执行次数分别为 2, 2, 1。

输入包含不超过 100 组数据。每组数据：第一行为整数 $n$（$1 \leqslant n \leqslant 100$），即控制流图的结点数，结点编号为 $1 \sim n$；以下若干行每行包含两个整数 $a, b$，表明从结点 $a$ 执行完后可以紧接着执行结点 $b$，这部分以两个 0 结束；下一行为整数 $q$（$q \leqslant 100$），即查询的个数；以下 $q$ 行每行为一个结点编号。输入结束标志为 $n$=0。

【代码实现】

```
// 刘汝佳
#include <algorithm>
#include <cmath>
#include <cstdio>
#include <cstring>
#include <vector>
using namespace std;

const double eps = 1e-8;
const int NN = 100 + 10;
typedef double Matrix[NN][NN];

// 由于本题的特殊性，消元后不一定是对角矩阵，甚至不一定是阶梯矩阵
// 若 x[i]的解唯一且有限，第 i 行除 A[i][i]和 A[i][n]外的其他元素均为 0
void gauss_jordan(Matrix A, int n) {
  int i, j, k, r;
  for (i = 0; i < n; i++) {
    r = i;
    for (j = i + 1; j < n; j++)
      if (fabs(A[j][i]) > fabs(A[r][i])) r = j;
    if (fabs(A[r][i]) < eps) continue; // 放弃这一行，直接处理下一行 (*)
    if (r != i)
      for (j = 0; j <= n; j++) swap(A[r][j], A[i][j]);
```

```
    // 与除第 i 行外的其他行进行消元
    for (k = 0; k < n; k++)
      if (k != i)
        for (j = n; j >= i; j--) A[k][j] -= A[k][i] / A[i][i] * A[i][j];
  }
}

int main() {
  int d[NN], inf[NN];
  Matrix A;
  vector<int> pre[NN];
  for (int kase = 1, n; scanf("%d", &n) == 1 && n; kase++) {
    memset(d, 0, sizeof(d));
    for (int i = 0; i < n; i++) pre[i].clear();
    for (int a, b; scanf("%d%d", &a, &b) == 2 && a; pre[b].push_back(a))
      a--, b--, d[a]++;                       // 改成从 0 开始编号，a 的出度加 1
    // 构造方程组
    memset(A, 0, sizeof(A));
    for (int i = 0; i < n; i++) {
      A[i][i] = 1;
      for (int j = 0; j < pre[i].size(); j++)
        A[i][pre[i][j]] -= 1.0 / d[pre[i][j]];
      if (i == 0) A[i][n] = 1;
    }

    // 解方程组，标记无穷变量
    gauss_jordan(A, n);
    memset(inf, 0, sizeof(inf));
    for (int i = n - 1; i >= 0; i--) {
      if (fabs(A[i][i]) < eps && fabs(A[i][n]) > eps)
        inf[i] = 1;                           // 直接解出来的无穷变量
      for (int j = i + 1; j < n; j++)
        if (fabs(A[i][j]) > eps && inf[j])
          inf[i] = 1;                         // 和无穷变量有关的变量也是无穷的
    }

    int q, u;
    scanf("%d", &q);
    printf("Case #%d:\n", kase);
    while (q--) {
      scanf("%d", &u), u--;
      if (inf[u])
        printf("infinity\n");
      else
        printf("%.3lf\n", fabs(A[u][u]) < eps ? 0.0 : A[u][n] / A[u][u]);
    }
  }
  return 0;
}
/*
算法分析请参考：《算法竞赛入门经典——训练指南》升级版 2.7 节例题 28
```

```
同类题目：Kiki & Little Kiki 2, HDU 2276
        游走，HNOI 2013，牛客 NC 20105
*/
```

## 例 3-35 【XOR 方程组】乘积是平方数（Square, UVa 11542）

给出 $n$（$1 \leqslant n \leqslant 100$）个整数，所有整数均不小于 1，不大于 $10^{15}$，并且不含大于 500 的素因子。从中选出 1 个或多个整数，使得选出的整数的乘积是完全平方数。一共有多少种选法？比如，{4,6,10,15}有 3 种选法：{4},{6,10,15},{4,6,10,15}。

【代码实现】

```
// 刘汝佳
#include <algorithm>
#include <cmath>
#include <cstdio>
#include <cstring>
#include <iostream>
#include <vector>
using namespace std;

const int NN = 500 + 10, maxp = 100;
int vis[NN], prime[maxp];
int gen_primes(int n) {
  int m = (int)sqrt(n + 0.5);
  fill_n(vis, NN, 0);
  for (int i = 2; i <= m; i++)
    if (!vis[i])
      for (int j = i * i; j <= n; j += i) vis[j] = 1;
  int c = 0;
  for (int i = 2; i <= n; i++)
    if (!vis[i]) prime[c++] = i;
  return c;
}

typedef int Matrix[NN][NN];

// m 个方程，n 个变量
int get_rank(Matrix A, int m, int n) {
  int i = 0, j = 0, k, r, u;
  while (i < m && j < n) {                // 当前正在处理第 i 个方程，第 j 个变量
    r = i;
    for (k = i; k < m; k++)
      if (A[k][j]) {
        r = k;
        break;
      }
    if (A[r][j]) {
      if (r != i)
        for (k = 0; k <= n; k++) swap(A[r][k], A[i][k]);
      // 消元后第 i 行的第一个非 0 列是第 j 列，且第 u>i 行的第 j 列均为 0
```

```
      for (u = i + 1; u < m; u++)
        if (A[u][j])
          for (k = i; k <= n; k++) A[u][k] ^= A[i][k];
      i++;
    }
    j++;
  }
  return i;
}

Matrix A;

int main() {
  int m = gen_primes(500), T;
  cin >> T;
  while (T--) {
    int n, maxp = 0;
    long long x;                              // 注意 x 的范围
    cin >> n;
    memset(A, 0, sizeof(A));
    for (int i = 0; i < n; i++) {
      cin >> x;
      for (int j = 0; j < m; j++)             // 求 x 中的 prime[j]的幂，并更新系数矩阵
        while (x % prime[j] == 0)
          maxp = max(maxp, j), x /= prime[j], A[j][i] ^= 1;
    }
    int r = get_rank(A, maxp + 1, n);   // 只用到了前 maxp+1 个素数
    cout << (1LL << (n - r)) - 1 << endl;    // 空集不是解，所以要减 1
  }
  return 0;
}
/*
算法分析请参考：《算法竞赛入门经典——训练指南》升级版 2.7 节例题 29
同类题目：XOR, HDU 3949
          EXTENDED LIGHTS OUT, ACM/ICPC Greater NY 2012, POJ 1222
*/
```

## 本节例题列表

本节讲解的例题及其囊括的知识点，如表 3-6 所示。

表 3-6　矩阵和线性方程组例题归纳

| 编　号 | 题　号 | 标　题 | 知　识　点 | 代码作者 |
|---|---|---|---|---|
| 例 3-32 | UVa 10870 | Recurrences | 线性递推关系；Q 矩阵 | 刘汝佳 |
| 例 3-33 | POJ 3150 | Cellular Automaton | 循环矩阵的乘法 | 刘汝佳 |
| 例 3-34 | UVa 10828 | Back to Kernighan-Ritchie | 高斯消元；马尔可夫过程；实数域的线性方程组（有特殊情况） | 刘汝佳 |
| 例 3-35 | UVa 11542 | Square | XOR 方程组 | 刘汝佳 |

# 3.7 快速傅里叶变换（FFT）

快速傅里叶变换是一个很有工程价值的算法，广泛地应用在音频、图像等数字信号处理程序中。本节给出一些与快速傅里叶变换相关的题目以及实现。

**例 3-36 【生成函数；FFT】高尔夫机器人（Golf Bot, SWERC 2014, SPOJ SWERC14C）**

给出 $N$ 个整数 $k_{1\sim N}$，以及另外 $M$ 个数字 $d_{1\sim M}$，$1\leqslant N, M\leqslant 2\times10^5$，$1\leqslant k_i, d_j\leqslant 2\times10^5$。计算有多少个 $d_i$ 可以写成不超过两个整数 $k_a,k_b$ 的和，$a,b$ 可以相同。比如 $k_{1\sim3}=\{1,3,5\}$，$d_{1\sim6}=\{2,4,5,7,8,9\}$。则 $d_1=2$ 可以写成 1+1，$d_2=4$ 可以写成 1+3，$d_3=5$ 可以写成 5，$d_5=8$ 可以写成 3+5。而 $d_4,d_6$ 无法用两个 $k$ 来表达。

【代码实现】

```
// 陈锋
#include <bits/stdc++.h>
#define _for(i, a, b) for (int i = (a); i < (b); ++i)
#define _rep(i, a, b) for (int i = (a); i <= (b); ++i)
using namespace std;
const double EPS = 1e-8, PI = acos(-1);

template <typename T>
struct Point {                              // x + y*i，复数
  T x, y;
  Point& init(T _x = 0, T _y = 0) {
    x = _x, y = _y;
    return *this;
  }
  Point(T x = 0, T y = 0) : x(x), y(y) {}
  Point& operator+=(const Point& p) {
    x += p.x, y += p.y;
    return *this;
  }
  Point& operator*=(const Point& p) {
    return init(x * p.x - y * p.y, x * p.y + y * p.x);
  }
};

template <typename T>
Point<T> operator+(const Point<T>& a, const Point<T>& b) {
  return {a.x + b.x, a.y + b.y};
}
template <typename T>
Point<T> operator-(const Point<T>& a, const Point<T>& b) {
  return {a.x - b.x, a.y - b.y};
}
```

```
template <typename T>
Point<T> operator*(const Point<T>& a, const Point<T>& b) {
  return {a.x * b.x - a.y * b.y, a.x * b.y + a.y * b.x};
}
typedef Point<double> Cplx;                                // x + y*i，复数
bool isPowOf2(int x) { return x && !(x & (x - 1)); }
const int MAXN = 1 << 18;                                  // 262144;

// FFT 和插值运算 FFT 所用的(w_n)^k
valarray<Cplx> Epsilon(MAXN * 2), Arti_Epsilon(MAXN * 2);
void rec_fft_impl(valarray<Cplx>& A, int n, int level,
                  const valarray<Cplx>& EP) {
  int m = n / 2;
  if (n == 1) return;
  valarray<Cplx> A0(A[slice(0, m, 2)]), A1(A[slice(1, m, 2)]);
  rec_fft_impl(A0, m, level + 1, EP), rec_fft_impl(A1, m, level + 1, EP);
  _for(k, 0, m) A[k] = A0[k] + EP[k * (1 << level)] * A1[k],
            A[k + m] = A0[k] - EP[k * (1 << level)] * A1[k];
}
// 提前计算所有的(w_n)^k，提升递归 FFT 的运行时间，免得每一层重复计算
void init_fft(int n) {
  double theta = 2.0 * PI / n;
  _for(i, 0, n) {
    Epsilon[i].init(cos(theta * i), sin(theta * i));   // (w_n)^i
    Arti_Epsilon[i].init(Epsilon[i].x, -Epsilon[i].y);
  }
}
void idft(valarray<Cplx>& A, int n) {                      // DFT^(-1)，从 y 求 a
  rec_fft_impl(A, n, 0, Arti_Epsilon);
  A *= 1.0 / n;
}
void fft(valarray<Cplx>& A, int n) { rec_fft_impl(A, n, 0, Epsilon); }
int main() {
  valarray<int> A(MAXN);
  valarray<Cplx> F(MAXN * 2);
  for (int n, M, x; scanf("%d", &n) == 1 && n;) {
    int N = 1;
    _for(i, 0, n) {
      scanf("%d", &(A[i]));
      while (A[i] * 2 > N) N *= 2;
    }
    _for(i, 0, N) F[i].init();
    F[0].x = 1;
    _for(i, 0, n) F[A[i]] = 1;
    init_fft(N);
    fft(F, N), F *= F, idft(F, N);
    int ans = 0;
    scanf("%d", &M);
    _for(i, 0, M) {
```

```
      scanf("%d", &x);
      if (x < N && fabs(F[x].x) > EPS) ans++;
    }
    printf("%d\n", ans);
  }
  return 0;
}
/*
算法分析请参考：《算法竞赛入门经典——训练指南》升级版 2.8 节例题 31
同类题目：Super Joker II, UVa 12298
*/
```

### 例 3-37 【分块；计数；FFT】等差数列（Arithmetic Progressions, CodeChef COUNTARI）

给定一个长度为 $n$（$1 \leqslant n \leqslant 10^5$）的数组 $A$（$0 \leqslant A_i \leqslant 3 \times 10^4$），问有多少对$(i,j,k)$满足 $i<j<k$ 且 $A_i-A_j=A_j-A_k$。

**【代码实现】**

```
// 陈锋
#include <bits/stdc++.h>
#define _for(i,a,b) for( int i=(a); i<(b); ++i)
#define _rep(i,a,b) for( int i=(a); i<=(b); ++i)
using namespace std;
typedef long long LL;
const double EPS = 1e-10, PI = acos(-1);

template<typename T>
struct Point {                                        // x + y * i, 复数
  T x, y;
  Point& init(T _x = 0, T _y = 0) { x = _x, y = _y; return *this; }
  Point(T x = 0, T y = 0): x(x), y(y) {}
  Point& operator+=(const Point& p) { x += p.x, y += p.y; return *this; }
  Point& operator*=(const Point& p) { return init(x * p.x - y * p.y, x * p.y +
y * p.x); }
};

template<typename T>
Point<T> operator+(const Point<T>& a, const Point<T>& b)
{ return {a.x + b.x, a.y + b.y};}
template<typename T>
Point<T> operator-(const Point<T>& a, const Point<T>& b)
{ return {a.x - b.x, a.y - b.y};}
template<typename T>
Point<T> operator*(const Point<T>& a, const Point<T>& b)
{ return {a.x*b.x - a.y * b.y, a.x*b.y + a.y * b.x}; }
typedef Point<double> Cplx;                           // x + y * i, 复数

bool isPowOf2(int x) { return x && !(x & (x - 1)); }

const int N2 = 65536, MAXA = 30000, BLK_CNT = 30, MAXN = 100000 + 4;
```

```
valarray<Cplx> Epsilon(N2),Arti_Epsilon(N2);   // FFT 和插值运算 FFT 所用的(w_n)^k
void rec_fft_impl(valarray<Cplx>& A, int level, const valarray<Cplx>& EP){
  int n = A.size(), m = n / 2;
  if (n == 1) return;
  valarray<Cplx> A0(A[slice(0, m, 2)]), A1(A[slice(1, m, 2)]);
  rec_fft_impl(A0, level + 1, EP), rec_fft_impl(A1, level + 1, EP);
  _for(k, 0, m)
  A[k]= A0[k]+EP[k*(1<<level)]*A1[k],A[k+m]=A0[k]-EP[k*(1<< level)]*A1[k];
}

void init_fft(int n) {                        // 提前计算所有的(w_n)^k，避免重复计算
  double theta = 2.0 * PI / n;
  _for(i, 0, n) {
    Epsilon[i].init(cos(theta * i), sin(theta * i)); // (w_n)^i
    Arti_Epsilon[i].init(Epsilon[i].x, -Epsilon[i].y);
  }
}

void rec_rev_fft(valarray<Cplx>& A) {         // DFT^(-1)，从 y 求 a
  rec_fft_impl(A, 0, Arti_Epsilon);
  A *= 1.0 / A.size();
}
void rec_fft(valarray<Cplx>& A) { rec_fft_impl(A, 0, Epsilon); }
valarray<int> A(MAXN);
valarray<Cplx> A1(N2), A2(N2);
valarray<LL> PREV(0ll, N2), NEXT(0ll, N2), INSIDE(N2);
const double invN2 = 1.0 / N2;
int main() {
  int N; scanf("%d", &N);
  _for(i, 0, N) scanf("%d", &(A[i])), A[i]--, NEXT[A[i]]++;
  init_fft(N2);                               // 初始化所有的单位根
  LL ans = 0;
  int BLK_SZ = (N + BLK_CNT - 1) / BLK_CNT;// 每个 BLOCK 的大小
  _for(bi, 0, BLK_CNT) {
    int L = bi * BLK_SZ, R = min((bi + 1) * BLK_SZ, N);
    _for(i, L, R) NEXT[A[i]]--;
    INSIDE = 0;
    _for(i, L, R) {    // 至少两个元素在这个 Block 内，且 3 个元素都不相等
      _for(j, i + 1, R) if (A[j] != A[i]) {
        int AK = 2 * A[i] - A[j];
        if (0<=AK && AK<MAXA)                 // 考虑后两个元素是 Ai 和 Aj
          ans += PREV[AK]+INSIDE[AK];
        AK = 2 * A[j] - A[i];
/* 考虑前两个元素是 Ai 和 Aj，则后一个元素必然在 NEXT，
   后一个元素在 INSIDE 的情况已经在上面考虑过了 */
        if (0 <= AK && AK < MAXA) ans += NEXT[AK];
      }
      INSIDE[A[i]]++;
    }
```

```
    _for(ak, 0, MAXA) {                    // 3 个元素相等=ak 的情况
      LL ki = INSIDE[ak];
      ans += ki*(ki-1)/2*(PREV[ak]+NEXT[ak]);
                                           // 两个元素在 Block 内 C(ki,2)*(PREV+NEXT)
      ans += ki*(ki-1)*(ki-2)/6;           // 3 个元素都在 Block 内 C(ki, 3)
    }

    if (bi > 0 && bi + 1 < BLK_CNT) {      // 只有中间元素在当前 Block 内
      _for(i, 0, N2) A1[i].init(PREV[i]), A2[i].init(NEXT[i]);
      // 卷积计算，计算分别位于 Prev 和 Next 内的两个和为 2*ak 的情况
      rec_fft(A1), rec_fft(A2), A1 *= A2, rec_rev_fft(A1);
      _for(ak, 0, MAXA) ans += INSIDE[ak] * llrint(A1[2 * ak].x);
    }

    _for(i, L, R) PREV[A[i]]++;
  }

  printf("%lld\n", ans);
  return 0;
}
/*
算法分析请参考：《算法竞赛入门经典——训练指南》升级版 2.8 节例题 33
同类题目：Tile Cutting, ACM/ICPC WF 2015, Codeforces Gym 101239J
*/
```

### 例 3-38 【NTT 的 DFT】多项式求值（Evaluate the polynomial, CodeChef POLYEVAL）

给出整数系数多项式 $A(x)= a_0+a_1x+a_2x^2+a_3x^3+\cdots+a_nx^N$，计算这些多项式对于给定的 $Q$ 个不同整数的值，结果对 $M$=786 433 取模后输出，$0\leqslant a_i,x_j\leqslant M$，$N,Q\leqslant 2.5\times10^5$。

【代码实现】

```
// 陈锋
#include <bits/stdc++.h>
#define _for(i, a, b) for (int i = (a); i < (b); ++i)
#define _rep(i, a, b) for (int i = (a); i <= (b); ++i)
using namespace std;
typedef long long LL;
const int MOD = 786433, K = 1 << 18, w = 1000;
typedef vector<int> IVec;
int add_mod(int a, int b) {
  LL ret = a + b;
  while (ret < 0) ret += MOD;
  rcturn ret % MOD;
}
int mul_mod(int a, int b) { return (((LL)a) * b) % MOD; }
int pow_mod(int a, int b) {
  LL ans = 1;
  while (b > 0) {
    if (b & 1) ans = mul_mod(ans, a);
```

```
    a = mul_mod(a, a);
    b /= 2;
  }
  return ans;
}
int getGen(int P) {                              // 原根
  unordered_set<int> set;
  _for(g, 1, P) {
    set.clear();
    int pm = g;
    _for(ex, 1, P) {
      if (set.count(pm)) break;
      set.insert(pm);
      pm = (pm * g) % P;
    }
    if (set.size() == MOD - 1) {                 // 找到原根了
      assert(pm == g);
      return g;
    }
  }
  return -1;
}
int eval(const IVec& A, int x) {                 // 求A(x)
  int ans = 0, cur = 1;
  for (size_t i = 0; i < A.size(); i++)
    ans = add_mod(ans, mul_mod(A[i], cur)), cur = mul_mod(cur, x);
  return ans;
}
IVec slice_vec(const IVec& vec, int start, int step) {
  IVec ans;
  for (size_t i = start; i < vec.size(); i += step) ans.push_back(vec[i]);
  return ans;
}
// 对于多项式A(x)，使用{w^0, w^1, w^(K-1)}做DFT（数论模运算）
IVec NTT(const IVec& A, const IVec& W, int level = 1) {
  int n = W.size() / level, m = n / 2, An = A.size();
  IVec ans(n, 0);
  if (An < 1) return ans;
  if (n <= 2) {
    _for(i, 0, n) ans[i] = eval(A, W[level * i]);
    return ans;
  }
  const IVec &A0 = NTT(slice_vec(A, 0, 2), W, level * 2),
             &A1 = NTT(slice_vec(A, 1, 2), W, level * 2);
  _for(i, 0, n) ans[i] = add_mod(A0[i % m], mul_mod(W[level * i], A1[i % m]));
  return ans;
}

int main() {
```

```
  const int g = getGen(MOD);
  int n;
  cin >> n;
  n++;
  IVec A(n), ans(MOD), W(K), B(n);
  _for(i, 0, n) cin >> A[i];
  _for(i, 0, K) W[i] = pow_mod(w, i);
  _rep(a, 0, 2) {
    _for(i, 0, n) B[i] = mul_mod(A[i], pow_mod(g, a * i));
    const IVec& Y = NTT(B, W);
    _for(i, 0, K) ans[mul_mod(pow_mod(g, a), W[i])] = Y[i];
  }
  ans[0] = A[0];
  int Q, x;
  cin >> Q;
  while (Q--) cin >> x, cout << ans[x] << endl;
  return 0;
}
/*
算法分析请参考：《算法竞赛入门经典——训练指南》升级版 2.8 节例题 34
注意：原根的计算可以离线完成，然后在代码中硬编码
同类题目：Sequence, HDU 6589
         序列统计, SDOI 2015, 牛客 NC 20373
         多项式的运算, SCOI 2013, 牛客 NC 20291
*/
```

### 例 3-39 【NTT；混合基 FFT】性能优化（Optimize, CTSC 2010, 牛客 NC 208302）

给出两个长度为 $n$ 的整数序列 $a[0,\cdots,n-1]$, $b[0,\cdots,n-1]$和非负整数 $C$。对于两个序列，定义“*”运算，结果为一个长度为 $n$ 的整数序列。例如，$f * g=h$，则有 $h_k = \sum_{i+j\equiv k(\mathrm{mod}\, n)} f_i \cdot g_j$。

求 $a*b*b*\cdots*b$ 每一位模$(n+1)$的值，其中有 $C$ 个“*”运算，$(n+1)$是质数，$n$ 的质因数大小均不超过 10，$n\leqslant 5\times 10^5$, $a[i],b[i]$, $C\leqslant 10^9$。

【代码实现】

```
// 陈锋
#include <bits/stdc++.h>

using namespace std;
#define _for(i, a, b) for (int i = (a); i < (int)(b); ++i)
typedef long long LL;
typedef vector<int> IVec;
LL MOD;
template <typename T>
T mul_mod(T a, T b) { return (((LL)a) * b) % MOD; }
template <typename T>
T pow_mod(T a, T b) {
  LL ans = 1;
  while (b > 0) {
    if (b & 1) ans = mul_mod((T)ans, a);
```

```
    a = mul_mod(a, a), b /= 2;
  }
  return ans;
}
const int MAXN = 500000;
const vector<int> Primes = {7, 5, 3, 2};
int getGen(int P) {                                // 原根
  set<int> set;
  _for(g, 1, P) {
    set.clear();
    int pm = g;
    _for(ex, 1, P) {
      if (set.count(pm)) break;
      set.insert(pm), pm = (pm * g) % P;
    }
    if (set.size() == P - 1) {                     // 找到原根了
      assert(pm == g);
      return g;
    }
  }
  return -1;
}
IVec vslice(const IVec& A, int start, int step, int count) {
  assert(start >= 0);
  assert(step > 0);
  IVec ans;
  for (size_t i = max(start, 0); i < A.size() && count > 0; i += step, count--)
    ans.push_back(A[i]);
  return ans;
}
// F[i]->F[w_n^(i), i = 0->n]
void fft_impl(IVec& F, int w, const IVec& D, int level = 0) {
  int n = F.size();
  if (n <= 1) return;
  int p = D[level], m = n / p, wp = pow_mod(w, p), wi = 1;
  vector<IVec> frs;
  _for(r, 0, p) {
    frs.push_back(vslice(F, r, p, m));
    fft_impl(frs.back(), wp, D, level + 1);
  }

  _for(i, 0, n) {
    F[i] = 0;
    _for(r, 0, p) (F[i] += mul_mod(pow_mod(wi, r), frs[r][i % m])) %= MOD;
    wi = mul_mod(wi, w);
  }
}

void FFT(IVec& A, int gen, const IVec& D) { fft_impl(A, gen, D); }
```

```
void IDFT(IVec& A, int gen, const IVec& D) {
  int n = A.size(), nRev = pow_mod(n, n - 1);
  fft_impl(A, pow_mod(gen, n - 1), D);
  _for(i, 0, A.size()) A[i] = mul_mod(A[i], nRev);
}

int main() {
  IVec A(MAXN), B(MAXN), C(MAXN), D;
  for (int n, cn, x; cin >> n >> cn;) {
    cn = cn % n, MOD = n + 1;
    A.clear(), B.clear();
    _for(i, 0, n) cin >> x, A.push_back(x);
    _for(i, 0, n) cin >> x, B.push_back(x);
    D.clear();
    int tmp = n;
    _for(i, 0, Primes.size()) {
      while (tmp % Primes[i] == 0) D.push_back(Primes[i]), tmp /= Primes[i];
    }
    int G = getGen(MOD);                    // 原根计算
    FFT(A, G, D), FFT(B, G, D);
    C.resize(n);
    _for(i, 0, n) C[i] = (B[i] == 0) ? 0 : mul_mod(A[i], pow_mod(B[i], cn));
    IDFT(C, G, D);
    _for(i, 0, n) printf("%d\n", C[i]);
  }

  return 0;
}
```

### 例 3-40 【FWT】异或路径（XOR Path, ACM/ICPC, Asia-Dhaka 2017, Uva 13277）

给出一棵包含 $n$（$n \leqslant 10^6$）个结点的带边权无根树，结点从 1 开始编号，边权均为区间 $[0,2^{16})$内的整数。对于树上两点 $u,v$，定义 $d(u,v)$为 $u$ 到 $v$ 路径上边权的异或值。对于每个 $x \in [0,2^{16})$，求出使得 $d(u,v)=x$ 的路径有多少条。

**【代码实现】**

```
// 陈锋
#include <bits/stdc++.h>

using namespace std;
typedef long long LL;
static const int maxn = 1e5 + 5, N = 1 << 16;
template <typename T = int>
struct FWT {
  void fwt(T A[], int n) {
    for (int d = 1; d < n; d <<= 1) {
      for (int i = 0, m = d << 1; i < n; i += m) {
        for (int j = 0; j < d; j++) {
          T x = A[i + j], y = A[i + j + d];
```

```
        A[i + j] = (x + y), A[i + j + d] = (x - y); // xor
        // A[i+j] = x+y;                    // 如果是 and 运算
        // A[i+j+d] = x+y;                  // 如果是 or 运算
      }
    }
  }
}
void ufwt(T A[], int n)  {
  for (int d = 1; d < n; d <<= 1)    {
    for (int i = 0, m = d << 1; i < n; i += m) {
      for (int j = 0; j < d; j++) {
        T x = A[i + j], y = A[i + j + d];
        A[i + j] = (x + y) >> 1, A[i + j + d] = (x - y) >> 1; // xor
        // A[i+j] = x-y;                    // 如果是 and 运算
        // A[i+j+d] = y-x;                  // 如果是 or 运算
      }
    }
  }
}

void conv(T a[], T b[], int n)  {
  fwt(a, n), fwt(b, n);
  for (int i = 0; i < n; i++) a[i] = a[i] * b[i];
  ufwt(a, n);
}

void self_conv(T a[], int n) {
  fwt(a, n);
  for (int i = 0; i < n; i++) a[i] = a[i] * a[i];
  ufwt(a, n);
}
};

struct Edge {
 int v, w;
 Edge(int _v = 0, int _w = 0) : v(_v), w(_w) {}
};

vector<Edge> G[maxn];
FWT<LL> fwt;
LL A[N + 5];
void dfs(int u, int p = -1, int x = 0) {
 A[x]++;
 for (auto &e : G[u]) if (e.v != p) dfs(e.v, u, x ^ e.w);
}

int main() {
 int T; scanf("%d", &T);
 for (int t = 1, n; t <= T; t++) {
```

```
    scanf("%d", &n);
    for (int i = 0; i <= n; i++) G[i].clear();
    fill(begin(A), end(A), 0);
    for (int e = 1, u, v, w; e < n; e++) {
      scanf("%d %d %d", &u, &v, &w);
      G[u].push_back(Edge(v, w)), G[v].push_back(Edge(u, w));
    }
    dfs(1);
    fwt.self_conv(A, N);
    printf("Case %d:\n", t);
    printf("%lld\n", (A[0] - n) / 2);
    for (int i = 1; i < (1 << 16); i++) printf("%lld\n", A[i] / 2);
  }
}
/*
算法分析请参考：《算法竞赛入门经典——训练指南》升级版 2.8 节例题 35
同类题目：Tree Cutting, HDU 5909
*/
```

## 本节例题列表

本节讲解的例题及其囊括的知识点，如表 3-7 所示。

表 3-7　快速傅里叶变换（FFT）例题归纳

| 编　　号 | 题　　号 | 标　　题 | 知 识 点 | 代码作者 |
|---|---|---|---|---|
| 例 3-36 | SPOJ SWERC14C | Golf Bot | 生成函数；FFT | 陈锋 |
| 例 3-37 | CodeChef COUNTARI | Arithmetic Progressions | 分块；计数；FFT | 陈锋 |
| 例 3-38 | CodeChef POLYEVAL | Evaluate the polynomial | NTT 的 DFT | 陈锋 |
| 例 3-39 | NC 208302 | Optimize | NTT；混合基 FFT | 陈锋 |
| 例 3-40 | UVa 13277 | XOR Path | FWT | 陈锋 |

# 3.8　数 值 方 法

很多在数学上难以求出封闭形式解的问题，都可以用数值的方法算出近似解。数值算法有很多，算法竞赛中最常用的是非线性方程求根、凸函数求极值和数值积分。本节给出一些经典题目及其实现。

## 例 3-41　【非线性方程求根；牛顿法】解方程（Solve It, Uva 10341）

解方程 $pe^{-x}+q\sin(x)+r\cos(x)+s\tan(x)+tx^2+u=0$（$0\leqslant p, r\leqslant 20$，$-20\leqslant q, s, t\leqslant 0$），其中 $0\leqslant x\leqslant 1$。

【代码实现】

```
// 刘汝佳
#include <cstdio>
#include <cmath>
```

```
#include <iostream>
#define F(x) (p*exp(-x)+q*sin(x)+r*cos(x)+s*tan(x)+t*(x)*(x)+u)
using namespace std;
const double eps = 1e-14;
int main() {
  for(int p, r, q, s, t, u; cin>>p>>q>>r>>s>>t>>u; ) {
    double f0 = F(0), f1 = F(1);
    if(f1 > eps || f0 < -eps) {
      puts("No solution");
      continue;
    }
    double x = 0, y = 1, m;
    for(int i = 0; i < 100; i++) {
      m = x + (y-x)/2;
      if(F(m) < 0) y = m; else x = m;
    }
    printf("%.4lf\n", m);
  }
  return 0;
}
/*
算法分析请参考：《算法竞赛入门经典——训练指南》升级版 2.9 节例题 36
注意：本题中对于宏定义的使用
同类题目：Expanding Rods, UVa 10668
*/
```

### 例 3-42 【凸函数求极值；三分法】误差曲线（Error Curves, ACM/ICPC 成都 2010, HDU 3714）

已知 $n$（$n \leqslant 10\,000$）条二次曲线 $S_i(x)=a_ix^2+b_ix+c$（$a_i \geqslant 0$，$0 \leqslant a \leqslant 100$，$|b|,|c| \leqslant 5000$），定义 $F(x)=\max\{S_i(x)\}$，求出 $F(x)$在[0,1000]上的最小值，保留 4 位小数。

**【代码实现】**

```
// 刘汝佳
#include <algorithm>
#include <cstdio>
using namespace std;
const int NN = 10000 + 10;
int T, n, a[NN], b[NN], c[NN];
double F(double x) {
  double ans = a[0] * x * x + b[0] * x + c[0];
  for (int i = 1; i < n; i++) ans = max(ans, a[i] * x * x + b[i] * x + c[i]);
  return ans;
}

int main() {
  scanf("%d", &T);
  while (T--) {
    scanf("%d", &n);
    for (int i = 0; i < n; i++) scanf("%d%d%d", &a[i], &b[i], &c[i]);
```

```
    double L = 0.0, R = 1000.0;
    for (int i = 0; i < 100; i++) {
      double m1 = L + (R - L) / 3, m2 = R - (R - L) / 3;
      if (F(m1) < F(m2)) R = m2;
      else L = m1;
    }
    printf("%.4lf\n", F(L));
  }
  return 0;
}
/*
算法分析请参考:《算法竞赛入门经典——训练指南》升级版 2.9 节例题 37
同类题目: UmBasketella, POJ 3737
*/
```

## 例 3-43 【数值积分：自适应 Simpson 公式】桥上的绳索（Bridge，杭州 2005，Uva 1356）

你的任务是修建一座大桥，桥上等距地摆放着若干个塔，塔高为 $H$，宽度忽略不计。相邻两座塔之间的距离不能超过 $D$。塔之间的绳索形成全等的对称抛物线。桥长度为 $B$，绳索总长为 $L$，如图 3-9 所示。求桥上的塔最少时绳索最下端离地的高度 $y$，输出绳索底部离地的高度，保留两位小数。

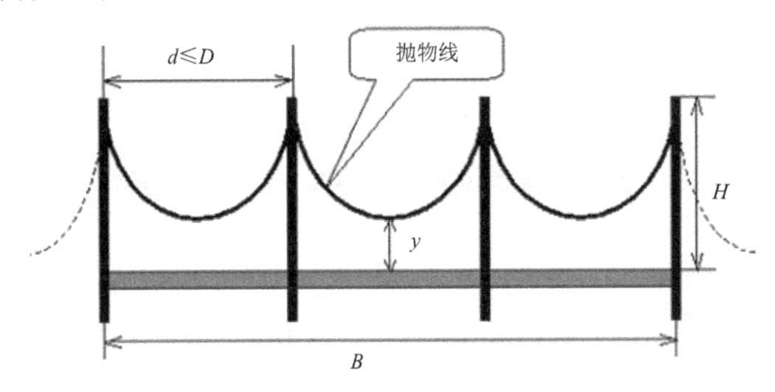


图 3-9　桥上的绳索

【代码实现】

```
// 刘汝佳
#include <cmath>
#include <cstdio>

// sqrt(a^2+x^2)的原函数
double F(double a, double x) {
  double a2 = a * a, x2 = x * x;
  return (x * sqrt(a2 + x2) + a2 * log(fabs(x + sqrt(a2 + x2)))) / 2;
}

// 宽度为 w，高度为 h 的抛物线长度，也就是前文中的 p(w,h)
double parabola_arc_length(double w, double h) {
  double a = 4.0 * h / (w * w), b = 1.0 / (2 * a);
  // 如果不用对称性，就是(F(b,w/2)-F(b,-w/2))*2*a
```

```
  return (F(b, w / 2) - F(b, 0)) * 4 * a;
}

int main() {
  int T;
  scanf("%d", &T);
  for (int kase = 1, D, H, B, L; kase <= T; kase++) {
    scanf("%d%d%d%d", &D, &H, &B, &L);
    int n = (B + D - 1) / D;                    // 间隔数
    double D1 = (double)B / n, L1 = (double)L / n, x = 0, y = H;
    while (y - x > 1e-5) {                      // 二分法求解高度
      double m = x + (y - x) / 2;
      if (parabola_arc_length(D1, m) < L1) x = m;
      else y = m;
    }
    if (kase > 1) puts("");
    printf("Case %d:\n%.2lf\n", kase, H - x);
  }
  return 0;
}
/*
算法分析请参考：《算法竞赛入门经典——训练指南》升级版 2.9 节例题 38
同类题目：Damage Assessment, ACM/ICPC NEERC 2015, Codeforces Gym 100553D
          Do not pour out, HDU 5954
*/
```

### 本节例题列表

本节讲解的例题及其囊括的知识点，如表 3-8 所示。

表 3-8　数值方法例题归纳

| 编　　号 | 题　　号 | 标　　题 | 知　识　点 | 代 码 作 者 |
|---|---|---|---|---|
| 例 3-41 | UVa 10341 | Solve It | 非线性方程求根；牛顿法 | 刘汝佳 |
| 例 3-42 | HDU 3714 | Error Curves | 凸函数求极值；三分法 | 刘汝佳 |
| 例 3-43 | UVa 1356 | Bridge | 数值积分；自适应 Simpson 公式 | 刘汝佳 |

## 3.9　数学专题

本节补充了一些在竞赛中不那么常见，但很有代表性的数学问题及其实现。

### 例 3-44　【Pick 定理】绿色的世界（A Greener World , UVa 11017）

有一个网格，每个格点中都有一棵梨树。整个网格错切了 theta 度，于是每个格子都变成了一个菱形。现要求在每个菱形的中间重新栽种一颗桃树，如图 3-10 所示。

给定一个格点多边形，求它的面积和内部的桃树棵数（种在多边形边界上的树不统计在内）。

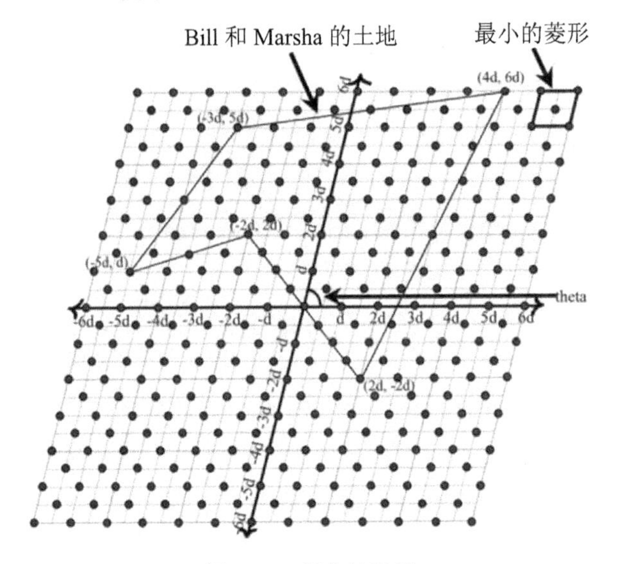


图 3-10 绿色的世界

输入包含最多 15 组数据。每组数据：第一行为 3 个整数 $d$,theta 和 $N$（$1 \leqslant d < 10\,000$，$44 < \text{theta} < 136$），其中 $N$ 是多边形的顶点数；以下 $N$ 行，每行包含两个整数 $x$ 和 $y$，即多边形的顶点（$0 \leqslant x, y \leqslant 100\,000$）。顶点按照顺时针或逆时针顺序排列。输入结束标志为 $d$=theta =$N$=0。

【代码实现】

```
// 刘汝佳
#include <cmath>
#include <cstdio>
#include <vector>
using namespace std;

typedef long long LL;

const double PI = acos(-1.0);

struct Point {
  int x, y;
  Point(int x = 0, int y = 0) : x(x), y(y) {}
};

typedef Point Vector;

Vector operator+(const Vector& A, const Vector& B)
{ return Vector(A.x + B.x, A.y + B.y); }
Vector operator-(const Point& A, const Point& B)
{ return Vector(A.x - B.x, A.y - B.y); }
double Cross(const Vector& A, const Vector& B)
{ return (LL)A.x * B.y - (LL)A.y * B.x; }
```

```
LL PolygonArea2(const vector<Point>& p) {
  int n = p.size();
  LL area2 = 0;
  for (int i = 1; i < n - 1; i++) area2 += Cross(p[i] - p[0], p[i + 1] - p[0]);
  return abs(area2);
}

inline int gcd(int a, int b) { return b == 0 ? a : gcd(b, a % b); }

// 线段 a-b 上的格点数，不包含 a 和 b。设参数 t = b/d，
// 则 d 必须是 b.x-a.x 和 b.y-a.y 的公约数，且 0<b<d，
// 减 1 因为要排除端点，因此 0 和 d 都不能做分子
LL count_on_segment(const Point& a, const Point& b) {
  return gcd(abs(b.x - a.x), abs(b.y - a.y)) - 1;
}

// Pick's Theorem: A = I + B/2 - 1 => I = A - B/2 + 1
LL count_inside_polygon(const vector<Point>& poly) {
  int n = poly.size();
  LL A2 = PolygonArea2(poly);
  int B = n;                              // 多边形的顶点
  for (int i = 0; i < n; i++) B += count_on_segment(poly[i], poly[(i + 1) % n]);
  return (A2 - B) / 2 + 1;
}

// 计算内部的 x 和 y 的小数部分都是 0.5 的点
LL count(const vector<Point>& poly) {
  vector<Point> poly2;
  for (int i = 0; i < poly.size(); i++)     // 旋转 45 度后的稠密网格坐标
    poly2.push_back(Point(poly[i].x - poly[i].y, poly[i].x + poly[i].y));
  return count_inside_polygon(poly2) - count_inside_polygon(poly);
}

int main() {
  // theta 和 d 仅仅用来计算面积
  for (int d, theta, N, x, y; scanf("%d%d%d", &d, &theta, &N) == 3 && d;) {
    vector<Point> poly;
    for (int i = 0; i < N; i++)
      scanf("%d%d", &x, &y), poly.push_back(Point(x, y));
    LL area2 = PolygonArea2(poly);
    printf("%lld %.0lf\n", count(poly),
           sin((double)theta / 180 * PI) * d * d * area2 / 2.0);
  }
  return 0;
}
/*
算法分析请参考:《算法竞赛入门经典——训练指南》升级版 6.5.1 节例题 20
同类题目: Area, POJ 1265
*/
```

### 例 3-45 【Lucas 定理】有趣的杨辉三角（Interesting Yang Hui Triangle, POJ 3146）

给出素数 $P$ 和正整数 $N$，求杨辉三角形的第 $N$ 行中能整除 $P$ 的数有几个（$P \leqslant 1000$，$N \leqslant 10^9$）。

【代码实现】

```
// 刘汝佳
#include <cstdio>
int main() {
  for (int kase = 0, n, p; scanf("%d%d", &p, &n) == 2 && p;) {
    int ans = 1;
    while (n > 0) ans = ans * (n % p + 1) % 10000, n /= p;
    printf("Case %d: %04d\n", ++kase, ans);
  }
  return 0;
}
/*
算法分析请参考：《算法竞赛入门经典——训练指南》升级版 6.5.1 节例题 21
同类题目：Binary Stirling Number, POJ 1430
*/
```

### 例 3-46 【线性规划】食物分配（Happiness, UVa 10498）

有 $n$ 种食物和 $m$（$3 \leqslant n,m \leqslant 20$）个人，你的任务是买一些食物，使得每个人都不会吃撑，且在此前提下尽量多花钱。对于每个人 $i$ 来说，每种食物 $j$ 都有一个系数 $a_{ij}$，表示单位这种食物为这个人带来的愉悦值。每个人 $i$ 还有一个最大愉悦值 $b_i$，表示当食物为他带来的总愉悦值超过 $b_i$ 时，此人将会吃撑。输出可花费钱数的最大值，向上取整。

【代码实现】

```
// 刘汝佳
#include <cstdio>
#include <cstring>
#include <algorithm>
#include <cassert>
using namespace std;

/* 改进单纯形法的实现
参考：http://en.wikipedia.org/wiki/Simplex_algorithm
输入矩阵 a 描述线性规划的标准形式。a 为 m+1 行 n+1 列，其中行 0~m-1 为不等式，行 m 为目标函数（最大化）。列 0~n-1 为变量 0~n-1 的系数，列 n 为常数项
第 i 个约束为 a[i][0]*x[0] + a[i][1]*x[1] + ... <= a[i][n]
目标为 max(a[m][0]*x[0] + a[m][1]*x[1] + ... + a[m][n-1]*x[n-1] - a[m][n])
注意：变量均有非负约束 x[i] >= 0 */
const int maxm = 500;            // 约束数目上限
const int maxn = 500;            // 变量数目上限
const double INF = 1e100, eps = 1e-10;

struct Simplex {
  int n;                         // 变量个数
```

```
int m;                          // 约束个数
double a[maxm][maxn];           // 输入矩阵
int B[maxm], N[maxn];           // 算法辅助变量

void pivot(int r, int c) {
  swap(N[c], B[r]);
  a[r][c] = 1 / a[r][c];
  for (int j = 0; j <= n; j++) if (j != c) a[r][j] *= a[r][c];
  for (int i = 0; i <= m; i++) if (i != r) {
      for (int j = 0; j <= n; j++) if (j != c) a[i][j] -= a[i][c] * a[r][j];
      a[i][c] = -a[i][c] * a[r][c];
    }
}

bool feasible() {
  for (;;) {
    int r, c;
    double p = INF;
    for (int i = 0; i < m; i++) if (a[i][n] < p) p = a[r = i][n];
    if (p > -eps) return true;
    p = 0;
    for (int i = 0; i < n; i++) if (a[r][i] < p) p = a[r][c = i];
    if (p > -eps) return false;
    p = a[r][n] / a[r][c];
    for (int i = r + 1; i < m; i++) if (a[i][c] > eps) {
        double v = a[i][n] / a[i][c];
        if (v < p) { r = i; p = v; }
      }
    pivot(r, c);
  }
}

// 解有界返回 1，无解返回 0，无界返回-1。b[i]为 x[i]的值，ret 为目标函数的值
int simplex(int n, int m, double x[maxn], double& ret) {
  this->n = n;
  this->m = m;
  for (int i = 0; i < n; i++) N[i] = i;
  for (int i = 0; i < m; i++) B[i] = n + i;
  if (!feasible()) return 0;
  for (;;) {
    int r, c;
    double p = 0;
    for (int i = 0; i < n; i++) if (a[m][i] > p) p = a[m][c = i];
    if (p < eps) {
      for (int i = 0; i < n; i++) if (N[i] < n) x[N[i]] = 0;
      for (int i = 0; i < m; i++) if (B[i] < n) x[B[i]] = a[i][n];
      ret = -a[m][n];
      return 1;
    }
```

```
      p = INF;
      for (int i = 0; i < m; i++) if (a[i][c] > eps) {
        double v = a[i][n] / a[i][c];
        if (v < p) { r = i; p = v; }
      }
      if (p == INF) return -1;
      pivot(r, c);
    }
  }
};

//////////////// 题目相关
#include <cmath>
Simplex solver;

int main() {
  for (int n, m; scanf("%d%d", &n, &m) == 2;) {
    for (int i = 0; i < n; i++) scanf("%lf", &solver.a[m][i]); // 目标函数
    solver.a[m][n] = 0;                          // 目标函数常数项
    for (int i = 0; i < m; i++)
      for (int j = 0; j < n + 1; j++)
        scanf("%lf", &solver.a[i][j]);
    double ans, x[maxn];
    assert(solver.simplex(n, m, x, ans) == 1);
    ans *= m;
    printf("Nasa can spend %d taka.\n", (int)floor(ans + 1 - eps));
  }
  return 0;
}
/*
算法分析请参考:《算法竞赛入门经典——训练指南》升级版 6.5.2 节例题 23
同类题目: Mission Possible, HDU 5931
*/
```

## 本节例题列表

本节讲解的例题及其囊括的知识点，如表 3-9 所示。

表 3-9　数学专题例题归纳

| 编　号 | 题　号 | 标　题 | 知 识 点 | 代 码 作 者 |
|---|---|---|---|---|
| 例 3-44 | UVa 11017 | A Greener World | Pick 定理 | 刘汝佳 |
| 例 3-45 | POJ 3146 | Interesting Yang Hui Triangle | Lucas 定理 | 刘汝佳 |
| 例 3-46 | UVa 10498 | Happiness | 线性规划 | 刘汝佳 |

# 第 4 章　数 据 结 构

## 4.1　基础数据结构

本节介绍与基础数据结构，包括线性表（栈、队列、链表）、二叉树、图、并查集相关的经典题目以及代码实现。尽管这些内容本身并不算“高级”，但却是很多高级内容的基础。如果数据结构基础没有打好，很难设计出正确、高效的算法。

**例 4-1　【优先级队列】阿格斯（Argus，北京 2004, POJ 2051）**

你的任务是编写一个名称为 Argus 的系统。该系统支持如下 Register 命令：

```
Register Q_num Period
```

该命令注册了一个触发器，它每 Period 秒钟就会产生一次编号为 Q_num 的事件。你的任务是模拟出前 $k$ 个事件，其中 $1 \leqslant$ Q_num，Period $\leqslant 3000$，$k \leqslant 10\,000$。如果多个事件同时发生，先处理 Q_num 小的事件。输出 $k$ 行，即前 $k$ 个事件的 Q_num。

【代码实现】

```
// 陈锋
#include <cstdio>
#include <queue>
using namespace std;

struct Item {                                    // 优先队列中的元素
  int QNum, Period, Time;
  // 重要！优先级比较函数，优先级高的先出队
  bool operator<(const Item& a) const {         // const 修饰符不可少
    if (Time != a.Time) return Time > a.Time;
    return QNum > a.QNum;
  }
};

int main() {
  priority_queue<Item> pq;
  char s[20];
  for (Item it; scanf("%s", s) && s[0] != '#'; pq.push(it)) {
    scanf("%d%d", &it.QNum, &it.Period);
    it.Time = it.Period;                         // 初始化“下一次事件的时间”为它的周期
  }
  int K;
  scanf("%d" , &K);
  while (K--) {
    Item r = pq.top();                           // 取下一个事件
```

```
    pq.pop();
    printf("%d\n" , r.QNum);
    r.Time += r.Period;                         // 更新该触发器的“下一个事件”的时间
    pq.push(r);                                 // 重新插入优先队列
  }
  return 0;
}
/*
算法分析请参考：《算法竞赛入门经典——训练指南》升级版 3.1.2 节例题 3
同类题目：Queue and A, ACM/ICPC WF 2000, UVa 822
*/
```

## 例 4-2 【栈的使用】铁轨（Rails, ACM/ICPC CERC 1997, POJ 1363）

某城市有一个火车站，铁轨铺设如图 4-1 所示。有 $n$ 节车厢从 $A$ 方向驶入车站，按进站顺序编号为 1～$n$。你的任务是判断是否能让它们按照某种特定的顺序进入 $B$ 方向的铁轨并驶出车站。例如，出栈顺序(5, 4, 1, 2, 3)是不可能的，但(5, 4, 3, 2, 1)是可能的。

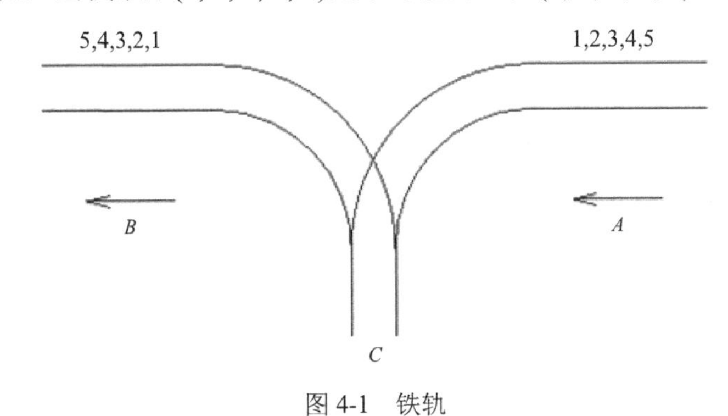


图 4-1　铁轨

为了重组车厢，你可以借助中转站 $C$。这是一个可以停放任意多节车厢的车站，但由于末端封顶，驶入 $C$ 的车厢必须按照相反的顺序驶出 $C$。对于每节车厢：一旦从 $A$ 移入 $C$，就不能再回到 $A$；一旦从 $C$ 移入 $B$，就不能再回到 $C$。换句话说，在任意时刻，只有两种选择：$A \to C$ 和 $C \to B$。

【代码实现】

```
// 陈锋
#include <stack>
#include <iostream>

using namespace std;
#define _for(i, a, b) for (int i = (a); i < (b); ++i)
#define _rep(i, a, b) for (int i = (a); i <= (b); ++i)
const int MAXN = 1000 + 4;
int N, B[MAXN];
int main() {
  ios::sync_with_stdio(false), cin.tie(0);
  while (cin >> N && N) {
    while (cin >> B[1] && B[1]) {
```

```
      _rep(i, 2, N) cin >> B[i];
      stack<int> s;
      int ai = 1, bi = 1;
      while (bi <= N) {
        if (ai == B[bi]) ai++, bi++;                    // 从 A->C->B，不用入栈
        else if (!s.empty() && s.top() == B[bi]) ++bi, s.pop(); // 栈顶的开过去
        else if (ai <= N) s.push(ai++);                 // 只能先入栈试试看
        else break;                                     // 无计可施了
      }
      cout << ((bi == N + 1) ? "Yes" : "No") << endl;
    }
    cout << endl;
  }
  return 0;
}
/*
算法分析请参考：《算法竞赛入门经典（第 2 版）》例题 6-2
注意：在获取栈顶元素之前要判断栈是否为空
同类题目："Accordian" Patience, UVa 127
         删除物品，JLOI 2013, NC 20134
*/
```

### 例 4-3 【双端队列】并行程序模拟（Concurrency Simulator, ACM/ICPC WF1991, UVa 210）

你的任务是模拟 $n$ 个程序（按输入顺序编号为 1～$n$）的并行执行。每个程序包含不超过 25 条语句，格式一共有 5 种：var = constant（赋值）；print var（打印）；lock；unlock；end。

变量用单个小写字母表示，初始为 0，为所有程序公有（在一个程序里对某个变量赋值可能会影响另一个程序）。常数是小于 100 的非负整数。

每个时刻只能有一个程序处于运行态，其他程序均处于等待态。上述 5 种语句分别需要 $t_1, t_2, t_3, t_4, t_5$ 单位时间。运行态的程序每次最多运行 $Q$ 个单位时间（称为配额）。当一个程序的配额用完之后，把当前语句（如果存在）执行完之后该程序会被插入一个等待队列中，然后处理器从队首取出一个程序继续执行。初始等待队列包含按输入顺序排列的各个程序，但由于 lock/unlock 语句的出现，这个顺序可能会改变。

lock 的作用是申请对所有变量的独占访问。lock 和 unlock 总是成对出现，并且不会嵌套。lock 总是在 unlock 的前面。当一个程序成功执行完 lock 指令之后，其他程序一旦试图执行 lock 指令，就会马上被放到一个所谓的阻止队列的尾部（没有用完的配额就浪费了）。当 unlock 执行完毕后，阻止队列的第一个程序进入等待队列的首部。

输入 $n, t_1, t_2, t_3, t_4, t_5, Q$ 以及 $n$ 个程序，按照时间顺序输出所有 print 语句的程序编号和结果。

【代码实现】

```
// 陈锋
#include <bits/stdc++.h>
#define _for(i,a,b) for( int i=(a); i<(int)(b); ++i)
using namespace std;
const int NN = 1000 + 4;
```

```
deque<int> readyQ;
queue<int> blockQ;
int N, Quantum, C[5], Var[26], IP[NN];      // IP[pid]是程序 pid 运行的当前行号
bool locked;
string Stats[NN];                            // 程序语句

void run(int pid) {
  int q = Quantum;
  while (q > 0) {
    const string& p = Stats[IP[pid]];
    switch (p[2]) {
    case '=':
      Var[p[0] - 'a'] = isdigit(p[5]) ? (p[4]-'0') * 10 + p[5]-'0' : p[4]-'0';
      q -= C[0];
      break;
    case 'i':                                // print
      cout << pid + 1 << ": " << Var[p[6] - 'a'] << endl;
      q -= C[1];
      break;
    case 'c':                                // lock
      if (locked) { blockQ.push(pid); return; }
      locked = true;
      q -= C[2];
      break;
    case 'l':                                // unlock
      locked = false;
      if (!blockQ.empty()) {
        int pid2 = blockQ.front(); blockQ.pop();
        readyQ.push_front(pid2);
      }
      q -= C[3];
      break;
    case 'd':                                // end
      return;
    }
    IP[pid]++;
  }
  readyQ.push_back(pid);
}

int main() {
  ios::sync_with_stdio(false), cin.tie(0);
  int T; cin >> T;
  while (T--) {
    cin >> N;
    _for(i, 0, 5) cin >> C[i];
    cin >> Quantum;
    fill_n(Var, 26, 0);
    int line = 0;
```

```
    _for(i, 0, N) {
      getline(cin, Stats[line++]);
      IP[i] = line - 1;
      while (Stats[line - 1][2] != 'd') getline(cin, Stats[line++]);
      readyQ.push_back(i);
    }

    locked = false;
    while (!readyQ.empty()) {
      int pid = readyQ.front(); readyQ.pop_front();
      run(pid);
    }
    if (T) cout << endl;
  }
  return 0;
}
/*
算法分析请参考:《算法竞赛入门经典(第 2 版)》例题 6-1
同类题目: 10-20-30, ACM/ICPC WF 1996, UVa 246
*/
```

## 例 4-4　【从中序和后序恢复二叉树】树（Tree, UVa 548）

给出一棵点带权（权值各不相同，都是小于 10 000 的正整数）的二叉树的中序和后序遍历，寻找一片叶子，使得它到根的路径上的权值和最小。如果有多个解，该叶子本身的权值应尽量小。输入中，每两行表示一棵树，其中第一行为中序遍历，第二行为后序遍历。

【样例输入】

```
3 2 1 4 5 7 6
3 1 2 5 6 7 4
7 8 11 3 5 16 12 18
8 3 11 7 16 18 12 5
255
255
```

【样例输出】

```
1
3
255
```

【代码实现】

```
// 陈锋
#include <bits/stdc++.h>
using namespace std;
typedef long long LL;
struct Node {
  Node *left, *right;
  int val;
  Node() : left(nullptr), right(nullptr) {}
```

```
  ~Node() {
    if (left) delete left;
    if (right) delete right;
    left = right = nullptr;
  }
};
const int MAXN = 10000 + 4;
int In[MAXN], Post[MAXN], N;

int parse(const string &str, int *p) {
  stringstream ss(str);
  int n = 0, x;
  while (ss >> x) p[n++] = x;
  return n;
}
Node *parseTree(int i1, int i2, int p1, int p2) { // In[i1, i2], Post[p1, p2]
  assert(i1 <= i2 && p1 <= p2);
  Node *p = new Node();
  int m = Post[p2];
  p->val = m;
  if (i1 == i2) {
    assert(p1 == p2 && In[i1] == Post[p2]);
    return p;
  }
  int ri = find(In + i1, In + i2 + 1, m) - In,
      lLen = ri - i1;                          // root, left tree
  if (i1 <= ri - 1) p->left = parseTree(i1, ri - 1, p1, p1 + lLen - 1);
  if (ri + 1 <= i2) p->right = parseTree(ri + 1, i2, p1 + lLen, p2 - 1);
  return p;
}

ostream &operator<<(ostream &os, Node *pn) {
  if (pn->left) os << "(" << pn->left << ")";
  os << pn->val;
  if (pn->right) os << "(" << pn->right << ")";
  return os;
}

void dfs(int sum, Node *p, int &minSum, int &minLeaf) {
  assert(p);
  if (p->left || p->right) {
    if (p->left && sum + p->left->val <= minSum)
      dfs(sum + p->left->val, p->left, minSum, minLeaf);
    if (p->right && sum + p->right->val <= minSum)
      dfs(sum + p->right->val, p->right, minSum, minLeaf);
  } else {
    if (sum < minSum)
      minSum = sum, minLeaf = p->val;
    else if (sum == minSum)
```

```
      minLeaf = min(p->val, minLeaf);
  }
}

int main() {
  string l1, l2;
  while (getline(cin, l1) && getline(cin, l2)) {
    N = parse(l1, In);
    assert(N == parse(l2, Post));
    Node *pTree = parseTree(0, N - 1, 0, N - 1);
    int minSum = INT_MAX, minLeaf = INT_MAX;
    dfs(pTree->val, pTree, minSum, minLeaf);
    delete pTree;
    cout << minLeaf << endl;
  }
  return 0;
}
/*
算法分析请参考：《算法竞赛入门经典（第 2 版）》例题 6-8
同类题目：Tree Recovery, ULM 1997, UVa 536
*/
```

## 例 4-5　【二叉树的 DFS】下落的树叶（The Falling Leaves, UVa 699）

给出一棵二叉树，每个结点都有一个水平位置：左子结点在它左边 1 个单位，右子结点在它右边 1 个单位。从左向右输出每个水平位置的所有结点的权值之和。如图 4-2 所示，从左到右的 3 个水平位置的权值和分别为 7，11，3。按照递归（先序）方式输入，用-1 表示空树。

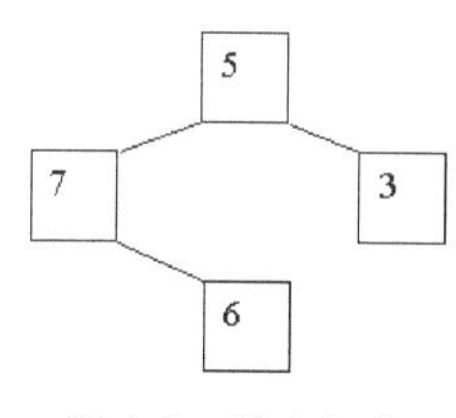


图 4-2　结点权值

【样例输入】

```
5 7 -1 6 -1 -1 3 -1 -1
8 2 9 -1 -1 6 5 -1 -1 12 -1 -1 3 7 -1 -1 -1
-1
```

【样例输出】

```
Case 1:
7 11 3

Case 2:
9 7 21 15
```

【代码实现】

```
// 陈锋
#include <bits/stdc++.h>
using namespace std;
typedef long long LL;
#define _for(i, a, b) for (int i = (a); i < (b); ++i)
```

```
map<int, int> sums;
void readTree(int pos) {
  int root;
  scanf("%d", &root);
  if (root == -1) return;
  sums[pos] += root, readTree(pos - 1), readTree(pos + 1);
}

int main() {
  for (int t = 1; true; t++) {
    sums.clear(), readTree(0);
    if (sums.empty()) break;
    printf("Case %d:\n", t);
    int i = 0;
    for (auto p : sums) {
      if (i++) printf(" ");
      printf("%d", p.second);
    }
    puts("\n");
  }
  return 0;
}
/*
算法分析请参考：《算法竞赛入门经典（第 2 版）》例题 6-10
注意：本题直接利用了输入的递归性质进行直接处理，无须构建内存中对应的树结构
*/
```

## 例 4-6 【二叉树隐式 DFS】天平（Not so Mobile, UVa 839）

输入一个树状天平，根据力矩相等原则，判断其是否平衡。如图 4-3 所示，所谓力矩相等，就是 $W_lD_l = W_rD_r$，其中 $W_l$ 和 $W_r$ 分别为左右两边“砝码”的重量，$D_l$ 和 $D_r$ 分别为左右两边“砝码”到天平支点的距离。

采用递归（先序）方式输入：每个天平的格式为 $W_l$，$D_l$，$W_r$，$D_r$，当 $W_l$ 或 $W_r$ 为 0 时，表示该“砝码”实际是一个子天平，接下来会描述这个子天平。当 $W_l$=$W_r$=0 时，会先描述左子天平，然后是右子天平。

【样例输入】

```
1

0 2 0 4
0 3 0 1
1 1 1 1
2 4 4 2
1 6 3 2
```

正确输出为 YES，对应图 4-4。

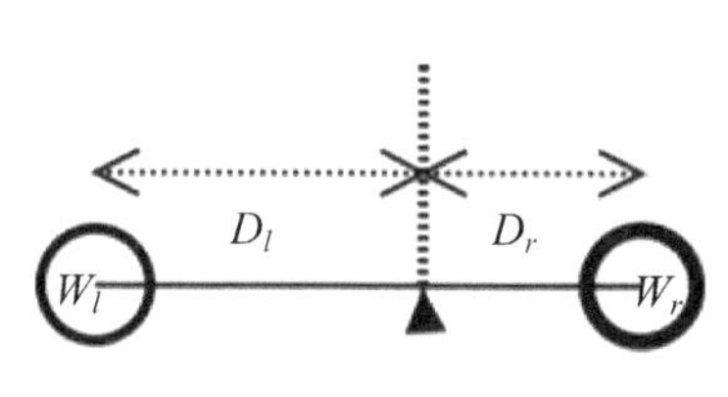


图 4-3 力矩相等原则

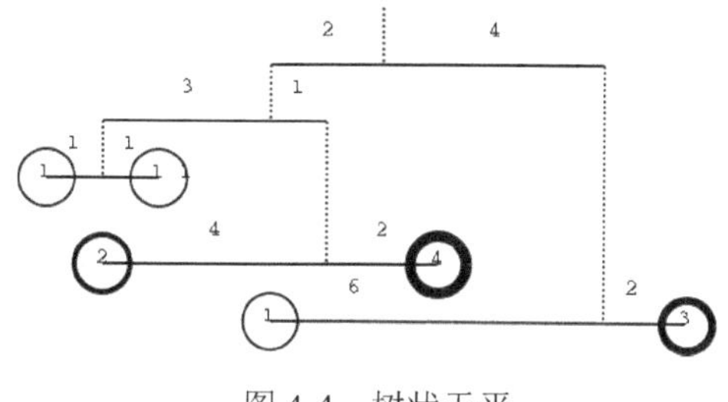

图 4-4 树状天平

【代码实现】

```
// 陈锋
#include <bits/stdc++.h>
using namespace std;
typedef long long LL;
bool readTree(LL& w) {
  LL wl, dl, wr, dr;
  bool bl = true, br = true;
  cin >> wl >> dl >> wr >> dr;
  if (wl == 0) bl = readTree(wl);
  if (wr == 0) br = readTree(wr);
  w = wl + wr;
  return bl && br && (wl * dl == wr * dr);
}

int main() {
  ios::sync_with_stdio(false), cin.tie(0);
  int T;
  cin >> T;
  for (int t = 0; t < T; ++t) {
    if (t) cout << endl;
    LL w;
    bool ans = readTree(w);
    cout << (ans ? "YES" : "NO") << endl;
  }
  return 0;
}
/*
算法分析请参考:《算法竞赛入门经典（第 2 版)》例题 6-9
*/
```

### 例 4-7 【四分树】四分树（Quadtrees, UVa 297）

如图 4-5 所示，可以用四分树来表示一个黑白图像，方法是用根结点表示整幅图像，然后把行、列各分成两等份，按照图中的方式编号，从左到右对应 4 个子结点。如果某子结点对应的区域全黑或者全白，则直接用一个黑结点或者白结点表示；如果既有黑又有白，则用一个灰结点表示，并为这个区域递归建树。

给出两棵四分树的先序遍历，求二者合并之后（黑色部分合并）黑色像素的个数。p 表示中间结点，f 表示黑色（full），e 表示白色（empty）。

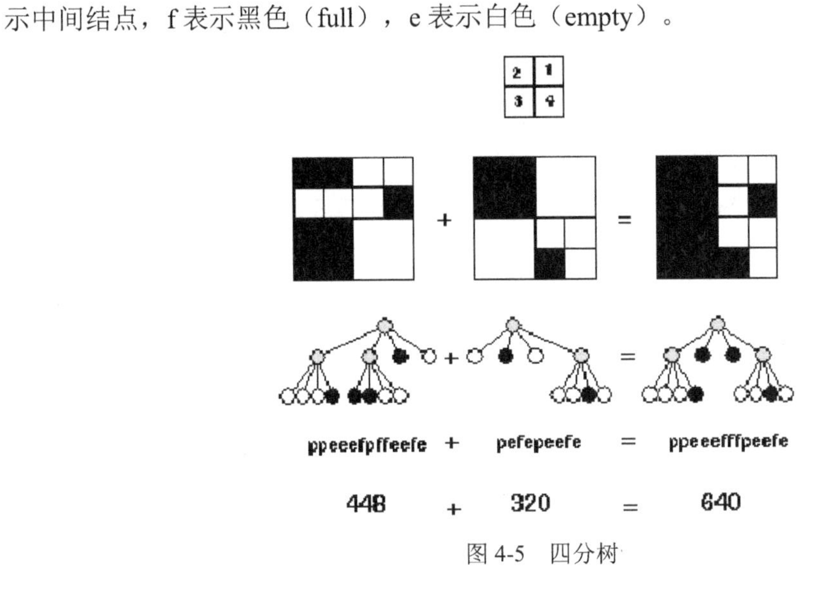


图 4-5　四分树

【样例输入】

```
3
ppeeefpffeefe
pefepeefe
peeef
peefe
peeef
peepefefe
```

【样例输出】

```
There are 640 black pixels.
There are 512 black pixels.
There are 384 black pixels.
```

【代码实现】

```
// 陈锋
#include <cstdio>
#include <cstring>
#define _for(i, a, b) for (int i = (a); i < (b); ++i)
#define _rep(i, a, b) for (int i = (a); i <= (b); ++i)

const int len = 32, NN = 1024 + 4;
char s[NN];
int buf[len][len], cnt, DR[] = {0, 0, 1, 1}, DC[] = {1, 0, 0, 1};

// 把 s[p..]画到以(r,c)为左上角，边长为 w 的缓冲区中
// 2 1
// 3 4
void draw(const char* s, int& p, int r, int c, int w) {
```

```
  char ch = s[p++];
  if (ch == 'p') {
    w /= 2;
    _for(i, 0, 4) draw(s, p, r + DR[i] * w, c + DC[i] * w, w);
  } else if (ch == 'f') { // 画黑像素（白像素不画）
    _for(i, r, r + w) _for(j, c, c + w) if (buf[i][j] == 0)
      buf[i][j] = 1, cnt++;
  }
}

int main() {
  int T;
  scanf("%d", &T);
  while (T--) {
    memset(buf, 0, sizeof(buf));
    cnt = 0;
    for (int i = 0; i < 2; i++) {
      scanf("%s", s);
      int p = 0;
      draw(s, p, 0, 0, len);
    }
    printf("There are %d black pixels.\n", cnt);
  }
  return 0;
}
/*
算法分析请参考：《算法竞赛入门经典（第 2 版）》例题 6-11
同类题目：Spatial Structures, ACM/ICPC WF 1998, UVa 806
*/
```

### 例 4-8　【使用栈进行表达式计算】矩阵链乘（Matrix Chain Multiplication, UVa 442）

输入 $n$ 个矩阵的维度和一些矩阵链乘表达式，输出乘法的次数。如果乘法无法进行，输出 error。假定 $\boldsymbol{A}$ 是 $m\times n$ 矩阵，$\boldsymbol{B}$ 是 $n\times p$ 矩阵，那么 $\boldsymbol{AB}$ 是 $m\times p$ 矩阵，乘法次数为 $m\times n\times p$。如果 $\boldsymbol{A}$ 的列数不等于 $\boldsymbol{B}$ 的行数，则乘法无法进行。

例如，$\boldsymbol{A}$ 是 50×10 的，$\boldsymbol{B}$ 是 10×20 的，$\boldsymbol{C}$ 是 20×5 的，则$(\boldsymbol{A}(\boldsymbol{BC}))$的乘法次数为 10×20×5（矩阵 $\boldsymbol{B}$ 与矩阵 $\boldsymbol{C}$ 相乘的乘法次数）+ 50×10×5（矩阵 $\boldsymbol{A}$ 与矩阵 $\boldsymbol{BC}$ 相乘的乘法次数）= 3500。

【代码实现】

```
// 刘汝佳
#include <bits/stdc++.h>
using namespace std;

struct Matrix {
  int a, b;
  Matrix(int a = 0, int b = 0): a(a), b(b) {}
} m[32];

int solve(const string& expr) {
  stack<Matrix> s;
```

```
  int ans = 0;
  for (size_t i = 0; i < expr.length(); i++) {
    char e = expr[i];
    if (isalpha(e)) s.push(m[e - 'A']);
    else if (e == ')') {
      Matrix m2 = s.top(); s.pop();
      Matrix m1 = s.top(); s.pop();
      if (m1.b != m2.a) return -1;
      ans += m1.a * m1.b * m2.b;
      s.push(Matrix(m1.a, m2.b));
    }
  }
  return ans;
}

int main() {
  int n;
  cin >> n;
  string s;
  for (int i = 0; i < n; i++) {
    cin >> s;
    cin >> m[s[0] - 'A'].a >> m[s[0] - 'A'].b;
  }
  while (cin >> s) {
    int ans = solve(s);
    if (ans == -1) printf("error\n");
    else printf("%d\n", ans);
  }
  return 0;
}
/*
算法分析请参考：《算法竞赛入门经典（第 2 版）》例题 6-3
注意：Matrix 类中对于构造函数参数默认值以及成员快速初始化语法的使用
同类题目：Parentheses Balance, UVa 673
*/
```

## 例 4-9 【树的 BFS 与 DFS 序列转换】树重建（Tree Reconstruction, UVa 10410）

输入一个包含 $n$（$n \leqslant 1000$）个结点的树的 BFS 序列和 DFS 序列，你的任务是输出每个结点的子结点列表。输入序列（不管是 BFS 还是 DFS）是这样生成的：当一个结点被扩展时，其所有子结点应该按照编号从小到大的顺序依次访问。

例如，若 BFS 序列为{4, 3, 5, 1, 2, 8, 7, 6}，DFS 序列为{4, 3, 1, 7, 2, 6, 5, 8}，则一棵满足条件的树如图 4-6 所示。

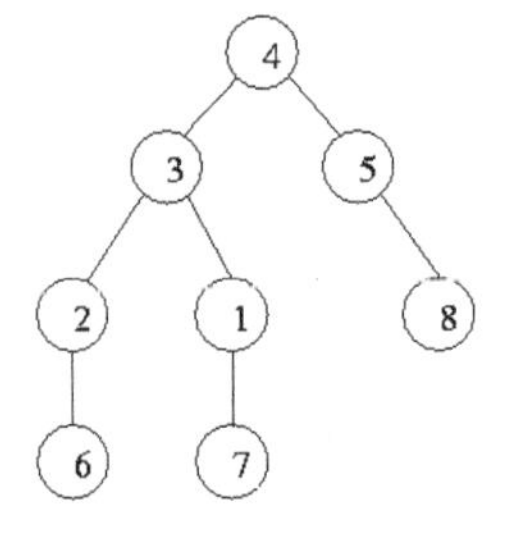

图 4-6　树重建

【代码实现】

```
// 陈锋
#include <bits/stdc++.h>
```

```
using namespace std;
#define _for(i, a, b) for (int i = (a); i < (b); ++i)
#define _rep(i, a, b) for (int i = (a); i <= (b); ++i)
typedef vector<int> IVec;
typedef long long LL;
const int NN = 1004;
int N, B[NN], D[NN], BIdx[NN];
IVec G[NN];
void solve(int l, int r) { // 递归求解[l,r]子区间
  int u = D[l], i = l + 1, lasti = i;
  assert(l <= r);
  if (l == r) return;
  G[u].push_back(D[i++]); // u的儿子
  while (i <= r) {
    int lastv = G[u].back(), v = D[i];
    if (v > lastv && BIdx[lastv] + 1 == BIdx[v])
      solve(lasti, i - 1), G[u].push_back(v), lasti = i;
    ++i;
  }
  solve(lasti, i - 1);
}
int main() {
  while (scanf("%d", &N) == 1) {
    _rep(i, 1, N) scanf("%d", &(B[i])), BIdx[B[i]] = i, G[i].clear();
    _rep(i, 1, N) scanf("%d", &(D[i]));
    solve(1, N);
    _rep(i, 1, N) {
      printf("%d:", i);
      for (size_t vi = 0; vi < G[i].size(); vi++)
        printf(" %d", G[i][vi]);
      puts("");
    }
  }
  return 0;
}
/*
算法分析请参考:《算法竞赛入门经典——习题与解答》习题 6-11
*/
```

### 例 4-10 【优先级队列与 *K* 路合并】*K* 个最小和（*K* Smallest Sums, UVa 11997）

有 $k$ 个整数数组，分别包含 $k$（$1 \leqslant k \leqslant 750$）个不超过 $10^6$ 的正整数。在每个数组中取一个元素加起来，可以得到 $k^k$ 个和。求这些和中最小的 $k$ 个值（重复的值算多次）。

【代码实现】

```
// 刘汝佳
#include <bits/stdc++.h>
using namespace std;
#define _for(i, a, b) for (int i = (a); i < (b); ++i)
typedef long long LL;
```

```
const int MAXK = 768, INF = 1e6 + 4;
int K, A[MAXK], B[MAXK];
struct Item {
  int sum, b;                           // A[a] + B[b], b
  Item(int _sum, int _b) : sum(_sum), b(_b) {}
  bool operator<(const Item& i) const { return sum > i.sum; };
};

void merge() {                          // AxB -> A
  priority_queue<Item> Q;
  _for(i, 0, K) Q.push(Item(A[i] + B[0], 0));
  _for(i, 0, K) {
    Item it = Q.top();
    Q.pop(), A[i] = it.sum;
    if (it.b < K - 1)
      Q.emplace(Item(it.sum + B[it.b + 1] - B[it.b], it.b + 1));
  }
}

void read_array(int *p) {
  _for(i, 0, K) scanf("%d", &(p[i]));
  sort(p, p + K);
}

int main() {
  while (scanf("%d", &K) == 1) {
    read_array(A);
    _for(i, 1, K) read_array(B), merge();
    _for(i, 0, K) printf("%d%c", A[i], i < K - 1 ? ' ' : '\n');
  }
  return 0;
}
/*
算法分析请参考：《算法竞赛入门经典——训练指南》升级版 3.1.2 节例题 4
注意：本题只用了两个数组便实现了 K 个数组的合并
同类题目：IOI 2020 Day 1, Carnival Tickets
*/
```

### 例 4-11 【树的层次遍历】树的层次遍历（Trees on the level, Duke 1993, UVa 122）

输入一棵二叉树，你的任务是按从上到下、从左到右的顺序输出各个结点的值。每个结点都按照从根结点到它的移动序列给出（L 表示左，R 表示右）。在输入中，每个结点的左括号和右括号之间没有空格，相邻结点之间用一个空格隔开。每棵树的输入用一对空括号“()”结束（这对括号本身不代表一个结点），如图 4-7 所示。

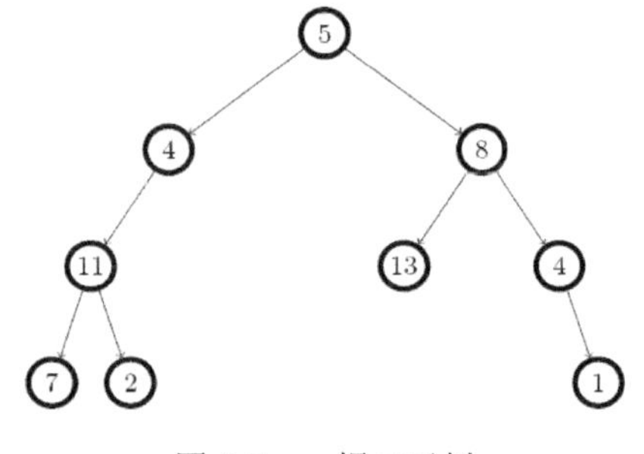


图 4-7　一棵二叉树

**注意**：从根结点到某个叶子结点的路径上，如果有结点没有在输入中给出，或者给出超过一次，应当输出-1。结点个数不超过 256。

【样例输入】

```
(11,LL) (7,LLL) (8,R) (5,) (4,L) (13,RL) (2,LLR) (1,RRR) (4,RR) ()
(3,L) (4,R) ()
```

【样例输出】

```
5 4 8 11 13 4 7 2 1
-1
```

【代码实现】

```
// 陈锋
#include <bits/stdc++.h>
using namespace std;
#define _for(i, a, b) for (int i = (a); i < (b); ++i)
typedef long long LL;

struct Node {
  Node *left, *right;
  int val;
  bool hasValue;
  Node() : left(nullptr), right(nullptr), val(0), hasValue(false) {}
  ~Node() {
    if (left) delete left;
    if (right) delete right;
  }
};
typedef Node* PNode;
bool insert(PNode p, int val, const char* path) {
  assert(p);
  int len = strlen(path);
  _for(i, 0, len) {
    char c = path[i];
    if (c == 'L') {
      if (!p->left) p->left = new Node();
      p = p->left;
    } else if (c == 'R') {
      if (!p->right) p->right = new Node();
      p = p->right;
    }
  }
  p->val = val;
  if (p->hasValue) return false;
  return p->hasValue = true;
}

bool bfs(PNode p, vector<int>& ans) {
```

```
  queue<PNode> Q;
  ans.clear(), Q.push(p);
  while (!Q.empty()) {
    p = Q.front(); Q.pop();
    if (!p->hasValue) return false;
    ans.push_back(p->val);
    if (p->left) Q.push(p->left);
    if (p->right) Q.push(p->right);
  }
  return true;
}

int main() {
  char s[512];
  int v;
  vector<int> ans;
  while (true) {
    Node nd, *root = &nd;
    bool valid = true;
    while (true) {
      if (scanf("%s", s) != 1) return 0;
      if (strcmp(s, "()") == 0) break;
      sscanf(s + 1, "%d", &v);
      if (!insert(root, v, strchr(s, ',') + 1)) valid = false;
    }
    if (valid && bfs(root, ans))
      for (size_t i = 0; i < ans.size(); i++)
        printf("%d%s", ans[i], (i == ans.size() - 1 ? "\n" : " "));
    else
      puts("not complete");
  }
  return 0;
}
/*
算法分析请参考：《算法竞赛入门经典（第 2 版）》例题 6-7
同类题目：Cells, ACM/ICPC 杭州 2005, UVa 1357
*/
```

## 例 4-12 【双向链表】移动盒子（Boxes in a Line, UVa 12657）

你有一行盒子，从左到右依次编号为 1, 2, 3,⋯, $n$。可以执行以下 4 种操作指令。

- 1 $X$ $Y$: 表示把盒子 $X$ 移动到盒子 $Y$ 左边（如果 $X$ 已经在 $Y$ 的左边，则忽略此指令）。
- 2 $X$ $Y$: 表示把盒子 $X$ 移动到盒子 $Y$ 右边（如果 $X$ 已经在 $Y$ 的右边，则忽略此指令）。
- 3 $X$ $Y$: 表示交换盒子 $X$ 和 $Y$ 的位置。
- 4: 表示反转整条链。

指令应保证合法，即 $X$ 不等于 $Y$。例如，当 $n$=6 时，在初始状态下执行 1 1 4 操作后，盒子序列变为 2, 3, 1, 4, 5, 6。接下来执行 2 3 5，盒子序列变成 2, 1, 4, 5, 3, 6。再执行 3 1 6，得到 2, 6, 4, 5, 3, 1。最终执行 4，得到 1, 3, 5, 4, 6, 2。

输入包含不超过 10 组数据，每组数据第一行为盒子个数 $n$ 和指令条数 $m$（$1 \leqslant n,m \leqslant 100\,000$），以下 $m$ 行每行包含一条指令。每组数据输出一行，即所有奇数位置的盒子编号之和。位置从左到右编号为 $1 \sim n$。

【样例输入】

```
6 4
1 1 4
2 3 5
3 1 6
4
6 3
1 1 4
2 3 5
3 1 6
100000 1
4
```

【样例输出】

```
Case 1: 12
Case 2: 9
Case 3: 2500050000
```

【代码实现】

```
// 刘汝佳
#include <bits/stdc++.h>
using namespace std;
typedef long long LL;
const int NN = 1e5 + 4;
int Left[NN], Right[NN];
inline void link(int L, int R) { Right[L] = R; Left[R] = L;}
int main() {
  ios::sync_with_stdio(false), cin.tie(0);
  for (int n, m, kase = 1; cin >> n >> m; kase++) {
    for (int i = 1; i <= n; i++) Left[i] = i - 1, Right[i] = (i + 1) % (n + 1);
    Right[0] = 1, Left[0] = n;
    bool inv = false;
    for (int i = 0, op, X, Y; i < m; i++) {
      cin >> op;
      if (op == 4) inv = !inv;
      else {
        cin >> X >> Y;
        if (op == 3 && Right[Y] == X) swap(X, Y);
        if (op != 3 && inv) op = 3 - op;
        if (op == 1 && X == Left[Y]) continue;
        if (op == 2 && X == Right[Y]) continue;
        int LX = Left[X], RX = Right[X], LY = Left[Y], RY = Right[Y];
        if (op == 1) link(LX, RX), link(LY, X), link(X, Y);
        else if (op == 2) link(LX, RX), link(Y, X), link(X, RY);
```

```
      else if (op == 3) {
        if (Right[X] == Y) link(LX, Y), link(Y, X), link(X, RY);
        else link(LX, Y), link(Y, RX), link(LY, X), link(X, RY);
      }
    }
  }

  LL ans = 0;
  for (int i = 1, b = 0; i <= n; i++) {
    b = Right[b];
    if (i % 2 == 1) ans += b;
  }
  if (inv && n % 2 == 0) ans = (LL)n * (n + 1) / 2 - ans;
  printf("Case %d: %lld\n", kase, ans);
 }
 return 0;
}
/*
算法分析请参考：《算法竞赛入门经典（第 2 版）》例题 6-5
注意：Link 函数是如何简化链表的各种操作的，以及翻转标志的使用
同类题目：Brute Force Sorting, HDU 6215
*/
```

## 例 4-13 【递归下降法；表达式树】括号（Brackets Removal, NEERC 2005, UVa 1662）

给出一个长度为 $n$ 的表达式，包含字母、二元四则运算符和括号，要求去掉尽量多的括号。去括号规则如下：若 $A$ 和 $B$ 是表达式，则 $A+(B)$可变为 $A+B$，$A-(B)$可变为 $A-B'$，其中 $B'$由 $B$ 把顶层“+”与“-”互换得到；若 $A$ 和 $B$ 为乘法项（term），则 $A*(B)$变为 $A*B$，$A/(B)$变为 $A/B'$，其中 $B'$由 $B$ 把顶层“*”与“/”互换得到。本题只能用结合律，不能用交换律和分配律。

例如，$((a-b)-(c-d)-(z*z*g/f)/(p*(t))*((y-u)))$去掉括号以后为 $a-b-c+d-z*z*g/f/p/t*(y-u)$。

【代码实现】

```
// 陈锋
#include <iostream>
#include <cassert>
#include <cctype>
using namespace std;
const int MAXN = 1024;

struct Node {
  char ch;
  Node *left, *right;
  bool enclose;                          // 是否在括号内
  int priority;                          // 优先级
  Node(char c = 0) : ch(c), left(NULL), right(NULL), enclose(false), priority(0)
{
    if (ch == '*' || ch == '/') priority = 2;
    else if (ch == '+' || ch == '-') priority = 1;
```

```
  }
  bool isOp() const { return !islower(ch); }
  ~Node() {                                    // 析构函数，递归释放内存
    if (left) delete left;
    if (right) delete right;
  }
};
typedef Node* PNode;
string EX;
PNode pRoot;

ostream& operator<<(ostream& os, const PNode p) {
  if (!p) return os;
  if (p->enclose) os << '(';
  os << p->left << p->ch << p->right;
  if (p->enclose) os << ')';
  return os;
}

void reverse(PNode p) {
  assert(p);
  assert(p->isOp());
  char c = p->ch;
  switch (c) {
  case '+' : p->ch = '-'; break;
  case '-' : p->ch = '+'; break;
  case '*' : p->ch = '/'; break;
  case '/' : p->ch = '*'; break;
  default:
    assert(false);
  }

  PNode pl = p->left, pr = p->right;
  if (pl && pl->isOp() && pl->priority == p->priority) reverse(pl);
  if  (pr  &&  pr->isOp()  &&  !pr->enclose  &&  pr->priority  ==  p->priority)
reverse(pr);
}

void proc(PNode p) {
  assert(p);
  if (!p->isOp()) return;
  PNode pl = p->left, pr = p->right;
  if (pl && pl->isOp()) {
    if (pl->priority >= p->priority) pl->enclose = false;
    proc(pl);
  }

  if (pr && pr->isOp()) {
    if (pr->priority > p->priority) pr->enclose = false;
```

```
      else if (pr->priority == p->priority) {
        if ((p->ch == '/' || p->ch == '-') && pr->enclose)
          pr->enclose = false, reverse(pr);
        pr->enclose = false;
      }
      proc(pr);
    }
}

PNode parse(int l, int r) {
  assert(l <= r);
  char lc = EX[l];
  if (l == r) return new Node(lc);

  int p = 0, c1 = -1, c2 = -1;
  for (int i = l; i <= r; i++) {
    switch (EX[i]) {
    case '(' : p++; break;
    case ')' : p--; break;
    case '+' : case '-' : if (!p) c1 = i; break;
    case '*' : case '/' : if (!p) c2 = i; break;
    }
  }

  if (c1 < 0) c1 = c2;
  if (c1 < 0) {
    PNode ans = parse(l + 1, r - 1);
    ans->enclose = true;
    return ans;
  }

  PNode ans = new Node(EX[c1]);
  PNode ln = ans->left = parse(l, c1 - 1), rn = ans->right = parse(c1 + 1, r);
  assert(ans->priority);
  if (!ln->isOp()) ln->enclose = false;
  if (!rn->isOp()) rn->enclose = false;
  return ans;
}

int main() {
  while (cin >> EX) {
    pRoot = parse(0, EX.size() - 1);
    pRoot->enclose = false;
    proc(pRoot);
    cout << pRoot << endl;
    delete pRoot;
  }
  return 0;
}
```

```
/*
算法分析请参考：《算法竞赛入门经典——习题与解答》习题 11-6
注意：本题中如何使用析构函数来递归释放整棵树的内存，以及如何通过对“<<”操作符的重载实现整棵树的递归输出
*/
```

### 例 4-14　【并查集】易爆物（X-Plosives, UVa 1160）

有一些简单化合物，每种化合物都是由两类元素组成的（每类元素用一个大写字母表示）。你是一个装箱工人，从实验员那里按照顺序依次把一些简单化合物装到车上。但这里存在一个安全隐患：如果车上存在 $k$ 种简单化合物，正好包含 $k$ 类元素，那么它们将组成一个易爆的混合物。为了安全起见，每当你拿到一种化合物时，如果判断它能和已装车的化合物形成易爆混合物，你就应当拒绝装车；否则就应该装车。编程输出有多少种没有装车的化合物。

输入包含多组数据。每组数据包含若干行，每行为两个不同的整数 $a, b$（$0 \leqslant a,b \leqslant 10^5$），代表一个由元素 $a$ 和元素 $b$ 组成的简单化合物。所有简单化合物按照交给你的先后顺序排列。每组数据用一行-1 结尾。输入结束标志为文件结束符（EOF）。对于每组数据，输出没有装车的化合物的个数。

【代码实现】

```
// 陈锋
#include <bits/stdc++.h>
using namespace std;
typedef long long LL;
const int MAXN = 1e5 + 4;
int Pa[MAXN]; // 并查集
int findPa(int u) { return Pa[u] == u ? u : (Pa[u] = findPa(Pa[u])); }

int main() {
  while (true) {
    for(int i = 0; i <= MAXN; i++) Pa[i] = i;
    int ans = 0, u, v;
    while (true) {
      if (scanf("%d", &u) != 1) return 0;
      if (u == -1) break;
      scanf("%d", &v), u = findPa(u), v = findPa(v);
      if (u == v) ans++;
      else Pa[u] = v;
    }
    printf("%d\n", ans);
  }
  return 0;
}
/*
算法分析请参考：《算法竞赛入门经典——训练指南》升级版 3.1.3 节例题 5
*/
```

## 例 4-15 【带权并查集】合作网络（Corporative Network, POJ 1962）

有 $n$（$5 \leqslant n \leqslant 20\,000$）个结点，初始时每个结点的父结点都不存在。你的任务是执行一次 I 操作和 E 操作，格式如下。

- I $u$ $v$：把结点 $u$ 的父结点设为 $v$，距离为 $|u-v|$ 除以 1000 的余数。输入应保证执行指令前 $u$ 没有父结点。
- E $u$：询问 $u$ 到根结点的距离。

【代码实现】

```
// 刘汝佳
#include <cstdlib>
#include <iostream>
#include <string>
using namespace std;

const int NN = 20000 + 10;
int pa[NN], d[NN];

int findset(int x) {                          // 并查集查找与路径维护操作
  int &p = pa[x];
  if (p == x) return x;
  int r = findset(p);
  d[x] += d[p];
  return p = r;
}

int main() {
  int T;
  cin >> T;
  for (int t = 0, n, u, v; t < T; t++) {
    string cmd;
    cin >> n;
    for (int i = 1; i <= n; i++) pa[i] = i, d[i] = 0;
    while (cin >> cmd && cmd[0] != 'O') {
      if (cmd[0] == 'E') cin >> u, findset(u), cout << d[u] << endl;
      if (cmd[0] == 'I') cin >> u >> v, pa[u] = v, d[u] = abs(u - v) % 1000;
    }
  }
  return 0;
}
/*
算法分析请参考：《算法竞赛入门经典——训练指南》升级版 3.1.3 节例题 6
同类题目：Almost Union-Find, UVa 11987
         Islands, ACM/ICPC CERC 2009, UVa 1665
*/
```

## 例 4-16 【图的连通块（DFS）】油田（Oil Deposits, UVa 572）

输入一个 $m$ 行 $n$ 列的字符矩阵，统计字符“@”可组成多少个八连块。如果两个字符

“@”所在的格子相邻（横、竖或者对角线方向），就说它们属于同一个八连块。例如，图 4-8 中有两个八连块。

```
****@
*@@*@
*@**@
@@@*@
@@**@
```

图 4-8　八连块

【代码实现】

```
// 陈锋
#include <cstdio>
#include <cstring>
const int NN = 100 + 4;
char pic[NN][NN];
int M, N, C[NN][NN];
#define _for(i, a, b) for (int i = (a); i < (b); ++i)

void dfs(int r, int c, int id) {
  if (r < 0 || r >= M || c < 0 || c >= N) return;
  if (C[r][c] > 0 || pic[r][c] != '@') return;
  C[r][c] = id;
  for (int dr = -1; dr <= 1; dr++)
    for (int dc = -1; dc <= 1; dc++)
      if (dr != 0 || dc != 0) dfs(r + dr, c + dc, id);
}

int main() {
  while (scanf("%d%d", &M, &N) == 2 && M && N) {
    _for(i, 0, M) scanf("%s", pic[i]);
    memset(C, 0, sizeof(C));
    int cnt = 0;
    _for(i, 0, M) _for(j, 0, N) if (C[i][j] == 0 && pic[i][j] == '@')
        dfs(i, j, ++cnt);
    printf("%d\n", cnt);
  }
  return 0;
}
/*
算法分析请参考:《算法竞赛入门经典（第 2 版）》例题 6-12
注意: 如何用简短的代码遍历每个点的 8 个邻居
同类题目: Ancient Messages, ACM/ICPC WF 2011, UVa 1103
*/
```

## 本节例题列表

本节讲解的例题及其囊括的知识点，如表 4-1 所示。

表 4-1　基础数据结构例题归纳

| 编　号 | 题　号 | 标　题 | 知 识 点 | 代码作者 |
|---|---|---|---|---|
| 例 4-1 | POJ 2051 | Argus | 优先级队列 | 陈锋 |
| 例 4-2 | POJ 1363 | Rails | 栈的使用 | 陈锋 |
| 例 4-3 | UVa 210 | Concurrency Simulator | 双端队列 | 陈锋 |
| 例 4-4 | UVa 548 | Tree | 从中序和后序恢复二叉树 | 陈锋 |

续表

| 编　号 | 题　号 | 标　题 | 知 识 点 | 代码作者 |
|---|---|---|---|---|
| 例 4-5 | UVa 699 | The Falling Leaves | 二叉树的 DFS | 陈锋 |
| 例 4-6 | UVa 839 | Not so Mobile | 二叉树隐式 DFS | 陈锋 |
| 例 4-7 | UVa 297 | Quadtrees | 四分树 | 陈锋 |
| 例 4-8 | UVa 442 | Matrix Chain Multiplication | 使用栈进行表达式计算 | 刘汝佳 |
| 例 4-9 | UVa 10410 | Tree Reconstruction | 树的 BFS 与 DFS 序列转换 | 陈锋 |
| 例 4-10 | UVa 11997 | *K* Smallest Sums | 优先级队列与 *K* 路合并 | 刘汝佳 |
| 例 4-11 | UVa 122 | Trees on the level | 树的层次遍历 | 陈锋 |
| 例 4-12 | UVa 12657 | Boxes in a Line | 双向链表 | 刘汝佳 |
| 例 4-13 | UVa 1662 | Brackets Removal | 递归下降法；表达式树 | 陈锋 |
| 例 4-14 | UVa 1160 | X-Plosives | 并查集 | 陈锋 |
| 例 4-15 | POJ 1962 | Corporative Network | 带权并查集 | 刘汝佳 |
| 例 4-16 | UVa 572 | Oil Deposits | 图的连通块 | 陈锋 |

## 4.2 区间信息维护

本节主要介绍基于区间信息维护数据结构（包括树状数组、RMQ、线段树）的经典例题以及代码实现。

### 例 4-17 【树状数组；维护逆序对】乒乓球比赛（Ping pong, 北京 2008, POJ 3928）

一条大街上住着 $n$（$3\leqslant n\leqslant 20\ 000$）个乒乓球爱好者，他们经常组织比赛切磋技术。每个人都有一个不同的技能值 $a_i$（$1\leqslant a_i\leqslant 100\ 000$）。每场比赛需要 3 个人：两名选手，一名裁判。他们有一个奇怪的规定，即裁判必须住在两名选手的中间，并且技能值也在两名选手之间。问一共能组织多少场比赛。

**【代码实现】**

```
// 陈锋
#include <cassert>
#include <iostream>

using namespace std;
#define _for(i, a, b) for (int i = (a); i < (b); ++i)
#define _rep(i, a, b) for (int i = (a); i <= (b); ++i)
typedef long long LL;

template <typename T, size_t SZ>
struct BIT {                                          // 树状数组（二叉索引树）
  T C[SZ];
  size_t N;
  inline void init(size_t sz) {
    N = sz;
```

```
    assert(N + 1 < SZ);
    fill_n(C, N + 1, 0);
  }
  inline int lowbit(int x) { return x & -x; }
  inline T sum(size_t i) {                        // Σ(k = 1→i)
    T ans = 0;
    while (i > 0) ans += C[i], i -= lowbit(i);
    return ans;
  }

  inline void add(size_t i, const T& v) {
    while (i <= N) C[i] += v, i += lowbit(i);
  }
};

const int MAXN = 20000 + 4, MAXA = 1e5;
int A[MAXN], C[MAXN], D[MAXN];
/*
  i 当裁判，考虑 a[1~i-1]中有 ci 个比 ai 小，(i-1)-ci 个比 ai 大，
  a[i+1~n]有 di 个比 ai 小，(n-i-di)个比 ai 大，
  则 i 当裁判就有 ci(n-i-di)+(i-1-ci)di 场比赛，求Σ即可。
  ci, di 扫描求得，X[a] = 1 -> exist Ai = a before
*/
int main() {
  int T, N;
  ios::sync_with_stdio(false), cin.tie(0);
  cin >> T;
  BIT < int, MAXA + 4 > X;
  while (T--) {
    cin >> N, fill_n(C, N + 1, 0);
    X.init(MAXA);
    _rep(i, 1, N) cin >> A[i], C[i] = X.sum(A[i] - 1), X.add(A[i], 1);
    X.init(MAXA);
    LL ans = 0;
    for (int i = N; i >= 1; i--) {
      int d = X.sum(A[i] - 1);
      X.add(A[i], 1);
      if (i < N && i > 1) ans += C[i] * (N - i - d) + (i - 1 - C[i]) * d;
    }
    cout << ans << endl;
  }
  return 0;
}
/*
算法分析请参考：《算法竞赛入门经典——训练指南》升级版 3.2.2 节例题 7
注意：本题将常规的树状数组泛型化，实现了其内部数据类型以及数组大小的参数化
同类题目：UVa 11525, Permutation
*/
```

## 例 4-18 【RMQ】频繁出现的数值（Frequent Values, POJ 3368）

给出一个非降序排列的整数数组 $a_1, a_2, \cdots, a_n$（$1 \leqslant n, q \leqslant 100\,000$，$-100\,000 \leqslant a_i \leqslant 100\,000$），你的任务是对于一系列询问$(i, j)$，分析 $a_i, a_{i+1}, \cdots, a_j$ 中出现次数最多的值，给出具体出现的次数。

【输出格式】

对于每个询问，输出结果。

【代码实现】

```
// 刘汝佳
#include <algorithm>
#include <cstdio>
#include <vector>
using namespace std;

const int NN = 1e5 + 8, maxlog = 20;

// 区间最大值
struct RMQ {
  int d[NN][maxlog];
  void init(const vector<int>& A) {
    int n = A.size();
    for (int i = 0; i < n; i++) d[i][0] = A[i];
    for (int j = 1; (1 << j) <= n; j++)
      for (int i = 0; i + (1 << j) - 1 < n; i++)
        d[i][j] = max(d[i][j - 1], d[i + (1 << (j - 1))][j - 1]);
  }

  int query(int L, int R) {
    int k = 0;
    while ((1 << (k + 1)) <= R - L + 1)
      k++;                          // 如果 2^(k+1)<=R-L+1，那么 k 还可以加 1
    return max(d[L][k], d[R - (1 << k) + 1][k]);
  }
};

int a[NN], num[NN], left[NN], right[NN];
RMQ rmq;
int main() {
  for (int n, q; scanf("%d%d", &n, &q) == 2;) {
    for (int i = 0; i < n; i++) scanf("%d", &a[i]);
    a[n] = a[n - 1] + 1;                // 哨兵
    vector<int> count;
    for (int i = 0, start = -1; i <= n; i++) {
      if (i == 0 || a[i] > a[i - 1]) {  // 新段开始
        if (i > 0) {
          count.push_back(i - start);
          for (int j = start; j < i; j++) {
```

```
          num[j] = count.size() - 1;
          left[j] = start, right[j] = i - 1;
        }
      }
      start = i;
    }
  }
  rmq.init(count);
  for (int L, R, ans; q--;) {
    scanf("%d%d", &L, &R), L--, R--;
    if (num[L] == num[R])
      ans = R - L + 1;
    else {
      ans = max(R - left[R] + 1, right[L] - L + 1);
      if (num[L] + 1 < num[R])
        ans = max(ans, rmq.query(num[L] + 1, num[R] - 1));
    }
    printf("%d\n", ans);
  }
 }
 return 0;
}
/*
算法分析请参考：《算法竞赛入门经典——训练指南》升级版 3.2.2 节例题 8
注意：本题通过增加哨兵元素，简化了数组边界的处理
同类题目：Interviewe, HDU 3486
*/
```

## 例 4-19　【线段树：维护区间前后缀】动态最大连续和（Ray, Pass me the Dishes, UVa 1400）

给出一个长度为 $n$ 的整数序列 $D$，你的任务是对 $m$（$1 \leqslant n,m \leqslant 500\ 000$）个询问做出回答。对于询问$(a,b)$，需要找到两个下标 $x$ 和 $y$，使得 $a \leqslant x \leqslant y \leqslant b$，并且 $D_x+D_{x+1}+\cdots+D_y$ 尽量大。如果有多组满足条件的 $x$ 和 $y$，$x$ 应该尽量小。如果还有多解，$y$ 应该尽量小。

【代码实现】

```
// 刘汝佳
#include <bits/stdc++.h>
using namespace std;
#define _for(i, a, b) for (int i = (a); i < (b); ++i)
#define _rep(i, a, b) for (int i = (a); i <= (b); ++i)
typedef long long LL;
typedef pair<int, int> Interval;
const int MAXN = 5e5 + 4;
LL SD[MAXN];
inline LL sum(int L, int R) {                    // [L,R]
  // assert(L <= R);
  return SD[R] - SD[L - 1];
}
```

```
inline LL sum(const Interval& i) { return sum(i.first, i.second); }
inline Interval maxI(const Interval& i1, const Interval& i2) {
  LL s1 = sum(i1), s2 = sum(i2);
  if (s1 != s2) return s1 > s2 ? i1 : i2;
  return min(i1, i2);
}
struct MaxVal {
  int pfx, sfx;
  Interval sub;
};

struct IntervalTree {
  MaxVal Nodes[MAXN * 2];
  int qL, qR, N;
  void build(int N) {                        // [1, N]
    this->N = N;
    build(1, N, 1);
  }

  void build(int L, int R, int O) {
    assert(L <= R);
    assert(O > 0);
    if (L == R) {
      Nodes[O] = {L, L, make_pair(L, L)};
      return;
    }
    int M = (L + R) / 2, lc = 2 * O, rc = 2 * O + 1;
    build(L, M, lc), build(M + 1, R, rc);
    const MaxVal &nl = Nodes[lc], &nr = Nodes[rc];
    MaxVal &no = Nodes[O];
    no.pfx = sum(L, nl.pfx) >= sum(L, nr.pfx) ? nl.pfx : nr.pfx;
    no.sfx = sum(nl.sfx, R) >= sum(nr.sfx, R) ? nl.sfx : nr.sfx;
    no.sub = maxI(nl.sub, nr.sub);
    no.sub = maxI(no.sub, make_pair(nl.sfx, nr.pfx));
  }

  Interval query(int l, int r) {             // [l, r]中的最大子区间[a, b]
    assert(l <= r);
    qL = l, qR = r;
    return _query(1, N, 1);
  }

  Interval _query(const int L, const int R, const int O) {
    if (qL <= L && R <= qR) return Nodes[O].sub;
    int M = (L + R) / 2, lc = O * 2, rc = 2 * O + 1;
    if (qR <= M) return _query(L, M, lc);
    if (qL > M) return _query(M + 1, R, rc);
    Interval ans = make_pair(_querySfx(L, M, lc), _queryPfx(M + 1, R, rc));
    ans = maxI(ans, maxI(_query(L, M, lc), _query(M + 1, R, rc)));
```

```
    return ans;
  }

  int _queryPfx(const int L, const int R, const int O) {
    if (qL <= L && R <= qR) return Nodes[O].pfx;
    int M = (L + R) / 2, lc = 2 * O, rc = 2 * O + 1;
    if (qR <= M) return _queryPfx(L, M, lc);
    if (qL > M) return _queryPfx(M + 1, R, rc);
    int m1 = _queryPfx(L, M, lc), m2 = _queryPfx(M + 1, R, rc);
    return sum(L, m1) >= sum(L, m2) ? m1 : m2;
  }

  int _querySfx(const int L, const int R, const int O) {
    if (qL <= L && R <= qR) return Nodes[O].sfx;
    int M = (L + R) / 2, lc = O * 2, rc = 2 * O + 1;
    if (qR <= M) return _querySfx(L, M, lc);
    if (qL > M) return _querySfx(M + 1, R, rc);
    int m1 = _querySfx(L, M, lc), m2 = _querySfx(M + 1, R, rc);
    return sum(m1, R) >= sum(m2, R) ? m1 : m2;
  }
};
IntervalTree tree;

int main() {
  ios::sync_with_stdio(false), cin.tie(0);
  SD[0] = 0;
  for (int t = 1, d, a, b, N, M; cin >> N >> M; t++) {
    _rep(i, 1, N) cin >> d, SD[i] = SD[i - 1] + d;
    tree.build(N);
    printf("Case %d:\n", t);
    _rep(i, 1, M) {
      cin >> a >> b;
      Interval ans = tree.query(a, b);
      printf("%d %d\n", ans.first, ans.second);
    }
  }
  return 0;
}
/*
算法分析请参考:《算法竞赛入门经典——训练指南》升级版 3.2.4 节例题 9
注意: 本题通过 Interval 结构体封装实现对区间结构的统一操作
同类题目: Sequence II, HDU 5147
         GTY's gay friends, HDU 5172
*/
```

### 例 4-20　【线段树；区间修改；懒标记传递】快速矩阵操作（Fast Matrix Operations, UVa 11992）

有一个 $r$（$r\leqslant 20$）行 $c$ 列的全 0 矩阵，给出 $m$（$1\leqslant m\leqslant 20\,000$）个操作，操作分 3 种，

如表 4-2 所示。

表 4-2 可执行的 3 种操作

| 操 作 | 备 注 |
| --- | --- |
| 1 $x_1$ $y_1$ $x_2$ $y_2$ $v$ | 子矩阵$(x_1, y_1, x_2, y_2)$的所有元素增加 $v$（$v$>0） |
| 2 $x_1$ $y_1$ $x_2$ $y_2$ $v$ | 子矩阵$(x_1, y_1, x_2, y_2)$的所有元素设为 $v$（$v$>0） |
| 3 $x_1$ $y_1$ $x_2$ $y_2$ | 查询子矩阵$(x_1, y_1, x_2, y_2)$的元素和、最小值和最大值 |

子矩阵$(x_1, y_1, x_2, y_2)$是指满足 $x_1 \leqslant x \leqslant x_2$，$y_1 \leqslant y \leqslant y_2$ 的所有元素$(x,y)$。输入应保证任意时刻矩阵的所有元素之和都不超过 $10^9$。

操作 3 中，将输出 3 个整数，即该子矩阵的元素和、最小值和最大值。

【代码实现】

```
// 刘汝佳
#include <bits/stdc++.h>
using namespace std;
const int MAXC = 1e6 + 4, INF = 1e9;
struct NodeInfo {
  int minv, maxv, sumv;
};
NodeInfo operator+(const NodeInfo &n1, const NodeInfo &n2) {
  return {min(n1.minv, n2.minv), max(n1.maxv, n2.maxv), n1.sumv + n2.sumv};
}

struct IntervalTree {
  NodeInfo nodes[MAXC];
  int setv[MAXC], addv[MAXC], qL, qR;
  bitset<MAXC> isSet;
  inline void setFlag(int o, int v) { setv[o] = v, isSet.set(o), addv[o] = 0; }
  void init(int n) {
    int sz = n * 2 + 2;
    fill_n(addv, sz, 0);
    isSet.reset(), isSet.set(1);
    memset(nodes, 0, sizeof(NodeInfo) * sz);
  }

  inline void maintain(int o, int L, int R) {                    // 维护信息
    int lc = o * 2, rc = o * 2 + 1, a = addv[o], s = setv[o];
    NodeInfo &nd = nodes[o], &li = nodes[lc], &ri = nodes[rc];
    if (R > L) nd = li + ri;
    if (isSet[o]) nd = {s, s, s * (R - L + 1)};
    if (a) nd.minv += a, nd.maxv += a, nd.sumv += a * (R - L + 1);
  }

  inline void pushdown(int o) {                                   // 标记传递
    int lc = o * 2, rc = o * 2 + 1;
    if (isSet[o])
      setFlag(lc, setv[o]), setFlag(rc, setv[o]), isSet.reset(o);  // 清除标记
```

```
    if (addv[o])
      addv[lc] += addv[o], addv[rc] += addv[o], addv[o] = 0;    // 清除标记
  }

  void update(int o, int L, int R, int op, int v) {     // op(1:add, 2:set)
    int lc = o * 2, rc = o * 2 + 1, M = L + (R - L) / 2;
    if (qL <= L && qR >= R) {                           // 标记修改
      if (op == 1) addv[o] += v;                        // add
      else setFlag(o, v);                               // set
    } else {
      pushdown(o);
      if (qL <= M) update(lc, L, M, op, v);
      else maintain(lc, L, M);
      if (qR > M) update(rc, M + 1, R, op, v);
      else maintain(rc, M + 1, R);
    }
    maintain(o, L, R);
  }

  NodeInfo query(int o, int L, int R) {
    int lc = o * 2, rc = o * 2 + 1, M = L + (R - L) / 2;
    maintain(o, L, R);
    if (qL <= L && qR >= R) return nodes[o];

    pushdown(o);
    NodeInfo li = {INF, -INF, 0}, ri = {INF, -INF, 0};
    if (qL <= M) li = query(lc, L, M);
    else maintain(lc, L, M);
    if (qR > M) ri = query(rc, M + 1, R);
    else maintain(rc, M + 1, R);
    return li + ri;
  }
};

const int maxr = 20 + 5;
IntervalTree tree[maxr];
int main() {
  for (int r, c, m; scanf("%d%d%d", &r, &c, &m) == 3;) {
    for (int x = 1; x <= r; x++) tree[x].init(c);
    for (int i = 0, op, x1, y1, x2, y2, v; i < m; i++) {
      scanf("%d%d%d%d%d", &op, &x1, &y1, &x2, &y2);
      if (op < 3) {
        scanf("%d", &v);
        for (int x = x1; x <= x2; x++) {
          IntervalTree &tx = tree[x];
          tx.qL = y1, tx.qR = y2, tx.update(1, 1, c, op, v);
        }
      } else {
        NodeInfo gi = {INF, -INF, 0};
```

```
      for (int x = x1; x <= x2; x++) {
        IntervalTree &tx = tree[x];
        tx.qL = y1, tx.qR = y2, gi = gi + tx.query(1, 1, c);
      }
      printf("%d %d %d\n", gi.sumv, gi.minv, gi.maxv);
    }
  }
}
return 0;
}
/*
算法分析请参考:《算法竞赛入门经典——训练指南》升级版 3.2.4 节例题 10
注意: 本题中如何通过 NodeInfo 封装区间的 3 个属性，以及如何通过重载“+”运算符实现对三者的统一操作
同类题目: Sequence Operation, HDU 3397
*/
```

### 例 4-21 【线段树；区间修改；乘法操作】维护序列（AHOI 2009，牛客 NC 19889）

老师交给小可可一个维护数列的任务，现在小可可希望你来帮他完成。

有一个长为 $n$（$n \leqslant 10^5$）的数列，不妨设为 $a_1, a_2, \cdots, a_n$。有如下 3 种操作形式：

- 把数列中的一段数全部乘以一个值。
- 把数列中的一段数全部加上一个值。
- 询问数列中一段数的和，由于答案可能很大，你只需输出这个数模 $P$（$1 \leqslant P \leqslant 10^9$）的值。

【代码实现】

```
// 陈锋
#include <bits/stdc++.h>
using namespace std;
typedef long long LL;
int MOD;                                      // 以下是各种模运算操作
LL _addM(LL a, LL b) { return (a + b) % MOD; }
LL _mulM(LL a, LL b) { return (a * b) % MOD; }
void addM(LL &a, LL b) { a = _addM(a, b); }
void mulM(LL &a, LL b) { a = _mulM(a, b); }

template <typename T, int SZ = 1000000>
struct IntervalTree {
  T addv[SZ], mulv[SZ], sum[SZ];
  int qL, qR;

  T build(int o, int l, int r, T *A) {
    mulv[o] = 1, addv[o] = 0;
    if (l == r) return sum[o] = A[l];
    int m = l + (r - l) / 2;
    return sum[o] = _addM(build(2 * o, l, m, A), build(2 * o + 1, m + 1, r, A));
  }
```

```
  T query(int o, int L, int R) {
    if (qL <= L && R <= qR) return sum[o];
    int m = L + (R - L) / 2;
    T ans = 0;
    pushdown(o, L, R);
    if (qL <= m) addM(ans, query(2 * o, L, m));
    if (qR > m) addM(ans, query(2 * o + 1, m + 1, R));
    return ans;
  }

  void pushdown(int o, int L, int R) {
    int lc = 2 * o, rc = lc + 1, M = L + (R - L) / 2;
    LL &mo = mulv[o], &ao = addv[o];
    assert(L < R);
    if (mo != 1) {
      mulM(addv[lc], mo), mulM(addv[rc], mo);
      mulM(mulv[lc], mo), mulM(mulv[rc], mo);
      mulM(sum[lc], mo), mulM(sum[rc], mo);
      mo = 1;
    }
    if (ao != 0) {
      addM(addv[lc], ao), addM(addv[rc], ao);
      addM(sum[lc], _mulM(M - L + 1, ao)), addM(sum[rc], _mulM(R - M, ao));
      ao = 0;
    }
  }

  void update(int o, int L, int R, int op, T v) {  // op = 1: add, 2: mul
    if (qL <= L && R <= qR) {
      if (op == 2)                                  // ai += v
        addM(addv[o], v), addM(sum[o], _mulM(R - L + 1, v));
      else                                          // ai *= v
        mulM(addv[o], v), mulM(sum[o], v), mulM(mulv[o], v);
      return;
    }

    int m = L + (R - L) / 2, lc = 2 * o, rc = lc + 1;
    pushdown(o, L, R);
    if (qL <= m) update(2 * o, L, m, op, v);
    if (qR > m) update(2 * o + 1, m + 1, R, op, v);
    sum[o] = _addM(sum[lc], sum[rc]);
  }
};

const int NN = 1e5 + 8;
IntervalTree<LL, NN * 3> tree;
LL A[NN];

int main() {
```

```
  ios::sync_with_stdio(false), cin.tie(0);
  int N, M;
  cin >> N >> MOD;
  for (int i = 1; i <= N; i++) cin >> A[i], A[i] %= MOD;
  tree.build(1, 1, N, A);
  cin >> M;
  for (int i = 0, o, v; i < M; i++) {
    cin >> o >> tree.qL >> tree.qR;
    if (o != 3)
      cin >> v, tree.update(1, 1, N, o, v);
    else
      cout << tree.query(1, 1, N) << endl;
  }

  return 0;
}
/*
注意：本题通过封装取模运算操作来简化代码
同类题目：An easy problem, HDU 5475
*/
```

### 例 4-22 【线段树；区间修改；根号操作】花神游历各国（牛客 NC 50456）

花神喜欢步行游历各国，顺便虐爆各地竞赛。花神有一条游览路线，它是线型的。也就是说，所有游历国家呈一条线的形状排列。花神对每个国家都有一个喜欢程度（当然花神并不一定喜欢所有国家）。

每次旅行中，花神会选择一条游览路线，它在那一串国家中是连续的一段，这次旅行带来的开心值是这些国家的喜欢度的总和。当然，花神对这些国家的喜欢程序并不是恒定的，有时会突然对某些国家产生反感，使他对这些国家的喜欢度 $\delta$ 变为 $\sqrt{\delta}$ 。

给出花神每次的游览路线，以及开心度的变化，求出花神每次游览的开心值。

【代码实现】

```
// 陈锋
#include <bits/stdc++.h>
using namespace std;
typedef long long LL;

// 数组大小以及数据类型，抽象成泛型
template <typename T = int, int SZ = 10004>
struct SegTree {
  struct Node { T max, sum; };
  Node NS[SZ * 3];
  int qL, qR;
  void init(int o, int L, int R, const T* A) {      // 初始化操作
    assert(o < 3 * SZ);
    Node& nd = NS[o];
    if (L == R) {                                    // 叶子区间
      nd.max = nd.sum = A[L];
```

```
      return;
    }
    int M = L + (R - L) / 2, lc = 2 * o, rc = 2 * o + 1;
    init(lc, L, M, A), init(rc, M + 1, R, A);        // 左右区间分别初始化
    nd.max = max(NS[lc].max, NS[rc].max), nd.sum = NS[lc].sum + NS[rc].sum;
  }

  T querySum(int o, int L, int R) {                  // 查询区间和
    const Node& nd = NS[o];
    if (qL <= L && qR >= R) return nd.sum;
    int M = (L + R) / 2, lc = 2 * o, rc = 2 * o + 1;
    T ans = 0;
    if (qL <= M) ans += querySum(lc, L, M);          // 左子区间
    if (qR > M) ans += querySum(rc, M + 1, R);       // 右子区间
    return ans;
  }

  void make_sqrt(int o, int L, int R) {
    Node& nd = NS[o];
    if (nd.max <= 1) return;     // sqrt 多次之后会变成 1，之后不用再更新
    if (L == R) {                                    // 叶子
      nd.max = floor(sqrt(nd.max)), nd.sum = floor(sqrt(nd.sum));
      return;
    }
    int M = (L + R) / 2, lc = 2 * o, rc = 2 * o + 1;
    if (qL <= M) make_sqrt(2 * o, L, M);             // 覆盖左半边
    if (qR > M) make_sqrt(2 * o + 1, M + 1, R);      // 覆盖右半边
    // 左右都更新，max 和 sum 也要更新
    nd.max = max(NS[lc].max, NS[rc].max), nd.sum = NS[lc].sum + NS[rc].sum;
  }
};

const int NN = 1e5 + 4;
SegTree<LL, NN> st;
int N, M;
LL A[NN];
int main() {
  ios::sync_with_stdio(false), cin.tie(0);
  cin >> N;
  for (int i = 1; i <= N; i++) cin >> A[i];
  st.init(1, 1, N, A);
  cin >> M;
  for (int i = 1, x, l, r; i <= M; i++) {
    cin >> x >> st.qL >> st.qR;
    if (x == 1)
      cout << st.querySum(1, 1, N) << endl;
    else
      st.make_sqrt(1, 1, N);
  }
```

```
  return 0;
}
/*
注意：一个区间的元素在全部变成 1 之后，再进行开方操作就无任何效果
同类题目：Can you answer these queries?, HDU 4027
*/
```

### 例 4-23 【线段树；区间修改；动态开点】山脉（Mountains, IOI 2005, SPOJ NKMOU）

游乐园装了一种新的过山车，由 $n$（$1 \leqslant n \leqslant 109$）条首尾相连的轨道组成（见图 4-9），轨道编号为 1～$n$，起点高度是 0。$d_i$ 表示车辆经过轨道 $i$ 之后的高度变化值，$d_i<0$ 则表示高度下降，初始所有 $d_i = 0$。图 4-9 中的 3 个过山车，$d_i$ 值分别是{0,0,0,0}, {2,2,2,2}, {2,-1,2,2}。管理员有时候会重新配置区间[$a$,$b$]内的所有轨道 $i$ 来改变 $d_i$。

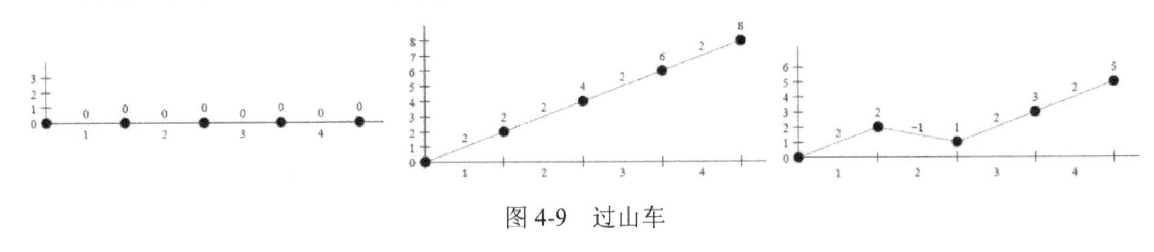

图 4-9　过山车

玩过山车时，车辆会带着足够到达高度 $h$ 的能量出发。也就是说，只要没到终点或者高度不超过 $h$，车辆就会一直向前走。

给出如下形式的一些输入。

- I $a$ $b$ $D$：表示重新配置[$a$,$b$]中的所有轨道 $i$，设置 $d_i$=$D$（$-10^9 \leqslant D \leqslant 10^9$）。
- Q $h$：表示有一趟车带着足够到达高度 $h$（$0 \leqslant h \leqslant 10^9$）的能量出发，计算这趟车最多能走多远。
- E：表示输入结束。

对于每一个形如 Q $h$ 的输入，输出上文所求的结果。

【代码实现】

```
// 陈锋
#include <bits/stdc++.h>
using namespace std;
typedef long long LL;
struct Node {
  LL sum, maxp;                           // 区间和，最大非负前缀
  Node *left, *right;
  int val;
  inline bool isleaf() { return !left && !right; }
  inline void init() { memset(this, 0, sizeof(Node));}
  inline void delchildren() {
    if (left) delete left;
    if (right) delete right;
    left = right = nullptr;
  }
```

```
  ~Node() { delchildren(); }                          // C++析构函数，delete 时会调用
};
typedef Node* PN;
int N;
PN root;
void maintain(Node& p) {
  p.sum = p.left->sum + p.right->sum;
  p.maxp = max(p.left->maxp, p.left->sum + p.right->maxp);
}
void setval(Node& p, int v, int L, int R) {
  assert(L <= R);                                     // 整个区间设置值
  p.sum = (LL)(p.val = v) * (R - L + 1);
  p.maxp = max(0LL, p.sum);
  p.delchildren();                                    // 左右孩子都可以不要了
}
void pushdown(Node& p, int L, int R) {
  int M = (L + R) / 2;
  p.left = new Node(), p.right = new Node();
  setval(*(p.left), p.val, L, M), setval(*(p.right), p.val, M + 1, R);
}
void modify(int l, int r, int v, Node& p = *root, int nL = 1, int nR = N) {
  int M = (nL + nR) / 2;
  if (l <= nL && nR <= r) {
    setval(p, v, nL, nR);
    return;
  }
  if (p.isleaf()) pushdown(p, nL, nR);                // 左右区间创建子结点
  if (l <= M) modify(l, r, v, *(p.left), nL, M);            // 递归
  if (r > M) modify(l, r, v, *(p.right), M + 1, nR);        // 递归
  maintain(p); // 维护 sum 以及 maxp
}
// 查询数组中前缀和小于等于 h 的最长前缀的右端点位置
int query(LL h, Node& p = *root, int L = 1, int R = N) {
  if (h >= p.maxp) return R;                          // 整个区间都行
  if (p.isleaf()) return L + (h / p.val) - 1;         // 区间元素都相等，按比例返回
  int M = (L + R) / 2;
  Node& pl = *(p.left);
  return h >= pl.maxp
        ? query(h-pl.sum, *(p.right), M+1, R)
                                             // 左边最大非负前缀小于等于 h，一定能跑到右边
        : query(h, pl, L, M);                         // 只能在左子区间内部
}

void dbgprint(Node& p = *root, int L = 1, int R = N) { // 打印数组，调试用
  if (p.isleaf()) {
    for (int i = L; i <= R; i++) printf("%d ", p.val);
    return;
  }
  int M = (L + R) / 2;
```

```
  dbgprint(*(p.left), L, M), dbgprint(*(p.right), M + 1, R);
}

int main() {
  ios::sync_with_stdio(false), cin.tie(0);
  cin >> N;
  string s;
  root = new Node();
  for (int a, b, d, h; cin >> s && s[0] != 'E'; ) {
    if (s[0] == 'I') cin >> a >> b >> d, modify(a, b, d);
    else cin >> h, cout << query(h) << endl;
  }
  delete root;
  return 0;
}
/*
算法分析请参考：《算法竞赛入门经典——训练指南》升级版 3.2.4 节例题 11
注意：如何使用内存动态分配以及释放的技巧来通过本题的空间限制
同类题目：Color it, HDU 6183
*/
```

## 本节例题列表

本节讲解的例题及其囊括的知识点，如表 4-3 所示。

表 4-3 区间信息维护例题归纳

| 编 号 | 题 号 | 标 题 | 知 识 点 | 代码作者 |
|---|---|---|---|---|
| 例 4-17 | POJ 3928 | Ping pong | 树状数组；维护逆序对 | 陈锋 |
| 例 4-18 | POJ 3368 | Frequent Values | RMQ | 刘汝佳 |
| 例 4-19 | UVa 1400 | Ray, Pass me the Dishes | 线段树；维护区间前后缀 | 刘汝佳 |
| 例 4-20 | UVa 11992 | Fast Matrix Operations | 线段树；区间修改；懒标记传递 | 刘汝佳 |
| 例 4-21 | NC 19889 | 维护序列 | 线段树；区间修改；乘法操作 | 陈锋 |
| 例 4-22 | NC 50456 | 花神游历各国 | 线段树；区间修改；根号操作 | 陈锋 |
| 例 4-23 | SPOJ NKMOU | Mountains | 线段树；区间修改；动态开点 | 陈锋 |

# 4.3 排序二叉树

本节主要介绍基于排序二叉树数据结构（包括 STL 中 map、set、Treap 以及 Splay）的经典题目及其代码实现。

### 例 4-24 【map 维护点集；单调性】优势人群（Efficient Solutions, UVa 11020）

有 $n$ 个人（$0 \leqslant n \leqslant 15\,000$），每个人有两个属性 $x$ 和 $y$（不超过 $10^9$ 的非负整数）。如果对于一个人 $P(x, y)$，不存在另外一个人$(x', y')$，使得 $x' < x$，$y' \leqslant y$，或者 $x' \leqslant x$，$y' < y$，我们就说 $P$ 是有优势的。每次给出一个人的信息，要求输出只考虑当前已获得信息的前提下，

多少人是有优势的。

【代码实现】

```
// 刘汝佳
#include <bits/stdc++.h>
using namespace std;
typedef long long LL;
struct Point {
  int x, y;
  bool operator<(const Point& p2) const {
    if (x != p2.x) return x < p2.x;
    return y < p2.y;
  }
};

int main() {
  int T;
  scanf("%d", &T);
  for (int n, x, y, t = 1; t <= T; t++) {
    scanf("%d", &n);
    if (t > 1) puts("");
    printf("Case #%d:\n", t);
    multiset<Point> s;
    for (int i = 0, x, y; i < n; i++) {
      scanf("%d%d", &x, &y);
      Point p = {x, y};
      multiset<Point>::iterator it = s.lower_bound(p);
      if (it == s.begin() || (--it)->y > p.y) {
        s.insert(p), it = s.upper_bound(p);
        while (it != s.end() && it->y >= p.y) s.erase(it++);
      }
      printf("%lu\n", s.size());
    }
  }
  return 0;
}
/*
算法分析请参考：《算法竞赛入门经典——训练指南》升级版 3.6.2 节例题 29
注意：在 multiset 中删除元素之前必须判断是否为 end()，也就是说不存在的元素
同类题目：Cut the Sequence, POJ 3017
*/
```

### 例 4-25　【名次树；并查集；时光倒流】图询问（Graph and Queries, 天津 2010, HDU 3726）

有一张包含 $n$ 个结点、$m$ 条边的无向图（$1 \leqslant n \leqslant 20\,000$，$0 \leqslant m \leqslant 60\,000$），每个结点都有一个不超过 $10^6$ 的整数权值。你的任务是执行一系列指令操作。操作分为 3 种，如表 4-4 所示。

表 4-4　可执行的 3 种指令操作

| 操　　作 | 备　　注 |
|---|---|
| D $X$ ($1 \leqslant X \leqslant m$) | 删除 ID 为 $X$ 的边。输入保证每条边至多被删除一次 |
| Q $X$ $k$ ($1 \leqslant X \leqslant n$) | 计算与结点 $X$ 连通的结点中（包括 $X$ 本身），第 $k$ 大的权值。如果不存在，输出 0 |
| C $X$ $V$ ($1 \leqslant X \leqslant n$) | 把结点 $X$ 的权值改为 $V$ |

操作序列的结束标志为单个字母 E。结点编号为 1～$n$，边编号为 1～$m$。

输入第一行为两个整数 $n$ 和 $m$；以下 $n$ 行每行有一个绝对值不超过 $10^6$ 的整数，即各结点的初始权值；以下 $m$ 行每行有两个整数，即一条边的两个端点；接下来是各条指令，以单个字母 E 结尾。保证 Q 指令和 C 指令均不超过 200 000 条。输入结束标志为 $n$=$m$=0。

对于每组数据，输出所有 Q 指令的计算结果的平均值，精确到小数点后 6 位。

【代码实现】

```
// 刘汝佳
#include <bits/stdc++.h>
using namespace std;
typedef long long LL;

struct Node {
  Node* ch[2];                          // 左右子树
  int r, v, s;                          // 随机优先级，值，结点总数
  Node(int v) : v(v), r(rand()), s(1) { ch[0] = ch[1] = NULL; }
  int cmp(int x) const {
    if (x == v) return -1;
    return x < v ? 0 : 1;
  }
  void maintain() {
    s = 1;
    if (ch[0]) s += ch[0]->s;
    if (ch[1]) s += ch[1]->s;
  }
};

void rotate(Node*& o, int d) {
  Node* k = o->ch[d ^ 1];
  o->ch[d ^ 1] = k->ch[d];
  k->ch[d] = o;
  o->maintain(), k->maintain();
  o = k;
}

void insert(Node*& o, int x) {
  if (o == NULL)
    o = new Node(x);
  else {
    int d = (x < o->v ? 0 : 1);       // 不要用 cmp 函数，因为可能会有相同结点
    insert(o->ch[d], x);
```

```
    if (o->ch[d]->r > o->r) rotate(o, d ^ 1);
  }
  o->maintain();
}

void remove(Node*& o, int x) {
  int d = o->cmp(x);
  if (d == -1) {
    Node* u = o;
    if (o->ch[0] != NULL && o->ch[1] != NULL) {
      int d2 = (o->ch[0]->r > o->ch[1]->r ? 1 : 0);
      rotate(o, d2), remove(o->ch[d2], x);
    } else {
      if (o->ch[0] == NULL)
        o = o->ch[1];
      else
        o = o->ch[0];
      delete u;
    }
  } else
    remove(o->ch[d], x);
  if (o) o->maintain();
}

const int maxc = 500000 + 4;
struct Command {
  char type;
  int x, p;                                   // 根据 type，p 代表 k 或者 v
} Cmds[maxc];
const int maxn = 20000 + 4, maxm = 60000 + 4;
int n, m, weight[maxn], from[maxm], to[maxm], removed[maxm];
int pa[maxn];                                 // 并查集相关
int findset(int x) { return pa[x] != x ? pa[x] = findset(pa[x]) : x; }
Node* root[maxn];                             // Treap，名次树相关

int kth(Node* o, int k) {                     // 第 k 大值
  if (o == NULL || k <= 0 || k > o->s) return 0;
  int s = (o->ch[1] == NULL ? 0 : o->ch[1]->s);
  if (k == s + 1) return o->v;
  if (k <= s) return kth(o->ch[1], k);
  return kth(o->ch[0], k - s - 1);
}

void mergeto(Node*& src, Node*& dest) {
  if (src->ch[0]) mergeto(src->ch[0], dest);
  if (src->ch[1]) mergeto(src->ch[1], dest);
  insert(dest, src->v), delete src, src = NULL;
}
```

```
void removetree(Node*& x) {
  if (x->ch[0]) removetree(x->ch[0]);
  if (x->ch[1]) removetree(x->ch[1]);
  delete x, x = NULL;
}

// 主程序相关
void add_edge(int x) {
  int u = findset(from[x]), v = findset(to[x]);
  if (u != v) {
    if (root[u]->s < root[v]->s)
      pa[u] = v, mergeto(root[u], root[v]);
    else
      pa[v] = u, mergeto(root[v], root[u]);
  }
}

int query_cnt;
LL query_tot;
void query(int x, int k) { query_cnt++, query_tot += kth(root[findset(x)], k); }

void change_weight(int x, int v) {
  int u = findset(x);
  remove(root[u], weight[x]), insert(root[u], v), weight[x] = v;
}

int main() {
  for (int kase = 1; scanf("%d%d", &n, &m) == 2 && n; kase++) {
    for (int i = 1; i <= n; i++) scanf("%d", &weight[i]);
    for (int i = 1; i <= m; i++) scanf("%d%d", &from[i], &to[i]);
    memset(removed, 0, sizeof(removed));

    int c = 0;                          // 读命令
    while (true) {
      char type;
      int x, p = 0, v = 0;
      scanf(" %c", &type);
      if (type == 'E') break;
      scanf("%d", &x);
      if (type == 'D') removed[x] = 1;
      if (type == 'Q') scanf("%d", &p);
      if (type == 'C') scanf("%d", &v), p = weight[x], weight[x] = v;
      Cmds[c++] = (Command){type, x, p};
    }

    // 最终的图
    for (int i = 1; i <= n; i++) {
      pa[i] = i;
      if (root[i] != NULL) removetree(root[i]);
```

```
      root[i] = new Node(weight[i]);
    }
    for (int i = 1; i <= m; i++)
      if (!removed[i]) add_edge(i);

    // 反向操作
    query_tot = query_cnt = 0;
    for (int i = c - 1; i >= 0; i--) {
      if (Cmds[i].type == 'D') add_edge(Cmds[i].x);
      if (Cmds[i].type == 'Q') query(Cmds[i].x, Cmds[i].p);
      if (Cmds[i].type == 'C') change_weight(Cmds[i].x, Cmds[i].p);
    }
    printf("Case %d: %.6lf\n", kase, query_tot / (double)query_cnt);
  }
  return 0;
}
/*
算法分析请参考:《算法竞赛入门经典——训练指南》升级版 3.6.2 节例题 30
注意:本题中对于引用指针类型的操作
同类题目:Black Box, POJ 1442
*/
```

### 例 4-26　【伸展树/splay；Treap；可分裂合并的序列】排列变换（Permutation Transformer, UVa 11922）

你的任务是根据 $m$ 条指令改变排列$\{1, 2, 3, \cdots, n\}$（$1 \leqslant n,m \leqslant 100\,000$）。每条指令$(a,b)$表示取出第 $a \sim b$ 个元素，翻转后添加到排列的尾部。输出 $n$ 行，即最终排列。

【代码实现（基于 Splay）】

```
// 刘汝佳
#include <algorithm>
#include <cstdio>
#include <vector>
using namespace std;

struct Node {
  Node* ch[2];
  int s, flip, v;
  int cmp(int k) const {
    int d = k - ch[0]->s;
    if (d == 1) return -1;
    return d <= 0 ? 0 : 1;
  }
  void maintain() { s = ch[0]->s + ch[1]->s + 1; }
  void pushdown() {
    if (flip) {
      flip = 0;
      swap(ch[0], ch[1]);
      ch[0]->flip = !ch[0]->flip;
      ch[1]->flip = !ch[1]->flip;
```

```
    }
  }
};

Node* null = new Node();

void rotate(Node*& o, int d) {
  Node* k = o->ch[d ^ 1];
  o->ch[d ^ 1] = k->ch[d];
  k->ch[d] = o;
  o->maintain();
  k->maintain();
  o = k;
}

void splay(Node*& o, int k) {              // 找到序列的左数第 k 个元素并伸展到根结点
  o->pushdown();
  int d = o->cmp(k);                       // 看看第 k 个元素在整个树中的位置
  if (d == 1) k -= o->ch[0]->s + 1;        // 第 k 个元素在 o 的右子树中
  if (d == -1) return;                     // 已经在根上了
  Node* p = o->ch[d];                      // 第 k 个元素所在的子树
  p->pushdown();
  int d2 = p->cmp(k);                      // 第 k 个元素在 p 的左子树?→d2
  int k2 = (d2 == 0 ? k : k - p->ch[0]->s - 1);  // 在树中的排名
  if (d2 != -1) {                          // 不是子树的根，伸展到 p
    splay(p->ch[d2], k2);                  // 伸展到 p 的子树根，下面旋转到 p
    if (d == d2)
      rotate(o, d ^ 1);                    // 一条直线
    else
      rotate(o->ch[d], d);                 // 不是一条直线
  }
  rotate(o, d ^ 1);                        // 从 p 旋转到 o
}

// 合并 left 和 right。假定 left 的所有元素比 right 小。right 可以是 null，但 left 不可以
Node* merge(Node* left, Node* right) {
  splay(left, left->s);
  left->ch[1] = right;
  left->maintain();
  return left;
}

// 把 o 的前 k 小结点放入 left，其余的放入 right。1≤k≤o->s。若 k=o->s，right=null
void split(Node* o, int k, Node*& left, Node*& right) {
  splay(o, k);
  left = o;
  right = o->ch[1];
  o->ch[1] = null;
  left->maintain();
```

```
}

const int NN = 100000 + 10;
struct SplaySequence {
  int n;
  Node seq[NN];
  Node* root;

  Node* build(int sz) {
    if (!sz) return null;
    Node* L = build(sz / 2);
    Node* o = &seq[++n];
    o->v = n;                          // 结点编号
    o->ch[0] = L;
    o->ch[1] = build(sz - sz / 2 - 1);
    o->flip = o->s = 0;
    o->maintain();
    return o;
  }

  void init(int sz) { n = 0, null->s = 0, root = build(sz); }
};

vector<int> ans;
void print(Node* o) {
  if (o == null) return;
  o->pushdown();
  print(o->ch[0]);
  ans.push_back(o->v);
  print(o->ch[1]);
}

void debug(Node* o) {
  if (o == null) return;
  o->pushdown();
  debug(o->ch[0]);
  printf("%d ", o->v - 1);
  debug(o->ch[1]);
}

SplaySequence ss;
int main() {
  int n, m;
  scanf("%d%d", &n, &m);
  ss.init(n + 1);                      // 最前面有一个虚拟结点
  for (int i = 0, a, b; i < m; i++) {
    scanf("%d%d", &a, &b);
    Node *left, *mid, *right, *o;
    split(ss.root, a, left, o);      // 如无虚拟结点，a 将改成 a-1，违反 split 的限制
```

```
    split(o, b - a + 1, mid, right);
    mid->flip ^= 1;
    ss.root = merge(merge(left, right), mid);
  }

  print(ss.root);
  for (size_t i = 1; i < ans.size(); i++)
    printf("%d\n", ans[i] - 1);      // 结点编号减 1 才是本题的元素值

  return 0;
}
/*
算法分析请参考：《算法竞赛入门经典——训练指南》升级版 3.6.3 节例题 31
*/
```

【代码实现（基于 Treap）】

```
// 魏子豪/陈锋
#include <bits/stdc++.h>
using namespace std;

struct Node {
  // 左右子树，子树体积，随机优先级，权值，翻转标志
  int left, right, size, pr, val, rev;
};
template <size_t SZ>
struct FuncTreap {
  Node _B[SZ];
  size_t sz, root;
  void init() { sz = 0, root = 0; }
  int new_node(int _v) {
    assert(sz + 1 < SZ);
    Node& p = _B[++sz];
    p.left = p.right = p.rev = 0;
    p.size = 1, p.val = _v, p.pr = rand();
    return sz;
  }

  inline void update(int x) {
    Node& p = _B[x];
    p.size = _B[p.left].size + _B[p.right].size + 1;
  }

  inline void pushdown(int x) {
    Node& p = _B[x];
    if (!p.rev) return;
    swap(p.left, p.right), p.rev = 0;
    _B[p.left].rev ^= 1, _B[p.right].rev ^= 1;
  }
```

```
  int merge(int x, int y) {
    if (!x || !y) return x + y;
    Node &px = _B[x], &py = _B[y];
    if (px.pr < py.pr) {
      pushdown(x), px.right = merge(px.right, y), update(x);
      return x;
    }
    pushdown(y), py.left = merge(x, py.left), update(y);
    return y;
  }

  void split(int u, int k, int& x, int& y) {
    if (!u) {
      x = y = 0;
      return;
    }
    pushdown(u);
    Node &p = _B[u], &lp = _B[p.left];
    if (lp.size < k)
      x = u, split(p.right, k - lp.size - 1, p.right, y);
    else
      y = u, split(p.left, k, x, p.left);
    update(u);
  }

  inline void insert(int v) { root = merge(root, new_node(v)); }

  inline void print(int x, char pfx) {
    pushdown(x);
    Node& p = _B[x];
    if (p.left) print(p.left, pfx);
    printf("%d%c", x, pfx);
    if (p.right) print(p.right, pfx);
  }
};

const int NN = 1e6;
FuncTreap<NN> T;
int main() {
  int n, m;
  T.init(), srand(time(NULL)), scanf("%d %d", &n, &m);
  T.root = T.new_node(1);
  for (int i = 2; i <= n; i++) T.insert(i);
  for (int i = 0, L, R, rL, rR, rM; i < m; i++) {
    scanf("%d %d", &L, &R);
    T.split(T.root, R, rL, rR), T.split(rL, L - 1, rL, rM);
    T._B[rM].rev ^= 1;
    T.root = T.merge(rL, T.merge(rR, rM));
  }
```

```
  T.print(T.root, '\n');
  return 0;
}
/*
注意：这里使用了一种不带旋转且支持分裂合并的 Treap 替代 Splay
同类题目：Jewel Magic, UVa 11996
*/
```

### 本节例题列表

本节讲解的例题及其囊括的知识点，如表 4-5 所示。

表 4-5 排序二叉树例题归纳

| 编 号 | 题 号 | 标 题 | 知 识 点 | 代码作者 |
|---|---|---|---|---|
| 例 4-24 | UVa 11020 | Efficient Solutions | map 维护点集；单调性 | 刘汝佳 |
| 例 4-25 | HDU 3726 | Graph and Queries | 名次树；并查集；时光倒流 | 刘汝佳 |
| 例 4-26 | UVa 11922 | Permutation Transformer | 伸展树/splay；Treap；可分裂合并的序列 | 刘汝佳、魏子豪、陈锋 |

## 4.4 树的经典问题与方法

与树相关的问题在竞赛中常考，尤其是在国内的全国青少年信息学奥林匹克竞赛中。本节提供了一些与树相关的经典例题及其代码实现。

### 例 4-27 【倍增 LCA】村庄有多远（How far away, HDU 2586）

一个村庄有 $n$（$2 \leqslant n \leqslant 40\ 000$）栋房子和 $n-1$ 条双向路，每两栋房子之间都有一条唯一路径，任意一条路径都给出一个长度。现在有 $m$ 次询问，每个询问给出 $u,v$，求 $u,v$ 之间的距离。

【代码实现】

```
// 陈锋
#include <bits/stdc++.h>

using namespace std;
const int MAXN = 40000 + 4;
int N, L, Tin[MAXN], Tout[MAXN], UP[MAXN][18], timer;
struct Edge {
  int v, k;
  Edge(int _v, int _k) : v(_v), k(_k) {}
};
vector<Edge> G[MAXN];
int Dist[MAXN], D[MAXN];                  // 到 root 的距离，深度
void dfs(int u, int fa) {                 // LCA 预处理
  Tin[u] = ++timer, UP[u][0] = fa;
  if (u) D[u] = D[fa] + 1;
```

```
  for (int i = 1; i < L; i++) UP[u][i] = UP[UP[u][i - 1]][i - 1];
  for (size_t i = 0; i < G[u].size(); i++) {
    const Edge& e = G[u][i];
    if (e.v != fa) Dist[e.v] = Dist[u] + e.k, dfs(e.v, u);
  }
  Tout[u] = ++timer;
}
bool isAncestor(int u, int v) { return Tin[u] <= Tin[v] && Tout[u] >= Tout[v]; }
int LCA(int u, int v) {
  if (D[u] > D[v]) return LCA(v, u);    // 保证 u 的深度小于 v 的深度
  if (isAncestor(u, v)) return u;       // u 是 v 的祖先
  for (int i = L; i >= 0; --i)
    if (!isAncestor(UP[u][i], v)) u = UP[u][i];
  return UP[u][0];
}
int main() {
  ios::sync_with_stdio(false), cin.tie(0);
  int T, M, u, v, k;
  L = ceil(log2(N));
  cin >> T;
  while (T--) {
    cin >> N >> M;
    for (int i = 0; i < N; i++) G[i].clear();
    for (int i = 0; i < N - 1; i++) {
      cin >> u >> v >> k, u--, v--;
      G[u].push_back(Edge(v, k)), G[v].push_back(Edge(u, k));
    }
    memset(UP, 0, sizeof(UP));
    Dist[0] = 0, D[0] = 0;
    dfs(0, 0);
    for (int i = 0; i < M; i++) {
      cin >> u >> v, u--, v--;
      cout << Dist[u] + Dist[v] - 2 * Dist[LCA(u, v)] << endl;
    }
  }
  return 0;
}
/*
算法分析请参考：《算法竞赛入门经典——训练指南》升级版 3.7 节例题 33
注意：本题充分利用 DFS 时间戳，简化了祖先关系的判断操作，并且将查找 LCA 的过程简化到只有一个循环
同类题目：Rikka with Intersection of Paths, Codeforces Gym 102012G
        POJ 3417, Network
*/
```

### 例 4-28　【树的点分治；路径统计】 路径统计（Tree, POJ 1741）

给定一棵 $n$ 个结点的正权树，定义 $\text{dist}(u,v)$为 $u,v$ 两点间唯一路径的长度（即所有边的权值和），再给定一个正数 $K$，统计有多少对结点$(a,b)$满足 $\text{dist}(a,b)\leqslant K$。

**【代码实现】**

```
// 陈锋
#include <cstdio>
#include <cassert>
#include <vector>
#include <algorithm>
#include <iterator>

using namespace std;
const int INF = 2147483647, MAXN = 10000 + 4;

struct Edge {
  int v, w;
  Edge(int _v, int _w): v(_v), w(_w) {}
};
int N, K;
vector<Edge> G[MAXN];
bool VIS[MAXN];

int get_size(int u, int fa) {            // 子树u的体积
  assert(!VIS[u]);
  int ans = 1;
  for (size_t i = 0; i < G[u].size(); i++) {
    int v = G[u][i].v;
    if (v == fa || VIS[v]) continue;
    ans += get_size(v, u);
  }
  return ans;
}

// 给出子树u的大小，找出其重心
int find_centroid(int u, int fa, int usz, int &ch_sz, int &ct) {
  assert(!VIS[u]);
  int sz = 1, max_ch = -INF;
  for (size_t i = 0; i < G[u].size(); i++) {
    int v = G[u][i].v;
    if (v == fa || VIS[v]) continue;
    int chsz = find_centroid(v, u, usz, ch_sz, ct);
    sz += chsz, max_ch = max(max_ch, chsz);
  }
  max_ch = max(max_ch, usz - sz);
  if (max_ch < ch_sz) ch_sz = max_ch, ct = u;
  return sz;
}

int find_centroid(int u) {               // 子树u的重心
  int ch_sz = INF, ct = -1, sz = get_size(u, -1);
  find_centroid(u, -1, sz, ch_sz, ct);
  assert(ct != -1 && ch_sz <= sz / 2);
```

```
  return ct;
}

// 收集子树 u 中所有到 u 的小于等于 K 的路径长度
void get_paths(int u, int fa, int plen, vector<int>& paths) {
  if (plen > K) return;
  paths.push_back(plen);
  for (size_t i = 0; i < G[u].size(); i++) {
    const Edge &e = G[u][i];
    if (e.v != fa && !VIS[e.v])
      get_paths(e.v, u, plen + e.w, paths);
  }
}

// 统计 P 中两个元素之和小于等于 K 的 pair 个数
inline int count_pairs(vector<int>& P) {
  sort(P.begin(), P.end());
  int ans = 0;
  for (int l = 0, r = P.size() - 1; ; l++) {
    while (r > l && P[r] + P[l] > K) r--;
    if (r <= l) break;                          // 双指针扫描法
    ans += r - l;                               // 减去同一棵子树 v 中的路径
  }
  return ans;
}

int solve(int u) {                              // 对子树 u 递归求解
  int ans = 0;
  vector<int> lens;                             // 所有合法的路径长度
  for (size_t i = 0; i < G[u].size(); i++) {
    const Edge &e = G[u][i];
    if (VIS[e.v]) continue;
    vector<int> ps;                             // u→子树 v 中点的所有路径
    get_paths(e.v, u, e.w, ps), ans -= count_pairs(ps);
    copy(ps.begin(), ps.end(), back_inserter(lens));
  }
  ans += count_pairs(lens) + lens.size();      // 从 u 出发的路径
  VIS[u] = true;
  for (size_t i = 0; i < G[u].size(); i++) {
    const Edge &e = G[u][i];
    if (!VIS[e.v]) ans += solve(find_centroid(e.v));
  }
  return ans;
}

int main() {
  while (scanf("%d%d", &N, &K) == 2 && (N || K)) {
    for (int i = 0; i <= N; i++) G[i].clear(), VIS[i] = false;
    for (int i = 0, u, v, w; i < N - 1; i++) {
```

```
      scanf("%d%d%d", &u, &v, &w), u--, v--;
      G[u].push_back(Edge(v, w)), G[v].push_back(Edge(u, w));
    }
    printf("%d\n", solve(find_centroid(0)));
  }
  return 0;
}
/*
算法分析请参考：《算法竞赛入门经典——训练指南》升级版 3.7 节例题 35
*/
```

**例 4-29 【树的点分治；路径统计】铁人比赛（Ironman Race in Treeland, ACM/ICPC Kuala Lumpur 2008, UVa 12161）**

给定一棵 $n$（$1 \leqslant n \leqslant 30\,000$）个结点的树，每条边包含长度 $L$ 和费用 $D$（$1 \leqslant D, L \leqslant 1000$）两个权值。要求选择一条总费用不超过 $m$（$1 \leqslant m \leqslant 10^8$）的路径，使得路径总长度尽量大。输入应保证有解。

【代码实现】

```
// 陈锋
#include <bits/stdc++.h>
using namespace std;
typedef long long LL;
struct Edge { int v, d, l; };
const int INF = 0x3f3f3f3f, MAXN = 3e4 + 10;
typedef map<int, int>::iterator MIT;

int N, M, MaxSub[MAXN], SZ[MAXN], VIS[MAXN], Dep[MAXN], Cost[MAXN];
// MaxSub[i]：去除结点 i 后得到的森林中结点数最多的树的结点；SZ[u]：子树 u 的体积；
// Dep：长度；Cost：路径的费用
vector<Edge> G[MAXN];
void find_center(int u, int fa, const int tree_sz, int& center) {  // 找重心
  int &szu = SZ[u], &msu = MaxSub[u];
  szu = 1, msu = 0;
  for (const Edge& e : G[u]) {
    if (e.v == fa || VIS[e.v]) continue;
    find_center(e.v, u, tree_sz, center);
    szu += SZ[e.v], msu = max(msu, SZ[e.v]);
  }
  msu = max(msu, tree_sz - SZ[u]);
  if (MaxSub[center] > msu) center = u;
}

void insert_cd(map<int, int>& ps, int c, int d) {
  if (c > M) return;
  MIT it = ps.upper_bound(c);
  if (it == ps.begin() || (--it)->second < d) {  // 保证 ps 里面{费用:长度}同时递增
    ps[c] = d;                   // (it-1)->c≤c，要求 d>(it-1)->d 才插入 c:d
    it = ps.upper_bound(c);      // 对于所有的 it(it->c>c)，要求 it->d>d，否则删除
```

```
    while (it != ps.end() && it->second <= d) ps.erase(it++);
  }
}

void collect_deps(int u, int fa, map<int, int>& ps) {// 子树u结点路径的费用:长度
  SZ[u] = 1;
  insert_cd(ps, Cost[u], Dep[u]);
  for (const Edge& e : G[u]) {
    if (e.v == fa || VIS[e.v]) continue;
    Dep[e.v] = Dep[u] + e.l, Cost[e.v] = Cost[u] + e.d;
    collect_deps(e.v, u, ps), SZ[u] += SZ[e.v];
  }
}

void count(int u, int& max_len) {                    // 计算经过子树u根结点的路径数
  map<int, int> ps, vps;                             // u子树，v子树中的费用:长度
  ps[0] = 0;
  for (const Edge& e : G[u]) {
    if (VIS[e.v]) continue;
    Dep[e.v] = e.l, Cost[e.v] = e.d;
    vps.clear(), collect_deps(e.v, u, vps);
    for (const pair<int, int>& p : vps) {
      MIT it = ps.upper_bound(M - p.first);
      if (it != ps.begin()) max_len = max(max_len, p.second + (--it)->second);
    }
    for (const pair<int, int>& p : vps) insert_cd(ps, p.first, p.second);
  }
}

void solve(int u, int& max_len) {
  count(u, max_len), VIS[u] = true;
  for (const Edge& e : G[u]) {
    if (VIS[e.v]) continue;
    int center = 0;
    find_center(e.v, u, SZ[e.v], center), solve(center, max_len);
  }
}

int main() {
  int T;
  scanf("%d", &T);
  for (int kase = 1; kase <= T; kase++) {
    scanf("%d%d", &N, &M);
    fill_n(VIS, N + 1, 0), MaxSub[0] = N;
    for (int i = 1; i <= N; i++) G[i].clear();
    for (int i = 1, u, v, d, l; i < N; i++) {
      scanf("%d%d%d%d", &u, &v, &d, &l);
      G[u].push_back({v, d, l}), G[v].push_back({u, d, l});
    }
```

```
    int center = 0, max_len = 0;
    find_center(1, -1, N, center);          // 找到初始的重心
    solve(center, max_len);                 // 递归求解
    printf("Case %d: %d\n", kase, max_len);
  }
  return 0;
}
/*
算法分析请参考:《算法竞赛入门经典——训练指南》升级版 3.7 节例题 36
注意: 本题中如何使用 map 来维护一个单调序列
同类题目: Race, IOI 2011, 牛客 NC 51143
*/
```

### 例 4-30 【树链剖分；维护边权；树上差分】闪电的能量（Lightning Energy Report, ACM/ICPC Jakarta 2010, UVa 1674）

有 $n$（$n \leqslant 50\,000$）座房子形成树状结构，还有 $Q$（$Q \leqslant 10\,000$）道闪电。闪电每次都会打到两座房子 $a,b$ 上，你需要把二者路径上所有点（包括 $a,b$）的闪电值加上 $c$（$c \leqslant 100$），最后输出每座房子的总闪电值。

**【代码实现（基于树链剖分）】**

```
// 陈锋
#include <bits/stdc++.h>
using namespace std;
#define _for(i, a, b) for (int i = (a); i < (int)(b); ++i)
#define _rep(i, a, b) for (int i = (a); i <= (int)(b); ++i)
typedef long long LL;

const int MAXN = 65536;
struct SegTree {
  int addv[MAXN * 4], N;
  void update(int o, int L, int R, int qL, int qR, int val) {
    if (qL <= L && R <= qR) {
      addv[o] += val;                                          // 区间加上 val
      return;
    }
    int M = (L + R) / 2;
    if (qL <= M) update(o << 1, L, M, qL, qR, val);            // 覆盖左区间
    if (M < qR) update(o << 1 | 1, M + 1, R, qL, qR, val);     // 覆盖右区间
  }

  void add(int qL, int qR, int val) { update(1, 1, N, qL, qR, val); }

  void init(int o, int L, int R) {                             // 初始化线段树
    addv[o] = 0;
    if (L == R) return;
    int M = (L + R) / 2;
    init(o << 1, L, M), init(o << 1 | 1, M + 1, R);
  }
```

```
  int query(int o, int L, int R, int qv, int val) {
    if (L == R) return val + addv[o];                    // 找到答案并且将答案返回
    int M = (L + R) >> 1;
    if (qv <= M) return query(o<<1, L, M, qv, val + addv[o]);// 答案在左区间
    return query(o<<1|1, M + 1, R, qv, val + addv[o]); // 答案在右区间
  }
};
// Fa[i]: i 的父结点; HcHead[i]: i 所在重链头; HSon[i]: i 重儿子;
// SZ[i]: 子树体积; ID[i]: i 在线段树中序号
int Fa[MAXN], HcHead[MAXN], Depth[MAXN], HSon[MAXN], SZ[MAXN], ID[MAXN], intSz;

SegTree ST;
vector<int> G[MAXN];                            // 存储图
int dfs(int u, int fa) {              // 第一次 DFS，得到每个结点的重儿子、深度和父结点
  SZ[u] = 1, Fa[u] = fa, HSon[u] = 0, Depth[u] = Depth[fa] + 1;
  for (auto v : G[u]) {
    if (v == fa) continue;
    SZ[u] += dfs(v, u);
    if (SZ[v] > SZ[HSon[u]]) HSon[u] = v;   // 重儿子为体积最大的子树
  }
  return SZ[u];
}
void hld(int u, int fa, int x) {               // 得到结点在线段树中的标号及重链的标号
  ID[u] = ++intSz, HcHead[u] = x;              // 重链的标号为该重链最顶端的结点
  // 先处理重链，保证剖分完后每条重链中的标号是连续的
  if (HSon[u])
    hld(HSon[u], u, x);
  for (auto v : G[u])
    if (v != fa && v != HSon[u]) hld(v, u, v);
}

void addPath(int u, int v, int w) {
  while (true) {
    int hu = HcHead[u], hv = HcHead[v];
    if (hu == hv) break;                       // 直到两点位于同一条重链才停止
    if (Depth[hu] < Depth[hv]) swap(u, v), swap(hu, hv);  // 更新 h→head()
    ST.add(ID[hu], ID[u], w), u = Fa[hu];
  }
  if (Depth[u] < Depth[v]) swap(u, v);
  ST.add(ID[v], ID[u], w);                     // 更新 u->v
}
int main() {
  ios::sync_with_stdio(false), cin.tie(0);
  int T;
  cin >> T;
  for (int kase = 1, Q, N; kase <= T; kase++) {
    cin >> N;
    assert(N < MAXN);
```

```
    ST.N = N, ST.init(1, 1, N);
    for (int i = 1; i <= N; i++) G[i].clear();
    SZ[0] = 0, Depth[1] = 0;
    for (int i = 1, u, v; i < N; i++)
      cin >> u >> v, G[u + 1].push_back(v + 1), G[v + 1].push_back(u + 1);
    dfs(1, 1);
    intSz = 0;
    hld(1, 1, 1);
    cin >> Q;
    for (int i = 0, u, v, w; i < Q; i++)
      cin >> u >> v >> w, addPath(u + 1, v + 1, w);
    printf("Case #%d:\n", kase);
    for (int i = 1; i <= N; i++) printf("%d\n", ST.query(1, 1, N, ID[i], 0));
  }
  return 0;
}
/*
算法分析请参考:《算法竞赛入门经典——训练指南》升级版 3.7 节例题 38
*/
```

【代码实现（基于 LCA 与树上差分）】

```
// 基于 LCA 的树上差分解法，陈锋
#include <bits/stdc++.h>
using namespace std;
const int MAXN = 50000 + 4;

template <int SZ>
struct LCA {
  vector<int> G[MAXN];
  int N, L, Tin[MAXN], Tout[MAXN], UP[MAXN][18], timer;  // LCA 相关
  void init(int _n) {
    N = _n, L = ceil(log2(N)), timer = 0;
    for (int i = 0; i <= N; i++) G[i].clear();
  }
  void addEdge(int u, int v) { G[u].push_back(v), G[v].push_back(u); }
  void dfs(int u, int fa = 0) {
    Tin[u] = ++timer, UP[u][0] = fa;
    for (int i = 1; i <= L; i++) UP[u][i] = UP[UP[u][i - 1]][i - 1];
    for (size_t i = 0; i < G[u].size(); i++)
      if (G[u][i] != fa) dfs(G[u][i], u);
    Tout[u] = ++timer;
  }

  bool isAncestor(int u, int v) { return Tin[u] < Tin[v] && Tout[v] < Tout[u]; }

  int lca(int u, int v) {
    if (u == v) return u;
    if (isAncestor(u, v)) return u;
    if (isAncestor(v, u)) return v;
```

```
    for (int i = L; i >= 0; --i)
      if (!isAncestor(UP[u][i], v)) u = UP[u][i];
    return UP[u][0];
  }
};

LCA<MAXN> lca;
int mark[MAXN], ans[MAXN];

int dfs_mark(int u, int fa) {
  int &a = ans[u];
  a = mark[u];
  for (size_t i = 0; i < lca.G[u].size(); i++) {
    int v = lca.G[u][i];
    if (v == fa) continue;
    a += dfs_mark(v, u);
  }
  return a;
}

int main() {
  int T;
  cin >> T;
  for (int kase = 1, N, Q, x, y; kase <= T; kase++) {
    cin >> N, lca.init(N);
    for (int i = 1; i < N; i++) cin >> x >> y, lca.addEdge(x, y);
    lca.dfs(0);
    cin >> Q;
    fill_n(mark, N + 1, 0);
    for (int i = 0, c; i < Q; i++) {
      cin >> x >> y >> c;
      int d = lca.lca(x, y), pd = lca.UP[d][0];
      mark[x] += c, mark[y] += c, mark[d] -= c;
      if (pd != d) mark[pd] -= c;
    }
    dfs_mark(0, 0);
    printf("Case #%d:\n", kase);
    for (int i = 0; i < N; i++) printf("%d\n", ans[i]);
  }
}
/*
算法分析请参考：《算法竞赛入门经典——训练指南》升级版 3.7 节例题 38
注意：本题中树上差分的实现要注意 lca 的父亲的判断
*/
```

### 例 4-31　【树链剖分；维护点权；子树点权】软件包管理器（NOI 2015，牛客 NC 17882）

Linux 用户和 OSX 用户一定对软件包管理器不会陌生。使用软件包管理器，用户可以通过一行命令快速安装某个软件包。而从软件源下载软件时，需要解决所有依赖（即还需下载安装这个软件包所依赖的其他软件包）。所有的配置工作均可由软件包管理器自动完成。Debian/Ubuntu 使用的 apt-get、Fedora/CentOS 使用的 yum 以及 OSX 下可用的 homebrew 都是优秀的软件包管理器。

假设你决定设计自己的软件包管理器，就需要解决软件包之间的依赖问题。如果软件包 $A$ 依赖于软件包 $B$，那么安装软件包 $A$ 以前必须先安装软件包 $B$。同时，如果想要卸载软件包 $B$，则必须先卸载软件包 $A$。现在你已经获得了所有软件包之间的依赖关系。除 0 号软件包外，管理器中的软件包都会依赖一个且仅一个软件包，而 0 号软件包不依赖任何一个软件包。不存在循环依赖，当然也不存在某个软件包依赖自己。

现在你要为你的软件包管理器写一个依赖解决程序。根据反馈，用户希望在安装和卸载某个软件包时，快速地知道这个操作实际上会改变多少个软件包的安装状态（即安装操作会安装多少个未安装的软件包，或卸载操作会卸载多少个已安装的软件包），你的任务就是实现这个功能。注意，安装一个已安装的软件包或卸载一个未安装的软件包，都不会改变任何软件包的安装状态，即在此情况下，改变安装状态的软件包数为 0。

输入第一行包含一个整数 $n$（$n \leqslant 10^5$），表示软件包的总数。软件包从 0 开始编号。随后一行包含 $n-1$ 个整数，相邻整数之间用单个空格隔开，分别表示 $1,2,3,\cdots,n-2,n-1$ 号软件包依赖的软件包的编号。接下来的一行包含一个整数 $q$（$q \leqslant 10^5$），表示询问的总数。之后 $q$ 行，每行一个询问。询问分为以下两种。

- install x：表示安装软件包 $x$。
- uninstall x：表示卸载软件包 $x$。

你需要维护每个软件包的安装状态，一开始所有的软件包都处于未安装状态。对于每个操作，你需要输出这步操作会改变多少个软件包的安装状态，随后使用这个操作（即改变你维护的安装状态）。

【代码实现】

```
// 陈锋
#include <bits/stdc++.h>
using namespace std;

typedef long long LL;

template <typename T, int SZ>
struct SegTree {
  struct Node {
    T sumv, setv;
    bool hasSet;
    void setVal(const T& val, int L, int R) {
      setv = val, hasSet = true, sumv = (R - L + 1) * setv;
    }
  };  // sumv: 最新的和; setv: 最新的 set 标记（子孙不受影响）
  Node NS[SZ];
  int N;
  void init(int _n) {
    N = _n;
```

```
    assert((1 << ((int)ceil(log2(N)))) < SZ);
  }

  void pushdown(int o, int L, int R) {
    Node& nd = NS[o];
    if (!nd.hasSet) return;
    int lc = 2 * o, rc = 2 * o + 1, M = (L + R) / 2;
    NS[lc].setVal(nd.setv, L, M), NS[rc].setVal(nd.setv, M + 1, R);
    nd.hasSet = false;
  }

  void setV(int l, int r, const T& v) { update(1, 1, N, v, l, r); }
  void update(int o, int L, int R, const T& v, int qL, int qR) {
    if (qL <= L && qR >= R) {
      NS[o].setVal(v, L, R);
      return;
    }
    int lc = 2 * o, rc = 2 * o + 1, M = (L + R) / 2;
    pushdown(o, L, R);
    if (qL <= M) update(lc, L, M, v, qL, qR);
    if (qR > M) update(rc, M + 1, R, v, qL, qR);
    NS[o].sumv = NS[lc].sumv + NS[rc].sumv;
  }
  T querysum(int l, int r) { return query(1, 1, N, l, r); }
  T query(int o, int L, int R, int qL, int qR) {
    if (qL <= L && qR >= R) return NS[o].sumv;
    pushdown(o, L, R);
    int lc = 2 * o, rc = 2 * o + 1, M = (L + R) / 2;
    T s = 0;
    if (qL <= M) s += query(lc, L, M, qL, qR);
    if (qR > M) s += query(rc, M + 1, R, qL, qR);
    return s;
  }
};

template <int SZ = 1004>
struct HLD {                                    // 树链剖分
  int N, Fa[SZ], HcHead[SZ], Dep[SZ], HcTail[SZ], HSon[SZ], Usz[SZ];
  int ID[SZ], segSz;
  vector<int> G[SZ];
  void init(int _n) {
    segSz = 0;
    N = _n;
    assert(_n < SZ);
  }
  int dfs(int u, int fa) {                      // 返回子树体积
    int &h = HSon[u], &sz = Usz[u];
    sz = 1, Fa[u] = fa, h = 0, Dep[u] = Dep[fa] + 1;
    for (size_t i = 0; i < G[u].size(); i++) {
```

```
      int v = G[u][i];
      if (v == fa) continue;
      sz += dfs(v, u);
      if (Usz[v] > Usz[h]) h = v;        // 体积最大的子树
    }
    return sz;                           // DFS 得到重儿子，深度，父结点
  }
  void hld(int u, int fa, int head) {   // 轻重剖分
    ID[u] = ++segSz, HcHead[u] = head;
    if (HSon[u]) {
      hld(HSon[u], u, head);             // 重链向下扩展
      for (size_t i = 0; i < G[u].size(); i++) {
        int v = G[u][i];                 // 轻儿子新开重链
        if (v != fa && v != HSon[u]) hld(v, u, v);
      }
      return;
    }
    HcTail[head] = u;
  }
  void addEdge(int u, int v) { G[u].push_back(v); }
  void build(int root = 1) { dfs(root, 0), hld(root, 0, root); }
};

const int NN = 1e5 + 8;
SegTree<int, NN * 3> St;
HLD<NN> H;
const int Root = 1;
int queryRootPathSum(int u) {            // 查询 u 到树根路径上所有点的权值之和
  int ans = 0;
  while (true) {
    int hu = H.HcHead[u];
    ans += St.querysum(H.ID[hu], H.ID[u]);
    if (hu == Root) break;
    u = H.Fa[hu];
  }
  return ans;
}
void setRootPath(int u) {                // 设置 u 到树根路径上所有点的权值为 1
  while (true) {
    int hu = H.HcHead[u];
    St.setV(H.ID[hu], H.ID[u], 1);
    if (hu == Root) break;
    u = H.Fa[hu];
  }
}
int querySubTreeSum(int u) {    // 子树 u 的所有点权之和，树上所有点在 DFS 序中是连续的
  return St.querysum(H.ID[u], H.ID[u] + H.Usz[u] - 1);
}
void clearSubTree(int u) {               // 设置子树 u 的所有点权为 0
```

```
  St.setV(H.ID[u], H.ID[u] + H.Usz[u] - 1, 0);
}

int main() {
  ios::sync_with_stdio(false), cin.tie(0);
  int N, Q;
  cin >> N, H.init(N + 1), St.init(N + 1);
  for (int u = 2, p; u <= N; u++) cin >> p, H.addEdge(p + 1, u);
  H.build(Root), cin >> Q;
  string s;
  for (int i = 0, x; i < Q; i++) {
    cin >> s >> x, ++x;
    if (s[0] == 'i') {                          // 安装 x
      int s0 = queryRootPathSum(x);
      setRootPath(x);
      cout << queryRootPathSum(x) - s0 << endl;
    } else {                                    // 卸载 x
      int s0 = querySubTreeSum(x);
      clearSubTree(x);
      cout << s0 << endl;
    }
  }
  return 0;
}
/*
算法分析请参考：《算法竞赛入门经典——训练指南》升级版 3.7 节例题 39
同类题目：Black and White Tree, Codechef GERALD2
         树的统计 COUNT, ZJOI 2008, 牛客 NC 20477
*/
```

### 例 4-32 【基于迭代的树链剖分】要有彩虹（Let there be rainbows, IPSC 2009 Problem L）

给出一棵包含 $N$（$N \leqslant 2\times10^6$）个结点的树，结点编号为 0～$N$-1，一开始所有的边都是灰色的。每次给出两个整数 $x$ 和 $y$，以及 7 种颜色（red, orange, yellow, green, blue, indigo, violet）之一的颜色 $c$。将点 $x$ 到 $y$ 路径上每条颜色不是 $c$ 的边涂成 $c$，最终输出每种颜色分别涂了多少条边。

【代码实现】

```
// 陈锋
#include <bits/stdc++.h>
using namespace std;
#define _for(i,a,b) for( int i=(a); i<(int)(b); ++i)
#define _rep(i,a,b) for( int i=(a); i<=(int)(b); ++i)
typedef long long LL;
struct IntTree { // 每条重链对应的线段树，IPSC 不卡内存，如果其他 OJ，可以考虑动态开点
  struct Node {
    int color, sum[8]; // color: 区间颜色（0 无颜色）; sum: 颜色的种数
    void setc(int c, int len) {
      color = c;
```

```
      fill_n(sum, 8, 0), sum[c] = len;
    }
    Node() { setc(0, 0); }
  };
  int L;
  vector<Node> data;
  IntTree(int N) { L = 1 << (int)(ceil(log2(N + 2))), data.resize(2 * L); }
  void insert(int l, int r, int clr, int o, int L, int len) {
    if (r <= L || l >= L + len) return;          // [L, L+len] ∩ [l,r] = Φ
    Node& d = data[o], &ld = data[2 * o], &rd = data[2 * o + 1];
    if (l <= L && L + len <= r) {                // [L, L+len) ∈ (l, r)
      d.setc(clr, len);
      return;
    }
    if (d.color != 0) ld.setc(d.color, len / 2), rd.setc(d.color, len / 2);
    d.setc(0, 0);
    insert(l, r, clr, 2 * o, L, len / 2);
    insert(l, r, clr, 2 * o + 1, L + len / 2, len / 2);
    _for(i, 0, 8) d.sum[i] += ld.sum[i] + rd.sum[i];
  }
  int count(int l, int r, int clr, int o, int L, int len) {
    if (r <= L || l >= L + len) return 0;        // [L, L+len] ∩ [l,r] = Φ
    Node& d = data[o], &ld = data[2 * o], &rd = data[2 * o + 1];
    if (l <= L && L + len <= r) return d.sum[clr]; // [L, L+len) ∈ (l, r)
    if (d.color != 0) ld.setc(d.color, len / 2), rd.setc(d.color, len / 2);
    return count(l, r, clr, 2 * o, L, len / 2)
           + count(l, r, clr, 2 * o + 1, L + len / 2, len / 2);
  }
  void insert(int l, int r, int clr) { insert(l, r, clr, 1, 0, L); }
  int count(int l, int r, int clr) { return count(l, r, clr, 1, 0, L); }
};
const int NN = 1e6 + 8;
typedef vector<int> IVec;
IVec G[NN], CH[NN];                              // 图的结构
int N, Fa[NN], Tin[NN], Tout[NN], Tsz[NN];       // 父结点，时间戳，子树大小
bool Vis[NN];
int PathId[NN], PathOffset[NN];                  // 每个点所在的重链以及在其中的位置
vector<IVec> Paths;                              // 所有重链独立存放
vector<IntTree> ST;                              // 每条重链对应一棵线段树

void hld() {
  fill_n(Vis, N + 1, false), fill_n(Tsz, N + 1, 0);
  _rep(i, 0, N) CH[i].clear();
  Paths.clear();

  vector<int> walk;                              // 后续遍历的 DFS 序
  int time = 0;
  Vis[0] = true, Tin[0] = time, Fa[0] = 0;
```

```
  stack<int> sv, se;           // 当前处理的 u 以及下一个要处理的 u 的子结点 v 对应的边
  sv.push(0), se.push(0);
  while (!sv.empty()) {                              // 迭代版的 DFS
    ++time;
    int u = sv.top(); sv.pop();
    int e = se.top(); se.pop();                      // 当前要处理的子树 v 的编号
    if (e == (int)G[u].size()) {                     // u 子树都已经处理完
      walk.push_back(u), Tout[u] = time, Tsz[u] = 1;
      for (auto v : CH[u]) Tsz[u] += Tsz[v];     // 子树 u 的体积
    } else {
      sv.push(u), se.push(e + 1);
      int v = G[u][e];                               // u 的子结点 v
      if (!Vis[v]) {
        Vis[v] = true, Tin[v] = time, Fa[v] = u, CH[u].push_back(v);
        sv.push(v), se.push(0);
      }
    }
  }

  fill_n(Vis, N + 1, false);
  Vis[0] = true;                                     // u->pa[u]处理过了？
  for (auto w : walk) {
    if (Vis[w]) continue;
    IVec p{w};
    while (true) {
      bool heavy = (2 * Tsz[w] >= Tsz[Fa[w]]);
      Vis[w] = true, w = Fa[w], p.push_back(w);
      if (!heavy || Vis[w]) break;
    }
    Paths.push_back(p);
  }

  PathId[0] = -1;                                    // root 不在任何链上
  _for(i, 0, Paths.size()) _for(j, 0, Paths[i].size() - 1) {
    PathId[Paths[i][j]] = i;
    PathOffset[Paths[i][j]] = j;
  }
  ST.clear();
  for (const auto& p : Paths) ST.emplace_back(p.size() - 1);
}

inline bool is_ancestor(int x, int y) {          // x 是 y 的祖先？
  return (Tin[y] >= Tin[x] && Tout[y] <= Tout[x]);
}

// 统计[x-y]路径上过去不是颜色 c 而这次被涂成颜色 c 的边数
int query(int x, int y, int c) {
  if (x == y) return 0;
```

```
  if (is_ancestor(x, y)) return query(y, x, c);
  int pi = PathId[x], l = PathOffset[x], r = Paths[pi].size() - 1;
  const auto& pt = Paths[pi];
  if (is_ancestor(pt[r], y)) {
    while (r - l > 1) {                          // 确保 r 在 LCA(x,y)下方
      int m = (r + l) / 2;
      if (is_ancestor(pt[m], y)) r = m; else l = m;
    }
    l = PathOffset[x];
  }
  int ans = r - l - ST[pi].count(l, r, c);       // 以前有多少其他颜色，会被涂成 c
  ST[pi].insert(l, r, c);
  return ans + query(pt[r], y, c);               // 加上 LCA(x, y)-y 路径上的
}

int main() {
  ios::sync_with_stdio(false), cin.tie(0);
  string color[] = {"", "red", "orange", "yellow", "green", "blue", "indigo",
"violet"};
  map<string, int> CI;
  _rep(i, 1, 7) CI[color[i]] = i;
  int T, Q; cin >> T;
  while (T--) {
    cin >> N;
    _rep(i, 0, N) G[i].clear();
    for (int i = 0, x, y; i < N - 1; ++i)
      cin >> x >> y, G[x].push_back(y), G[y].push_back(x);
    hld();
    cin >> Q;
    vector<LL> ans(8, 0);
    string c;
    for (int i = 0, x, y; i < Q; i++) {
      cin >> x >> y >> c;
      ans[CI[c]] += query(x, y, CI[c]);
    }
    _rep(i, 1, 7) cout << color[i] << " " << ans[i] << endl;
  }
  return 0;
}
/*
算法分析请参考：《算法竞赛入门经典——训练指南》升级版 3.7 节例题 40
同类题目：Heavy Snowfall, IPSC 2016
*/
```

## 本节例题列表

本节讲解的例题及其囊括的知识点，如表 4-6 所示。

表 4-6　树的经典问题与方法例题归纳

| 编　　号 | 题　　号 | 标　　题 | 知　识　点 | 代 码 作 者 |
|---|---|---|---|---|
| 例 4-27 | HDU 2586 | How far away | 倍增 LCA | 陈锋 |
| 例 4-28 | POJ 1741 | Tree | 树的点分治；路径统计 | 陈锋 |
| 例 4-29 | UVa 12161 | Ironman Race in Treeland | 树的点分治；路径统计 | 陈锋 |
| 例 4-30 | UVa 1674 | Lightning Energy Report | 树链剖分；维护边权；树上差分 | 陈锋 |
| 例 4-31 | NC 17882 | 软件包管理器 | 树链剖分；维护点权；子树点权 | 陈锋 |
| 例 4-32 | IPSC 2009 Problem L | Let there be rainbows | 基于迭代的树链剖分 | 陈锋 |

## 4.5　动态树与 LCT

LCT 是解决动态树问题的强力工具，本节提供一些常见的 LCT 应用题目以及代码实现。

### 例 4-33　【LCT；维护连通性】洞穴勘测（Cave, SDOI 2008，牛客 NC 20311）

给出 $n$（$n \leqslant 10^4$）个独立的点以及 $m$（$m \leqslant 2\times10^5$）个操作，操作分为以下 3 种类型。

- Connect $u$ $v$：在 $u, v$ 两点之间连接一条边。
- Destroy $u$ $v$：删除在 $u, v$ 两点之间的边（应保证存在这样的一条边）。
- Query $u$ $v$：询问 $u, v$ 两点是否连通。

保证在任何时刻，图的形态都是一个森林，输出每个 Query 操作的结果（Yes 或者 No）。

【代码实现】

```
// 陈锋
#include <bits/stdc++.h>
using namespace std;
const int NN = 1e5 + 4;
template <int SZ>
struct LCT {
  int ch[SZ][2], fa[SZ], rev[SZ];
  void clear(int x) { ch[x][0] = ch[x][1] = fa[x] = rev[x] = 0; }
  // x 是否为辅助树上父亲的右儿子
  inline int is_right_ch(int x) { return ch[fa[x]][1] == x; }
  // x 是否为辅助树根
  inline int is_root(int x) { return ch[fa[x]][0] != x && ch[fa[x]][1] != x; }
  void pushdown(int x) {
    if (rev[x] == 0) return;
    int lx = ch[x][0], rx = ch[x][1];
    if (lx) swap(ch[lx][0], ch[lx][1]), rev[lx] ^= 1;
    if (rx) swap(ch[rx][0], ch[rx][1]), rev[rx] ^= 1;
    rev[x] = 0;
  }
  void pushup(int x) {
    if (!is_root(x)) pushup(fa[x]);
    pushdown(x);
```

```
  }
  void rotate_up(int x) {          // 将 x 向上旋转一级
    int y = fa[x], z = fa[y], chx = is_right_ch(x), chy = is_right_ch(y),
        &t = ch[x][chx ^ 1];        // t 在 x,y 之间，但是 t-x, x-y 方向相反
    fa[x] = z;
    if (!is_root(y)) ch[z][chy] = x;                // x,y 在 z 的同一侧
    ch[y][chx] = t, fa[t] = y, t = y, fa[y] = x;    // 保证 t 依然在 x,y 之间
  }
  void splay(int x) {
    pushup(x);                     // x 到树根路径上所有点的深度相对关系都要反转
    for (int f = fa[x]; f = fa[x], !is_root(x); rotate_up(x))
      if (!is_root(f)) rotate_up(is_right_ch(x) == is_right_ch(f) ? f : x);
  }
  void access(int x) {             // 将 root-x 变成首选边
    for (int f = 0; x; f = x, x = fa[x]) splay(x), ch[x][1] = f;
  }
  void make_root(int x) {          // 将 x 变为树根
    access(x), splay(x), swap(ch[x][0], ch[x][1]), rev[x] ^= 1;
  }
  void split(int x, int y) { make_root(x), access(y), splay(y); }
  int find_root(int x) {           // x 所在树的树根
    access(x), splay(x);
    while (ch[x][0]) x = ch[x][0];
    splay(x);
    return x;
  }
  void cut(int x, int y) {
    split(x, y);                   // x 是 y 在辅助树中的左孩子且要求 x,y 相邻
    if (ch[y][0] == x && !ch[x][1]) ch[y][0] = fa[x] = 0;
  }

  void link(int x, int y) {
    if (find_root(x) != find_root(y)) make_root(x), fa[x] = y;
  }
};
LCT<NN> st;
int main() {
  int n, q, x, y;
  char op[16];
  scanf("%d%d", &n, &q);
  while (q--) {
    scanf("%s%d%d", op, &x, &y);
    switch (op[0]) {
      case 'Q':
        puts(st.find_root(x) == st.find_root(y) ? "Yes" : "No");
        break;
      case 'C':
        st.link(x, y);
        break;
```

```
    case 'D':
      st.cut(x, y);
      break;
    default:
      break;
    }
  }
  return 0;
}
/*
算法分析请参考：《算法竞赛入门经典——训练指南》升级版 3.8 节例题 41
*/
```

### 例 4-34　【LCT；维护路径信息】快乐涂色（Happy Painting, UVa 11994）

$n$ 个结点组成了若干棵有根树，树中的每条边都有一个特定的颜色。你的任务是执行 $m$ 条操作，输出结果。操作一共有如下 3 种。

- 1 $x$ $y$ $c$：把 $x$ 的父结点改成 $y$。如果 $x$=$y$ 或者 $x$ 是 $y$ 的祖先，则忽略这条指令；否则删除 $x$ 和它原先父结点之间的边，而新边的颜色为 $c$。
- 2 $x$ $y$ $c$：把 $x$ 和 $y$ 简单路径上的所有边涂成颜色 $c$。如果 $x$ 和 $y$ 之间没有路径，则忽略此指令。
- 3 $x$ $y$：统计 $x$ 和 $y$ 简单路径上的边数，以及这些边一共有多少种颜色。

每组数据第一行为 $n$ 和 $m$（$1 \leq n \leq 50\,000$，$1 \leq m \leq 200\,000$），然后是每个结点的父结点编号和该结点与其父结点之间的边的颜色（对于根结点，父结点编号为 0，且“与父结点之间的边的颜色”无意义）。接下来是 $m$ 条指令。对于所有指令，$1 \leq x, y \leq n$；对于类型 2 指令，$1 \leq c \leq 30$。结点编号为 $1 \sim n$，颜色编号为 $1 \sim 30$。对于每个类型 3 指令，输出对应的结果。

【代码实现】

```
// 魏子豪 陈锋
#include <bits/stdc++.h>
const int NN = 1000005;
using namespace std;

template <int SZ>
struct LCT {                      // clr[x]: x-fa[x]之间的边权
  int ch[SZ][2], fa[SZ], rev[SZ], size[SZ], clr[SZ], set[SZ], mark[SZ];
  void init(int x) {
    ch[x][0] = ch[x][1] = fa[x] = 0;
    rev[x] = size[x] = clr[x] = set[x] = mark[x] = 0;
  }
  int is_right_ch(int x) { return ch[fa[x]][1] == x; }
  bool is_root(int x) { return ch[fa[x]][0] != x && ch[fa[x]][1] != x; }
  void maintain(int x) {
    int &sx = set[x], &sz = size[x], ls = ch[x][0], rs = ch[x][1];
    sx = 0, sz = 1;
    if (ls) sx |= set[ls] | (1 << clr[ls]), sz += size[ls];
```

```
  if (rs) sx |= set[rs] | (1 << clr[rs]), sz += size[rs];
}
void rotate_up(int x) {          // 旋转和无根树的直接旋转不同
  int y = fa[x], d = is_right_ch(x), &t = ch[y][d], z = fa[y],
      cy_bak = clr[y], &cx = clr[x], &cy = clr[y];
  fa[x] = z;                     // 辅助树中深度关系: t 在 x,y 之间, x,y 在 z 同一侧
  if (!is_root(y)) ch[z][is_right_ch(y)] = x;
  t = ch[x][d ^ 1];
  if (t)                         // 边权挂在更深的点上
    fa[t] = y, cy = clr[t], clr[t] = cx, cx = cy_bak;
  else
    swap(cx, clr[y]);
  ch[x][d ^ 1] = y, fa[y] = x;
  maintain(y), maintain(x);
}
void pushup(int x) {
  if (!is_root(x)) pushup(fa[x]);
  pushdown(x);
}
void pushdown(int x) {           // 将翻转标记和染色标记下传
  int ls = ch[x][0], rs = ch[x][1], &mk = mark[x];
  if (mk) {
    if (ls) clr[ls] = mark[ls] = mk, set[ls] = set[x];
    if (rs) clr[rs] = mark[rs] = mk, set[rs] = set[x];
    mk = 0;
  }
  if (rev[x]) {
    swap(ch[x][0], ch[x][1]);
    if (ls) rev[ls] ^= 1;
    if (rs) rev[rs] ^= 1;
    rev[x] = 0;
  }
}
void splay(int x) {
  pushup(x);
  for (int f = fa[x]; f = fa[x], !is_root(x); rotate_up(x))
    if (!is_root(f)) rotate_up(is_right_ch(x) == is_right_ch(f) ? f : x);
  maintain(x);
}
void access(int x) {
  for (int last = 0; x; x = fa[x])
    splay(x), ch[x][1] = last, last = x, maintain(last);
}
int find_root(int x) {
  access(x), splay(x);
  while (ch[x][0]) x = ch[x][0];
  splay(x);
  return x;
}
```

```
  void make_root(int x) { access(x), splay(x), rev[x] ^= 1; }
  void split(int x, int y) { make_root(x), access(y), splay(y); }
  void cut(int x) {
    access(x), splay(x);                 // x 到 Root 拉成一条链，将 x 旋转至辅助树根
    int& ls = ch[x][0];
    if (ls) fa[ls] = 0, clr[ls] = 0, ls = 0; // 左儿子就是树中 x 之父，直接断掉
  }
  void link(int x, int y, int color) { // 实际数据中没有 x 为 y 父亲的情况
    access(y), splay(x);
    cut(x), fa[x] = y, clr[x] = color;  // 直接连边
  }
  // 使 x 成为所在树的根，然后将 x-y 的路径上的所有点加入一个 Splay 中
  void paint(int x, int y, int c) {
    int rx = find_root(x);
    if (rx != find_root(y)) return;      // x,y 不连通
    // 根 x-y 是当前的首选路径， v 是 splay 根，splay 中只有 x-y
    split(x, y), set[y] = 1 << c, mark[y] = c;
    make_root(rx);                       // 还原树根
  }
  void query(int x, int y, int& sz, int& cc) {
    int rx = find_root(x);
    sz = 0, cc = 0;
    if (rx != find_root(y)) return;      // 如果 u 和 v 不在同一棵树，直接输出 0 0
    split(x, y);
    for (int k = set[y]; k; k >>= 1) cc += k & 1;  // 统计有几种不同的颜色
    sz = size[y] - 1;
    make_root(rx);                       // 还原树根
  }
};

LCT<NN> T;
int main() {
  ios::sync_with_stdio(false), cin.tie(0);
  for (int n, m; cin >> n >> m;) {
    for (int i = 1; i <= n; i++) T.init(i);
    for (int i = 1, v; i <= n; i++) cin >> v, T.fa[i] = v;
    for (int i = 1, v; i <= n; i++) {
      cin >> v;
      if (T.fa[i]) T.clr[i] = v;         // 将边权放在深度较深的点上
    }
    for (int i = 1, op, u, v, c; i <= m; i++) {
      cin >> op >> u >> v;
      switch (op) {
        case 1:
          cin >> c;                      // x--c-→y
          if (u != v) T.link(u, v, c);
          break;
        case 2:
          cin >> c, T.paint(u, v, c);
```

```
        break;
      case 3:
        int sz, cc;
        T.query(u, v, sz, cc);
        printf("%d %d\n", sz, cc);
        break;
      }
    }
  }
  return 0;
}
/*
算法分析请参考:《算法竞赛入门经典——训练指南》升级版 3.8 节例题 42
注意:本题中 LCT 如何借鉴线段树中的 pushdown 以及 maintian 函数,实现标记操作
同类题目:航线规划, AHOI 2005, 牛客 NC 19871
        Elephant, IOI 2011, Codechef ELPHANT
*/
```

## 例 4-35 【LCT:维护 MST】大厨和图上查询(Chef and Graph Queries, Codechef-GERALD 07)

大厨有一个无向图 $G$,顶点标号为 $1\sim N$,边标号为 $1\sim M$。给出 $Q$ 对询问 $L_i$, $R_i$($1\leqslant L_i\leqslant R_i\leqslant M$),对于每对询问,大厨想知道当仅保留编号 $X$ 满足 $L_i\leqslant X\leqslant R_i$ 所在的边时,图 $G$ 中有多少个连通块。请帮助大厨回答这些询问。其中,$1\leqslant N, M, Q\leqslant 2\times10^5$。

**注意**:数据可能包含自环和重边。

【代码实现】

```
// 陈锋
#include <bits/stdc++.h>
using namespace std;

template <int SZ>
struct LCT {
  int ch[SZ][2], fa[SZ], minw[SZ];  // 最小点权
  bool rev[SZ];
  inline int& ls(int x) { return ch[x][0]; }
  inline int& rs(int x) { return ch[x][1]; }
  inline void reverse(int x) { rev[x] ^= 1, swap(ls(x), rs(x)); }
  inline void maintain(int x) {
    minw[x] = min(x, min(minw[ls(x)], minw[rs(x)]));
  }
  inline void pushdown(int x) {
    if (rev[x]) reverse(ls(x)), reverse(rs(x)), rev[x] = false;
  }
  inline bool isroot(int x) { return ls(fa[x]) != x && rs(fa[x]) != x; }
  inline int isright(int x) {
    return rs(fa[x]) == x;
  }                                    // x 是否为 Splay 上父亲的右儿子
  void rotate(int x) {
```

```
    int y = fa[x], z = fa[y], k = isright(x), &t = ch[x][k ^ 1];
    if (!isroot(y)) ch[z][isright(y)] = x;  // x,y 在 z 的同一侧
    ch[y][k] = t, fa[t] = y;          // 设置 y,t 之间的关系，x,t 都在 y 的同一侧
    t = y, fa[y] = x, fa[x] = z;      // x-y, y-t 方向相反
    maintain(y), maintain(x);
  }
  void pushup(int x) {
    if (!isroot(x)) pushup(fa[x]);
    pushdown(x);
  }
  void splay(int x) {
    pushup(x);
    while (!isroot(x)) {
      int y = fa[x];
      if (!isroot(y)) rotate(isright(y) == isright(x) ? x : y);
      rotate(x);
    }
  }
  void access(int x) {
    for (int t = 0; x; t = x, x = fa[x]) splay(x), rs(x) = t, maintain(x);
  }
  void makeroot(int x) { access(x), splay(x), reverse(x); }
  void link(int x, int y) { makeroot(x), fa[x] = y; }
  void cut(int x, int y) {
    makeroot(x), access(y), splay(y);
    ls(y) = fa[x] = 0;
    maintain(y);
  }
  void split(int x, int y) { makeroot(x), access(y), splay(y); }
  int findroot(int x) {
    access(x), splay(x);
    while (ls(x)) pushdown(x), x = ls(x);
    splay(x);
    return x;
  }
  void init(int sz) {
    minw[0] = 1e9;
    assert(sz < SZ);
    for (int i = 1; i <= sz; i++)  // LCT 初始化
      minw[i] = i, ch[i][0] = ch[i][1] = fa[i] = 0, rev[i] = 0;
  }
};

template <int SZ>
struct BIT {
  int C[SZ], n;
  void init(int sz) { assert(sz + 1 < SZ), fill_n(C, sz + 1, 0), this->n = sz; }
  inline int lowbit(int x) { return x & -x; }
  void add(int x, int v) {
```

```
    while (x <= n) C[x] += v, x += lowbit(x);
  }
  int sum(int x) {
    int ret = 0;
    while (x) ret += C[x], x -= lowbit(x);
    return ret;
  }
};
const int NN = 2e5 + 4;
BIT<NN> S;
LCT<NN * 2> lct;
int QL[NN], Ans[NN], EU[NN], EV[NN];
vector<int> EQ[NN];

int main() {
  ios::sync_with_stdio(false), cin.tie(0);
  int T;
  cin >> T;
  for (int t = 0, n, m, q; t < T; t++) {
    cin >> n >> m >> q;
    for (int i = 1; i <= m; i++) {
      int &u = EU[i], &v = EV[i];
      cin >> u >> v, u += m, v += m, EQ[i].clear();
    }
    S.init(m), lct.init(m + n);
    for (int i = 1, qr; i <= q; i++) cin >> QL[i] >> qr, EQ[qr].push_back(i);
    for (int i = 1; i <= m; i++) {
      int u = EU[i], v = EV[i];
      if (lct.findroot(u) == lct.findroot(v)) { // u,v 已经连通
        lct.split(u, v);
        int e = lct.minw[v];                      // v 所在分量的最小边权
        if (e < i) {                              // 边 i 比 x 大，删除 x
          lct.cut(e, EU[e]), lct.cut(e, EV[e]), S.add(e, -1);  // 删除边 x
          lct.link(i, u), lct.link(i, v), S.add(i, 1);  // 加入边 i
        }
      } else
        lct.link(u, i), lct.link(v, i), S.add(i, 1);    // 加入边 i

      for (size_t xi = 0; xi < EQ[i].size(); xi++)
        Ans[EQ[i][xi]] = n - (S.sum(i) - S.sum(QL[EQ[i][xi]] - 1));
    }
    for (int i = 1; i <= q; i++) cout << Ans[i] << endl;
  }
  return 0;
}
/*
算法分析请参考：《算法竞赛入门经典——训练指南》升级版 3.8 节例题 43
注意：本题中如何使用一些子函数简化 LCT 各种操作实现
同类题目：魔法森林，NOI 2014，牛客 NC 17858
*/
```

### 本节例题列表

本节讲解的例题及其囊括的知识点，如表 4-7 所示。

表 4-7　动态树与 LCT 例题归纳

| 编　号 | 题　号 | 标　题 | 知 识 点 | 代 码 作 者 |
|---|---|---|---|---|
| 例 4-33 | NC 20311 | Cave | LCT；维护连通性 | 陈锋 |
| 例 4-34 | UVa 11994 | Happy Painting | LCT；维护路径信息 | 魏子豪、陈锋 |
| 例 4-35 | CodeChef-GERALD 07 | Chef and Graph Queries | LCT；维护 MST | 陈锋 |

## 4.6 离线算法

离线算法使用得当，可以大幅度简化一些本来需要复杂数据结构来解决的问题，本节提供了基于时间分治、整体二分、莫队的经典题目的代码实现。

### 例 4-36　【基于时间分治；三维偏序】动态逆序对（CQOI 2011，牛客 NC 19919）

对于序列 $A$，它的逆序对数定义为满足 $i<j$，且 $A_i>A_j$ 的数对$(i,j)$的个数。给出 $1\sim N$（$N\leq 10^5$）的一个排列，按照某种顺序依次删除其中的 $M$ 个元素，在每次删除一个元素之前统计整个序列的逆序对数。

【代码实现】

```
// 陈锋
#define _for(i, a, b) for (int i = (a); i < (int)(b); ++i)
#include <bits/stdc++.h>
using namespace std;
typedef long long LL;
template <int SZ>
struct BIT {
  int C[SZ], N;
  inline int lowbit(int x) { return x & -x; }
  void add(int x, int v) {
    while (x <= N) C[x] += v, x += lowbit(x);
  }
  int sum(int x) {
    int r = 0;
    while (x) r += C[x], x -= lowbit(x);
    return r;
  }
};
const int NN = 1e5 + 8;
BIT<NN> S;
struct OP {
  int id, p, v;                        // 第 id 个命令，在位置 p 插入 v
  bool operator<(const OP &b) { return p > b.p; }
```

```
} O[NN], T[NN];
int N, M, A[NN], Pos[NN], Vis[NN];
LL Ans[NN];                           // 第id个命令插入x之后增加多少个逆序对
void solve(int l, int r) {           // 按照插入位置从大到小排序
  if (l == r) return;
  int m = (l + r) / 2, l1 = l, l2 = m + 1;
  for (int i = l; i <= r; i++) {     // 情况1
    const OP &o = O[i];
    if (o.id <= m) S.add(o.v, 1);    // id ∈ [l,m]
    else Ans[o.id] += S.sum(o.v);    // id ∈ [m + 1,r]
  }
  for (int i = l; i <= r; i++) if (O[i].id <= m) S.add(O[i].v, -1); // 还原BIT
  for (int i = r; i >= l; --i) {     // 情况2
    const OP &o = O[i];
    if (o.id <= m) S.add(N-o.v+1, 1); // id∈[l,m]，记录插入的N - v+1≥v的元素个数
    else Ans[o.id] += S.sum(N - o.v + 1);
    // id ∈ [m + 1,r]，v映射到N - v + 1，如N -> 1,N - 1 -> 2
  }

  for (int i = l; i <= r; i++) {     // 分治：把id∈[l,m]，[m+1,r]的操作分别放两边
    const OP &o = O[i];
    if (o.id <= m) T[l1++] = o, S.add(N - o.v + 1, -1);  // 还原BIT
    else T[l2++] = o;
  }
  copy(T + l, T + r + 1, O + l);
  solve(l, m), solve(m + 1, r);
}

int main() {
  cin >> N >> M;
  int id = N, qc = M;
  S.N = N;
  for (int i = 1; i <= N; ++i) cin >> A[i], Pos[A[i]] = i;
  for (int i = 1; i <= M; ++i) {
    OP &q = O[i];
    cin >> q.v, Vis[q.p = Pos[q.v]] = true, q.id = id--;
  }
  for (int i = 1; i <= N; ++i) {
    if (Vis[i]) continue;
    O[++qc] = {id--, i, A[i]};
  }
  sort(O + 1, O + 1 + N);            // 根据插入位置递减排序
  solve(1, N);
  for (int i = 1; i <= N; ++i) Ans[i] += Ans[i - 1];
  _for(i, 0, M) cout << Ans[N - i] << endl;
  return 0;
}
/*
```

```
算法分析请参考：《算法竞赛入门经典——训练指南》升级版 3.9 节例题 45
同类题目：Sherlock and Inversions, CodeChef IITI 15
          Mokia, BOI 2007, 牛客 NC 51145
*/
```

### 例 4-37 【基于时间分治优化 DP；NTT】公交路线（Bus Routes, ACM/ICPC 合肥 2015, HDU 5552）

给出 $N$（$1 \leqslant N \leqslant 10\,000$）个点以及 $M$（$0 < M < 2^{31}$）种颜色。要构造一个无向连通图，每条边必须选择一种颜色，并且这个连通图至少包含一个环。计算共有多少种这样的构图方案，输出方案数模 152 076 289 的值。

【代码实现】

```
// 陈锋
#include <bits/stdc++.h>
#define _for(i, a, b) for (int i = (a); i < (int)(b); ++i)
#define _rep(i, a, b) for (int i = (a); i <= (int)(b); ++i)
using namespace std;
typedef long long LL;
const int MOD = 152076289, NN = 10000 + 8;
LL gcd(LL a, LL b) { return b ? gcd(b, a % b) : a; }
void exgcd(LL a, LL b, LL &x, LL &y) {
  if (!b) {
    x = 1, y = 0;
    return;
  }
  exgcd(b, a % b, y, x), y -= a / b * x;
}
inline LL mul_mod(LL a, LL b) { return a * b % MOD; }
inline LL pow_mod(LL a, LL p) {
  LL res = 1;
  for (; p > 0; p >>= 1, (a *= a) %= MOD)
    if (p & 1) (res *= a) %= MOD;
  return res;
}
inline LL inv(LL a) {
  LL x, y;
  exgcd(a, MOD, x, y);
  return (x % MOD + MOD) % MOD;
}

namespace _Polynomial {
const int g = 106;                              // 原根
int A[NN << 1], B[NN << 1];
int w[NN << 1], r[NN << 1];
void DFT(int *a, int op, int n) {
  _for(i, 0, n) if (i < r[i]) swap(a[i], a[r[i]]);
  for (int i = 2; i <= n; i <<= 1)
    for (int j = 0; j < n; j += i)
```

```
    for (int k = 0; k < i / 2; k++) {
      int u = a[j + k],
          t = (LL)w[op == 1 ? n / i * k : (n - n / i * k) & (n - 1)] *
              a[j + k + i / 2] % MOD;
      a[j + k] = (u + t) % MOD, a[j + k + i / 2] = (u - t) % MOD;
    }
  if (op == -1) {
    int I = inv(n);
    _for(i, 0, n) a[i] = (LL)a[i] * I % MOD;
  }
}
void multiply(const int *a, const int *b, int *c, int n1, int n2) {
  int n = 1;
  while (n < n1 + n2 - 1) n <<= 1;
  copy_n(a, n1, A), copy_n(b, n2, B);
  fill(A + n1, A + n, 0), fill(B + n2, B + n, 0);

  _for(i, 0, n) r[i] = (r[i >> 1] >> 1) | ((i & 1) * (n >> 1));
  w[0] = 1, w[1] = pow_mod(g, (MOD - 1) / n);
  _for(i, 2, n) w[i] = mul_mod(w[i - 1], w[1]);

  DFT(A, 1, n), DFT(B, 1, n);
  _for(i, 0, n) A[i] = mul_mod(A[i], B[i]);
  DFT(A, -1, n);
  _for(i, 0, n1 + n2 - 1) c[i] = (A[i] + MOD) % MOD;
}
}; // namespace _Polynomial

int A[NN], B[NN], C[NN * 2];
LL Fact[NN], FactInv[NN], F[NN], G[NN];
void solve(int l, int r) {
  if (l == r) {
    F[l] = (G[l] - mul_mod(Fact[l - 1], F[l])) % MOD;
    return;
  }
  int m = (l + r) / 2;
  solve(l, m);                                // F[l~m] -> F(m,r]
  _rep(i, l, m) A[i - l] =
     mul_mod(F[i], FactInv[i - 1]);           // ΣF(i)/(i-1)!, i = l~m

  for (int i = r - l, j = 0; i >= 1; --i, ++j)
    B[j] = mul_mod(G[r - i], FactInv[r - i]);
  _Polynomial::multiply(A, B, C, m - l + 1, r - l);
  _rep(i, m + 1, r)(F[i] += C[i - l - 1]) %= MOD;
  solve(m + 1, r);
}

int main() {
  Fact[0] = Fact[1] = 1, FactInv[0] = FactInv[1] = 1;  // i!, (i!)^-1 % MOD
```

```
  _for(i, 2, NN) Fact[i] = mul_mod(Fact[i - 1], i), FactInv[i] = inv(Fact[i]);
  LL m;
  int T;
  scanf("%d", &T);
  for (int t = 1, n; t <= T; t++) {
    scanf("%d%lld", &n, &m);
    fill_n(F, n + 1, 0);
    _rep(i, 1, n) G[i] = pow_mod(m + 1, (LL)i * (i - 1) / 2);
    solve(1, n);
    printf("Case #%d: %lld\n", t,
           ((F[n] - pow_mod(n, n - 2) * pow_mod(m, n - 1)) % MOD + MOD) % MOD);
  }
  return 0;
}
/*
算法分析请参考：《算法竞赛入门经典——训练指南》升级版 3.9 节例题 46
同类题目：Cash, NOI 2007, 牛客 NC 17519
*/
```

### 例 4-38　【整体二分】流星（Meteors, POI 2011, SPOJ METEORS）

有 $n$ 个国家和 $m$ 个空间站（$1\leqslant n, m\leqslant 3\times10^5$），每个空间站都属于一个国家，一个国家可以有多个空间站。所有空间站按照顺序形成一个环，也就是说，$i$ 和 $i$+1 号空间站相邻，而 $m$ 号空间站和 1 号空间站相邻。现在，将会有 $k$（$1\leqslant k\leqslant 3\times10^5$）场流星雨降临，第 $i$ 场流星雨会给区间$[l_i,r_i]$内的每个空间站带来 $a_i$（$1\leqslant a_i\leqslant 10^9$）单位的陨石。如果 $l_i>r_i$，则区间$[l_i, r_i]$指的是 $l_i,l_i+1, \cdots, m, 1, 2, \cdots, r_i-1, r_i$。每个国家都有一个收集陨石的目标 $p_i$（$1\leqslant p_i\leqslant 10^9$），即第 $i$ 个国家需要收集 $p_i$ 单位的陨石。计算每个国家最早完成陨石收集目标是在第几场流星雨过后。

【代码实现】

```
// 陈锋
#include <bits/stdc++.h>
#define _for(i,a,b) for(int i=(a); i<(int)(b); ++i)
#define _rep(i,a,b) for(int i=(a);i<=(b);++i)
using namespace std;
typedef long long LL;
template <int SZ>
struct BIT {
  LL C[SZ];
  int N;
  void init(int _n) { N = _n; }
  inline int lowbit(int x) { return x & -x; }
  inline void add(int x, int d) { while (x <= N) C[x] += d, x += lowbit(x); }
  inline LL sum(int x) {
    LL ret = 0;
    while (x) ret += C[x], x -= lowbit(x);
    return ret;
  }
```

```
};
struct Rain { int l, r, a; };
const int NN = 3e5 + 8;
Rain Rs[NN];
vector<int> St[NN];                                    // 每个国家的空间站
int N, M, Ans[NN], P[NN];
BIT<NN> S;
inline void apply(const Rain& q, bool revert = false) {
  int x = q.a, l = q.l, r = q.r;
  if (revert) x = -x;
  if (l <= r) S.add(l, x), S.add(r + 1, -x);     // 区间加单点询问用差分实现
  else S.add(1,x), S.add(M+1, -x), S.add(l, x), S.add(r+1, -x);// 拆成两个区间
}
// C中的每个国家的查询结果进行二分，目标答案区间是[al, ar]
void solve(const vector<int>& C, int l, int r) {
  if (C.empty()) return;
  if (l == r) {                                        // 答案的目标区间确定
    for (int c : C) Ans[c] = l;
    return;
  }
  int m = (l + r) / 2;
  _rep(ai, l, m) apply(Rs[ai]);                        // 看看[l,m]中下的流星雨够不够
  vector<int> LC, RC;
  for (int c : C) {                                    // 每个国家都看看
    int &p = P[c];
    LL x = 0;
    for (int s : St[c]) if ((x += S.sum(s)) >= p) break; // 收集够了
    if (p <= x) LC.push_back(c);                       // 答案在[l,m]中，国家分到左边
    else p -= x, RC.push_back(c);                      // 答案在[m+1,r]中，国家分到右边
  }
  _rep(ai, l, m) apply(Rs[ai], true);                  // 看看[l,m]中下的流星雨够不够-还原
  solve(LC, l, m), solve(RC, m + 1, r);                // 更改顺序，整体二分
}

int main() {
  ios::sync_with_stdio(false), cin.tie(0);
  cin >> N >> M, S.init(M + 2);
  int qc, x;
  vector<int> C;
  _rep(i, 1, M) cin >> x, St[x].push_back(i);
  _rep(i, 1, N) cin >> P[i], C.push_back(i);
  cin >> qc;
  _rep(i, 1, qc) cin >> Rs[i].l >> Rs[i].r >> Rs[i].a;// 流星雨下到[l,r]，雨量为a
  solve(C, 1, qc + 1);
  _rep(i, 1, N) {
    if (Ans[i] <= qc) cout << Ans[i] << endl;
    else cout << "NIE" << endl;
  }
  return 0;
```

```
}
/*
算法分析请参考：《算法竞赛入门经典——训练指南》升级版 3.9 节例题 47
同类题目：Arnook Defensive Line, SPOJ KL11B
*/
```

**例 4-39　【整体二分；树上差分】金币（Coins, ACM/ICPC Asia - Amritapuri 2015, Codechef AMCOINS）**

给出一棵包含 $N$（$1 \leqslant N \leqslant 5 \times 10^5$）个结点的树，每个结点可以收集金币。然后给出 $Q$（$1 \leqslant Q \leqslant 10^5$）个操作，操作分为以下两种类型。

- Give($X,Y,W$)：给结点 $X$ 到 $Y$ 路径上的所有结点（包含 $X$ 和 $Y$）一个面值为 $W$（$1 \leqslant W \leqslant 10^5$）的金币。
- Find($Z, I, J, K$)：找到结点 $Z$ 所有在第 $I$ 次和第 $J$ 次操作（包含 $I$ 和 $J$）之间获得的金币中第 $K$ 小的金币面值。如果 $Z$ 只有不到 $K$ 个金币，则输出-1。注意，一个结点可能收到多个同样面值的金币。如果 $Z$ 收到的金币是{1, 2, 3, 3, 4}，则第 2 小的金币面值是 2，第 3 小的金币面值是 3，第 4 小的金币面值是 3。

【代码实现】

```
// 陈锋
#include <bits/stdc++.h>
using namespace std;
template <int SZ>
struct BIT {
  int C[SZ], sz;
  void init(int _sz) {
    sz = _sz;
    assert(sz + 1 < SZ);
  }
  inline int lowbit(int x) { return x & -x; }
  void add(int x, int y) {
    while (x < SZ) C[x] += y, x += lowbit(x);
  }
  int sum(int x) {
    int s = 0;
    while (x > 0) s += C[x], x -= lowbit(x);
    return s;
  }
};
const int NN = 5e5 + 8, QQ = 1e5 + 8, HH = 20;
vector<int> G[NN];
struct Cmd {
  int op, x, y, w, z, k, id, time;
  friend bool operator<(const Cmd& a, const Cmd& b) {
    if (a.time != b.time) return a.time < b.time;
    return a.op < b.op;
  }
};
```

```
int Tin[NN], Tout[NN], Dfn, Fa[NN][HH + 1], Dep[NN];  // DFS, LCA
int lca(int u, int v) {
  if (Dep[u] < Dep[v]) swap(u, v);
  int d = Dep[u] - Dep[v];
  for (int h = 0; h <= HH; h++)
    if (d & (1 << h)) u = Fa[u][h];
  if (u == v) return u;
  for (int h = HH; h >= 0; h--)
    if (Fa[u][h] != Fa[v][h]) u = Fa[u][h], v = Fa[v][h];
  return Fa[u][0];
}
void dfs(int u, int fa) {        // Tin[u]: 先序遍历序列中的编号
  Tin[u] = ++Dfn, Fa[u][0] = fa, Dep[u] = Dep[fa] + 1;
  for (int h = 1; h <= HH; h++) Fa[u][h] = Fa[Fa[u][h - 1]][h - 1];
  for (auto v : G[u])
    if (fa != v) dfs(v, u);
  Tout[u] = Dfn;                 // Tin[u]-Tout[u]: u子树先序遍历序列中的区间
}
BIT<NN> S;
int Cnt[QQ], Ans[QQ];
void apply(const Cmd& q, bool rev = false) {
  int d = lca(q.x, q.y), c = rev ? -1 : 1;          // x-y路径上全部增加一个计数
  S.add(Tin[q.x],c),S.add(Tin[q.y],c),S.add(Tin[d],-c);
   // +(x-root),+(y-root), -(d-root)
  if (d != 1) S.add(Tin[Fa[d][0]], -c);             // d != root, -(fa(d)-root)
}
void solve(int al, int ar, const vector<Cmd>& qs) {// Qs[ql,qr]答案在[al,ar]中
  if (qs.empty()) return;
  int am = (al + ar) / 2;
  vector<Cmd> B;
  for (const auto& q : qs) {
    if (q.op == 1) {                       // 修改操作
      if (q.w <= am) B.push_back(q);       // 增加一个[al, am]中的金币
    } else {  // query[], 拆成对两个时间段的查询: [1,i-1],[1,j], 结果考虑正负
      B.push_back(q), B.back().time = q.x - 1, B.back().w = -1;
      B.push_back(q), B.back().time = q.y, B.back().w = 1;
      Cnt[q.id] = 0;                       // [al,am]中的操作在q.z结点增加了几个金币
    }
  }
  sort(begin(B), end(B));                  // 时间排序, 相同时间, 写在读前
  for (const Cmd& q : B) {
    if (q.op == 1)
      apply(q);                            // 修改操作, 树上差分
    else
    // 版本[1,j]中的增加的[al,am]中的金币数量减去[1,i-1]中增加的[al,am]中的金币数量
      Cnt[q.id] += q.w * (S.sum(Tout[q.z]) - S.sum(Tin[q.z] - 1));
  }
  for (const Cmd& q : B)
    if (q.op == 1) apply(q, true);         // 还原所有修改操作
```

```
  if (al == ar) {                          // 答案已经锁定
    for (auto& q : qs)
      if (q.op == 2 && Cnt[q.id] >= q.k) Ans[q.id] = al;
    return;
  }
  vector<Cmd> lqs, rqs;
  for (auto& q : qs) {
    if (q.op == 1) {
      if (q.w <= am) lqs.push_back(q);  // 插入一个[al,am]中的金币
      else rqs.push_back(q);             // 插入一个[am+1,ar]中的金币
    } else {
      if (Cnt[q.id] >= q.k) lqs.push_back(q);          // 答案在[al,am]中的查询
      else rqs.push_back(q), rqs.back().k -= Cnt[q.id];// 答案在[am+1,ar]中的查询
    }
  }
  solve(al, am, lqs), solve(am + 1, ar, rqs);
}
int main() {
  ios::sync_with_stdio(false), cin.tie(0);
  int n, m, qc = 0;
  cin >> n;
  for (int i = 1, x, y; i < n; i++)
    cin >> x >> y, G[x].push_back(y), G[y].push_back(x);
  Dfn = 0, dfs(1, 0);
  cin >> m;
  vector<Cmd> Qs(m);
  for (int i = 1; i <= m; i++) {
    Cmd& q = Qs[i - 1];
    cin >> q.op;
    if (q.op == 1)
      cin >> q.x >> q.y >> q.w, q.time = i;
    else
      cin >> q.z >> q.x >> q.y >> q.k, q.id = ++qc;
  }
  solve(1, 100000, Qs);
  for (int i = 1; i <= qc; i++) printf("%d\n", Ans[i] ? Ans[i] : -1);
  return 0;
}
/*
算法分析请参考：《算法竞赛入门经典——训练指南》升级版 3.9 节例题 48
同类题目：混合果汁, CTSC 2018 Day2, 牛客 NC 200498
*/
```

### 例 4-40　【莫队】D-查询（D-query, SPOJ DQUERY）

给出一个数组 $a_1, a_2, \cdots, a_n$ 以及 $M$ 个 $d$-查询$(i, j)$（$1 \leqslant i \leqslant j \leqslant n$）。对于每个 $d$-查询$(i, j)$，返回数组子序列 $a_i, a_{i+1}, \cdots, a_j$ 中的不同元素个数。

**【代码实现】**

```
// 陈锋
#include <bits/stdc++.h>

using namespace std;
#define _for(i, a, b) for (int i = (a); i < (int)(b); ++i)
#define _rep(i, a, b) for (int i = (a); i <= (int)(b); ++i)

const int NN - 300000 + 4, MM = 200000 + 4, AA = 1000000 + 4;
int A[NN], ANS[MM], N, M, BLOCK;
struct query {
  int L, R, id;
  bool operator<(const query& q) const {
    int lb = L / BLOCK;
    if (lb != q.L / BLOCK) return lb < q.L / BLOCK;
    if (lb % 2) return R < q.R;
    return R > q.R;
  }
};

query Q[MM];
int ans, curL, curR, CNT[AA];
void add(int pos) { if (++CNT[A[pos]] == 1) ++ans; }
void remove(int pos) { if (--CNT[A[pos]] == 0) --ans; }
typedef long long LL;
int main() {
  scanf("%d", &N);
  _rep(i, 1, N) scanf("%d", &A[i]), CNT[A[i]] = 0;
  scanf("%d", &M);
  BLOCK = max((int)ceil((double)N / sqrt(M)), 16);
  _for(i, 0, M) scanf("%d%d", &Q[i].L, &Q[i].R), Q[i].id = i;
  sort(Q, Q + M);
  CNT[A[1]] = 1, ans = 1, curL = 1, curR = 1;
  _for(i, 0, M) { // 通过自增和自减操作符来简化代码
    while (curL < Q[i].L) remove(curL++);
    while (curL > Q[i].L) add(--curL);
    while (curR < Q[i].R) add(++curR);
    while (curR > Q[i].R) remove(curR--);
    ANS[Q[i].id] = ans;
  }
  _for(i, 0, M) printf("%d\n", ANS[i]);
  return 0;
}
/*
算法分析请参考：《算法竞赛入门经典——训练指南》升级版 3.9 节例题 49
同类题目：Count on a tree II, SPOJ COT2
*/
```

### 例 4-41　【带修改莫队】数颜色（牛客 NC 202003）

墨墨购买了 $N$ 支彩色画笔（其中有些颜色可能相同），摆成一排，你需要回答墨墨的提问。墨墨会向你发布如下指令。

- Q $L$ $R$：询问从第 $L$ 到第 $R$ 支画笔中共有多少种不同颜色的画笔。
- R $P$ Col：把第 $P$ 支画笔替换为颜色 Col。

为了满足墨墨的要求，你知道你需要干什么吗？

【代码实现】

```
// 陈锋
#include <bits/stdc++.h>

using namespace std;
#define _for(i, a, b) for (int i = (a); i < (int)(b); ++i)
#define _rep(i, a, b) for (int i = (a); i <= (int)(b); ++i)

const int SZ = 10005, MAXC = 1e6 + 4;
int BLOCK, Color[SZ], CurColor[SZ], CNT[MAXC], Ans[SZ];
struct Query {
  int l, r, id, c;
  bool operator<(const Query &rhs) const {
    if (l / BLOCK == rhs.l / BLOCK) {
      if (r / BLOCK == rhs.r / BLOCK) return id < rhs.id;  // 时间维度优化
      return r < rhs.r;
    }
    return l < rhs.l;
  }
};
struct Change {
  int pos, old_color, color;            // 位置，旧颜色，新颜色
  void apply();
  void revert();
};
Query Q[SZ];
Change Changes[SZ];
int curAns, curL, curR;
void add_pos(int a) {
  if (++CNT[a] == 1) curAns++;
}
void del_pos(int a) {
  if (--CNT[a] == 0) curAns--;
}
void Change::apply() {                  // 修改位置在当前区间内，应用修改到结果中
  if (curL <= pos && pos <= curR) del_pos(old_color), add_pos(color);
  Color[pos] = color;                   // 应用修改
}
void Change::revert() {                 // 修改位置在当前区间内，还原结果中的答案
```

```
  if (curL <= pos && pos <= curR) del_pos(color), add_pos(old_color);
  Color[pos] = old_color;                     // 应用还原
}

int main() {
  int N, M, c1 = 0, c2 = 0;
  cin >> N >> M;
  BLOCK = pow(N, 2.0 / 3.0);
  _rep(i, 1, N) cin >> Color[i], CurColor[i] = Color[i];
  char opt[4];
  _rep(i, 1, M) {
    cin >> opt;
    if (opt[0] == 'Q') {
      Query &q = Q[c1];
      cin >> q.l >> q.r, q.id = c1++, q.c = c2;
    } else {
      Change &ch = Changes[c2++];
      cin >> ch.pos >> ch.color;
      ch.old_color = CurColor[ch.pos], CurColor[ch.pos] = ch.color;
    }
  }
  sort(Q, Q + c1);
  curL = 1, curR = 1, curAns = 0;
  int last_c = 0;                             // 第一条还未执行的修改命令编号
  add_pos(Color[1]);

  _for(i, 0, c1) {
    while (last_c < Q[i].c) Changes[last_c++].apply();
    // 应用在此查询时间之前的命令
    while (last_c > Q[i].c) Changes[--last_c].revert();
    // 回退在此查询时间之后的命令
    while (curR < Q[i].r) add_pos(Color[++curR]);
    while (curR > Q[i].r) del_pos(Color[curR--]);
    while (curL > Q[i].l) add_pos(Color[--curL]);
    while (curL < Q[i].l) del_pos(Color[curL++]);
    Ans[Q[i].id] = curAns;
  }
  _for(i, 0, c1) cout << Ans[i] << endl;
  return 0;
}
/*
算法分析请参考:《算法竞赛入门经典——训练指南》升级版 3.9 节例题 50
同类题目: Game, HDU 6610
*/
```

## 本节例题列表

本节讲解的例题及其囊括的知识点，如表 4-8 所示。

表 4-8　离线算法例题归纳

| 编　号 | 题　号 | 标　题 | 知 识 点 | 代码作者 |
|---|---|---|---|---|
| 例 4-36 | NC 19919 | 动态逆序对 | 基于时间分治；三维偏序 | 陈锋 |
| 例 4-37 | HDU 5552 | Bus Routes | 基于时间分治优化 DP；NTT | 陈锋 |
| 例 4-38 | SPOJ METEORS | Meteors | 整体二分 | 陈锋 |
| 例 4-39 | CodeChef AMCOINS | Coins | 整体二分；树上差分 | 陈锋 |
| 例 4-40 | SPOJ DQUERY | D-query | 莫队 | 陈锋 |
| 例 4-41 | NC 202003 | 数颜色 | 带修改莫队 | 陈锋 |

## 4.7　kd-Tree

kd-Tree 是一种在 $k$ 维欧几里得空间中组织点的数据结构，可以应用在多种场合，如范围搜寻及最邻近搜索等，有时也可以用来替代树套树。

### 例 4-42　【kd-Tree；最近邻点查询】寻找酒店（Finding Hotels, ACM/ICPC 青岛 2016, HDU 5992）

给出 $N$（$N\leqslant 200\,000$）个酒店，每个酒店用平面上的一个整点表示，并且有不同的价格。给出 $M$（$M\leqslant 20\,000$）次询问，每次询问$(x,y,c)$，其中 $1\leqslant x, y, c\leqslant N$，求出距离$(x,y)$最近的价格不超过 $c$ 的酒店。

【分析】

使用 kd-Tree 查找与指定点最近的点即可，但是查找时要求候选点 $p$ 对应的价格满足所求的条件。在实现上还应注意以下几个细节。

- 因为 kd-Tree 在建立过程中会改变点之间的顺序，所以要在普通的 Point 中增加一个 id，记录此点的原始序号。
- Build 过程中，不是交替选择划分的维度，而是看点集中于哪个维度时最大值和最小值差更大，则选择此维度。
- 因为是整数点，为了不引入浮点误差，查找过程中记录最短距离的平方。

【代码实现】

```
// 陈锋
#include <bits/stdc++.h>
typedef long long LL;
using namespace std;
const int NN = 2E5 + 8;
struct Point {
  LL x, y;
  int c, id;
} Ps[NN];
istream& operator>>(istream& is, Point& p) { return is >> p.x >> p.y >> p.c; }
bool cmpx(const Point& p1, const Point& p2) { return p1.x < p2.x; }
bool cmpy(const Point& p1, const Point& p2) { return p1.y < p2.y; }
```

```
LL dist(const Point& a, const Point& b) {
  return (a.x - b.x) * (a.x - b.x) + (a.y - b.y) * (a.y - b.y);
}
bool Div[NN];                                      // 每一层的划分方式
void build(int l, int r) {
  if (l > r) return;
  int m = (l + r) / 2;
  Point *pl = Ps + l, *pr = Ps + r + 1;
  pair<Point*, Point*> px = minmax_element(pl, pr, cmpx),
                      py = minmax_element(pl, pr, cmpy);
  Div[m] = px.second->x - px.first->x >= py.second->y - py.first->y;
  nth_element(pl, Ps + m, pr, Div[m] ? cmpx : cmpy);
  build(l, m - 1), build(m + 1, r);
}
// Ps[L,r]中距离p最小的点->id，最小距离min_d，且要求Ps[id].c<p.c
void nearest(int l, int r, const Point& p, LL& min_d, int& id) {
  if (l > r) return;
  int m = (l + r) / 2;
  const Point& pm = Ps[m];
  LL d = dist(p, pm);
  if (pm.c <= p.c) {
    if (d < min_d) min_d = d, id = m;
    else if (d == min_d && pm.id < Ps[id].id) id = m;
  }
  d = Div[m] ? (p.x - pm.x) : (p.y - pm.y);
  if (d <= 0) {
    nearest(l, m - 1, p, min_d, id);
    if (d * d < min_d) nearest(m + 1, r, p, min_d, id);
  } else {
    nearest(m + 1, r, p, min_d, id);
    if (d * d < min_d) nearest(l, m - 1, p, min_d, id);
  }
}

int main() {
  ios::sync_with_stdio(false), cin.tie(0);
  int id, n, m, T;
  cin >> T;
  while (T--) {
    cin >> n >> m;
    for (int i = 1; i <= n; i++) cin >> Ps[i], Ps[i].id = i;
    build(1, n);
    Point p;
    while (m--) {
      cin >> p;
      LL min_d = 1LL << 60;
      nearest(1, n, p, min_d, id);
      printf("%lld %lld %d\n", Ps[id].x, Ps[id].y, Ps[id].c);
    }
```

```
  }
  return 0;
}
/*
算法分析请参考：《算法竞赛入门经典——训练指南》升级版 3.10 节例题 51
同类题目：Closest Points, CodeChef CLOSEST
*/
```

### 例 4-43　【kd-Tree；莫队】保持健康（Keep Fit, UVa 12939）

给出编号为 1～$N$ 的 $N$（$1 \leqslant N \leqslant 200\,000$）个点，每个点的坐标 $x,y$ 都满足（$|x|,|y| \leqslant 10^8$）。给出一个固定的参数 $d$（$1 \leqslant d \leqslant 10^8$），以及 $q$（$1 \leqslant q \leqslant 1000$）个询问，每个询问给出两个整数 $i,j$，要求计算编号 $k$ 符合 $i \leqslant k \leqslant j$ 的所有点中，有多少对点满足两点之间的曼哈顿距离不大于 $d$。

**注意：** 题目允许先读取所有的输入请求，计算完成后再输出。也就是说，允许使用离线算法。

【代码实现】

```
// 陈锋
#include <bits/stdc++.h>

#define _for(i, a, b) for (int i = (a); i < (int)(b); ++i)
#define _rep(i, a, b) for (int i = (a); i <= (int)(b); ++i)
using namespace std;
typedef long long LL;

const int NN = 200010, MM = 10010;
int N, M, D, NodeId[NN], root, cmp_dim, BLOCK;
struct Point { int x, y; } PS[NN];
struct Query {
  int l, r, id;
  bool operator<(const Query& q) const {
    if (l / BLOCK != q.l / BLOCK) return l / BLOCK < q.l / BLOCK;
    return r < q.r;
  }
} QS[MM];
LL Ans[MM];
inline bool inRange(int x, int l, int r) { return l <= x && x <= r; }
struct KDTree {
  int xy[2], xyMax[2], xyMin[2], CH[2], cnt, cntSum, fa;
  bool operator<(const KDTree& k) const { return xy[cmp_dim] < k.xy[cmp_dim]; }
  inline int query(int x1, int x2, int y1, int y2);
  inline void update();
  inline void init(int i);
} Tree[NN];

// 查询整棵树在[x1,x1],[y1,y2]中的节点个数
inline int KDTree::query(int x1, int x2, int y1, int y2) {
```

```
  int k = 0;
  if (xyMin[0]>x2 || xyMax[0]<x1 || xyMin[1]>y2 || xyMax[1]<y1 || 0 == cntSum)
    return 0;                          // 整棵树都不在[x1, x2], [y1, y2]中
  if (x1 <= xyMin[0] && xyMax[0] <= x2 && y1 <= xyMin[1] && xyMax[1] <= y2)
    return cntSum;                     // 整棵树都在其中
  if (inRange(xy[0], x1, x2) && inRange(xy[1], y1, y2))
    k += cnt;                          // 当前点在其中
  _for(i, 0, 2) if (CH[i])
    k += Tree[CH[i]].query(x1, x2, y1, y2); // 左右结点查询
  return k;
}

// 更新当前整棵树的 x,y 的 Min,Max 值
inline void KDTree::update() {         // 更新整棵树的 x,y 坐标的 Max, Min 值
  _for(i, 0, 2) if (CH[i]) _for(j, 0, 2) {
    xyMax[j] = max(xyMax[j], Tree[CH[i]].xyMax[j]);
    xyMin[j] = min(xyMin[j], Tree[CH[i]].xyMin[j]);
  }
}

// 初始化 KDTree 结点
inline void KDTree::init(int i) {      // 初始化结点信息
  NodeId[fa] = i;          // 一开始 fa 记录的是 TreeNodeId 对应的 PointId
  _for(j, 0, 2) xyMax[j] = xyMin[j] = xy[j];    // 两个维度坐标的最大值
  cnt = cntSum = 0;        // 是否在莫队当前区间中,树中在莫队当前区间中的点个数,初始都是 0
  CH[0] = CH[1] = 0;                   // 左右子树初始化
}

// 将 Ps[l, r]构建成一棵树
int build(int l, int r, int dim, int fa) {
  int mid = (l + r) / 2;               // 区间分成两半
  // 取出按照 cmp_dim 维度对 l,r 点进行比较的中间点，并且将点 mid 放在中间
  cmp_dim = dim, nth_element(Tree + l + 1, Tree + mid + 1, Tree + r + 1);
  KDTree& n = Tree[mid];               // 本树根结点
  n.init(mid), NodeId[n.fa] = mid, n.fa = fa;
  if (l < mid) n.CH[0] = build(l, mid - 1, !dim, mid); // 递归构建左子树
  if (r > mid) n.CH[1] = build(mid + 1, r, !dim, mid); // 递归构建右子树
  n.update();
  return mid;
}

LL curAns;
inline void addPos(int i) {            // 查找所有与 Ps[i]距离小于等于 D 的点的个数
  curAns += Tree[root].query(PS[i].x-D, PS[i].x+D, PS[i].y-D, PS[i].y+D);
  int ti = NodeId[i];                  // 点 i 对应的 KDTree 结点
  Tree[ti].cnt = 1;                    // 将点 i 记录下来，并且更新其所有祖先的计数
  while (ti) Tree[ti].cntSum++, ti = Tree[ti].fa;
}
```

```
inline void delPos(int i) {
  int ti = NodeId[i];
  Tree[ti].cnt = 0;
  // 将点 i 从莫队区间中去除，更新所有父结点的计数
  while (ti) Tree[ti].cntSum--, ti = Tree[ti].fa;
  // 去掉跟点 i 距离不大于 D 的点的个数
  curAns -= Tree[root].query(PS[i].x-D, PS[i].x+D, PS[i].y-D, PS[i].y+D);
}

int main() {
  ios::sync_with_stdio(false), cin.tie(0);
  for (int t = 1, x, y; cin >> N >> D >> M; t++) {
    printf("Case %d:\n", t);
    BLOCK = (int)sqrt(N + 0.5);
    _rep(i, 1, N) {
      KDTree &nd = Tree[i];
      cin >> x >> y;
      nd.xy[0] = PS[i].x = x + y, nd.xy[1] = PS[i].y = x - y, Tree[i].fa = i;
    }
    root = build(1, N, 0, 0);
    _rep(i, 1, M) cin >> QS[i].l >> QS[i].r, QS[i].id = i;
    sort(QS + 1, QS + M + 1);
    int curL = 1, curR = 0;
    curAns = 0;
    _rep(i, 1, M) {                    // 维护莫队当前的区间
      while (curR < QS[i].r) addPos(++curR);
      while (curR > QS[i].r) delPos(curR--);
      while (curL < QS[i].l) delPos(curL++);
      while (curL > QS[i].l) addPos(--curL);
      Ans[QS[i].id] = curAns;
    }
    _rep(i, 1, M) printf("%lld\n", Ans[i]);
  }
  return 0;
}
/*
算法分析请参考：《算法竞赛入门经典——训练指南》升级版 3.10 节例题 52
同类题目：Generating Synergy, Ipsc 2015G
*/
```

## 本节例题列表

本节讲解的例题及其囊括的知识点，如表 4-9 所示。

表 4-9　kd-Tree 例题归纳

| 编　号 | 题　号 | 标　题 | 知　识　点 | 代码作者 |
|---|---|---|---|---|
| 例 4-42 | HDU 5992 | Finding Hotels | kd-Tree；最近邻点查询 | 陈锋 |
| 例 4-43 | UVa 12939 | Keep Fit | kd-Tree；莫队 | 陈锋 |

# 4.8 可持久化数据结构

可持久化数据结构是一种比较新颖的、能解决复杂算法问题的设计思路。本节介绍了几种常见结构的可持久化版本的典型题目以及实现。

**例 4-44 【可持久化线段树】区间第 *K* 小查询（*K*-th Number, SPOJ MKTHNUM）**

有 $n$（$1 \leqslant n \leqslant 100\ 000$）个数 $a_1, a_2, \cdots, a_n$，给出 $m$ 次询问，每次要询问一个区间[$L$,$R$]中第 $k$ 小的值是多少。

【代码实现】

```
// 陈锋
#include <bits/stdc++.h>
using namespace std;
#define _for(i, a, b) for (int i = (a); i < (int)(b); ++i)
const int MAXN = 100000 + 4;
struct Node;
typedef Node* PNode;
struct Node {                              // 权值线段树
  int count;
  PNode left, right;
  Node(int count = 0, PNode left = NULL, PNode right = NULL)
      : count(count), left(left), right(right) {}
  PNode insert(int l, int r, int w);
};

const PNode Null = new Node();
PNode Node::insert(int l, int r, int w) {
  if (l <= w && w < r) {
    if (l + 1 == r) return new Node(count + 1, Null, Null);
    int m = (l + r) / 2;
    return new Node(count + 1, left->insert(l, m, w), right->insert(m, r, w));
  }
  return this;
}

int query(PNode a, PNode b, int l, int r, int k) {  // 二分查找逻辑
  if (l + 1 == r) return l;
  int m = (l + r) / 2;
  int count = a->left->count - b->left->count;
  if (count >= k) return query(a->left, b->left, l, m, k);
  return query(a->right, b->right, m, r, k - count);
}

int A[MAXN], RM[MAXN];                              // 离散化
PNode VER[MAXN];
```

```
int main() {
  ios::sync_with_stdio(false), cin.tie(0);
  Null->left = Null->right = Null;
  int n, m, maxa = 0;
  cin >> n >> m;
  map<int, int> M;
  _for(i, 0, n) cin >> A[i], M[A[i]] = 0;
  for (map<int, int>::iterator p = M.begin(); p != M.end(); p++)
    p->second = maxa, RM[maxa] = p->first, maxa++;
  VER[0] = Null;                                    // 权值线段树
  _for(i, 0, n) VER[i + 1] = VER[i]->insert(0, maxa, M[A[i]]);

  for (int i = 0, u, v, k; i < m; i++) {
    cin >> u >> v >> k;
    int ans = query(VER[v], VER[u - 1], 0, maxa, k);
    cout << RM[ans] << endl;
  }
}
/*
算法分析请参考:《算法竞赛入门经典——训练指南》升级版 3.11 节例题 53
注意: 本题使用单独的 Null 结点来表示空结点, 简化代码
同类题目: Count on a tree, SPOJ COT
*/
```

### 例 4-45　【可持久化 Trie】树上异或（Tree, ACM/ICPC 2013 南京, HDU 4757）

给出一棵包含 $N$（$N\leqslant10^5$）个点的树，结点编号为 $1\sim N$，每个点 $i$ 都给出其点权 $a_i$（$0\leqslant a_i<2^{16}$），给出 $m$（$m\leqslant10^5$）个询问，每个询问给出 3 个整数$(x,y,v)$，将 $x$ 到 $y$ 路径上的每个点与 $v$ 进行异或运算，求所得结果中的最大值。

【代码实现】

```
// 陈锋
#include <bits/stdc++.h>
using namespace std;
#define _for(i,a,b) for( int i=(a); i<(int)(b); ++i)
#define _rep(i,a,b) for( int i=(a); i<=(int)(b); ++i)
const int MAXH = 16, NN = 1e5 + 8, MM = NN * 32;
int A[NN], TC, Ver[NN];
vector<int> G[NN];
struct Trie { int ch[2], cnt; };
Trie B[MM];                                    // Trie 内存分配
int newTrie() {                                // 新建 Trie 结点
  int c = TC++;
  fill_n(B[c].ch, 2, 0), B[c].cnt = 0;
  return c;
}

int insert(int p, int v, int dep) {
  int np = newTrie();
```

```
  Trie &t = B[np], &t0 = B[p];
  t = t0, t.cnt = t0.cnt + 1;
  if (dep >= 0) {
    bool c = v & 1 << dep;
    t.ch[c] = insert(t0.ch[c], v, dep - 1);
  }
  return np;
}

int Fa[NN][MAXH + 1], D[NN];                    // LCA
void dfs(int u, int f) {
  Fa[u][0] = f, D[u] = D[f] + 1;
  _rep(i, 1, MAXH) Fa[u][i] = Fa[Fa[u][i - 1]][i - 1];
  Ver[u] = insert(Ver[f], A[u], 15); // A[u] < 2^16
  for (auto v : G[u]) if (v != f) dfs(v, u);
}

int lca(int u, int v) {
  if (D[u] < D[v]) swap(u, v);
  int diff = D[u] - D[v];
  _rep(h, 0, MAXH) if (diff & (1 << h)) u = Fa[u][h];
  if (u == v) return u;
  for (int h = MAXH; h >= 0; h--)
    if (Fa[u][h] != Fa[v][h]) u = Fa[u][h], v = Fa[v][h];
  return Fa[u][0];
}
int query(int u, int v, int x) {
  int ans = 0, d = lca(u, v), ru = Ver[u], rv = Ver[v], rd = Ver[d];
  for (int i = 15; i >= 0; i--) {               // x < 2^16，从高位到低位遍历
    bool f = !(x & 1 << i);
    const Trie &tu = B[ru], &tv = B[rv], &td = B[rd];
    if (B[tu.ch[f]].cnt + B[tv.ch[f]].cnt > B[td.ch[f]].cnt * 2)
      ans |= 1 << i;
    else
      f = !f;
    ru = tu.ch[f], rv = tv.ch[f], rd = td.ch[f];
  }
  return max(ans, x ^ A[d]);
}

int main() {
  ios::sync_with_stdio(false), cin.tie(0);
  for (int n, m, u, v, x; cin >> n >> m; ) {
    for (int i = 1; i <= n; i++) cin >> A[i], G[i].clear();
    for (int i = 1; i < n; i++)
      cin >> u >> v, G[u].push_back(v), G[v].push_back(u);
    Ver[0] = TC = 0, newTrie(), dfs(1, 0);
    while (m--)
      cin >> u >> v >> x, printf("%d\n", query(u, v, x));
```

```
  }
}
/*
算法分析请参考：《算法竞赛入门经典——训练指南》升级版 3.11 节例题 55
注意：本题中每次修改结点前通过新建其拷贝来实现可持久化
同类题目：Xor Queries, CodeChef XRQRS
*/
```

## 例 4-46　【可持久化树状数组】网格监控（Grid surveillance, IPSC 2011）

给定一个 4096×4096 的网格 $G$，一开始每个格子都是 0。给出 $q$（$1 \leqslant q \leqslant 20\,000$）个操作，其中修改操作将某个格子$(x,y)$增加一个特定的值 $a$（$0 \leqslant a \leqslant 100$）；查询操作给出 $x_1, x_2, y_1, y_2, t$，要求计算第 $t$ 次操作之前，以线段$(x_1, y_1)$-$(x_2, y_2)$为对角线的子矩形中每个点的值之和。

**注意：**原题为了强制在线化，实际操作描述比较复杂，具体请参考原题描述[①]。

【代码实现】

```
// 陈锋
#include <bits/stdc++.h>
using namespace std;
#define _for(i, a, b) for (int i = (a); i < (int)(b); ++i)

struct Item {
  int ver, c;
  bool operator<(const Item& i) const {
    if (ver != i.ver) return ver < i.ver;
    return c < i.c;
  }
};

template <int SZ>
struct BIT2D {
  vector<Item> C[SZ][SZ];
  int vals[SZ][SZ], version;
  BIT2D() { version = 0; }
  int lowbit(int x) { return x & (x ^ (x - 1)); }
  void add(int x, int y, int c) {
    int ver = ++version;
    vals[x][y] += c;
    for (int i = x; i < SZ; i += lowbit(i))
      for (int j = y; j < SZ; j += lowbit(j)) {
        vector<Item>& v = C[i][j];
        v.push_back({ver, v.empty() ? c : v.back().c + c});
      }
  }
  // 版本 ver 中，[0,0] → [x,y] 区域的元素和
  int sum(int x, int y, int ver) {
```

① https://ipsc.ksp.sk/2011/real/problems/g.html

```
    int ret = 0;
    // 注意如何通过 Item 结构实现每个修改版本的可持久化存储
    for (int i = x; i > 0; i -= lowbit(i))
      for (int j = y; j > 0; j -= lowbit(j)) {
        vector<Item>& v = C[i][j];
        vector<Item>::iterator it = // 查找 ver+1 之前的版本
            lower_bound(v.begin(), v.end(), (Item){ver + 1, 0});
        if (it != v.begin()) ret += (--it)->c;
      }
    return ret;
  }
};

const int DIM = 4096;
int XM(int x, int C) { return (x ^ C) % 4096 + 3; }
BIT2D<DIM + 16> S;

struct OP {
  int type, x1, x2, y1, y2, v;
  int exec(int c) {
    if (type == 1) {
      int x = XM(x1, c), y = XM(y1, c);
      S.add(x, y, v);
      return S.vals[x][y];
    }

    int _x1 = XM(x1, c), _x2 = XM(x2, c), _y1 = XM(y1, c), _y2 = XM(y2, c);
    int xl = min(_x1, _x2), xr = max(_x1, _x2), yl = min(_y1, _y2),
        yr = max(_y1, _y2);
    int ver; // 版本号
    if (v == 0)
      ver = S.version;
    else if (v > 0)
      ver = v;
    else if (v < 0)
      ver = max(S.version + v, 0);
    return S.sum(xr, yr, ver) + S.sum(xl - 1, yl - 1, ver) -
           S.sum(xl - 1, yr, ver) - S.sum(xr, yl - 1, ver);
  }
};

istream& operator>>(istream& is, OP& o) {
  is >> o.type;
  if (o.type == 1) is >> o.x1 >> o.y1;
  if (o.type == 2) is >> o.x1 >> o.x2 >> o.y1 >> o.y2;
  return is >> o.v;
}

int main() {
```

```
  ios::sync_with_stdio(false), cin.tie(0);
  int r, q, qc = 0;
  cin >> r >> q;
  vector<OP> ops(q);
  for (auto& o : ops) {
    cin >> o;
    if (o.type == 2) qc++;
  }
  int c = 0, qi = 0;
  _for(i, 0, r) for (auto& o : ops) {
    c = o.exec(c);
    if (o.type == 2) {
      if (qi + 20000 >= r * qc) cout << c << endl;
      ++qi;
    }
  }
}
/*
算法分析请参考：《算法竞赛入门经典——训练指南》升级版 3.11 节例题 56
同类题目：To the Moon, HDU 4348
*/
```

### 例 4-47 【可持久化 Treap】自带版本控制功能的 IDE（Version Controlled IDE, ACM/ICPC Hatyai 2012, UVa 12538）

编写一个支持查询历史记录功能的编辑器，支持以下 3 种操作。

- 1 *p s*：在位置 *p* 前插入字符串 *s*。
- 2 *p c*：从位置 *p* 开始删除 *c* 个字符。
- 3 *v p c*：打印版本 *v* 中从位置 *p* 开始的 *c* 个字符。

缓冲区一开始是空串，对应版本号 0。每次执行操作 1 或操作 2 之后，版本号加 1。每个查询回答之后，才能读下一个查询。操作数 $n \leqslant 50\,000$，插入串总长不超过 1MB，输出总长保证不超过 200KB。

【代码实现（基于可以分裂合并的 Treap）】

```
// 陈锋
#include <bits/stdc++.h>
using namespace std;
#define _for(i, a, b) for (decltype(b) i = (a); i < (b); ++i)
const int MAXN = (1 << 23), MAXQ = 50000 + 4;
struct Node;
typedef Node *PNode;
PNode Null, VER[MAXQ];
struct Node {
  PNode left, right;
  char label;                          // 用户自定义 label
  int key, sz;
  Node(char c = 0, int s = 1) : label(c), sz(s) {
    left = right = Null, key = rand();
```

```
  }
  PNode update() {
    sz = 1 + left->sz + right->sz;
    return this;
  }
};
Node Nodes[MAXN];
struct Treap {
  int bufIdx = 0, d;
  PNode copyOf(PNode u) {
    if (u == Null) return u;
    PNode ret = &Nodes[bufIdx++];
    *ret = *u;
    return ret;
  }
  PNode merge(PNode a, PNode b) {
    if (a == Null) return copyOf(b);
    if (b == Null) return copyOf(a);
    PNode ret;
    if (a->key < b->key)
      ret = copyOf(a), ret->right = merge(a->right, b);
    else
      ret = copyOf(b), ret->left = merge(a, b->left);
    return ret->update();
  }
  void split(PNode pn, PNode &l, PNode &r, const int k) {
    int psz = pn->sz, plsz = pn->left->sz;
    if (k == 0)
      l = Null, r = copyOf(pn);
    else if (psz <= k)
      l = copyOf(pn), r = Null;
    else if (plsz >= k)
      r = copyOf(pn), split(pn->left, l, r->left, k), r->update();
    else
      l = copyOf(pn), split(pn->right, l->right, r, k - plsz - 1), l->update();
  }

  PNode build(int l, int r, const char *s) {
    if (l > r) return Null;
    int m = (l + r) / 2;
    Node u(s[m]);
    PNode a = copyOf(&u), p = build(l, m - 1, s), q = build(m + 1, r, s);
    p = merge(p, a), a = merge(p, q);
    return a->update();
  }
  PNode insert(const PNode ver, int pos, const char *s) {
    PNode p, q, r = build(0, strlen(s) - 1, s);
    split(ver, p, q, pos);
    return merge(merge(p, r), q);
```

```
  }
  PNode remove(PNode ver, int pos, int n) {
    PNode p, q, r;
    split(ver, p, q, pos - 1), split(q, q, r, n);
    return merge(p, r);
  }
  void print(PNode ver) {
    if (ver == Null) return;
    print(ver->left), d += (ver->label == 'c');
    putchar(ver->label);
    print(ver->right);
  }
  void debugPrint(PNode pn) {
    if (pn == Null) return;
    debugPrint(pn->left), putchar(pn->label), debugPrint(pn->right);
  }
  void traversal(PNode pn, int pos, int n) {
    PNode p, q, r;
    split(pn, p, q, pos - 1), split(q, q, r, n), print(q);
  }
  void init() { bufIdx = 0, d = 0, Null = &Nodes[bufIdx++], Null->sz = 0; }
};
Treap tree;
int main() {
  int n, opt, v, p, c, ver = 0;
  scanf("%d", &n), tree.init();
  char s[128];
  VER[0] = Null;
  _for(i, 0, n) {
    scanf("%d", &opt);
    switch (opt) {
      case 1:
        scanf("%d %s", &p, s), p -= tree.d;
        VER[ver + 1] = tree.insert(VER[ver], p, s), ver++;
        break;
      case 2:
        scanf("%d %d", &p, &c), p -= tree.d, c -= tree.d;
        VER[ver + 1] = tree.remove(VER[ver], p, c), ver++;
        break;
      case 3:
        scanf("%d%d%d", &v, &p, &c), v -= tree.d, p -= tree.d, c -= tree.d;
        tree.traversal(VER[v], p, c), puts("");
        break;
      default:
        break;
    }
  }
  return 0;
}
```

```
/*
算法分析请参考：《算法竞赛入门经典——训练指南》升级版 3.11 节例题 57
同类题目：SuperMemo, POJ 3580
*/
```

还有一种基于 STL 中 rope 的实现方法，rope 就是一个用块状链表实现的“重型”string（然而它也可以保存 int 或其他的类型），它属于 STL 扩展。代码中，crope 即 rope<char>。

**【代码实现（基于块状链表 rope 的实现）】**

```
// 陈锋
#include <bits/stdc++.h>

#include <ext/rope>
using namespace std;
using namespace __gnu_cxx;
crope ro, version[50100];

int main() {
  int n, d = 0, ver = 1;
  string buf;
  cin >> n;
  for (int i = 0, opt, p, c, v; i < n; i++) {
    cin >> opt;
    switch (opt) {
      case 1:
        cin >> p >> buf, p -= d;
        ro.insert(p, buf.c_str()), version[ver++] = ro;  // 保留历史版本
        break;
      case 2:
        cin >> p >> c, p -= d, c -= d;
        ro.erase(p - 1, c), version[ver++] = ro;          // 保留历史版本
        break;
      default:
        cin >> v >> p >> c;
        v -= d, p -= d, c -= d;
        const crope& tmp = version[v].substr(p - 1, c);
        for (size_t i = 0; i < tmp.size(); i++) {
          char c = tmp[i];
          d += (c == 'c'), cout << c;
        }
        cout << endl;
        break;
    }
  }
  return 0;
}
/*
算法分析请参考：《算法竞赛入门经典——训练指南》升级版 3.11 节例题 57
*/
```

### 本节例题列表

本节讲解的例题及其囊括的知识点，如表 4-10 所示。

表 4-10　可持久化数据结构例题归纳

| 编　　号 | 题　　号 | 标　　题 | 知　识　点 | 代 码 作 者 |
|---|---|---|---|---|
| 例 4-44 | SPOJ MKTHNUM | *K*-th Number | 可持久化线段树 | 陈锋 |
| 例 4-45 | HDU 4757 | Tree | 可持久化 Trie | 陈锋 |
| 例 4-46 | IPSC 2011 | Grid surveillance | 可持久化树状数组 | 陈锋 |
| 例 4-47 | UVa 12538 | Version Controlled IDE | 可持久化 Treap | 陈锋 |

## 4.9　嵌套和分块数据结构

除前文讨论的数据结构外，还有两种“非主流”的数据结构设计方法：嵌套和分块。它们虽然较少出现在教科书中，但思想精巧，实用性高。下面给出一些与嵌套和分块有关的经典题目及代码实现。

### 例 4-48　【二维线段树】人口普查（Census, UVa 11297）

你的任务是维护一个 $n$ 行 $m$ 列（$1 \leq n,m \leq 500$）的数字矩阵，要求支持 $Q$（$Q \leq 40\,000$）个操作。操作分为以下两种类型。

- q $x_1$ $y_1$ $x_2$ $y_2$：查询所有满足 $x_1 \leq x \leq x_2$, $y_1 \leq y \leq y_2$ 的格子$(x,y)$的最大值和最小值。
- c $x$ $y$ $v$：把格子$(x,y)$的值修改成 $v$。

对于每个 q 查询，依次输出最大值和最小值。

【代码实现】

```
// 陈锋
#include <stdio.h>
#include <algorithm>
#include <cstring>
using namespace std;
const int NN = 508, INF = 1e9;
struct SegTree2D {
  struct Node {
    int Max, Min;
    void update(const Node& nd) {
      Max = max(Max, nd.Max), Min = min(Min, nd.Min);
    }
  } NS[NN][NN * 4];  // 第一维表示对应的矩阵的行编号

  Node qAns;
  void maintain(int c, int o) {
    Node &nd = NS[c][o], ld = NS[c][2 * o], rd = NS[c][2 * o + 1];
    nd.Max = max(ld.Max, rd.Max), nd.Min = min(ld.Min, rd.Min);
  }
```

```
  void build(int c, int o, int l, int r) {
    Node& nd = NS[c][o];
    if (l == r) {
      scanf("%d", &nd.Min), nd.Max = nd.Min;
      return;
    }
    int mid = (l + r) / 2, lc = o * 2, rc = o * 2 + 1;
    build(c, lc, l, mid), build(c, rc, mid + 1, r);
    maintain(c, o);
  }

  void query(int c, int o, int l, int r, int qL, int qR) {
    if (l == qL && r == qR) {
      qAns.update(NS[c][o]);
      return;
    }
    int qM = (qL + qR) / 2, lc = o * 2, rc = o * 2 + 1;
    if (qM >= r)
      query(c, lc, l, r, qL, qM);
    else if (qM < l)
      query(c, rc, l, r, qM + 1, qR);
    else
      query(c, lc, l, qM, qL, qM), query(c, rc, qM + 1, r, qM + 1, qR);
  }

  void modify(int c, int x, int val, int o, int l, int r) {
    Node& nd = NS[c][o];
    if (l == r && l == x) {
      nd.Max = nd.Min = val;
      return;
    }
    int m = (l + r) / 2, lc = o * 2, rc = o * 2 + 1;
    if (m >= x)
      modify(c, x, val, lc, l, m);
    else if (m < x)
      modify(c, x, val, rc, m + 1, r);
    maintain(c, o);
  }
};
SegTree2D ST;
int main() {
  char op[10];
  for (int m, n, x1, y1, x2, y2, v; scanf("%d", &n) != EOF;) {
    for (int x = 1; x <= n; x++) ST.build(x, 1, 1, n);
    scanf("%d", &m);
    while (m--) {
      scanf("%s", op);
      if (op[0] == 'q') {
```

```
      ST.qAns.Max = -INF, ST.qAns.Min = INF;
      scanf("%d%d%d%d", &x1, &y1, &x2, &y2);
      for (int x = x1; x <= x2; x++) ST.query(x, 1, y1, y2, 1, n);
      printf("%d %d\n", ST.qAns.Max, ST.qAns.Min);
    }
    if (op[0] == 'c')
      scanf("%d%d%d", &x1, &y1, &v), ST.modify(x1, y1, v, 1, 1, n);
  }
 }
 return 0;
}
/*
算法分析请参考：《算法竞赛入门经典——训练指南》升级版 6.2 节例题 4
注意：本题通过一个二维数组，将普通线段树改造成二维线段树
同类题目：Mosaic, HDU 4819
*/
```

### 例 4-49　【树状数组套静态 BST】“动态”逆序对（“Dynamic” Inversion, UVa 11990）

给定一个 1～$n$ 的排列 $A$，要求按照某种顺序删除一些数（其他数顺序不变），输出每次删除之前逆序对的数目。所谓逆序对数，就是满足 $i<j$ 且 $A[i]>A[j]$的有序对$(i,j)$的数目。

输入包含多组数据。每组数据：第一行为两个整数 $n$ 和 $m$（$1 \leqslant n \leqslant 2 \times 10^5$，$1 \leqslant m \leqslant 10^5$）；接下来的 $n$ 行表示初始排列；接下来的 $m$ 行按顺序给出要删除的整数，每个整数保证不会删除两次。输入结束标志为文件结束符（EOF）。输入文件大小不超过 5MB。

对于每次删除，输出删除之前的逆序对数。

【代码实现】

```
// 刘汝佳
#include <cstdio>
#include <vector>
#include <algorithm>
#include <cassert>
using namespace std;

inline int lowbit(int x) { return x&-x; }

struct Node {
  Node *ch[2];          // 左右子树
  int v;                // 值
  int s;                // 结点总数（有删除标记的结点未统计在内）
  int d;                // 删除标记
  Node():d(0) {}
  int ch_s(int d) { return ch[d] == NULL ? 0 : ch[d]->s; }
};

// 名次树，懒删除实现
struct RankTree {
  int n, next;
  int *v;
```

```
Node *nodes, *root;
RankTree(int n, int* A):n(n) {
  nodes = new Node[n];
  next = 0;
  v = new int[n];
  for(int i = 0; i < n; i++) v[i] = A[i];
  sort(v, v+n);
  root = build(0, n-1);
  delete[] v;
}

Node* build(int L, int R) {
  if(L > R) return NULL;
  int M = L + (R-L) / 2;
  int u = next++;
  nodes[u].v = v[M];
  nodes[u].ch[0] = build(L, M-1);
  nodes[u].ch[1] = build(M+1, R);
  nodes[u].s = nodes[u].ch_s(0) + nodes[u].ch_s(1) + 1;
  return &nodes[u];
}

// type = 0: 统计比 v 小的元素个数
// type = 1: 统计比 v 大的元素个数
int count(int v, int type) {
  Node* u = root;
  int cnt = 0;
  while(u != NULL) {
    if(u->v == v) { cnt += u->ch_s(type); break; }
    int c = (v < u->v ? 0 : 1);
    if(c != type) cnt += u->s - u->ch_s(c);
    u = u->ch[c];
  }
  return cnt;
}

// 要保证 v 在树中且尚未被删除
void erase(int v) {
  Node* u = root;
  while(u != NULL) {
    u->s--;
    if(u->v == v) { assert(u->d == 0); u->d = 1; return; }
    int c = (v < u->v ? 0 : 1);
    u = u->ch[c];
  }
  assert(0);
}

~RankTree() {
```

```
    delete[] nodes;
  }
};

// 嵌套名次树的 Fenwick 树
struct FenwickRankTree {
  int n;
  vector<RankTree*> C;

  void init(int n, int* A) {
    this->n = n;
    C.resize(n+1);                // 存放在 C[1]~C[n]
    for(int i = 1; i <= n; i++) {
      C[i] = new RankTree(lowbit(i), A+i-lowbit(i)+1);
    }
  }

  void clear() { for(int i = 1; i <= n; i++) delete C[i]; }

  // 统计 A[1], A[2], ..., A[x]有多少个元素比 v 大（x≤n）
  int count(int x, int v, int type) {
    int ret = 0;
    while(x > 0) {
      ret += C[x]->count(v, type); x -= lowbit(x);
    }
    return ret;
  }

  // 删除 A[x]=v
  void erase(int x, int v) {
    while(x <= n) {
      C[x]->erase(v); x += lowbit(x);
    }
  }
};

// 普通 Fenwick 树
struct FenwickTree {
  int n;
  vector<int> C;

  void init(int n) {
    this->n = n;
    C.resize(n+1);
    fill(C.begin(), C.end(), 0);
  }

  // 计算 A[1]+A[2]+...+A[x]（x≤n）
  int sum(int x) {
```

```
    int ret = 0;
    while(x > 0) {
      ret += C[x]; x -= lowbit(x);
    }
    return ret;
  }

  // A[x] += d (1≤x≤n)
  void add(int x, int d) {
    while(x <= n) {
      C[x] += d; x += lowbit(x);
    }
  }
};

const int maxn = 200000 + 5;
const int maxm = 100000 + 5;
typedef long long LL;

int n, m, A[maxn], B[maxn], pos[maxn];
FenwickRankTree frt;
FenwickTree f;                  // 用来求逆序对数以及求已删除的元素有多少个比 v 小

LL inversion_pairs() {
  LL ans = 0;
  f.init(n);
  for(int i = n; i >= 1; i--) {
    ans += f.sum(A[i]-1);
    f.add(A[i], 1);
  }
  return ans;
}

int main() {
  while(scanf("%d%d", &n, &m) == 2) {
    for(int i = 1; i <= n; i++) {
      scanf("%d", &A[i]);
      pos[B[i] = A[i]] = i;
    }
    LL cnt = inversion_pairs();
    frt.init(n, A);
    f.init(n);
    for(int i = 0; i < m; i++) {
      printf("%lld\n", cnt);
      int x;
      scanf("%d", &x);
      f.add(x, 1);
      int a = frt.count(pos[x]-1, x, 1);      // x 左边有 a 个数比 x 大
      int b = x-1;                             // 一共有 x-1 个数比 x 小
```

```
      int c = f.sum(x-1);                       // 删了 c 个比 x 小的数
      int d = frt.count(pos[x]-1, x, 0);        // 现在左边有 d 个比 x 小的数
      b -= c + d;                               // 还剩 b 个
      cnt -= a + b;                             // 逆序对减少 a+b 个
      frt.erase(pos[x], x);
    }
  }
  return 0;
}
/*
算法分析请参考:《算法竞赛入门经典——训练指南》升级版 6.2 节例题 5
同类题目: CRB and Queries, HDU 5412
*/
```

### 例 4-50　【分块数组】数组变换（Array Transformation, UVa 12003）

输入一个数组 $A[1, \cdots, n]$和 $m$（$1 \leqslant n \leqslant 300\,000$，$1 \leqslant m \leqslant 50\,000$，$1 \leqslant A[i] \leqslant u \leqslant 10^9$）条指令，你的任务是对数组进行变换，输出最终结果。每条指令形如$(L, R, v, p)$，表示先统计出$A[L], A[L+1], \cdots, A[R]$中严格小于 $v$ 的元素个数 $k$，然后把 $A[p]$修改成 $uk/(R-L+1)$。这里的除法为整数除法（即忽略小数部分）。

输出 $n$ 行，每行为一个整数，即变换后的最终数组。

【代码实现】

```
// 刘汝佳
#include <cstdio>
#include <algorithm>
using namespace std;

const int maxn = 300000 + 10;
const int SIZE = 4096;

int n, m, u, A[maxn], block[maxn/SIZE+1][SIZE];

void init() {
  scanf("%d%d%d", &n, &m, &u);
  int b = 0, j = 0;
  for(int i = 0; i < n; i++) {
    scanf("%d", &A[i]);
    block[b][j] = A[i];
    if(++j == SIZE) { b++; j = 0; }
  }
  for(int i = 0; i < b; i++) sort(block[i], block[i]+SIZE);
  if(j) sort(block[b], block[b]+j);
}

int query(int L, int R, int v) {
  int lb = L/SIZE, rb = R/SIZE;                            // L 和 R 所在块编号
  int k = 0;
  if(lb == rb) {
```

```
    for(int i = L; i <= R; i++) if(A[i] < v) k++;
  } else {
    for(int i = L; i < (lb+1)*SIZE; i++) if(A[i] < v) k++; // 第一块
    for(int i = rb*SIZE; i <= R; i++) if(A[i] < v) k++;      // 最后一块
    for(int b = lb+1; b < rb; b++)                           // 中间的完整块
      k += lower_bound(block[b], block[b]+SIZE, v) - block[b];
  }
  return k;
}

void change(int p, int x) {
  if(A[p] == x) return;
  int old = A[p], pos = 0, *B = &block[p/SIZE][0];          // B 就是 p 所在的块
  A[p] = x;

  while(B[pos] < old) pos++; B[pos] = x;                    // 找到 x 在块中的位置
  if(x > old)                                               // x 太大，往后交换
    while(pos < SIZE-1 && B[pos] > B[pos+1]) { swap(B[pos+1], B[pos]); pos++; }
  else                                                      // 往前交换
    while(pos > 0 && B[pos] < B[pos-1]) { swap(B[pos-1], B[pos]); pos--; }
}

int main() {
  init();
  while(m--) {
    int L, R, v, p;
    scanf("%d%d%d%d", &L, &R, &v, &p); L--; R--; p--;
    int k = query(L, R, v);
    change(p, (long long)u * k / (R-L+1));
  }
  for(int i = 0; i < n; i++) printf("%d\n", A[i]);
  return 0;
}
/*
算法分析请参考：《算法竞赛入门经典——训练指南》升级版 6.2 节例题 6
*/
```

### 例 4-51 【树分块】王室联邦（SCOI 2005，牛客 NC 208301）

国王想把他的国家划分成若干个省，每个省都由王室联邦的一个成员来管理。国家有编号为 1～$N$（$1 \leqslant N \leqslant 1000$）的 $N$ 个城市。一些城市之间有道路相连，任意两个不同的城市之间有且仅有一条直接或间接的道路。为了防止管理太过分散，每个省至少要有 $B$（$1 \leqslant B \leqslant N$）个城市；为了能有效地管理，每个省最多只有 $3B$ 个城市。

每个省必须有一个省会，这个省会可以位于省内，也可以位于省外。该省任意一个城市到达省会所经过的道路上的城市（除了最后一个城市，即该省省会）都必须属于该省。一个城市可以作为多个省的省会。输入 $N$-1 条边，每条边指定两个数作为被其连接的两个城市的编号。

【代码实现】

```
// 陈锋
#include <iostream>
#include <stack>
#include <vector>
using namespace std;

typedef long long LL;
const int NN = 1000 + 4;
vector<int> G[NN];
stack<int> S;
int N, B, BCnt, BId[NN], Cap[NN];  // 块的个数，每个点所属块编号，每个块的中心

void dfs(int u, int fa) {
  size_t sz = S.size();
  for (auto v : G[u]) {
    if (v == fa) continue;
    dfs(v, u);
    if (S.size() >= sz + B) {       // 新增点可以分块
      Cap[++BCnt] = u;              // 新增块中心点为 u
      while (S.size() > sz) BId[S.top()] = BCnt, S.pop();
    }
  }
  S.push(u);
  if (u == 1)    // 注意：root 特殊处理，未分块的点都放入以 root 为中心的块
    while (!S.empty()) BId[S.top()] = BCnt, S.pop();
}

int main() {
  ios::sync_with_stdio(false), cin.tie(nullptr);
  cin >> N >> B, BCnt = 0;
  for (int i = 1, u, v; i < N; i++) {
    cin >> u >> v;
    G[u].push_back(v), G[v].push_back(u);
  }
  dfs(1, -1);
  cout << BCnt << endl;
  for (int i = 1; i <= N; i++) cout << BId[i] << (i == N ? "\n" : " ");
  for (int i = 1; i <= BCnt; i++) cout << Cap[i] << (i == BCnt ? "\n" : " ");
  return 0;
}
/*
算法分析请参考：《算法竞赛入门经典——训练指南》升级版 6.2 节例题 7
同类题目：Tree, HDU 6394
*/
```

### 例 4-52　【树上带修改莫队】糖果公园（WC 2013，牛客 NC 200517）

有一座糖果公园，里面有 $N$（$N \leqslant 10^5$）个糖果发放点，形成一棵 $N$ 个结点的树，每个

结点 $i$ 提供一种编号为 $C_i$ 的糖果，共有 $M$ 种糖果。每种糖果 $i$ 都有一个美味指数 $V_i$，一个游客如果重复品尝同一种糖果，会感觉腻味，所获得的愉悦指数也会降低。总的来说，游客第 $i$ 次在发放点 $i$ 品尝糖果 $j$ 的话，愉悦指数 $H$ 增加 $V_jW_i$，而一个游客走过树上一条道路所获得的愉悦指数 $H$ 就是该道路上所有 $V_jW_i$ 的总和。当然，公园管理方可能会修改某个发放点上的糖果种类。

给出 $Q$ 个操作，每个操作包含 3 个整数 Type, $x, y$，则：

- Type 为 0，则 $1 \leqslant x \leqslant n$，$1 \leqslant y \leqslant m$，表示将发放点 $x$ 的糖果类型改为 $y$。
- Type 为 1，则 $1 \leqslant x, y \leqslant n$，表示计算并输出由出发点 $x$ 到终点 $y$ 的路线上的愉悦指数。

【代码实现】

```
// 陈锋
#include <bits/stdc++.h>
using namespace std;
typedef long long LL;
const int NN = 100010, LN = 20;
struct Edge {
  int v, next;
} ES[NN * 2];
int Next[NN], EC = 0;
void add_edge(int x, int y) {
  ES[++EC] = {y, Next[x]};
  Next[x] = EC;
}
stack<int> Stk;
int Dep[NN], fa[NN][LN],                                    // LCA
    BlkId[NN], BLOCK, BlkCnt = 0,                           // Block
    C[NN], CNT[NN], VIS[NN], MC = 0, QC = 0, CBak[NN]; // 莫队
LL V[NN], W[NN], CurAns = 0, Ans[NN];
void dfs(int x) {                                           // 预处理 LCA 以及树的分块
  Dep[x] = Dep[fa[x][0]] + 1;
  for (int i = 1; (1 << i) <= Dep[x]; i++) fa[x][i] = fa[fa[x][i - 1]][i - 1];
  size_t now = Stk.size();
  for (int i = Next[x]; i; i = ES[i].next) {
    int v = ES[i].v;
    if (v == fa[x][0]) continue;
    fa[v][0] = x;
    dfs(v);
    if (Stk.size() - now > BLOCK) {                         // 树分块
      BlkCnt++;
      while (Stk.size() > now) BlkId[Stk.top()] = BlkCnt, Stk.pop();
    }
  }
  Stk.push(x);
  if (x == 1) {
    BlkCnt++;
    while (!Stk.empty()) BlkId[Stk.top()] = BlkCnt, Stk.pop();
```

```
  }
}

int LCA(int x, int y) {                                    // 倍增 LCA
  if (Dep[x] < Dep[y]) swap(x, y);
  for (int i = LN; i >= 0; i--)
    if ((1 << i) <= Dep[x] - Dep[y]) x = fa[x][i];
  if (x == y) return x;
  for (int i = LN; i >= 0; i--)
    if (Dep[x] >= (1 << i) && fa[x][i] != fa[y][i]) x = fa[x][i], y = fa[y][i];
  return fa[x][0];
}

struct Modify {
  int pos, color, old_color;
} MS[NN];
struct Query {
  int x, y, time, id;
  bool operator<(const Query& b) const {
    if (BlkId[x] != BlkId[b.x]) return BlkId[x] < BlkId[b.x];
    if (BlkId[y] != BlkId[b.y]) return BlkId[y] < BlkId[b.y];
    return time < b.time;
  }
} QS[NN];

inline void add_pos(int u) { CurAns += W[++CNT[C[u]]] * V[C[u]]; }  // 莫队
inline void del_pos(int u) { CurAns -= W[CNT[C[u]]--] * V[C[u]]; }
inline void modify(int u, int c) {                     // 改变 u 的颜色
  if (VIS[u])
    del_pos(u), C[u] = c, add_pos(u);
  else
    C[u] = c;
}
inline void invert(int u) {                            // 切换 u 的选中状态
  if (VIS[u])
    VIS[u] = 0, del_pos(u);
  else
    VIS[u] = 1, add_pos(u);
}
inline void mark(int u, int l) {                       // mark [u->l), l 是 u 的祖先
  for (int x = u; x != l; x = fa[x][0]) invert(x);
}

int main() {
  int N, M, Q;
  scanf("%d%d%d", &N, &M, &Q);
  BLOCK = (int)(pow(N, 2.0 / 3) / 2);
  for (int i = 1; i <= M; i++) scanf("%lld", &V[i]);
  for (int i = 1; i <= N; i++) scanf("%lld", &W[i]);
  for (int i = 1, u, v; i < N; i++)
```

```
    scanf("%d%d", &u, &v), add_edge(u, v), add_edge(v, u);
  for (int i = 1; i <= N; i++) scanf("%d", &C[i]), CBak[i] = C[i];

  dfs(1);
  for (int i = 1, op; i <= Q; i++) {
    scanf("%d", &op);
    if (op == 0) {
      Modify& m = MS[++MC];
      scanf("%d%d", &m.pos, &m.color);
      m.old_color = C[m.pos], C[m.pos] = m.color;
    } else {
      Query& q = QS[++QC];
      scanf("%d%d", &q.x, &q.y), q.time = MC, q.id = QC;
      if (BlkId[q.x] > BlkId[q.y]) swap(q.x, q.y);         // y 的移动就会少一半
    }
  }
  sort(QS + 1, QS + 1 + QC);
  for (int i = 1; i <= N; i++) C[i] = CBak[i];

  int X = 1, Y = 1;
  QS[0].time = 0;                        // [X,Y]: 包含当前结果的区间
  for (int i = 1; i <= QC; i++) {        // 维护 X,Y 路径上不包含 lca(X,Y)的点的贡献和
    const Query& q = QS[i];
    int l = LCA(q.x, X), l2 = LCA(q.y, Y), last = QS[i - 1].time;
    mark(X, l), mark(q.x, l), mark(Y, l2), mark(q.y, l2);  // X→q.x, Y→q.y
    X = q.x, Y = q.y, l = LCA(X, Y);
    invert(l);
    for (int t = last + 1; t <= q.time; t++) modify(MS[t].pos, MS[t].color);
    for (int t = last; t > q.time; t--) modify(MS[t].pos, MS[t].old_color);
    Ans[q.id] = CurAns;
    invert(l);
  }
  for (int i = 1; i <= QC; i++) printf("%lld\n", Ans[i]);
}
/*
算法分析请参考:《算法竞赛入门经典——训练指南》升级版 6.2 节例题 8
*/
```

## 本节例题列表

本节讲解的例题及其囊括的知识点，如表 4-11 所示。

表 4-11 嵌套和分块数据结构例题归纳

| 编　号 | 题　号 | 标　题 | 知　识　点 | 代码作者 |
|---|---|---|---|---|
| 例 4-48 | UVa 11297 | Census | 二维线段树 | 陈锋 |
| 例 4-49 | UVa 11990 | "Dynamic" Inversion | 树状数组套静态 BST | 刘汝佳 |
| 例 4-50 | UVa 12003 | Array Transformation | 分块数组 | 刘汝佳 |
| 例 4-51 | NC 208301 | 王室联邦 | 树分块 | 陈锋 |
| 例 4-52 | NC 200517 | 糖果公园 | 树上带修改莫队 | 陈锋 |

# 第 5 章　字　符　串

## 5.1　Trie、KMP 以及 AC 自动机

Trie、KMP 以及 AC 自动机是解决字符串相关问题最常见的数据结构。

### 例 5-1　【Trie】背单词（Remember the Word, UVa 1401）

给出一个由 $S$（$1 \leqslant S \leqslant 4000$）个不同长度的单词（每个单词长度不超过 100）组成的字典和一个长度不超过 300 000 的长字符串。把这个字符串分解成字典中若干个单词的连接（单词可以重复使用），有多少种方法？比如，字典中有 4 个单词 a, b, cd, ab，则 abcd 有两种分解方法：a+b+cd 和 ab+cd。输出分解方案数除以 20 071 207 的余数。

【代码实现】

```
// 刘汝佳
#include <bits/stdc++.h>
using namespace std;
const int MAXN = 4000 * 100 + 10, SIGMA = 26;

// 字母表为全体小写字母的 Trie
struct Trie {
  int ch[MAXN][SIGMA], val[MAXN], sz;           // 结点总数
  void clear() { sz = 1, fill_n(ch[0], SIGMA, 0); }     // 初始时只有一个根结点
  int idx(char c) { return c - 'a'; }           // 字符 c 的编号
  // 插入字符串 s，附加信息为 v。注意 v 必须非 0，因为 0 代表“本结点不是单词结点”
  void insert(const char *s, int v) {
    int u = 0, n = strlen(s);
    for (int i = 0; i < n; i++) {
      int c = idx(s[i]);
      if (!ch[u][c])                            // 结点不存在，新建
        fill_n(ch[sz], SIGMA, 0), val[sz] = 0, ch[u][c] = sz++;
      u = ch[u][c];                             // 往下走
    }
    val[u] = v;                                 // 字符串最后一个字符的附加信息为 v
  }

  // 查找 s 的长度不超过 len 的前缀
  void find_prefixes(const char *s, int len, vector<int> &ans) {
    int u = 0;
    for (int i = 0; i < len; i++) {
      if (s[i] == '\0') break;
      int c = idx(s[i]);
      if (!ch[u][c]) break;
```

```
      u = ch[u][c];
      if (val[u] != 0) ans.push_back(val[u]);  // 找到一个前缀
    }
  }
};

// 文本串最大长度，单词最大个数
const int TL = 3e5 + 4, WC = 4000 + 4, MOD = 20071027;
int D[TL], WLen[WC];
Trie trie;
int main() {
  ios::sync_with_stdio(false), cin.tie(0);
  string text, word;
  for (int kase = 1, S; cin >> text >> S; kase++) {
    trie.clear();
    for (int i = 1; i <= S; i++)
      cin >> word, WLen[i] = word.length(), trie.insert(word.c_str(), i);
    int L = text.length();
    fill_n(D, L, 0), D[L] = 1;
    for (int i = L - 1; i >= 0; i--) {
      vector<int> p;
      trie.find_prefixes(text.c_str() + i, L - i, p);
      for (size_t j = 0; j < p.size(); j++)
        (D[i] += D[i + WLen[p[j]]]) %= MOD;
    }
    printf("Case %d: %d\n", kase, D[0]);
  }
  return 0;
}
/*
算法分析请参考：《算法竞赛入门经典——训练指南》升级版 3.3.1 节例题 13
同类题目："strcmp()" Anyone?, UVa 11732
        Dictionary Size, ACM/ICPC NEERC 2011, UVa 1519
        Xor Sum, HDU 4825
        Chip Factory, HDU 5536
*/
```

### 例 5-2 【KMP；失配函数】周期（Period, SEERC 2004, POJ 1961）

给定一个长度为 $n$（$2 \leqslant n \leqslant 10^6$）的字符串 $S$，求它每个前缀的最短循环节。换句话说，对于每个 $i$（$2 \leqslant i \leqslant n$），求一个最大的整数 $K>1$（如果 $K$ 存在），使得 $S$ 的前 $i$ 个字符组成的前缀是某个字符串重复 $K$ 次得到的。输出所有存在 $K$ 的 $i$ 和对应的 $K$。

比如，对于字符串 aabaabaabaab，只有当 $i$=2, 6, 9, 12 时 $K$ 存在，且分别为 2, 2, 3, 4。

【代码实现】

```
// 刘汝佳
#include <cstdio>
const int NN = 1e6 + 4;
char P[NN];
```

```
int F[NN];

int main() {
  for (int n, kase = 1; scanf("%d", &n) == 1 && n; kase++) {
    scanf("%s", P);
    F[0] = 0, F[1] = 0;                          // 递推边界初值
    for (int i = 1; i < n; i++) {                // 递推计算失配函数
      int j = F[i];
      while (j && P[i] != P[j]) j = F[j];
      F[i + 1] = (P[i] == P[j] ? j + 1 : 0);
    }
    printf("Test case #%d\n", kase);
    for (int i = 2; i <= n; i++)
      if (F[i] > 0 && i % (i - F[i]) == 0) printf("%d %d\n", i, i / (i - F[i]));
    printf("\n");
  }
  return 0;
}
/*
算法分析请参考：《算法竞赛入门经典——训练指南》升级版 3.3.2 节例题 15
同类题目：Cyclic Nacklace, HDU 3746
          Number Sequence, HDU 1711
          Seek the Name, Seek the Fame, POJ 2752
          Power Strings, POJ 2406
          Simpsons' Hidden Talents, HDU 2594
*/
```

### 例 5-3　【AC 自动机】出现次数最多的子串（Dominating Patterns, UVa 1449）

有 $n$（$1 \leqslant n \leqslant 150$）个由小写字母组成的字符串和一个文本串 $T$，长度为 $1 \sim 10^6$ 的整数。找出哪些字符串在文本中出现的次数最多。例如，字符串 aba 在 ababa 中出现 2 次，但字符串 bab 只出现了 1 次。

对于每组数据，第一行输出最多出现的次数，接下来每行包含一个出现次数最多的字符串，按照输入顺序排列。

【代码实现】

```
// 刘汝佳
#include <bits/stdc++.h>
using namespace std;

const int SIGMA = 26, MAXN = 11000, MAXS = 150 + 10;
map<string, int> ms;
struct AhoCorasickAutomata {
  int ch[MAXN][SIGMA];
  int f[MAXN];                        // fail 函数
  int val[MAXN];                      // 每个字符串的结尾结点都有一个非 0 的 val
  int last[MAXN];                     // 输出链表的下一个结点
  int cnt[MAXS], sz;
  void init() {
```

```
  sz = 1, fill_n(ch[0], SIGMA, 0), fill_n(cnt, MAXS, 0), ms.clear();
}
int idx(char c) { return c - 'a'; }  // 字符c的编号
void insert(char* s, int v) {         // 插入字符串，v必须非0
  int u = 0, n = strlen(s);
  for (int i = 0; i < n; i++) {
    int c = idx(s[i]);
    if (!ch[u][c]) fill_n(ch[sz], SIGMA, 0), val[sz] = 0, ch[u][c] = sz++;
    u = ch[u][c];
  }
  val[u] = v, ms[string(s)] = v;
}

// 递归打印以结点j结尾的所有字符串
void print(int j) {
  if (j) cnt[val[j]]++, print(last[j]);
}

// 在T中找模板
void find(char* T) {
  int n = strlen(T), j = 0;           // 当前结点编号，初始为根结点
  for (int i = 0; i < n; i++) {       // 文本串当前指针
    int c = idx(T[i]);
    while (j && !ch[j][c]) j = f[j];  // 顺着细边走，直到可以匹配
    j = ch[j][c];
    if (val[j])
      print(j);
    else if (last[j])
      print(last[j]);                 // 找到了
  }
}

// 计算fail函数
void getFail() {
  queue<int> q;
  f[0] = 0;
  for (int c = 0; c < SIGMA; c++) {   // 初始化队列
    int u = ch[0][c];
    if (u) f[u] = 0, q.push(u), last[u] = 0;
  }
  while (!q.empty()) {                // 按BFS顺序计算fail
    int r = q.front();
    q.pop();
    for (int c = 0; c < SIGMA; c++) {
      int u = ch[r][c];
      if (!u) continue;
      q.push(u);
      int v = f[r];
      while (v && !ch[v][c]) v = f[v];
```

```
        f[u] = ch[v][c], last[u] = val[f[u]] ? f[u] : last[f[u]];
      }
    }
  }
};

AhoCorasickAutomata ac;

char text[1000001], P[MAXS][80];
int main() {
  for (int n; scanf("%d", &n) == 1 && n;) {
    ac.init();
    for (int i = 1; i <= n; i++) scanf("%s", P[i]), ac.insert(P[i], i);
    ac.getFail();
    scanf("%s", text), ac.find(text);
    int best = *max_element(ac.cnt + 1, ac.cnt + n + 1);
    printf("%d\n", best);
    for (int i = 1; i <= n; i++)
      if (ac.cnt[ms[string(P[i])]] == best) printf("%s\n", P[i]);
  }
  return 0;
}
/*
算法分析请参考：《算法竞赛入门经典——训练指南》升级版 3.3.3 节例题 16
同类题目：GRE Words Revenge, ACM/ICPC Chengdu 2013, UVa 1676
          First of Her Name, ACM/ICPC WF 2019, Codeforces Gym 102511G
*/
```

### 例 5-4　【AC 自动机】子串（Substring, UVa 11468）

给出一些字符和各自对应的选择概率，随机选择 $L$ 次后将得到一个长度为 $L$ 的随机字符串 $S$（每次独立随机）。给出 $K$（$K \leqslant 20$）个模板串，计算 $S$ 不包含任何一个串的概率（即任何一个模板串都不是 $S$ 的连续子串）。

【代码实现】

```
// 刘汝佳/陈锋
#include <bits/stdc++.h>
using namespace std;
const int SIGMA = 64, MAXN = 500, MAXS = 20 + 10;  // 结点总数，模板个数
int idx[256], n;
double prob[SIGMA];
struct AhoCorasickAutomata {
  int ch[MAXN][SIGMA];
  int f[MAXN];                                    // fail 函数
  int match[MAXN];                                // 是否包含某个字符串
  int sz;                                         // 结点总数
  void init() { sz = 1, fill_n(ch[0], SIGMA, 0); }
  void insert(const char *s) {                    // 插入字符串
    int u = 0, n = strlen(s);
```

```
    for (int i = 0; i < n; i++) {
      int c = idx[s[i]];
      if (!ch[u][c]) fill_n(ch[sz], SIGMA, 0), match[sz] = 0, ch[u][c] = sz++;
      u = ch[u][c];
    }
    match[u] = 1;
  }

  void getFail() {                                       // 计算 fail 函数
    queue<int> q;
    f[0] = 0;
    for (int c = 0; c < SIGMA; c++) {                    // 初始化队列
      int u = ch[0][c];
      if (u) f[u] = 0, q.push(u);
    }
    while (!q.empty()) {                                 // 按 BFS 顺序计算 fail
      int r = q.front();
      q.pop();
      for (int c = 0; c < SIGMA; c++) {
        int u = ch[r][c];
        if (!u) {
          ch[r][c] = ch[f[r]][c];
          continue;
        }
        q.push(u);
        int v = f[r];
        while (v && !ch[v][c]) v = f[v];
        f[u] = ch[v][c], match[u] |= match[f[u]];
      }
    }
  }

  void dump() {
    printf("sz = %d\n", sz);
    for (int i = 0; i < sz; i++)
      printf("%d: %d %d %d\n", i, ch[i][0], ch[i][1], match[i]);
    printf("\n");
  }
};

AhoCorasickAutomata ac;

double d[MAXN][105];
int vis[MAXN][105];
double getProb(int u, int L) {
  if (!L) return 1.0;
  if (vis[u][L]) return d[u][L];
  vis[u][L] = 1;
  double &ans = d[u][L];
```

```
  ans = 0.0;
  for (int i = 0; i < n; i++)
    if (!ac.match[ac.ch[u][i]]) ans += prob[i] * getProb(ac.ch[u][i], L - 1);
  return ans;
}

char s[30][30];

int main() {
  int T;
  scanf("%d", &T);
  for (int kase = 1, k, L; kase <= T; kase++) {
    scanf("%d", &k);
    for (int i = 0; i < k; i++) scanf("%s", s[i]);
    scanf("%d", &n);
    for (int i = 0; i < n; i++) {
      char ch[9];
      scanf("%s%lf", ch, &prob[i]), idx[ch[0]] = i;
    }
    ac.init();
    for (int i = 0; i < k; i++) ac.insert(s[i]);
    ac.getFail();
    scanf("%d", &L);
    memset(vis, 0, sizeof(vis));
    printf("Case #%d: %.6lf\n", kase, getProb(0, L));
  }
  return 0;
}
/*
算法分析请参考:《算法竞赛入门经典——训练指南》升级版 3.3.3 节例题 17
同类题目: DNA Repair, HDU 2457
         Wireless Password, HDU 2825
         Password Suspects, ACM/ICPC, WF 2008, UVa 1076
         Censored!, POJ 1625
*/
```

## 本节例题列表

本节讲解的例题及其囊括的知识点，如表 5-1 所示。

表 5-1　Trie、KMP 以及 AC 自动机例题归纳

| 编　　号 | 题　　号 | 标　　题 | 知 识 点 | 代 码 作 者 |
|---|---|---|---|---|
| 例 5-1 | UVa 1401 | Remember the Word | Trie | 刘汝佳 |
| 例 5-2 | POJ 1961 | Period | KMP；失配函数 | 刘汝佳 |
| 例 5-3 | UVa 1449 | Dominating Patterns | AC 自动机 | 刘汝佳 |
| 例 5-4 | UVa 11468 | Substring | AC 自动机 | 刘汝佳、陈锋 |

# 5.2 后缀数组、Hash 和 Manacher

虽然因为后缀自动机以及 Hash 的存在，后缀数组的应用范围已经大大缩小，但是本节仍然提供了一些题目。另外，Hash 是一种特别容易编写且可以解决子串以及后缀问题的方法，Manacher 也是解决回文串相关问题的不错选择。

## 例 5-5 【后缀数组】生命的形式（Life Forms, UVa 11107）

输入 $n$（$1 \leqslant n \leqslant 100$）个 DNA 序列，你的任务是求出一个长度最大的字符串，使得它在超过一半的 DNA 序列中连续出现。如果有多解，按照字典序从小到大输出所有解。

【代码实现】

```
// 刘汝佳
#include <algorithm>
#include <cstdio>
#include <cstring>

using namespace std;
#define _for(i, a, b) for (int i = (a); i < (b); ++i)
#define _rep(i, a, b) for (int i = (a); i <= (b); ++i)
typedef long long LL;

template <int SZ>
struct SuffixArray {
  int s[SZ];                    // 原始字符数组（最后一个字符必须是 0，前面的字符必须非 0）
  int sa[SZ];                   // 后缀数组
  int rank[SZ];                 // 名次数组，rank[0]一定是 n-1，即最后一个字符
  int height[SZ];               // height 数组
  int t[SZ], t2[SZ], c[SZ]; // 辅助数组
  int n;                        // 字符个数

  void clear() { n = 0, fill_n(sa, SZ, 0); }

  // m 为最大字符值加 1，调用之前需设置好 s 和 n
  void build_sa(int m) {
    int i, *x = t, *y = t2;
    for (i = 0; i < m; i++) c[i] = 0;
    for (i = 0; i < n; i++) c[x[i] = s[i]]++;
    for (i = 1; i < m; i++) c[i] += c[i - 1];
    for (i = n - 1; i >= 0; i--) sa[--c[x[i]]] = i;
    for (int k = 1; k <= n; k <<= 1) {
      int p = 0;
      for (i = n - k; i < n; i++) y[p++] = i;
      for (i = 0; i < n; i++)
        if (sa[i] >= k) y[p++] = sa[i] - k;
      for (i = 0; i < m; i++) c[i] = 0;
```

```
      for (i = 0; i < n; i++) c[x[y[i]]]++;
      for (i = 0; i < m; i++) c[i] += c[i - 1];
      for (i = n - 1; i >= 0; i--) sa[--c[x[y[i]]]] = y[i];
      swap(x, y), p = 1, x[sa[0]] = 0;
      for (i = 1; i < n; i++)
        x[sa[i]] = y[sa[i - 1]] == y[sa[i]] && y[sa[i - 1] + k] == y[sa[i] + k]
                   ? p - 1 : p++;
      if (p >= n) break;
      m = p;
    }
  }

  void build_height() {
    for (int i = 0; i < n; i++) rank[sa[i]] = i;
    for (int i = 0, k = 0; i < n; i++) {
      if (k) k--;
      int j = sa[rank[i] - 1];
      while (s[i + k] == s[j + k]) k++;
      height[rank[i]] = k;
    }
  }
};

const int MAXL = 1000 + 8, MAXN = 100 + 4;
int idx[MAXL * MAXN], flag[MAXN], N;
char buf[MAXL];
SuffixArray<MAXL * MAXN> sa;

bool good(int L, int R) {
  if (R - L <= N / 2) return false;
  fill_n(flag, MAXN, 0);
  int cnt = 0;
  _for(i, L, R) {
    int x = idx[sa.sa[i]];
    if (x != N && !flag[x]) flag[x] = 1, cnt++;
  }
  return cnt > N / 2;
}

void print_sub(int L, int R) {                    // print s[L,R)
  _for(i, L, R) printf("%c", sa.s[i] - 1 + 'a');
  puts("");
}

bool print_sol(int len, bool print = false) {
  for (int L = 0, R = 1; R <= sa.n; R++) {
    if (R == sa.n || sa.height[R] < len) {       // 新开一段
      if (good(L, R)) {
        if (!print) return true;
```

```
      print_sub(sa.sa[L], sa.sa[L] + len);
    }
    L = R;
  }
 }
 return false;
}

void solve(int maxLen) {
  if (!print_sol(1)) {
    puts("?");
    return;
  }
  int L = 1, R = maxLen, M;
  while (L < R) {
    M = L + (R - L + 1) / 2;
    if (print_sol(M))
      L = M;
    else
      R = M - 1;
  }
  print_sol(L, true);
}

// 给字符串加上一个字符，属于字符串 i
void add(int ch, int i) { idx[sa.n] = i, sa.s[sa.n++] = ch; }

int main() {
  for (int t = 0; scanf("%d", &N) == 1 && N; t++) {
    if (t) puts("");
    int maxl = 0;
    sa.n = 0;
    _for(i, 0, N) {
      scanf("%s", buf);
      int sz = strlen(buf);
      maxl = max(maxl, sz);
      _for(j, 0, sz) add(buf[j] - 'a' + 1, i);
      add(100 + i, N);
    }
    add(0, N);
    if (N == 1)
      puts(buf);
    else
      sa.build_sa(N + 100), sa.build_height(), solve(maxl);
  }
  return 0;
}
/*
算法分析请参考：《算法竞赛入门经典——训练指南》升级版 3.4.2 节例题 19
```

```
注意：要理解后缀数组的排序部分，要首先理解基数排序（Radix Sort）
同类题目：Alice's Classified Message, HDU 5558
*/
```

### 例 5-6 【基于 Hash 的 LCP】口吃的外星人（Stammering Aliens, SWERC 2009, UVa 12206）

有一个口吃的外星人，说的话里包含很多重复的字符串，比如 babab 包含两个 bab。给定这个外星人说的一句话，找出至少出现 *m* 次的最长字符串。

【代码实现】

```
// 刘汝佳
#include <algorithm>
#include <cstdio>
#include <iostream>
using namespace std;
#define _for(i, a, b) for (int i = (a); i < (b); ++i)
typedef long long LL;
typedef unsigned long long ULL;
const int MAXN = 40000 + 8;
const ULL x = 123;
ULL H[MAXN], PX[MAXN], Hash[MAXN];
int N, sa[MAXN];
void init_PX() {                          // 初始化 Hash，计算所用的 x^p
  PX[0] = 1;
  _for(i, 1, MAXN) PX[i] = x * PX[i - 1];
}

void init_hash(const string& s) {
  N = s.length();
  H[N] = 0;
  for (int i = N - 1; i >= 0; i--) H[i] = (s[i] - 'a' + 1) + H[i + 1] * x;
}

bool hash_cmp(int a, int b) {
  if (Hash[a] != Hash[b]) return Hash[a] < Hash[b];
  return a < b;
}

bool ok(int L, int M, int& pos) {         // 是否有长度至少为 len 的子串出现 M 次以上
  _for(i, 0, N - L + 1) sa[i] = i, Hash[i] = H[i] - H[i + L] * PX[L];
  sort(sa, sa + N - L + 1, hash_cmp);
  pos = -1;
  int c = 0;
  _for(i, 0, N - L + 1) {
    if (i == 0 || Hash[sa[i]] != Hash[sa[i - 1]]) c = 0;
    if (++c >= M) pos = max(pos, sa[i]);
  }
  return pos >= 0;
}
```

```
int main() {
  ios::sync_with_stdio(false), cin.tie(0);
  init_PX();
  string word;
  for (int t = 0, pos, M; cin >> M >> word && M; t++) {
    init_hash(word);
    if (!ok(1, M, pos)) {
      puts("none");
      continue;
    }
    int l = 1, r = N + 1;
    while (l + 1 < r) {
      int m = l + (r - l) / 2;
      if (ok(m, M, pos)) l = m;
      else r = m;
    }
    ok(l, M, pos);
    printf("%d %d\n", l, pos);
  }
  return 0;
}

/*
算法分析请参考:《算法竞赛入门经典——训练指南》升级版 3.4.3 节例题 20
注意: 在二分查找之前要首先判断问题是否有解
同类题目: A Horrible Poem, POI 2012, 牛客 NC 50316
*/
```

## 例 5-7 【manacher】扩展成回文（Extend to Palindrome, UVa 11475）

给出一个仅由大小写英文字母组成的长度为 $N$（$N \leqslant 10^5$）的字符串 $S$，请在 $S$ 后面增加最少的字符，使其形成一个回文串。

【代码实现】

```
// 陈锋
#include <bits/stdc++.h>
using namespace std;
const int MAXN = 1e5 + 4;
char S[MAXN], T[MAXN * 2];
int P[MAXN * 2];
void manacher(const char *s, int len) {
  int l = 0;
  T[l++] = '$', T[l++] = '#';
  for (int i = 0; i < len; i++) T[l++] = s[i], T[l++] = '#';
  T[l] = 0;
  int r = 0, c = 0;
  for (int i = 0; i < l; i++) {
    int &p = P[i];
    p = r > i ? min(P[2 * c - i], r - i) : 1;
    while (T[i + p] == T[i - p]) p++;
```

```
    if (i + p > r) r = i + p, c = i;
  }
}
int main() {
  while (scanf("%s", S) == 1) {
    int ans = 0, L = strlen(S);
    manacher(S, L);
    for (int i = 0; i < 2 * L + 2; i++)
      if (P[i] + i == 2 * L + 2)
        ans = max(ans, P[i] - 1);         // 此回文串是作为后缀出现的，更新答案
    printf("%s", S);
    for (int i = L - ans - 1; i >= 0; i--) printf("%c", S[i]);
    puts("");
  }
  return 0;
}
/*
算法分析请参考：《算法竞赛入门经典——训练指南》升级版 3.4.4 节例题 21
注意：manacher 算法插入的特殊字符可以根据不同的题目要求进行修改
同类题目：吉哥系列故事——完美队形 II, HDU 4513
          3-Palindromes, Codechef PALIN3
          Number of Palindromes, SPOJ NUMOFPAL
          Mirror Strings!!!, SPOJ MSUBSTR
*/
```

**本节例题列表**

本节讲解的例题及其囊括的知识点，如表 5-2 所示。

表 5-2　后缀数组、Hash 和 Manacher 例题归纳

| 编　　号 | 题　　号 | 标　　题 | 知　识　点 | 代 码 作 者 |
|---|---|---|---|---|
| 例 5-5 | UVa 11107 | Life Forms | 后缀数组 | 刘汝佳 |
| 例 5-6 | UVa 12206 | Stammering Aliens | 基于 Hash 的 LCP | 刘汝佳 |
| 例 5-7 | UVa 11475 | Extend to Palindrome | manacher | 陈锋 |

# 5.3　后缀自动机

后缀自动机使用得当，可以将一些复杂的字符串问题转化为 DAG 问题以及树上问题，非常实用，而且扩展性强。

**例 5-8　【后缀自动机】最小循环串（Glass Beads, SPOJ BEADS）**

给出一个长度为 $N$（$N \leqslant 10\,000$）的小写字符串 $S$，每次都将它的第一个字符移到最后面，求这样能得到的字典序最小的字符串。输出开始下标。

【代码实现】

```
// 陈锋
#include <bits/stdc++.h>
using namespace std;

template<int SZ, int SIG = 32>
struct Suffix_Automaton {
  int link[SZ], len[SZ], last, sz;
  map<char, int> next[SZ];
  inline void init() { sz = 0, last = new_node(); }
  inline int new_node() {
    assert(sz + 1 < SZ);
    int nd = sz++;
    next[nd].clear(), link[nd] = -1, len[nd] = 0;
    return nd;
  }
  inline void insert(char x) {
    int p = last, cur = new_node();
    len[last = cur] = len[p] + 1;
    while (p != -1 && !next[p].count(x))
      next[p][x] = cur, p = link[p];
    if (p == -1) { link[cur] = 0; return; }
    int q = next[p][x];
    if (len[p] + 1 == len[q]) { link[cur] = q; return; }
    int nq = new_node();
    next[nq] = next[q];
    link[nq] = link[q], len[nq] = len[p] + 1, link[cur] = link[q] = nq;
    while (p >= 0 && next[p][x] == q) next[p][x] = nq, p = link[p];
  }
  inline void build(char* s) { while (*s) insert(*s++); }
};

typedef long long LL;
const int NN = 10000 + 4;
char S[NN];
Suffix_Automaton<NN * 4> sam;
int main() {
  int T;
  scanf("%d", &T);
  while (T--) {
    scanf("%s", S);
    sam.init(), sam.build(S), sam.build(S);
    int p = 0, N = strlen(S);
    for (int i = 0; i < N; i++) p = sam.next[p].begin()->second;
    printf("%d\n", sam.len[p] - N + 1);
  }
  return 0;
}
/*
```

```
算法分析请参考:《算法竞赛入门经典——训练指南》升级版 3.5.3 节例题 22
注意: 本题中的后缀自动机使用 map 存储结点后继, 以快速查找字典序最小的后继
同类题目: Lexicographical Substring Search, SPOJ SUBLEX
        Typewriter, HDU 6583
*/
```

### 例 5-9　【后缀自动机：子串统计】不同的子串（New Distinct Substrings, SPOJ SUBST1）

给出 $T$ 个长度不超过 50 000 的字符串 $S$，对于每个 $S$，给出其不同的子串的个数。

【代码实现】

```
// 陈锋
#include <bits/stdc++.h>
#define _for(i, a, b) for (int i = (a); i < (int)(b); ++i)
#define _rep(i, a, b) for (int i = (a); i <= (int)(b); ++i)
typedef long long LL;
using namespace std;

template<int SZ, int SIG = 32>
struct Suffix_Automaton {
  int link[SZ], len[SZ], last, sz;
  map<char, int> next[SZ];
  inline void init() { sz = 0, last = new_node(); }
  inline int new_node() {
    assert(sz + 1 < SZ);
    int nd = sz++;
    next[nd].clear(), link[nd] = -1, len[nd] = 0;
    return nd;
  }
  inline void insert(char x) {
    int p = last, cur = new_node();
    len[last = cur] = len[p] + 1;
    while (p != -1 && !next[p].count(x)) next[p][x] = cur, p = link[p];
    if (p == -1) { link[cur] = 0; return; }
    int q = next[p][x];
    if (len[p] + 1 == len[q]) { link[cur] = q; return; }
    int nq = new_node();
    next[nq] = next[q];
    link[nq] = link[q], len[nq] = len[p] + 1, link[cur] = link[q] = nq;
    while (p >= 0 && next[p][x] == q) next[p][x] = nq, p = link[p];
    return;
  }
  inline void build(const char* s) { while (*s) insert(*s++); }
};

const int NN = 5e4 + 4;
Suffix_Automaton<NN * 2> sam;
char S[NN];
LL F[NN * 2]; // 定义 F(u)为从 u 出发的不同路径（包含长度为 0 的）个数
LL dpF(int v) {
```

```
  LL &f = F[v];
  if (f != -1) return f;
  f = 1;
  const map<char, int>& E = sam.next[v];
  if (E.empty()) return f = 1;
  for (const auto& p : E) f += dpF(p.second);
  return f;
}

int main() {
  int T; scanf("%d", &T);
  while (T--) {
    scanf("%s", S), sam.init(), sam.build(S), fill_n(F, NN * 2, -1);
    printf("%lld\n", dpF(0) - 1);
  }
}
/*
算法分析请参考：《算法竞赛入门经典——训练指南》升级版 3.5.3 节例题 23
同类题目：Substrings II, SPOJ NSUBSTR2
*/
```

## 例 5-10 【后缀自动机：LCS】最长公共子串（Longest Common Substring, SPOJ LCS）

给定两个由小写字母组成的字符串 $A$ 和 $B$，长度都不超过 250 000，计算它们的最长公共子串。

【代码实现】

```
// 陈锋
#include <bits/stdc++.h>
typedef long long LL;
using namespace std;
template <int SZ, int SIG = 32>
struct Suffix_Automaton {
  int link[SZ], len[SZ], last, sz;
  map<char, int> next[SZ];
  inline void init() { sz = 0, last = new_node(); }
  inline int new_node() {
    assert(sz + 1 < SZ);
    int nd = sz++;
    next[nd].clear(), link[nd] = -1, len[nd] = 0;
    return nd;
  }
  inline void insert(char x) {
    int p = last, cur = new_node();
    len[last = cur] = len[p] + 1;
    while (p != -1 && !next[p].count(x)) next[p][x] = cur, p = link[p];
    if (p == -1) { link[cur] = 0; return; }
    int q = next[p][x];
    if (len[p] + 1 == len[q]) { link[cur] = q; return; }
    int nq = new_node();
```

```
    next[nq] = next[q];
    link[nq] = link[q], len[nq] = len[p] + 1, link[cur] = link[q] = nq;
    while (p >= 0 && next[p][x] == q) next[p][x] = nq, p = link[p];
  }
  inline void build(const char* s) { while (*s) insert(*s++); }
};

const int NN = 5e5 + 5;
Suffix_Automaton<NN> sam;
int lcs(char* s) {
  int p = 0, l = 0, ans = 0;
  map<char, int>* nxt = sam.next;
  while (*s) {
    char x = *s++;
    if (nxt[p].count(x)) p = nxt[p][x], l++;
    else {
      while (p != -1 && !nxt[p].count(x)) p = sam.link[p];
      if (p != -1) l = sam.len[p] + 1, p = nxt[p][x];
      else p = 0, l = 0;
    }
    ans = max(ans, l);
  }
  return ans;
}
char S[NN];
int main() {
  scanf("%s", S), sam.init(), sam.build(S);
  scanf("%s", S), printf("%d", lcs(S));
  return 0;
}
/*
算法分析请参考:《算法竞赛入门经典——训练指南》升级版 3.5.3 节例题 24
同类题目: Longest Common Substring II, SPOJ LCS2
*/
```

### 例 5-11 【后缀自动机:子串的子串统计】转世(Reincarnation, HDU 4622)

给出一个长度为 $N$($N \leqslant 2000$)的小写英文字符串 $S$,以及 $Q$($Q \leqslant 10\,000$)个询问,每个询问包含整数 $L, R$,记 $T=S[L,R]$,询问 $T$ 有多少个不同的子串。

【代码实现】

```
// 陈锋
#include <bits/stdc++.h>
using namespace std;
#define _for(i, a, b) for (int i = (a); i < (int)(b); ++i)
typedef long long LL;

template <int SZ, int SIG = 32>
struct Suffix_Automaton {
  int link[SZ], len[SZ], isClone[SZ], next[SZ][SIG], last, sz;
```

```
  inline void init() { sz = 0, last = new_node(); }
  inline int new_node() {
    assert(sz + 1 < SZ);
    int nd = sz++;
    fill_n(next[nd], SIG, 0), link[nd] = -1, len[nd] = 0, isClone[nd] = 0;
    return nd;
  }
  inline int idx(char c) { return c - 'a'; }
  inline void insert(char c) {
    int p = last, cur = new_node(), x = idx(c);
    len[last = cur] = len[p] + 1;
    while (p != -1 && !next[p][x]) next[p][x] = cur, p = link[p];
    if (p == -1) { link[cur] = 0; return; }
    int q = next[p][x];
    if (len[p] + 1 == len[q]) { link[cur] = q; return; }
    int nq = new_node();
    isClone[nq] = 1, copy_n(next[q], SIG, next[nq]);
    link[nq] = link[q], len[nq] = len[p] + 1, link[cur] = link[q] = nq;
    while (p >= 0 && next[p][x] == q) next[p][x] = nq, p = link[p];
  }
  inline void build(const char* s) { while (*s) insert(*s++); }
};

const int NN = 2000 + 4;
Suffix_Automaton<2 * NN> sam;
int F[NN][NN];

int main() {
  string s;
  ios::sync_with_stdio(false), cin.tie(0);
  int T, Q;
  cin >> T;
  while (T--) {
    cin >> s;
    int N = s.size();
    memset(F, 0, sizeof(F));
    _for(i, 0, N) {
      sam.init();
      _for(j, i, N) {
        sam.insert(s[j]);
        int p = sam.last; // S[L,R]比 S[L,R-1]增加的子串数量就是 F(L,R)
        F[i][j] = F[i][j - 1] + sam.len[p] - sam.len[sam.link[p]];
      }
    }
    cin >> Q;
    for(int i = 0,l,r; i < Q; i++) cin >> l >> r, cout << F[l - 1][r - 1] << endl;
  }
  return 0;
}
```

```
/*
算法分析请参考：《算法竞赛入门经典——训练指南》升级版 3.5.3 节例题 25
*/
```

### 例 5-12　【后缀自动机；子串统计】子串计数（Substrings, SPOJ NSUBSTR）

给出一个长度为 $N$ 的小写英文字符串 $S$（$N\leqslant 250\,000$）。定义 $F(x)$为所有长度为 $x$ 的子串在 $S$ 中出现次数的最大值。比如，$S$="ababa"，因为 aba 出现了 2 次，所以 $F(3)=2$。对于所有的 $1\leqslant i\leqslant N$，计算 $F(i)$。

【代码实现】

```
// 陈锋
#include <bits/stdc++.h>
using namespace std;
typedef long long LL;
template<int SZ, int SIG = 32>
struct Suffix_Automaton {
  int link[SZ], len[SZ], isterminal[SZ], next[SZ][SIG], last, sz;
  inline void init() { sz = 0, last = new_node(); }
  inline int new_node() {
    assert(sz + 1 < SZ);
    int nd = sz++;
    fill_n(next[nd], SIG, 0), link[nd] = -1, len[nd] = 0, isterminal[nd] = 0;
    return nd;
  }
  inline int idx(char c) { return c - 'a'; }
  inline void insert(char c) {
    int p = last, cur = new_node(), x = idx(c);
    len[last = cur] = len[p] + 1, isterminal[cur] = 1;
    while (p != -1 && !next[p][x]) next[p][x] = cur, p = link[p];
    if (p == -1) { link[cur] = 0; return; }
    int q = next[p][x];
    if (len[p] + 1 == len[q]) { link[cur] = q; return; }
    int nq = new_node();
    copy(next[q], next[q] + SIG, next[nq]);
    link[nq] = link[q], len[nq] = len[p] + 1, link[cur] = link[q] = nq;
    while (p >= 0 && next[p][x] == q) next[p][x] = nq, p = link[p];
  }
  inline void build(const char* s) { while (*s) insert(*s++); }
};

const int NN = 250000 + 4;
vector<int> G[NN * 2];
Suffix_Automaton<NN * 2> sam;
int F[NN];
int dfs(int u) {    // 利用 u 的终结状态计算 Endpos 大小
  int s = sam.isterminal[u];
  for(size_t vi = 0; vi < G[u].size(); vi++) s += dfs(G[u][vi]);
  F[sam.len[u]] = max(F[sam.len[u]], s);
```

```
  return s;
}

char S[NN];
int main() {
  scanf("%s", S);
  int N = strlen(S);
  sam.init(), sam.build(S);
  for(int u = 1; u < sam.sz; u++) G[sam.link[u]].push_back(u);
  dfs(0);
  for(int l = 1; l <= N; l++) printf("%d\n", F[l]);
  return 0;
}
/*
算法分析请参考：《算法竞赛入门经典——训练指南》升级版 3.5.3 节例题 26
同类题目：差异, AHOI 2013, 牛客 NC 19894
*/
```

### 例 5-13 【后缀自动机：Endpos 计算】第 *K* 次出现（*K*-th occurrence, CCPC 2019 网络选拔赛）, HDU 6704

给出一个长度为 $N$（$1 \leqslant N \leqslant 10^5$）的字符串 $S$ 以及 $Q$（$1 \leqslant Q \leqslant 10^5$）个询问，每个询问给出整数 $L,R,K$，询问子串 $S[L, R]$在 $S$ 中第 $K$ 次出现的位置，不存在则输出-1。

【代码实现】

```
// 陈锋
#include <bits/stdc++.h>
using namespace std;
const int NN = 1e6 + 10;
template <int SZ>
struct WSegTree {                                         // 动态权值线段树
  int sz, ls[SZ * 4], rs[SZ * 4], sum[SZ * 4];
  void init() { sz = 0; }
  int maintain(int u) {
    sum[u] = sum[ls[u]] + sum[rs[u]];
    return u;
  }
  int new_node() {
    ++sz, sum[sz] = ls[sz] = rs[sz] = 0;
    return sz;
  }
  void insert(int& u, int l, int r, int k) {            // 在u([l, r])中增加k
    if (u == 0) u = new_node();
    if (l == r) {
      assert(l <= k && k <= r), sum[u]++;
      return;
    }
    int m = (l + r) / 2;
    if (k <= m)
      insert(ls[u], l, m, k);
```

```
    else
      insert(rs[u], m + 1, r, k);
    maintain(u);
  }

  int merge(int x, int y) {                        // 权值线段树合并
    if (x == 0 || y == 0) return x + y;
    int p = new_node();
    ls[p] = merge(ls[x], ls[y]), rs[p] = merge(rs[x], rs[y]);
    return maintain(p);
  }

  int kth(int u, int l, int r, int k) {           // node u([l,r]), 查询第 k 小
    if (l == r) return l;
    int m = (l + r) / 2, lc = ls[u], rc = rs[u];
    if (k <= sum[lc]) return kth(lc, l, m, k);
    if (k <= sum[u]) return kth(rc, m + 1, r, k - sum[lc]);
    return -1;
  }
};
struct Edge {
  int to, next;
};
template <int SZ>
struct SAM {
  WSegTree<SZ> st;
  int sz, last, len[SZ], link[SZ], ch[SZ][30], end_pos[SZ];
  int seg_root[SZ], fa[SZ][30], ecnt, EHead[SZ];
  Edge E[SZ * 2];
  void init() { last = 1, ecnt = 0, sz = 0, new_stat(), st.init(); }
  int new_stat() {
    int q = ++sz;
    EHead[q] = 0, len[q] = 0, link[q] = 0, seg_root[q] = 0;
    fill_n(ch[q], 30, 0);
    return q;
  }

  void insert(int i, int c, int n) {
    int cur = new_stat(), p = last;
    end_pos[i] = cur, len[cur] = i;
    for (; p && !ch[p][c]; p = link[p]) ch[p][c] = cur;
    if (!p)
      link[cur] = 1;
    else {
      int q = ch[p][c];
      if (len[q] == len[p] + 1)
        link[cur] = q;
      else {
        int nq = new_stat();
```

```
      link[nq] = link[q], len[nq] = len[p] + 1;
      for (; p && ch[p][c] == q; p = link[p]) ch[p][c] = nq;
      memcpy(ch[nq], ch[q], sizeof ch[q]);
      link[q] = link[cur] = nq;
    }
  } // 之后要在权值线段树中插入结点
  last = cur, st.insert(seg_root[cur], 1, n, i);
}

// 后缀树结构维护，倍增逻辑
void add_edge(int x, int y) { E[++ecnt] = {y, EHead[x]}, EHead[x] = ecnt; }

void dfs(int u) {
  for (int i = 1; i <= 20; ++i) fa[u][i] = fa[fa[u][i - 1]][i - 1];
  for (int i = EHead[u]; i; i = E[i].next) {
    int v = E[i].to;
    fa[v][0] = u, dfs(v), seg_root[u] = st.merge(seg_root[u], seg_root[v]);
  }
}
void build() {
  for (int i = 2; i <= sz; ++i) add_edge(link[i], i);
  dfs(1);
}
int kth(int l, int r, int k, int n) {
  int u = end_pos[r];
  for (int i = 20; i >= 0; --i) {      // 倍增查找S[l, r]对应的点
    int p = fa[u][i];
    if (l + len[p] - 1 >= r) u = p;
  }
  int ans = st.kth(seg_root[u], 1, n, k);
  return (ans == -1) ? ans : ans - (r - l);
}
};

SAM<NN> sam;
char a[NN];
int main() {
  int N, T, q, l, r, k;
  scanf("%d", &T);
  while (T--) {
    scanf("%d%d", &N, &q), scanf("%s", a + 1), sam.init();
    for (int i = 1; i <= N; ++i) sam.insert(i, a[i] - 'a' + 1, N);
    sam.build();
    while (q--)
      scanf("%d%d%d", &l, &r, &k), printf("%d\n", sam.kth(l, r, k, N));
  }
  return 0;
}
/*
```

```
算法分析请参考：《算法竞赛入门经典——训练指南》升级版 3.5.3 节例题 28
同类题目：你的名字，NOI 2018，牛客 NC 20972
*/
```

## 本节例题列表

本节讲解的例题及其囊括的知识点，如表 5-3 所示。

表 5-3　后缀自动机例题归纳

| 编　号 | 题　号 | 标　题 | 知 识 点 | 代码作者 |
| --- | --- | --- | --- | --- |
| 例 5-8 | SPOJ BEADS | Glass Beads | 后缀自动机 | 陈锋 |
| 例 5-9 | SPOJ SUBST1 | New Distinct Substrings | 后缀自动机；子串统计 | 陈锋 |
| 例 5-10 | SPOJ LCS | Longest Common Substring | 后缀自动机；LCS | 陈锋 |
| 例 5-11 | HDU 4622 | Reincarnation | 后缀自动机；子串的子串统计 | 陈锋 |
| 例 5-12 | SPOJ NSUBSTR | Substrings | 后缀自动机；子串统计 | 陈锋 |
| 例 5-13 | HDU 6704 | *K*-th occurrence | 后缀自动机；Endpos 计算 | 陈锋 |

# 第6章 计算几何

几何问题是高水平算法竞赛中不可或缺的题型。这类问题背景知识庞杂，内容难度较高。本章将介绍其中一些常见算法的实现代码，希望能给读者提供一些相对精简、规范的样例模板，以帮助读者在竞赛中快速解决几何相关问题。

## 6.1 二维几何基础

本节通过一些经典题目的实现代码，向读者展现点、直线、向量等二维几何常见基础问题的相关算法实现。

### 例 6-1 【线段相交；角度计算】Morley 定理（Morley's Theorem, UVa 11178）

Morley 定理是这样表述的：作△*ABC* 每个内角的三等分线，相交成△*DEF*，则△*DEF* 是等边三角形。

所有坐标均为不超过 1000 的非负整数。如图 6-1 所示，你的任务是根据 *A*、*B*、*C* 3 个点的位置，确定 *D*、*E*、*F* 3 个点的位置。

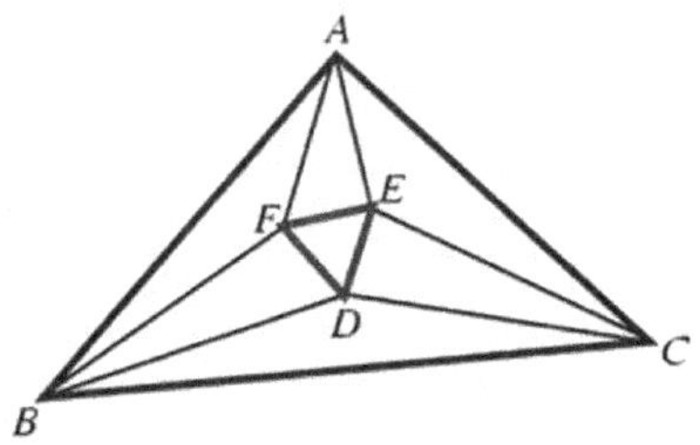

图 6-1 Morley 定理示意图

【代码实现】

```
// 刘汝佳
#include <bits/stdc++.h>
using namespace std;
struct Point {
  double x, y;
  Point(double x = 0, double y = 0) : x(x), y(y) {}
};

typedef Point Vector;
Vector operator+(const Vector& A, const Vector& B) {
  return Vector(A.x + B.x, A.y + B.y);
}
Vector operator-(const Point& A, const Point& B) {
  return Vector(A.x - B.x, A.y - B.y);
}
Vector operator*(const Vector& A, double p) { return Vector(A.x * p, A.y * p); }
double Dot(const Vector& A, const Vector& B) { return A.x * B.x + A.y * B.y; }
double Length(const Vector& A) { return sqrt(Dot(A, A)); }
double Angle(const Vector& A, const Vector& B) {
  return acos(Dot(A, B) / Length(A) / Length(B));
}
```

```
double Cross(const Vector& A, const Vector& B) { return A.x * B.y - A.y * B.x; }
Point GetLineIntersection(const Point& P, const Point& v, const Point& Q, const
Point& w) {
  Vector u = P - Q;
  double t = Cross(w, u) / Cross(v, w);
  return P + v * t;
}
Vector Rotate(const Vector& A, double rad) {
  return Vector(A.x * cos(rad) - A.y * sin(rad), A.x * sin(rad) + A.y * cos(rad));
}
istream& operator>>(istream& is, Point& p) { return is >> p.x >> p.y; }
ostream& operator<<(ostream& os, const Point& p) { return os<< p.x << " " << p.y; }
Point getD(Point A, Point B, Point C) {
  Vector v1 = C - B;
  double a1 = Angle(A - B, v1);
  v1 = Rotate(v1, a1 / 3);

  Vector v2 = B - C;
  double a2 = Angle(A - C, v2);
  v2 = Rotate(v2, -a2 / 3);

  return GetLineIntersection(B, v1, C, v2);
}

int main() {
  ios::sync_with_stdio(false), cin.tie(0);
  int T;
  cin >> T;
  for (Point A, B, C; T--;) {
    cin >> A >> B >> C;
    Point D = getD(A, B, C), E = getD(B, C, A), F = getD(C, A, B);
    printf("%.6lf %.6lf %.6lf %.6lf %.6lf %.6lf\n",
           D.x, D.y, E.x, E.y, F.x, F.y);
  }
  return 0;
}
/*
算法分析请参考：《算法竞赛入门经典——训练指南》升级版 4.1.4 节例题 1
注意：cin 和 scanf 不要混用，printf 和 cout 也不要混用，但是输入与输出是独立无关的
同类题目：Triangle Fun, UVa 11437
*/
```

### 例 6-2　【线段相交；欧拉定理】好看的一笔画（That Nice Euler Circuit, 上海 2004, POJ 2284）

平面上有一个包含 $n$（$4 \leq n \leq 300$）个端点的一笔画，第 $n$ 个端点总是和第一个端点重合，因此图案是一条闭合曲线。组成一笔画的线段可以相交，但是不会部分重叠，如图 6-2 所示。求这些线段将平面分成了多少个部分（包括封闭区域和无限大区域）。

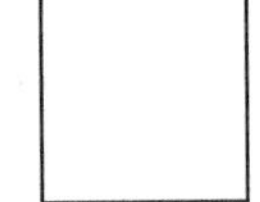
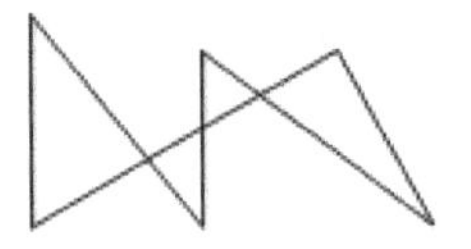

图 6-2 一笔画示例

【代码实现】

```
// 刘汝佳
#include <cmath>
#include <cstdio>
#include <iostream>
#include <vector>
#include <set>
using namespace std;
#define _for(i,a,b) for( int i=(a); i<(int)(b); ++i)

typedef long long LL;
const double eps = 1e-10;
int dcmp(double x) { if (fabs(x) < eps) return 0; return x < 0 ? -1 : 1; }
int dcmp(double x, double y) { return dcmp(x - y); }

struct Point {
  double x, y;
  Point(double x = 0, double y = 0) : x(x), y(y) {}
  Point& operator=(const Point& p) {
    x = p.x, y = p.y;
    return *this;
  }
};
typedef Point Vector;

Vector operator+(const Vector& A, const Vector& B)
{ return Vector(A.x + B.x, A.y + B.y); }
Vector operator-(const Point& A, const Point& B)
{ return Vector(A.x - B.x, A.y - B.y); }
Vector operator*(const Vector& A, double p)
{ return Vector(A.x * p, A.y * p); }
bool operator==(const Point& a, const Point& b)
{ return a.x == b.x && a.y == b.y; }
bool operator<(const Point& p1, const Point& p2) {
  if (p1.x != p2.x) return p1.x < p2.x;
  return p1.y < p2.y;
}
double Dot(const Vector& A, const Vector& B) { return A.x * B.x + A.y * B.y; }
double Length(const Vector& A) { return sqrt(Dot(A, A)); }
double Angle(const Vector& A, const Vector& B)
{ return acos(Dot(A, B) / Length(A) / Length(B)); }
double Cross(const Vector& A, const Vector& B)
{ return A.x * B.y - A.y * B.x; }
```

```
Vector Rotate(Vector A, double rad)
{ return Vector(A.x*cos(rad) - A.y*sin(rad), A.x* sin(rad) + A.y * cos(rad)); }
Vector Normal(Vector A) {
  double L = Length(A);
  return Vector(-A.y / L, A.x / L);
}

bool SegmentProperIntersection(const Point& a1, const Point& a2,
const Point& b1, const Point& b2) {
  double c1 = Cross(a2 - a1, b1 - a1), c2 = Cross(a2 - a1, b2 - a1),
         c3 = Cross(b2 - b1, a1 - b1), c4 = Cross(b2 - b1, a2 - b1);
  return dcmp(c1) * dcmp(c2) < 0 && dcmp(c3) * dcmp(c4) < 0;
}

Point GetLineIntersection(Point P, Vector v, Point Q, Vector w) {
  Vector u = P - Q;
  double t = Cross(w, u) / Cross(v, w);
  return P + v * t;
}

bool OnSegment(const Point& p, const Point& a1, const Point& a2) {
  return dcmp(Cross(a1 - p, a2 - p)) == 0 && dcmp(Dot(a1 - p, a2 - p)) < 0;
}

istream& operator>>(istream& is, Point& p) { return is >> p.x >> p.y; }
ostream& operator<<(ostream& os, const Point& p)
{ return os << p.x << " " << p.y; }

int main() {
  int N;
  for (int t = 1; cin >> N && N; t++) {
    Point p;
    set<Point> all_points;
    vector<Point> ps;
    _for(i, 0, N) cin >> p, ps.push_back(p), all_points.insert(p);
    int E = --N;
    _for(i, 0, N) _for(j, i + 1, N)
      if (SegmentProperIntersection(ps[i], ps[i + 1], ps[j], ps[j + 1]))
        all_points.insert(
          GetLineIntersection(ps[i],ps[i+1]-ps[i],ps[j],ps[j+1]-ps[j]));

    for(set<Point>::iterator si = all_points.begin();
          si != all_points.end(); si++)
      _for(i, 0, N)
          if(OnSegment(*si, ps[i], ps[i + 1])) E++;
    int F = E + 2 - all_points.size();      // V+F-E=2，点，面，边
    printf("Case %d: There are %d pieces.\n", t, F);
  }
  return 0;
```

```
}
/*
算法分析请参考：《算法竞赛入门经典——训练指南》升级版 4.1.4 节例题 2
注意：几何计算的代码请充分利用常见的模板函数
同类题目：抱歉，HDU 1418
*/
```

### 本节例题列表

本节讲解的例题及其囊括的知识点，如表 6-1 所示。

表 6-1 二维几何基础例题归纳

| 编 号 | 题 号 | 标 题 | 知 识 点 | 代码作者 |
|---|---|---|---|---|
| 例 6-1 | UVa 11178 | Morley's Theorem | 线段相交；角度计算 | 刘汝佳 |
| 例 6-2 | POJ 2284 | That Nice Euler Circuit | 线段相交；欧拉定理 | 刘汝佳 |

# 6.2 与圆有关的计算问题

本节通过一些经典题目的实现代码，提供了与圆有关的问题的算法实现。

### 例 6-3 【圆和直线的各种问题】二维几何 110 合一（2D Geometry 110 in 1, UVa 12304）

这是一个拥有 $110_2$ 个子问题的 2D 几何问题集。

- CircumscribedCircle $x_1\ y_1\ x_2\ y_2\ x_3\ y_3$：求三角形$(x_1, y_1)$-$(x_2, y_2)$-$(x_3, y_3)$的外接圆。这 3 点保证不共线。答案应格式化成$(x, y, r)$，表示圆心为$(x, y)$，半径为 $r$。
- InscribedCircle $x_1\ y_1\ x_2\ y_2\ x_3\ y_3$：求三角形$(x_1, y_1)$-$(x_2, y_2)$-$(x_3, y_3)$的内切圆。这 3 点保证不共线。答案应格式化成$(x,y,r)$，表示圆心为$(x,y)$，半径为 $r$。
- TangentLineThroughPoint $x_c\ y_c\ r\ x_p\ y_p$：给定一个圆心在$(x_c, y_c)$，半径为 $r$ 的圆，求过点$(x_p, y_p)$并且和这个圆相切的所有切线。每条切线格式化为 angle，表示直线的极角（角度，0≤angle＜180）。整个答案应格式化为列表（参见原题）。如果无解，应打印空列表。
- CircleThroughAPointAndTangentToALineWithRadius $x_p\ y_p\ x_1\ y_1\ x_2\ y_2\ r$：求出所有经过点$(x_p, y_p)$并且和直线$(x_1, y_1)$-$(x_2, y_2)$相切的半径为 $r$ 的圆。每个圆格式化为$(x, y)$，因为半径已经给定。整个答案应格式化为列表。
- CircleTangentToTwoLinesWithRadius $x_1\ y_1\ x_2\ y_2\ x_3\ y_3\ x_4\ y_4\ r$：给出两条不平行直线$(x_1, y_1)$-$(x_2, y_2)$和$(x_3, y_3)$-$(x_4, y_4)$，求所有半径为 $r$ 并且同时和这两条直线相切的圆。每个圆格式化为$(x,y)$，因为半径已经给定。整个答案应格式化为列表。
- CircleTangentToTwoDisjointCirclesWithRadius $x_1\ y_1\ r_1\ x_2\ y_2\ r_2\ r$：给定两个相离的圆$(x_1, y_1, r_1)$和$(x_2, y_2, r_2)$，求出所有和这两个圆外切并且半径为 $r$ 的圆。注意，因为是外切，求出的圆不能把这两个给定圆包含在内部。每个圆格式化为$(x,y)$，因为半径已经给定。整个答案应格式化为列表。

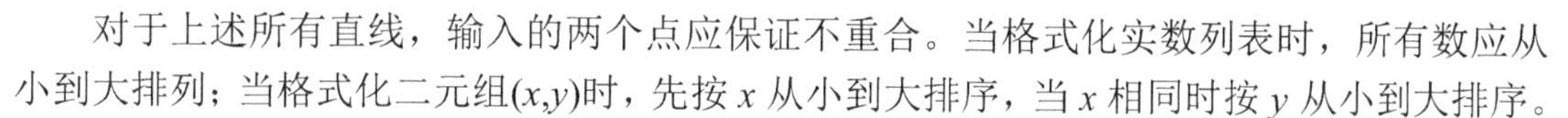

对于上述所有直线，输入的两个点应保证不重合。当格式化实数列表时，所有数应从小到大排列；当格式化二元组$(x,y)$时，先按 $x$ 从小到大排序，当 $x$ 相同时按 $y$ 从小到大排序。

输入包含不超过 1000 个子问题，每个占一行，格式同题目描述。所有坐标均为绝对值不超过 1000 的整数，输入结束标志为文件结束符（EOF）。

对于输入的每行，按题目要求格式化输出。每个实数保留小数点后 6 位。列表用方括号，元组用圆括号。每行的输出中不应有空白符。

【代码实现】

```
// 刘汝佳
#include <bits/stdc++.h>
using namespace std;

const double eps = 1e-6;
int dcmp(double x) {
  if (fabs(x) < eps) return 0;
  return x < 0 ? -1 : 1;
}

const double PI = acos(-1);

struct Point {
  double x, y;
  Point(double x = 0, double y = 0): x(x), y(y) { }
  Point& operator=(const Point& p) {
    x = p.x, y = p.y;
    return *this;
  }
};
istream& operator>>(istream& is, Point& p) { return is >> p.x >> p.y; }
typedef Point Vector;

Vector operator + (const Vector& A, const Vector& B)
{ return Vector(A.x + B.x, A.y + B.y); }
Vector operator - (const Point& A, const Point& B)
{ return Vector(A.x - B.x, A.y - B.y); }
Vector operator * (const Vector& A, double p)
{ return Vector(A.x * p, A.y * p); }
Vector operator / (const Vector& A, double p)
{ return Vector(A.x / p, A.y / p); }
bool operator < (const Point& a, const Point& b) {
  return a.x < b.x || (a.x == b.x && a.y < b.y);
}
bool operator == (const Point& a, const Point &b) {
  return dcmp(a.x - b.x) == 0 && dcmp(a.y - b.y) == 0;
}
double Dot(const Vector& A, const Vector& B)
{ return A.x * B.x + A.y * B.y; }
double Length(const Vector& A) { return sqrt(Dot(A, A)); }
```

```
double Angle(const Vector& A, const Vector& B)
{ return acos(Dot(A, B) / Length(A) / Length(B)); }
double Cross(const Vector& A, const Vector& B)
{ return A.x * B.y - A.y * B.x; }
Vector Rotate(const Vector& A, double rad) {
  return Vector(A.x*cos(rad) - A.y*sin(rad), A.x*sin(rad) + A.y*cos(rad));
}
Vector Normal(const Vector& A) {
  double L = Length(A);
  return Vector(-A.y / L, A.x / L);
}
Point GetLineIntersection(const Point& P, const Point& v,
  const Point& Q, const Point& w) {
  Vector u = P - Q;
  double t = Cross(w, u) / Cross(v, w);
  return P + v * t;
}
Point GetLineProjection(const Point& P, const Point& A, const Point& B) {
  Vector v = B - A;
  return A + v * (Dot(v, P - A) / Dot(v, v));
}
double DistanceToLine(const Point& P, const Point& A, const Point& B) {
  Vector v1 = B - A, v2 = P - A;
  return fabs(Cross(v1, v2)) / Length(v1); // 不取绝对值得到的是有向距离
}

struct Line {
  Point p;
  Vector v;
  Line(const Point& p, const Vector& v): p(p), v(v) { }
  Point point(double t) const {
    return p + v * t;
  }
  Line move(double d) const {
    return Line(p + Normal(v) * d, v);
  }
};

struct Circle {
  Point c;
  double r;
  Circle(const Point& c, double r): c(c), r(r) {}
  Point point(double a) const {
    return Point(c.x + cos(a) * r, c.y + sin(a) * r);
  }
};

Point GetLineIntersection(const Line& a, const Line& b) {
  return GetLineIntersection(a.p, a.v, b.p, b.v);
```

```
}

double angle(const Vector& v) {
  return atan2(v.y, v.x);
}

int getLineCircleIntersection(const Line& L, const Circle& C,
  double& t1, double& t2, vector<Point>& sol) {
  double a = L.v.x, b = L.p.x - C.c.x, c = L.v.y, d = L.p.y - C.c.y;
  double e = a*a + c*c, f = 2 * (a * b + c * d), g = b * b + d * d - C.r * C.r;
  double delta = f * f - 4 * e * g;         // 判别式
  if (dcmp(delta) < 0) return 0;            // 相离
  if (dcmp(delta) == 0) {                   // 相切
    t1 = t2 = -f / (2 * e); sol.push_back(L.point(t1));
    return 1;
  }
  // 相交
  t1 = (-f - sqrt(delta)) / (2 * e); sol.push_back(L.point(t1));
  t2 = (-f + sqrt(delta)) / (2 * e); sol.push_back(L.point(t2));
  return 2;
}

int getCircleCircleIntersection(const Circle& C1,
  const Circle& C2, vector<Point>& sol) {
  double d = Length(C1.c - C2.c);
  if (dcmp(d) == 0) {
    if (dcmp(C1.r - C2.r) == 0) return -1; // 重合，无穷多交点
    return 0;
  }
  if (dcmp(C1.r + C2.r - d) < 0) return 0;
  if (dcmp(fabs(C1.r - C2.r) - d) > 0) return 0;

  double a = angle(C2.c - C1.c);
  double da = acos((C1.r * C1.r + d * d - C2.r * C2.r) / (2 * C1.r * d));
  Point p1 = C1.point(a - da), p2 = C1.point(a + da);

  sol.push_back(p1);
  if (p1 == p2) return 1;
  sol.push_back(p2);
  return 2;
}

/****************** Problem 1 *********************/

Circle CircumscribedCircle(const Point& p1, const Point& p2, const Point& p3)
{
  double Bx = p2.x - p1.x, By = p2.y - p1.y;
  double Cx = p3.x - p1.x, Cy = p3.y - p1.y;
  double D = 2 * (Bx * Cy - By * Cx);
```

```
  double cx = (Cy * (Bx * Bx + By * By) - By * (Cx * Cx + Cy * Cy)) / D + p1.x;
  double cy = (Bx * (Cx * Cx + Cy * Cy) - Cx * (Bx * Bx + By * By)) / D + p1.y;
  Point p = Point(cx, cy);
  return Circle(p, Length(p1 - p));
}

/****************** Problem 2 *********************/

Circle InscribedCircle(const Point& p1, const Point& p2, const Point& p3) {
  double a = Length(p2 - p3);
  double b = Length(p3 - p1);
  double c = Length(p1 - p2);
  Point p = (p1 * a + p2 * b + p3 * c) / (a + b + c);
  return Circle(p, DistanceToLine(p, p1, p2));
}

/****************** Problem 3 *********************/

// 过点p做圆C的切线。v[i]是第i条切线的向量，返回切线条数
int getTangents(const Point& p, const Circle& C, Vector* v) {
  Vector u = C.c - p;
  double dist = Length(u);
  if (dist < C.r) return 0;
  else if (dcmp(dist - C.r) == 0) { // p在圆上，只有一条切线
    v[0] = Rotate(u, PI / 2);
    return 1;
  } else {
    double ang = asin(C.r / dist);
    v[0] = Rotate(u, -ang);
    v[1] = Rotate(u, +ang);
    return 2;
  }
}

/****************** Problem 4 *********************/

vector<Point> CircleThroughPointTangentToLineGivenRadius(
  const Point& p, const Line& L, double r) {
  vector<Point> ans;
  double t1, t2;
  getLineCircleIntersection(L.move(-r), Circle(p, r), t1, t2, ans);
  getLineCircleIntersection(L.move(r), Circle(p, r), t1, t2, ans);
  return ans;
}

/****************** Problem 5 *********************/

vector<Point> CircleTangentToLinesGivenRadius(
  const Line& a, const Line& b, double r) {
```

```
  vector<Point> ans;
  Line L1 = a.move(-r), L2 = a.move(r);
  Line L3 = b.move(-r), L4 = b.move(r);
  ans.push_back(GetLineIntersection(L1, L3));
  ans.push_back(GetLineIntersection(L1, L4));
  ans.push_back(GetLineIntersection(L2, L3));
  ans.push_back(GetLineIntersection(L2, L4));
  return ans;
}

/****************** Problem 6 *********************/

vector<Point> CircleTangentToTwoDisjointCirclesWithRadius(
  const Circle& c1, const Circle& c2, double r) {
  vector<Point> ans;
  Vector v = c2.c - c1.c;
  double dist = Length(v);
  int d = dcmp(dist - c1.r - c2.r - r * 2);
  if (d > 0) return ans;
  getCircleCircleIntersection(Circle(c1.c, c1.r+r), Circle(c2.c, c2.r+r), ans);
  return ans;
}

// 规整化
double lineAngleDegree(const Vector& v) {
  double ang = angle(v) * 180.0 / PI;
  while (dcmp(ang) < 0) ang += 360.0;
  while (dcmp(ang - 180) >= 0) ang -= 180.0;
  return ang;
}

void format(Circle c) {
  printf("(%.6lf,%.6lf,%.6lf)\n", c.c.x, c.c.y, c.r);
}

void format(vector<double> ans) {
  int n = ans.size();
  sort(ans.begin(), ans.end());
  printf("[");
  if (n) {
    printf("%.6lf", ans[0]);
    for (int i = 1; i < n; i++) printf(",%.6lf", ans[i]);
  }
  printf("]\n");
}

void format(vector<Point> ans) {
  int n = ans.size();
  sort(ans.begin(), ans.end());
```

```
  printf("[");
  if (n) {
    printf("(%.6lf,%.6lf)", ans[0].x, ans[0].y);
    for (int i = 1; i < n; i++)
      printf(",(%.6lf,%.6lf)", ans[i].x, ans[i].y);
  }
  printf("]\n");
}

Line getLine(const Point& p1, const Point& p2) {
  return Line(p1, p2 - p1);
}

int main() {
  ios::sync_with_stdio(false), cin.tie(0);
  for (string cmd; cin >> cmd;) {
    double r1, r2, r;
    Point p1, p2, p3, p4, pc, pp;
    if (cmd == "CircumscribedCircle") {
      cin >> p1 >> p2 >> p3;
      format(CircumscribedCircle(p1, p2, p3));
    }
    if (cmd == "InscribedCircle") {
      cin >> p1 >> p2 >> p3;
      format(InscribedCircle(p1, p2, p3));
    }
    if (cmd == "TangentLineThroughPoint") {
      cin >> pc >> r >> pp;
      Vector v[2];
      vector<double> ans;
      int cnt = getTangents(pp, Circle(pc, r), v);
      for (int i = 0; i < cnt; i++) ans.push_back(lineAngleDegree(v[i]));
      format(ans);
    }
    if (cmd == "CircleThroughAPointAndTangentToALineWithRadius") {
      cin >> pp >> p1 >> p2 >> r;
      format(CircleThroughPointTangentToLineGivenRadius(pp,getLine(p1,p2),r));
    }
    if (cmd == "CircleTangentToTwoLinesWithRadius") {
      cin >> p1 >> p2 >> p3 >> p4 >> r;
      format(CircleTangentToLinesGivenRadius
        (getLine(p1,p2),getLine(p3,p4), r));
    }
    if (cmd == "CircleTangentToTwoDisjointCirclesWithRadius") {
      cin >> p1 >> r1 >> p2 >> r2 >> r;
      Circle c1(p1, r1), c2(p2, r2);
      format(CircleTangentToTwoDisjointCirclesWithRadius(c1,c2,r));
    }
  }
  return 0;
```

```
}
/*
算法分析请参考：《算法竞赛入门经典——训练指南》升级版 4.2.1 节例题 4
注意：本题封装了 Point 的“>>”操作，可大幅度简化代码
同类问题：Fighting against a Polygonal Monster, UVa 11177
*/
```

### 例 6-4　【圆的综合问题】圆盘问题（Viva Confetti, Kanazawa 2002, UVa 1308）

假设已经把 $n$（$1 \leq n \leq 100$）个圆盘依次放到了桌面上。现按照放置顺序依次给出各个圆盘的圆心位置和半径，问最后有多少圆盘可见（见图 6-3）。

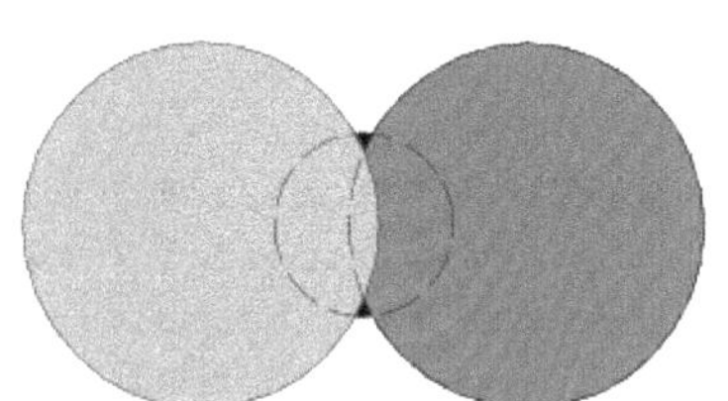

图 6-3　圆盘问题

【代码实现】

```
// 刘汝佳
#include <cmath>
#include <iostream>
#include <vector>
#include <set>
#include <algorithm>
using namespace std;

const double eps = 5 * 1e-13;
int dcmp(double x) {
  if (fabs(x) < eps) return 0;
  return x < 0 ? -1 : 1;
}
const double PI = acos(-1), TWO_PI = PI * 2;

double NormalizeAngle(double rad, double center = PI) {
  return rad - TWO_PI * floor((rad + PI - center) / TWO_PI);
}
struct Point {
  double x, y;
  Point(double x = 0, double y = 0): x(x), y(y) { }
};

istream& operator>>(istream& is, Point& p)
{ return is >> p.x >> p.y; }

typedef Point Vector;
Vector operator + (const Vector& A, const Vector& B)
{ return Vector(A.x + B.x, A.y + B.y); }
Vector operator - (const Point&A, const Point&B)
{ return Vector(A.x - B.x, A.y - B.y); }
Vector operator * (const Vector& A, double p)
{ return Vector(A.x * p, A.y * p); }
Vector operator / (const Vector& A, double p)
{ return Vector(A.x / p, A.y / p); }
double Dot(const Vector& A, const Vector& B)
```

```
{ return A.x * B.x + A.y * B.y; }
double Length(const Vector& A) { return sqrt(Dot(A, A)); }
double angle(const Vector& v) { return atan2(v.y, v.x); }

// 交点相对于圆 1 的极角保存在 rad 中
void getCircleCircleIntersection(const Point&c1, double r1,
                                const Point&c2, double r2, vector<double>& rad) {
  double d = Length(c1 - c2);
  if (dcmp(d) == 0) return; // 不管是内含还是重合，都不相交
  if (dcmp(r1 + r2 - d) < 0) return;
  if (dcmp(fabs(r1 - r2) - d) > 0) return;
  double a = angle(c2 - c1),
        da = acos((r1 * r1 + d * d - r2 * r2) / (2 * r1 * d));
  rad.push_back(NormalizeAngle(a - da));
  rad.push_back(NormalizeAngle(a + da));
}

const int maxn = 100 + 5;
int N;
Point center[maxn];
double radius[maxn];
bool vis[maxn];

// 覆盖点 p 的最上层的圆
int topmost(const Point& p) {
  for (int i = N - 1; i >= 0; i--)
    if (Length(center[i] - p) < radius[i]) return i;
  return -1;
}

int main() {
  ios::sync_with_stdio(false), cin.tie(0);
  while (cin >> N && N) {
    for (int i = 0; i < N; i++) cin >> center[i] >> radius[i];
    fill_n(vis, N + 1, 0);
    for (int i = 0; i < N; i++) {
      vector<double> rad;
              // 考虑圆 i 被切割成的各个圆弧。把圆周当作区间来处理，起点是 0，终点是 2PI
      rad.push_back(0), rad.push_back(TWO_PI);
      for (int j = 0; j < N; j++)
        getCircleCircleIntersection(center[i],radius[i],center[j],radius[j],rad);
      sort(rad.begin(), rad.end());

      for (size_t j = 0; j < rad.size(); j++) {
        double mid = (rad[j] + rad[j + 1]) / 2.0; // 圆弧中点相对于圆 i 圆心的极角
        for (int side = -1; side <= 1; side += 2) {
          double r2 = radius[i] - side * eps; // 往里面或者外面稍微移动一点点
          int t = topmost(Point(center[i].x + cos(mid) * r2, center[i].y + sin(mid)
* r2));
          if (t >= 0) vis[t] = true;
```

```
        }
      }
    }
    int ans = 0;
    for (int i = 0; i < N; i++) if (vis[i]) ans++;
    cout << ans << "\n";
  }
  return 0;
}
/*
算法分析请参考：《算法竞赛入门经典——训练指南》升级版 4.2.2 节例题 5
同类题目：Sweet Dream, UVa 10969
*/
```

### 本节例题列表

本节讲解的例题及其囊括的知识点，如表 6-2 所示。

表 6-2　与圆有关的计算问题例题归纳

| 编　　号 | 题　　号 | 标　　题 | 知　识　点 | 代 码 作 者 |
|---|---|---|---|---|
| 例 6-3 | UVa 12304 | 2D Geometry 110 in 1 | 圆和直线的各种问题 | 刘汝佳 |
| 例 6-4 | UVa 1308 | Viva Confetti | 圆的综合问题 | 刘汝佳 |

## 6.3　二维几何常用算法

本节通过一些经典题目提供了凸包、半平面交、平面区域等二维几何常用的算法实现。

### 例 6-5　【凸包】包装木板（Board Wrapping, UVa 10652）

有 $n$（$2 \leqslant n \leqslant 600$）块矩形木板，你的任务是用一个面积尽量小的凸多边形把它们包起来，并计算出木板占整个包装面积的百分比，如图 6-4 所示。

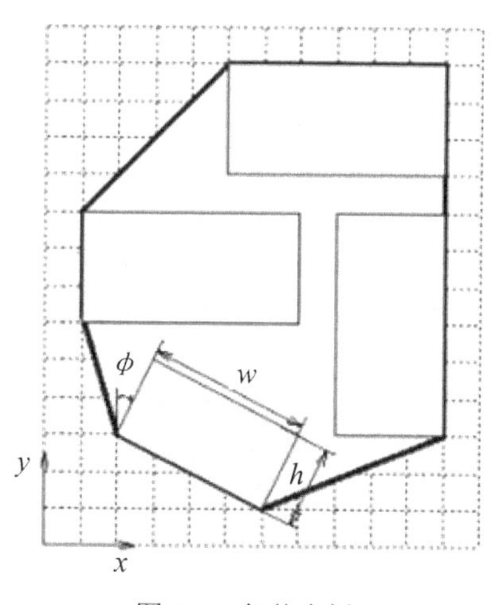


图 6-4　包装木板

【代码实现】

```
// 刘汝佳
#include <bits/stdc++.h>
using namespace std;

const double PI = acos(-1.0);
double torad(double deg) { return deg / 180 * PI; }

struct Point {
  double x, y;
  Point(double x = 0, double y = 0): x(x), y(y) { }
};
istream& operator>>(istream& is, Point& p) { return is >> p.x >> p.y; }
ostream& operator<<(ostream& os, const Point& p) { return os<<p.x<<" "<< p.y; }
typedef Point Vector;

Vector operator + (const Vector& A, const Vector& B)
{ return Vector(A.x + B.x, A.y + B.y); }
Vector operator - (const Point& A, const Point& B)
{ return Vector(A.x - B.x, A.y - B.y); }
double Cross(const Vector& A, const Vector& B)
{ return A.x * B.y - A.y * B.x; }
Vector Rotate(const Vector& A, double rad)
{ return Vector(A.x*cos(rad) - A.y*sin(rad), A.x*sin(rad) + A.y*cos(rad));}
bool operator < (const Point& p1, const Point& p2)
{ return p1.x < p2.x || (p1.x == p2.x && p1.y < p2.y);}
bool operator == (const Point& p1, const Point& p2)
{return p1.x == p2.x && p1.y == p2.y;}

/* 点集凸包，如果不希望在凸包的边上有输入点，可把两个≤改成<。如果不介意点集被修改，可以改
成传递引用 */
vector<Point> ConvexHull(vector<Point> p) {
  sort(p.begin(), p.end());      // 预处理，删除重复点
  p.erase(unique(p.begin(), p.end()), p.end());

  int n = p.size();
  int m = 0;
  vector<Point> ch(n + 1);
  for (int i = 0; i < n; i++) {
    while (m > 1 && Cross(ch[m - 1] - ch[m - 2], p[i] - ch[m - 2]) <= 0) m--;
    ch[m++] = p[i];
  }
  int k = m;
  for (int i = n - 2; i >= 0; i--) {
    while (m > k && Cross(ch[m - 1] - ch[m - 2], p[i] - ch[m - 2]) <= 0) m--;
    ch[m++] = p[i];
  }
  if (n > 1) m--;
  ch.resize(m);
```

```
  return ch;
}

// 多边形的有向面积
double PolygonArea(const vector<Point>& p) {
  double area = 0;
  int n = p.size();
  for (int i = 1; i < n - 1; i++)
    area += Cross(p[i] - p[0], p[i + 1] - p[0]);
  return area / 2;
}

int main() {
  ios::sync_with_stdio(false), cin.tie(0);
  int T; cin >> T;
  for (int t = 0, n; t < T; t++) {
    double area1 = 0;
    cin >> n;
    vector<Point> P;
    for (int i = 0; i < n; i++) {
      Point o;
      double w, h, j, ang;
      cin >> o >> w >> h >> j;
      ang = -torad(j);
      P.push_back(o + Rotate(Vector(-w / 2, -h / 2), ang));
      P.push_back(o + Rotate(Vector(w / 2, -h / 2), ang));
      P.push_back(o + Rotate(Vector(-w / 2, h / 2), ang));
      P.push_back(o + Rotate(Vector(w / 2, h / 2), ang));
      area1 += w * h;
    }
    double area2 = PolygonArea(ConvexHull(P));
    printf("%.1lf %%\n", area1 * 100 / area2);
  }
  return 0;
}
/*
算法分析请参考：《算法竞赛入门经典——训练指南》升级版 4.2.2 节例题 6
同类题目：The Great Divide, UVa 10256
*/
```

### 例 6-6 【凸包；直线的一般式】飞机场（Airport, UVa 11168）

给出平面上的 $n$（$n \leqslant 10\,000$）个点，找一条直线，使得所有点在直线的同侧（也可以在直线上），且到直线的距离之和尽量小。所有坐标均为绝对值不超过 80 000 的整数。输出距离之和的最小值。

【代码实现】

```
// 刘汝佳
#include <bits/stdc++.h>
```

```
using namespace std;

struct Point {
  double x, y;
  Point(double x = 0, double y = 0): x(x), y(y) { }
};
istream& operator>>(istream& is, Point& p) { return is >> p.x >> p.y; }
ostream& operator<<(ostream& os, const Point& p) { return os << p.x << " " <<
p.y; }
typedef Point Vector;
Vector operator - (const Point& A, const Point& B)
{return Vector(A.x - B.x, A.y - B.y);}
double Cross(const Vector& A, const Vector& B)
{ return A.x * B.y - A.y * B.x; }
bool operator < (const Point& p1, const Point& p2)
{ return p1.x < p2.x || (p1.x == p2.x && p1.y < p2.y);}
bool operator == (const Point& p1, const Point& p2)
{ return p1.x == p2.x && p1.y == p2.y;}
// 点集凸包，如果不希望在凸包的边上有输入点，把两个≤改成<
// 如果不介意点集被修改，可以改成传递引用
vector<Point> ConvexHull(vector<Point> p) {
  sort(p.begin(), p.end()); // 预处理，删除重复点
  p.erase(unique(p.begin(), p.end()), p.end());
  int n = p.size(), m = 0;
  vector<Point> ch(n + 1);
  for (int i = 0; i < n; i++) {
    while (m > 1 && Cross(ch[m - 1] - ch[m - 2], p[i] - ch[m - 2]) <= 0) m--;
    ch[m++] = p[i];
  }
  int k = m;
  for (int i = n - 2; i >= 0; i--) {
    while (m > k && Cross(ch[m - 1] - ch[m - 2], p[i] - ch[m - 2]) <= 0) m--;
    ch[m++] = p[i];
  }
  if (n > 1) m--;
  ch.resize(m);
  return ch;
}

// 过两点p1, p2的直线，一般方程为ax+by+c=0, (x2-x1)(y-y1) = (y2-y1)(x-x1)
void getLineGeneralEquation(const Point& p1, const Point& p2,
                            double& a, double& b, double &c) {
  a = p2.y - p1.y, b = p1.x - p2.x, c = -a * p1.x - b * p1.y;
}

int main() {
  ios::sync_with_stdio(false), cin.tie(0);
  int T; cin >> T;
  for (int kase = 1, n; kase <= T; kase++) {
```

```
    cin >> n;
    vector<Point> P;
    double sumx = 0, sumy = 0;
    Point pt;
    for (int i = 0; i < n; i++)
      cin >> pt, sumx += pt.x, sumy += pt.y, P.push_back(pt);
    vector<Point> ch = ConvexHull(P);
    int m = ch.size();
    double ans = 1e9;
    if (m <= 2) ans = 0; // 凸包退化成点或线段，则答案为 0
    else
      for (size_t i = 0; i < ch.size(); i++) {
        double a, b, c;
        getLineGeneralEquation(ch[i], ch[(i + 1) % ch.size()], a, b, c);
        ans = min(ans, fabs(a*sumx + b*sumy + c * n) / sqrt(a*a + b*b));
      }
    printf("Case #%d: %.3lf\n", kase, ans / n);
  }
  return 0;
}
/*
算法分析请参考:《算法竞赛入门经典——训练指南》升级版 4.3.2 节例题 7
同类题目: A highway and the seven dwarfs, POJ 1912
*/
```

### 例 6-7　【凸包；旋转卡壳】正方形（Square, Seoul 2009, UVa 1453）

给定平面上的 $n$（$1 \leqslant n \leqslant 100\ 000$）个边平行于坐标轴的正方形，在它们的顶点中找出两个欧几里得距离最大的点。如图 6-5 所示，距离最大的是 $S_1$ 的左下角和 $S_8$ 的右上角。正方形可以重合或者交叉。

你的任务是输出这个最大距离的平方。

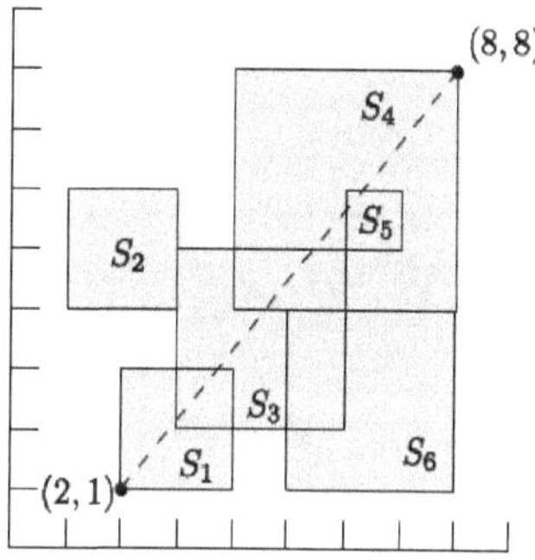

图 6-5　正方形

【代码实现】

```
// 刘汝佳
#include <bits/stdc++.h>
using namespace std;

struct Point {
  int x, y;
  Point(int x = 0, int y = 0) : x(x), y(y) {}
};

typedef Point Vector;
istream& operator>>(istream& is, Point& p) { return is >> p.x >> p.y; }
ostream& operator<<(ostream& os, const Point& p) {
  return os << p.x << " " << p.y;
}
Vector operator-(const Point& A, const Point& B)
```

```
{ return Vector(A.x - B.x, A.y - B.y); }
int Cross(const Vector& A, const Vector& B) { return A.x * B.y - A.y * B.x; }
int Dot(const Vector& A, const Vector& B) { return A.x * B.x + A.y * B.y; }
int Dist2(const Point& A, const Point& B) {
  return (A.x - B.x) * (A.x - B.x) + (A.y - B.y) * (A.y - B.y);
}
bool operator<(const Point& p1, const Point& p2) {
  return p1.x < p2.x || (p1.x == p2.x && p1.y < p2.y);
}
bool operator==(const Point& p1, const Point& p2) {
  return p1.x == p2.x && p1.y == p2.y;
}

vector<Point> ConvexHull(vector<Point>& p) {    // 点集凸包
  sort(p.begin(), p.end());                      // 预处理，删除重复点
  p.erase(unique(p.begin(), p.end()), p.end());

  int n = p.size();
  int m = 0;
  vector<Point> ch(n + 1);
  for (int i = 0; i < n; i++) {
    while (m > 1 && Cross(ch[m - 1] - ch[m - 2], p[i] - ch[m - 2]) <= 0) m--;
    ch[m++] = p[i];
  }
  int k = m;
  for (int i = n - 2; i >= 0; i--) {
    while (m > k && Cross(ch[m - 1] - ch[m - 2], p[i] - ch[m - 2]) <= 0) m--;
    ch[m++] = p[i];
  }
  if (n > 1) m--;
  ch.resize(m);
  return ch;
}

int diameter2(vector<Point>& points) {           // 返回点集直径的平方
  vector<Point> p = ConvexHull(points);
  int n = p.size();
  if (n == 1) return 0;
  if (n == 2) return Dist2(p[0], p[1]);
  p.push_back(p[0]);                             // 免得取模
  int ans = 0;
  for (int u = 0, v = 1; u < n; u++) {
    for (;;) {                                   // 一条直线贴住边p[u]-p[u+1]
      // 当Area(p[u], p[u+1], p[v+1]) <= Area(p[u], p[u+1], p[v])时停止旋转
      // 即Cross(p[u+1]-p[u],p[v+1]-p[u])- Cross(p[u+1]-p[u],p[v]-p[u])<=0
      // 根据Cross(A,B) - Cross(A,C) = Cross(A,B-C)
      // 化简得Cross(p[u+1]-p[u], p[v+1]-p[v]) <= 0
      int diff = Cross(p[u + 1] - p[u], p[v + 1] - p[v]);
      if (diff <= 0) {
```

```
        ans = max(ans, Dist2(p[u], p[v]));       // u和v是对踵点
        if (diff == 0)
          ans = max(ans, Dist2(p[u], p[v + 1])); // diff==0 时 u 和 v+1 也是对踵点
        break;
      }
      v = (v + 1) % n;
    }
  }
  return ans;
}

int main() {
  ios::sync_with_stdio(false), cin.tie(0);
  int T;
  cin >> T;
  for (int t = 0, n; t < T; t++) {
    cin >> n;
    vector<Point> ps;
    for (int i = 0, x, y, w; i < n; i++) {
      cin >> x >> y >> w;
      ps.push_back(Point(x, y)), ps.push_back(Point(x + w, y));
      ps.push_back(Point(x, y + w)), ps.push_back(Point(x + w, y + w));
    }
    printf("%d\n", diameter2(ps));
  }
  return 0;
}
/*
算法分析请参考：《算法竞赛入门经典——训练指南》升级版 4.3.2 节例题 9
同类题目：Making Perimeter of the Convex Hull Shortest, ACM/ICPC 筑波 2017, Aizu 1381
*/
```

### 例 6-8　【二分法；半平面交】离海最远的点（Most Distant Point from the Sea, Tokyo 2007, UVa 1396）

在大海的中央，有一个凸 $n$（$3 \leqslant n \leqslant 100$）边形的小岛。你的任务是求出岛上离海最远的点，输出它到海的距离。

【代码实现】

```
// 刘汝佳
#include <cmath>
#include <cstdio>
#include <vector>
#include <algorithm>
using namespace std;

struct Point {
  double x, y;
  Point(double x = 0, double y = 0): x(x), y(y) { }
};
```

```
typedef Point Vector;
Vector operator + (const Vector& A, const Vector& B)
{ return Vector(A.x + B.x, A.y + B.y); }
Vector operator - (const Point& A, const Point& B)
{ return Vector(A.x - B.x, A.y - B.y); }
Vector operator * (const Vector& A, double p)
{ return Vector(A.x * p, A.y * p); }
double Dot(const Vector& A, const Vector& B)
{ return A.x * B.x + A.y * B.y; }
double Cross(const Vector& A, const Vector& B)
{ return A.x * B.y - A.y * B.x; }
double Length(const Vector& A) { return sqrt(Dot(A, A)); }
Vector Normal(const Vector& A)
{ double L = Length(A); return Vector(-A.y / L, A.x / L); }

double PolygonArea(vector<Point> p) {
  int n = p.size();
  double area = 0;
  for (int i = 1; i < n - 1; i++)
    area += Cross(p[i] - p[0], p[i + 1] - p[0]);
  return area / 2;
}

// 有向直线，它的左边就是对应的半平面
struct Line {
  Point P;      // 直线上任意一点
  Vector v;     // 方向向量
  double ang;   // 极角，即从 x 正半轴旋转到向量 v 所需要的角（弧度）
  Line() {}
  Line(const Point& P, const Vector& v): P(P), v(v) { ang = atan2(v.y, v.x); }
  bool operator < (const Line& L) const {
    return ang < L.ang;
  }
};

// 点 p 在有向直线 L 的左边（线上不算）
bool OnLeft(const Line& L, const Point& p) {
  return Cross(L.v, p - L.P) > 0;
}

// 两直线交点，假定交点唯一存在
Point GetLineIntersection(const Line& a, const Line& b) {
  Vector u = a.P - b.P;
  double t = Cross(b.v, u) / Cross(a.v, b.v);
  return a.P + a.v * t;
}

const double INF = 1e8, eps = 1e-6;
```

```
// 半平面交主过程
vector<Point> HalfplaneIntersection(vector<Line> L) {
  int n = L.size();
  sort(L.begin(), L.end());      // 按极角排序

  int first, last;               // 双端队列的第一个元素和最后一个元素的下标
  vector<Point> p(n);            // p[i]为q[i]和q[i+1]的交点
  vector<Line> q(n);             // 双端队列
  vector<Point> ans;             // 结果

  q[first = last = 0] = L[0];   // 双端队列初始化为只有一个半平面 L[0]
  for (int i = 1; i < n; i++) {
    while (first < last && !OnLeft(L[i], p[last - 1])) last--;
    while (first < last && !OnLeft(L[i], p[first])) first++;
    q[++last] = L[i];
    if (fabs(Cross(q[last].v,q[last-1].v)) < eps){// 两向量平行且同向，取内侧的一个
      last--;
      if (OnLeft(q[last], L[i].P)) q[last] = L[i];
    }
    if (first < last) p[last - 1] = GetLineIntersection(q[last - 1], q[last]);
  }
  while (first < last && !OnLeft(q[first], p[last - 1]))last--;// 删除无用平面
  if (last - first <= 1) return ans;                    // 空集
  p[last] = GetLineIntersection(q[last],q[first]); // 计算首尾两个半平面的交点

  // 从 deque 复制到输出中
  for (int i = first; i <= last; i++) ans.push_back(p[i]);
  return ans;
}

int main() {
  for (int n, x, y; scanf("%d", &n) == 1 && n;) {
    vector<Vector> p, v, normal;
    for (int i = 0; i < n; i++) scanf("%d%d", &x, &y), p.push_back(Point(x, y));
    if (PolygonArea(p) < 0) reverse(p.begin(), p.end());

    for (int i = 0; i < n; i++)
      v.push_back(p[(i + 1) % n] - p[i]), normal.push_back(Normal(v[i]));
    double left = 0, right = 20000;
    while (right - left > eps) {
      vector<Line> L;
      double mid = left + (right - left) / 2;
      for (int i = 0; i < n; i++) L.push_back(Line(p[i] + normal[i]*mid, v[i]));
      vector<Point> poly = HalfplaneIntersection(L);
      if (poly.empty()) right = mid; else left = mid;
    }
    printf("%.6lf\n", left);
  }
```

```
  return 0;
}
/*
算法分析请参考：《算法竞赛入门经典——训练指南》升级版 4.3.3 节例题 10
同类题目：Triathlon, POJ 1755
*/
```

### 例 6-9 【平面区域；图论模型】怪物陷阱（Monster Trap, Aizu 2003, POJ 2048）

给出 $n$（$1 \leqslant n \leqslant 100$）条线段障碍，你的任务是判断怪物能否逃到无穷远处。如图 6-6 所示，其中图 6-6（a）中怪物无法逃出，图 6-6（b）中怪物可以逃出。

对于每组数据，如果怪物成功被困住，输出 yes，否则（即可以逃到无穷远处）输出 no。

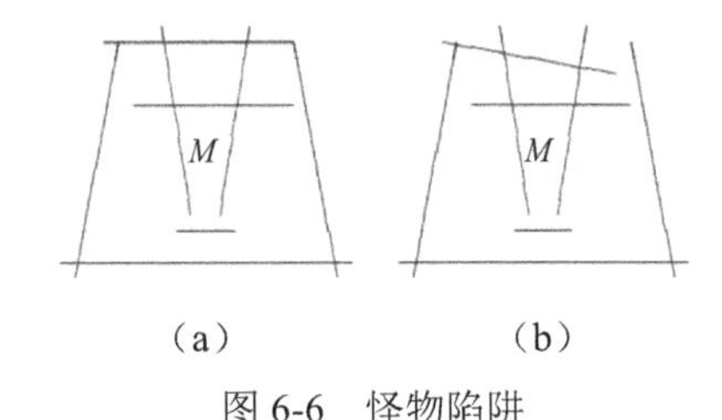

图 6-6　怪物陷阱

【代码实现】

```
// 刘汝佳
#include <iostream>
#include <vector>
#include <cmath>
#include <cstring>
#include <algorithm>
using namespace std;

const double eps = 1e-12;
double dcmp(double x) {
  if (fabs(x) < eps) return 0; else return x < 0 ? -1 : 1;
}

struct Point {
  double x, y;
  Point(double x = 0, double y = 0): x(x), y(y) { }
};
istream& operator>>(istream& is, Point& p) { return is >> p.x >> p.y; }
typedef Point Vector;
Vector operator + (const Point& A, const Point& B) { return Vector(A.x + B.x,
A.y + B.y); }
Vector operator - (const Point& A, const Point& B) { return Vector(A.x - B.x,
A.y - B.y); }
Vector operator * (const Point& A, double v) { return Vector(A.x * v, A.y * v); }
Vector operator / (const Point& A, double v) { return Vector(A.x / v, A.y / v); }

double Cross(const Vector& A, const Vector& B) { return A.x * B.y - A.y * B.x; }
double Dot(const Vector& A, const Vector& B) { return A.x * B.x + A.y * B.y; }
double Length(const Vector& A) { return sqrt(Dot(A, A)); }
bool operator < (const Point& p1, const Point& p2)
{  return p1.x < p2.x || (p1.x == p2.x && p1.y < p2.y); }
bool operator == (const Point& p1, const Point& p2)
```

```
{ return p1.x == p2.x && p1.y == p2.y; }

bool SegmentProperIntersection(const Point& a1, const Point& a2,
                               const Point& b1, const Point& b2) {
  double c1 = Cross(a2 - a1, b1 - a1), c2 = Cross(a2 - a1, b2 - a1),
         c3 = Cross(b2 - b1, a1 - b1), c4 = Cross(b2 - b1, a2 - b1);
  return dcmp(c1) * dcmp(c2) < 0 && dcmp(c3) * dcmp(c4) < 0;
}

bool OnSegment(const Point& p, const Point& a1, const Point& a2) {
  return dcmp(Cross(a1 - p, a2 - p)) == 0
       && dcmp(Dot(a1 - p, a2 - p)) < 0;
}

const int maxv = 200 + 5;
int V;
int G[maxv][maxv], vis[maxv];

bool dfs(int u) {
  if (u == 1) return true;                  // 1是终点
  vis[u] = 1;
  for (int v = 0; v < V; v++)
    if (G[u][v] && !vis[v] && dfs(v)) return true;
  return false;
}

const int maxn = 100 + 5;
int n;
Point p1[maxn], p2[maxn];

// 在任何一条线段的中间（在端点不算）
bool OnAnySegment(Point p) {
  for (int i = 0; i < n; i++)
    if (OnSegment(p, p1[i], p2[i])) return true;
  return false;
}

// 与任何一条线段规范相交
bool IntersectWithAnySegment(Point a, Point b) {
  for (int i = 0; i < n; i++)
    if (SegmentProperIntersection(a, b, p1[i], p2[i])) return true;
  return false;
}

bool find_path() {
  // 构图
  vector<Point> vertices;
  vertices.push_back(Point(0, 0));          // 起点
  vertices.push_back(Point(1e5, 1e5));      // 终点
```

```
  for (int i = 0; i < n; i++) {
    if (!OnAnySegment(p1[i])) vertices.push_back(p1[i]);
    if (!OnAnySegment(p2[i])) vertices.push_back(p2[i]);
  }
  V = vertices.size();
  memset(G, 0, sizeof(G)), memset(vis, 0, sizeof(vis));
  for (int i = 0; i < V; i++)
    for (int j = i + 1; j < V; j++)
      if (!IntersectWithAnySegment(vertices[i], vertices[j]))
        G[i][j] = G[j][i] = 1;
  return dfs(0);
}

int main() {
  Point a, b;
  while (cin >> n && n) {
    for (int i = 0; i < n; i++) {
      cin >> a >> b;
      Vector v = b - a;
      v = v / Length(v);
      p1[i] = a - v * 1e-6, p2[i] = b + v * 1e-6;
    }
    if (find_path()) cout << "no\n"; else cout << "yes\n";
  }
  return 0;
}
/*
算法分析请参考：《算法竞赛入门经典——训练指南》升级版 4.3.4 节例题 13
同类题目：Street Crossing EXTREME, UVa 11595
*/
```

### 例 6-10 【平面区域；卷包裹法】找边界（Find the Border, NEERC 2004, UVa 1340）

一条可自交的封闭折线将平面分成了若干个区域，其中无限大的那个区域称为折线的外部区域，所有有界区域和折线本身合称内部区域（在图 6-7 中用阴影表示）。你的任务是求出内部区域的轮廓。

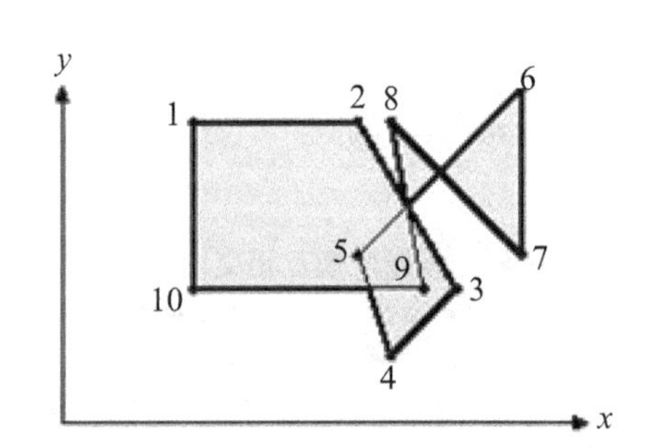

图 6-7　求内部区域的轮廓

为了确保答案唯一，你求出的轮廓应当满足以下几个条件：不自交（但可以自己和自己接触）；相邻两点不重合；相邻两条线段不共线；当按照轮廓线顺序访问它的各个顶点时，内部区域总是在边的左侧。

输入包含多组数据。每组数据：第一行为折线顶点数 $n$（$3 \leqslant n \leqslant 100$）；接下来是 $n$ 对 0～100 的整数，即折线上各顶点的坐标，所有顶点坐标均不同，且不会有顶点在另外两个顶点之间的线段上，相邻两条线段不共线。输入结束标志为文件结束符（EOF）。

对于每组数据，首先输出一行，包含一个整数 $m$，即轮廓线上的顶点个数，接下来是各顶点的坐标。

【代码实现】

```
// 刘汝佳
// 注意：本题可以直接使用“卷包裹”法求出外轮廓
// 本程序只是为了演示 PSLG 的实现
#include <vector>
#include <cassert>
#include <cmath>
#include <cstring>
#include <cstdio>
#include <algorithm>

using namespace std;

const double eps = 1e-8;
double dcmp(double x) {
  if (fabs(x) < eps) return 0;
  return x < 0 ? -1 : 1;
}

struct Point {
  double x, y;
  Point(double x = 0, double y = 0): x(x), y(y) { }
};

typedef Point Vector;
Vector operator + (const Vector& A, const Vector& B)
{ return Vector(A.x + B.x, A.y + B.y); }
Vector operator - (const Point& A, const Point& B)
{ return Vector(A.x - B.x, A.y - B.y); }
Vector operator * (const Vector& A, double p)
{ return Vector(A.x * p, A.y * p); }

// 理论上这个“小于”运算符是错的，因为可能有 3 个点 a, b, c
// a 和 b 很接近（即 a<b 和 b<a 都不成立），b 和 c 很接近，但 a 和 c 不接近
// 所以使用这种“小于”运算符的前提是能排除上述情况
bool operator < (const Point& a, const Point& b)
{ return dcmp(a.x - b.x) < 0 || (dcmp(a.x - b.x) == 0 && dcmp(a.y - b.y) < 0); }
bool operator == (const Point& a, const Point &b)
{ return dcmp(a.x - b.x) == 0 && dcmp(a.y - b.y) == 0;}

double Dot(const Vector& A, const Vector& B) { return A.x * B.x + A.y * B.y; }
double Cross(const Vector& A, const Vector& B) { return A.x * B.y - A.y * B.x; }
double Length(const Vector& A) { return sqrt(Dot(A, A)); }
typedef vector<Point> Polygon;

Point GetLineIntersection(const Point& P, const Vector& v,
                          const Point& Q, const Vector& w) {
```

```
  Vector u = P - Q;
  double t = Cross(w, u) / Cross(v, w);
  return P + v * t;
}

bool SegmentProperIntersection(const Point& a1, const Point& a2,
                               const Point& b1, const Point& b2) {
  double c1 = Cross(a2 - a1, b1 - a1), c2 = Cross(a2 - a1, b2 - a1),
         c3 = Cross(b2 - b1, a1 - b1), c4 = Cross(b2 - b1, a2 - b1);
  return dcmp(c1) * dcmp(c2) < 0 && dcmp(c3) * dcmp(c4) < 0;
}

bool OnSegment(const Point& p, const Point& a1, const Point& a2) {
  return dcmp(Cross(a1 - p, a2 - p)) == 0
       && dcmp(Dot(a1 - p, a2 - p)) < 0;
}

// 多边形的有向面积
double PolygonArea(const Polygon& poly) {
  double area = 0;
  int n = poly.size();
  for (int i = 1; i < n - 1; i++)
    area += Cross(poly[i] - poly[0], poly[(i + 1) % n] - poly[0]);
  return area / 2;
}
struct Edge {
  int from, to;                 // 起点，终点，左边的面编号
  double ang;
};

const int maxn = 10000 + 10;    // 最大边数

// 平面直线图（PSLG）实现
struct PSLG {
  int n, m, face_cnt;
  double x[maxn], y[maxn];
  vector<Edge> edges;
  vector<int> G[maxn];
  int vis[maxn * 2];            // 每条边是否已经访问过
  int left[maxn * 2];           // 左面的编号
  int prev[maxn * 2];           // 相同起点的上一条边（即顺时针旋转碰到的下一条边）编号

  vector<Polygon> faces;
  double area[maxn];            // 每个 polygon 的面积

  void init(int n) {
    this->n = n;
    for (int i = 0; i < n; i++) G[i].clear();
    edges.clear();
```

```
  faces.clear();
}

// 有向线段 from->to 的极角
double getAngle(int from, int to) {
  return atan2(y[to] - y[from], x[to] - x[from]);
}

void AddEdge(int from, int to) {
  edges.push_back((Edge) {from, to, getAngle(from, to)});
  edges.push_back((Edge) {to, from, getAngle(to, from)});
  m = edges.size();
  G[from].push_back(m - 2);
  G[to].push_back(m - 1);
}

// 找出 faces 并计算面积
void Build() {
  for (int u = 0; u < n; u++) {
    // 给从 u 出发的各条边按极角排序
    int d = G[u].size();
    for (int i = 0; i < d; i++)
      for (int j = i + 1; j < d; j++) // 这里偷个懒，假设从每个点出发的线段不会太多
        if (edges[G[u][i]].ang > edges[G[u][j]].ang) swap(G[u][i], G[u][j]);
    for (int i = 0; i < d; i++)
      prev[G[u][(i + 1) % d]] = G[u][i];
  }

  memset(vis, 0, sizeof(vis));
  face_cnt = 0;
  for (int u = 0; u < n; u++)
    for (int i = 0; i < G[u].size(); i++) {
      int e = G[u][i];
      if (!vis[e]) {                     // 逆时针找圈
        face_cnt++;
        Polygon poly;
        for (;;) {
          vis[e] = 1; left[e] = face_cnt;
          int from = edges[e].from;
          poly.push_back(Point(x[from], y[from]));
          e = prev[e ^ 1];
          if (e == G[u][i]) break;
          assert(vis[e] == 0);
        }
        faces.push_back(poly);
      }
    }

  for (int i = 0; i < faces.size(); i++)
```

```
    area[i] = PolygonArea(faces[i]);
  }
};

PSLG g;
const int maxp = 100 + 5;
int n, c;
Point P[maxp], V[maxp * (maxp - 1) / 2 + maxp];
// 在 V 数组里找到点 p
int ID(const Point& p) { return lower_bound(V, V + c, p) - V; }

// 假定 poly 没有相邻点重合的情况，只需要删除 3 点共线的情况
Polygon simplify(const Polygon& poly) {
  Polygon ans;
  int n = poly.size();
  for (int i = 0; i < n; i++) {
    Point a = poly[i];
    Point b = poly[(i + 1) % n];
    Point c = poly[(i + 2) % n];
    if (dcmp(Cross(a - b, c - b)) != 0) ans.push_back(b);
  }
  return ans;
}

void build_graph() {
  c = n;
  for (int i = 0; i < n; i++)
    V[i] = P[i];

  vector<double> dist[maxp];// dist[i][j]是第 i 条线段上第 j 个点离起点（P[i]）的距离
  for (int i = 0; i < n; i++)
    for (int j = i + 1; j < n; j++)
      if (SegmentProperIntersection(P[i], P[(i + 1) % n], P[j], P[(j + 1) % n]))
{
        Point p = GetLineIntersection(P[i], P[(i + 1) % n] - P[i], P[j], P[(j +
1) % n] - P[j]);
        V[c++] = p;
        dist[i].push_back(Length(p - P[i]));
        dist[j].push_back(Length(p - P[j]));
      }

  /* 为了保证“很接近的点”被看作同一个，这里使用了 sort+unique 的方法
  必须使用前面提到的“理论上是错误”的小于运算符，否则不能保证“很接近的点”在排序后能连续排列
  另一个常见的处理方式是把坐标扩大很多倍（如 100000 倍），然后四舍五入变成整点（计算完毕后再
  还原），用少许的精度损失换取鲁棒性和速度
  */
  sort(V, V + c);
  c = unique(V, V + c) - V;
```

```
  g.init(c);                              // c 是平面图的点数
  for (int i = 0; i < c; i++) {
    g.x[i] = V[i].x;
    g.y[i] = V[i].y;
  }
  for (int i = 0; i < n; i++) {
    Vector v = P[(i + 1) % n] - P[i];
    double len = Length(v);
    dist[i].push_back(0);
    dist[i].push_back(len);
    sort(dist[i].begin(), dist[i].end());
    int sz = dist[i].size();
    for (int j = 1; j < sz; j++) {
      Point a = P[i] + v * (dist[i][j - 1] / len);
      Point b = P[i] + v * (dist[i][j] / len);
      if (a == b) continue;
      g.AddEdge(ID(a), ID(b));
    }
  }

  g.Build();

  Polygon poly;
  for (int i = 0; i < g.faces.size(); i++)
    if (g.area[i] < 0) {                  // 对于连通图，只有一个面积小于零的面是无限面
      poly = g.faces[i];
      reverse(poly.begin(),poly.end());// 对内部区域，无限面多边形的各个顶点是顺时针的
      poly = simplify(poly);              // 无限面多边形上可能会有相邻共线点
      break;
    }

  int m = poly.size();
  printf("%d\n", m);

  // 挑选坐标最小的点作为输出的起点
  int start = 0;
  for (int i = 0; i < m; i++)
    if (poly[i] < poly[start]) start = i;
  for (int i = start; i < m; i++)
    printf("%.4lf %.4lf\n", poly[i].x, poly[i].y);
  for (int i = 0; i < start; i++)
    printf("%.4lf %.4lf\n", poly[i].x, poly[i].y);
}

int main() {
  while (scanf("%d", &n) == 1 && n) {
    for (int i = 0, x, y; i < n; i++)
      scanf("%d%d", &x, &y), P[i] = Point(x, y);
    build_graph();
```

```
  }
  return 0;
}
/*
算法分析请参考：《算法竞赛入门经典——训练指南》升级版 4.3.4 节例题 14
同类题目：Wall, NEERC 200, HDU 1348
*/
```

### 本节例题列表

本节讲解的例题及其囊括的知识点，如表 6-3 所示。

表 6-3　二维几何常用算法例题归纳

| 编　号 | 题　号 | 标　题 | 知 识 点 | 代码作者 |
|---|---|---|---|---|
| 例 6-5 | UVa 10652 | Board Wrapping | 凸包 | 刘汝佳 |
| 例 6-6 | UVa 11168 | Airport | 凸包；直线的一般式 | 刘汝佳 |
| 例 6-7 | UVa 1453 | Square | 凸包；旋转卡壳 | 刘汝佳 |
| 例 6-8 | UVa 1396 | Most Distant Point from the Sea | 二分法；半平面交 | 刘汝佳 |
| 例 6-9 | POJ 2048 | Monster Trap | 平面区域；图论模型 | 刘汝佳 |
| 例 6-10 | UVa 1340 | Find the Border | 平面区域；卷包裹法 | 刘汝佳 |

## 6.4　三维几何基础

本节提供一些与三维几何基础算法相关的经典题目及其代码实现。

### 例 6-11　【线段和三角形相交（3D）】三维三角形（3D Triangles, UVa 11275）

给出三维空间的两个三角形，判断两者是否有公共点。若两个点距离小于 0.000 001，则认为它们是同一个点。三角形的内部、边和顶点都看成三角形的一部分。如果两个三角形有公共点，则输出 1，否则输出 0。

【代码实现】

```
// 刘汝佳
#include <bits/stdc++.h>
using namespace std;

struct Point3 {
  double x, y, z;
  Point3(double x = 0, double y = 0, double z = 0): x(x), y(y), z(z) { }
};
istream& operator>>(istream& is, Point3& p) { return is >> p.x >> p.y >> p.z; }

typedef Point3 Vector3;

Vector3 operator + (const Vector3& A, const Vector3& B)
{ return Vector3(A.x + B.x, A.y + B.y, A.z + B.z); }
```

```
Vector3 operator - (const Point3& A, const Point3& B)
{ return Vector3(A.x - B.x, A.y - B.y, A.z - B.z); }
Vector3 operator * (const Vector3& A, double p)
{ return Vector3(A.x * p, A.y * p, A.z * p); }
Vector3 operator / (const Vector3& A, double p)
{ return Vector3(A.x / p, A.y / p, A.z / p); }

const double eps = 1e-8;
int dcmp(double x) {
  if (fabs(x) < eps) return 0; else return x < 0 ? -1 : 1;
}

double Dot(const Vector3& A, const Vector3& B)
{ return A.x * B.x + A.y * B.y + A.z * B.z; }
double Length(const Vector3& A) { return sqrt(Dot(A, A)); }
double Angle(const Vector3& A, const Vector3& B)
{ return acos(Dot(A, B) / Length(A) / Length(B)); }
Vector3 Cross(const Vector3& A, const Vector3& B)
{ return Vector3(A.y * B.z - A.z * B.y, A.z * B.x - A.x * B.z, A.x * B.y - A.y
* B.x); }
double Area2(const Point3& A, const Point3& B, const Point3& C)
{ return Length(Cross(B - A, C - A)); }

// p1 和 p2 是否在线段 a-b 的同侧
bool SameSide(const Point3& p1, const Point3& p2,
              const Point3& a, const Point3& b) {
  return dcmp(Dot(Cross(b - a, p1 - a), Cross(b - a, p2 - a))) >= 0;
}

// 点在三角形 P0P1P2 中
bool PointInTri(const Point3& P, const Point3& P0,
                const Point3& P1, const Point3& P2) {
  return SameSide(P, P0, P1, P2)
      && SameSide(P, P1, P0, P2) && SameSide(P, P2, P0, P1);
}

// 三角形 P0P1P2 是否和线段 AB 相交
bool TriSegIntersection(const Point3& P0, const Point3& P1, const Point3& P2,
                        const Point3& A, const Point3& B, Point3& P) {
  Vector3 n = Cross(P1 - P0, P2 - P0);
  if (dcmp(Dot(n, B - A)) == 0) return false;  // 线段 AB 和平面 P0P1P2 平行或共面
  else {                                        // 平面 A 和直线 P1P2 有唯一交点
    double t = Dot(n, P0 - A) / Dot(n, B - A);
    if (dcmp(t) < 0 || dcmp(t - 1) > 0) return false;  // 不在线段 AB 上
    P = A + (B - A) * t;                        // 交点
    return PointInTri(P, P0, P1, P2);
  }
}
```

```
bool TriTriIntersection(Point3* T1, Point3* T2) {
  Point3 P;
  for (int i = 0; i < 3; i++) {
    if (TriSegIntersection(T1[0], T1[1], T1[2], T2[i], T2[(i + 1) % 3], P))
      return true;
    if (TriSegIntersection(T2[0], T2[1], T2[2], T1[i], T1[(i + 1) % 3], P))
      return true;
  }
  return false;
}

int main() {
  ios::sync_with_stdio(false), cin.tie(0);
  int T; cin >> T;
  while (T--) {
    Point3 T1[3], T2[3];
    for (int i = 0; i < 3; i++) cin >> T1[i];
    for (int i = 0; i < 3; i++) cin >> T2[i];
    cout << (TriTriIntersection(T1, T2) ? 1 : 0) << endl;
  }
  return 0;
}
/*
算法分析请参考：《算法竞赛入门经典——训练指南》升级版 4.4.4 节例题 16
*/
```

### 例 6-12 【线段之间的距离（3D）】Ardenia 王国（Ardenia, CERC 2010, UVa 1469）

给出空间中两条线段，求它们的最近距离。输出两个互素的整数 $l$ 和 $m$，使得 $m>0$ 且 $l/m$ 为所求距离的平方。

【代码实现】

```
// 刘汝佳
#include <bits/stdc++.h>
using namespace std;

struct Point3 {
  int x, y, z;
  Point3(int x = 0, int y = 0, int z = 0) : x(x), y(y), z(z) {}
};
istream& operator>>(istream& is, Point3& p) { return is >> p.x >> p.y >> p.z; }

typedef Point3 Vector3;

Vector3 operator+(const Vector3& A, const Vector3& B)
{  return Vector3(A.x + B.x, A.y + B.y, A.z + B.z);}
Vector3 operator-(const Point3& A, const Point3& B)
{  return Vector3(A.x - B.x, A.y - B.y, A.z - B.z);}
Vector3 operator*(const Vector3& A, int p)
{  return Vector3(A.x * p, A.y * p, A.z * p);}
```

```
bool operator==(const Point3& a, const Point3& b)
{  return a.x == b.x && a.y == b.y && a.z == b.z;}
int Dot(const Vector3& A, const Vector3& B)
{  return A.x * B.x + A.y * B.y + A.z * B.z;}
int Length2(const Vector3& A) { return Dot(A, A); }
Vector3 Cross(const Vector3& A, const Vector3& B) {
  return Vector3(A.y * B.z - A.z * B.y, A.z * B.x - A.x * B.z,
                 A.x * B.y - A.y * B.x);
}

typedef long long LL;
LL gcd(LL a, LL b) { return b ? gcd(b, a % b) : a; }
LL lcm(LL a, LL b) { return a / gcd(a, b) * b; }
struct Rat {
  LL a, b;
  Rat(LL a = 0) : a(a), b(1) {}
  Rat(LL x, LL y) : a(x), b(y) {
    if (b < 0) a = -a, b = -b;
    LL d = gcd(a, b);
    if (d < 0) d = -d;
    a /= d, b /= d;
  }
};

Rat operator+(const Rat& A, const Rat& B) {
  LL x = lcm(A.b, B.b);
  return Rat(A.a * (x / A.b) + B.a * (x / B.b), x);
}
Rat operator-(const Rat& A, const Rat& B) { return A + Rat(-B.a, B.b); }
Rat operator*(const Rat& A, const Rat& B) { return Rat(A.a * B.a, A.b * B.b); }
void updatemin(Rat& A, const Rat& B) {
  if (A.a * B.b > B.a * A.b) A.a = B.a, A.b = B.b;
}

// 点 P 到线段 AB 的距离的平方
Rat Rat_Dist2ToSeg(const Point3& P, const Point3& A, const Point3& B) {
  if (A == B) return Length2(P - A);
  Vector3 v1 = B - A, v2 = P - A, v3 = P - B;
  if (Dot(v1, v2) < 0) return Length2(v2);
  if (Dot(v1, v3) > 0) return Length2(v3);
  return Rat(Length2(Cross(v1, v2)), Length2(v1));
}

// 求异面直线 p1+su 和 p2+tv 的公垂线对应的 s。如果平行/重合，返回 false
bool Rat_LineDistance3D(const Point3& p1, const Vector3& u, const Point3& p2,
                        const Vector3& v, Rat& s) {
  LL b = (LL)Dot(u, u) * Dot(v, v) - (LL)Dot(u, v) * Dot(u, v);
  if (b == 0) return false;
  LL a = (LL)Dot(u, v) * Dot(v, p1 - p2) - (LL)Dot(v, v) * Dot(u, p1 - p2);
  s = Rat(a, b);
```

```
  return true;
}

void Rat_GetPointOnLine(const Point3& A, const Point3& B, const Rat& t, Rat& x,
                        Rat& y, Rat& z) {
  x = Rat(A.x) + Rat(B.x - A.x) * t;
  y = Rat(A.y) + Rat(B.y - A.y) * t;
  z = Rat(A.z) + Rat(B.z - A.z) * t;
}

Rat Rat_Distance2(const Rat& x1, const Rat& y1, const Rat& z1, const Rat& x2,
                  const Rat& y2, const Rat& z2) {
  return (x1 - x2) * (x1 - x2) + (y1 - y2) * (y1 - y2)
       + (z1 - z2) * (z1 - z2);
}

int main() {
  ios::sync_with_stdio(false), cin.tie(0);
  int T;
  cin >> T;
  for (Point3 A, B, C, D; cin >> A >> B >> C >> D, T--;) {
    Rat s, t, ans = Rat(1e9);
    bool ok = false;
    if (Rat_LineDistance3D(A, B - A, C, D - C, s))
      if (s.a > 0 && s.a < s.b && Rat_LineDistance3D(C, D - C, A, B - A, t))
        if (t.a > 0 && t.a < t.b) {
          ok = true;                    // 异面直线/相交直线
          Rat x1, y1, z1, x2, y2, z2;
          Rat_GetPointOnLine(A, B, s, x1, y1, z1),
                             Rat_GetPointOnLine(C, D, t, x2, y2, z2);
          ans = Rat_Distance2(x1, y1, z1, x2, y2, z2);
        }
    if (!ok) {                          // 平行直线/重合直线
      updatemin(ans, Rat_Dist2ToSeg(A, C, D)),
             updatemin(ans, Rat_Dist2ToSeg(B, C, D));
      updatemin(ans, Rat_Dist2ToSeg(C, A, B)),
             updatemin(ans, Rat_Dist2ToSeg(D, A, B));
    }
    cout << ans.a << " " << ans.b << endl;
  }
  return 0;
}
/*
算法分析请参考：《算法竞赛入门经典——训练指南》升级版 4.4.4 节例题 17
同类题目：The Deadly Olympic Returns, UVa 10794
*/
```

**例 6-13　【三维凸包；点到平面的距离】行星（Asteroids, NEERC 2009, UVa 1438）**

给定两颗凸多面体行星，你的任务是求出二者重心的最近距离。两颗行星的密度是均匀分布的，且可以任意旋转和平移。每颗行星顶点数不超过 60。输入包含多组数据，每组数据分成两部分，依次描述两颗行星。每颗行星第一行为顶点数 $n$（$4 \leq n \leq 60$），以下 $n$ 行每行给出一个顶点坐标。这 $n$ 个点保证是一个非退化凸多面体的各个顶点。

对于每组数据，输出两个行星重心的最短距离。

【代码实现】

```
// 刘汝佳
#include <vector>
#include <cmath>
#include <cstdio>
#include <cstdlib>
#include <iostream>
using namespace std;

const double eps = 1e-8;
int dcmp(double x) {
  if (fabs(x) < eps) return 0;
  return x < 0 ? -1 : 1;
}

struct Point3 {
  double x, y, z;
  Point3(double x = 0, double y = 0, double z = 0): x(x), y(y), z(z) { }
};
istream& operator>>(istream& is, Point3& p) { return is >> p.x >> p.y >> p.z; }

typedef Point3 Vector3;

Vector3 operator + (const Vector3& A, const Vector3& B)
{ return Vector3(A.x + B.x, A.y + B.y, A.z + B.z); }
Vector3 operator - (const Point3& A, const Point3& B)
{ return Vector3(A.x - B.x, A.y - B.y, A.z - B.z); }
Vector3 operator * (const Vector3& A, double p)
{ return Vector3(A.x * p, A.y * p, A.z * p); }
Vector3 operator / (const Vector3& A, double p)
{ return Vector3(A.x / p, A.y / p, A.z / p); }
bool operator == (const Point3& a, const Point3& b)
{ return dcmp(a.x - b.x) == 0 && dcmp(a.y - b.y) == 0 && dcmp(a.z - b.z) == 0;}
double Dot(const Vector3& A, const Vector3& B) { return A.x * B.x + A.y * B.y
+ A.z * B.z; }
double Length(const Vector3& A) { return sqrt(Dot(A, A)); }
double Angle(const Vector3& A, const Vector3& B)
{ return acos(Dot(A, B) / Length(A) / Length(B)); }
Vector3 Cross(const Vector3& A, const Vector3& B)
{ return Vector3(A.y*B.z - A.z*B.y, A.z*B.x - A.x*B.z, A.x*B.y - A.y*B.x); }
double Area2(const Point3& A, const Point3& B, const Point3& C)
{ return Length(Cross(B - A, C - A)); }
double Volume6(const Point3& A,const Point3& B, const Point3& C, const Point3& D)
```

```
{ return Dot(D - A, Cross(B - A, C - A)); }
Point3 Centroid(const Point3& A,const Point3& B,const Point3& C,const Point3& D)
{ return (A + B + C + D) / 4.0; }
double rand01() { return rand() / (double)RAND_MAX; }
double randeps() { return (rand01() - 0.5) * eps; }
Point3 add_noise(const Point3& p)
{ return Point3(p.x + randeps(), p.y + randeps(), p.z + randeps()); }

struct Face {
  int v[3];
  Face(int a, int b, int c) { v[0] = a; v[1] = b; v[2] = c; }
  Vector3 Normal(const vector<Point3>& P) const {
    return Cross(P[v[1]] - P[v[0]], P[v[2]] - P[v[0]]);
  }
  // f是否能看见P[i]
  int CanSee(const vector<Point3>& P, int i) const {
    return Dot(P[i] - P[v[0]], Normal(P)) > 0;
  }
};

// 增量法求三维凸包
// 注意：这里没有考虑各种特殊情况（如四点共面）。实践中需在调用前对输入点进行微小扰动
vector<Face> CH3D(const vector<Point3>& P) {
  int n = P.size();
  vector<vector<int> > vis(n);
  for (int i = 0; i < n; i++) vis[i].resize(n);

  vector<Face> cur;
  cur.push_back(Face(0, 1, 2)); // 由于已经进行扰动，前3个点不共线
  cur.push_back(Face(2, 1, 0));
  for (int i = 3; i < n; i++) {
    vector<Face> next;
    // 计算每条边的“左面”的可见性
    for (size_t j = 0; j < cur.size(); j++) {
      Face& f = cur[j];
      int res = f.CanSee(P, i);
      if (!res) next.push_back(f);
      for (int k = 0; k < 3; k++) vis[f.v[k]][f.v[(k + 1) % 3]] = res;
    }
    for (size_t j = 0; j < cur.size(); j++)
      for (int k = 0; k < 3; k++) {
        int a = cur[j].v[k], b = cur[j].v[(k + 1) % 3];
        if (vis[a][b] != vis[b][a] && vis[a][b]) // (a,b)是分界线，左边对P[i]可见
          next.push_back(Face(a, b, i));
      }
    cur = next;
  }
  return cur;
}
```

```
struct ConvexPolyhedron {
  int n;
  vector<Point3> P, P2;
  vector<Face> faces;

  bool read() {
    if (!(cin >> n)) return false;
    P.resize(n), P2.resize(n);
    for (int i = 0; i < n; i++) cin >> P[i], P2[i] = add_noise(P[i]);
    faces = CH3D(P2);
    return true;
  }

  Point3 centroid() {
    Point3 C = P[0];
    double totv = 0;
    Point3 tot(0, 0, 0);
    for (size_t i = 0; i < faces.size(); i++) {
      Point3 p1 = P[faces[i].v[0]], p2 = P[faces[i].v[1]], p3 = P[faces[i].v[2]];
      double v = -Volume6(p1, p2, p3, C);
      totv += v;
      tot = tot + Centroid(p1, p2, p3, C) * v;
    }
    return tot / totv;
  }

  double mindist(Point3 C) {
    double ans = 1e30;
    for (size_t i = 0; i < faces.size(); i++) {
      Point3 p1 = P[faces[i].v[0]], p2 = P[faces[i].v[1]], p3 = P[faces[i].v[2]];
      ans = min(ans, fabs(-Volume6(p1, p2, p3, C) / Area2(p1, p2, p3)));
    }
    return ans;
  }
};

int main() {
  ios::sync_with_stdio(false), cin.tie(0);
  ConvexPolyhedron P1, P2;
  while (P1.read() && P2.read()) {
    Point3 C1 = P1.centroid();
    double d1 = P1.mindist(C1);
    Point3 C2 = P2.centroid();
    double d2 = P2.mindist(C2);
    printf("%.8lf\n", d1 + d2);
  }
  return 0;
}
```

```
/*
算法分析请参考：《算法竞赛入门经典——训练指南》升级版 4.4.4 节例题 18
同类题目：Star War, UVa 11836
*/
```

## 例 6-14 【三维几何综合】压纸器（Paperweight, World Finals 2010, UVa 1100）

你的公司从事压纸器的生产，压纸器由两个有公共面的四面体组成，四面体由透明玻璃构成，内部镶嵌数个彩色微粒，其中有一个微粒是一个 RFID 芯片。

使用时，需要把压纸器稳定地放置在一台计算机的顶部，其中紧贴计算机的那个面称为压纸器的底面。所谓“稳定”，是指压纸器的重心向任意方向移动不超过 0.2 米时，压纸器都能回到原位。你可以认为压纸器密度均匀，并且芯片体积足够小（可以被认为是一个点）。你的任务是计算压纸器处于稳定位置时 RFID 芯片离底面的最短距离和最长距离（见图 6-8）。

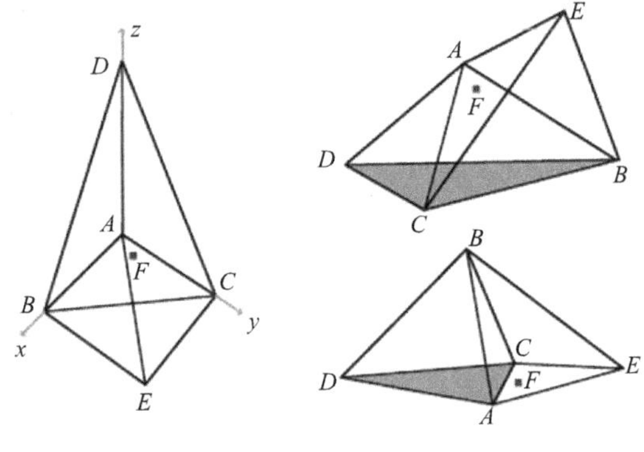

图 6-8　压纸器

【代码实现】

```
// 刘汝佳
#include <cstdio>
#include <cmath>
using namespace std;

const double eps = 1e-8;
int dcmp(double x) {
  if(fabs(x) < eps) return 0; else return x < 0 ? -1 : 1;
}

struct Point3 {
  double x, y, z;
  Point3(double x=0, double y=0, double z=0):x(x),y(y),z(z) { }
};

typedef Point3 Vector3;

Vector3 operator + (const Vector3& A, const Vector3& B) {
  return Vector3(A.x+B.x, A.y+B.y, A.z+B.z);
}
Vector3 operator - (const Point3& A, const Point3& B) {
  return Vector3(A.x-B.x, A.y-B.y, A.z-B.z);
}
Vector3 operator * (const Vector3& A, double p) {
  return Vector3(A.x*p, A.y*p, A.z*p);
}
Vector3 operator / (const Vector3& A, double p) {
```

```
  return Vector3(A.x/p, A.y/p, A.z/p);
}
double Dot(const Vector3& A, const Vector3& B)
{ return A.x*B.x + A.y*B.y + A.z*B.z; }
double Length(const Vector3& A) { return sqrt(Dot(A, A)); }
double Angle(const Vector3& A, const Vector3& B)
{ return acos(Dot(A, B) / Length(A) / Length(B)); }
Vector3 Cross(const Vector3& A, const Vector3& B)
{ return Vector3(A.y*B.z - A.z*B.y, A.z*B.x - A.x*B.z, A.x*B.y - A.y*B.x); }
double Area2(const Point3& A, const Point3& B, const Point3& C)
{ return Length(Cross(B-A, C-A)); }
double Volume6(const Point3& A, const Point3& B,
    const Point3& C, const Point3& D)
    { return Dot(D-A, Cross(B-A, C-A)); }
bool read_point3(Point3& p) {
  if(scanf("%lf%lf%lf", &p.x, &p.y, &p.z) != 3) return false;
  return true;
}
// 点 p 到平面 p0-n 的距离，n 必须为单位向量
double DistanceToPlane(const Point3& p, const Point3& p0, const Vector3& n) {
  return fabs(Dot(p-p0, n)); // 如果不取绝对值，得到的是有向距离
}
// 点 p 在平面 p0-n 上的投影，n 必须为单位向量
Point3 GetPlaneProjection(const Point3& p, const Point3& p0, const Vector3& n){
  return p-n*Dot(p-p0, n);
}

// 点 P 到直线 AB 的距离
double DistanceToLine(const Point3& P, const Point3& A, const Point3& B) {
  Vector3 v1 = B - A, v2 = P - A;
  return Length(Cross(v1, v2)) / Length(v1);
}
// p1 和 p2 是否在线段 ab 的同侧
bool SameSide(const Point3& p1, const Point3& p2,
  const Point3& a, const Point3& b) {
  return dcmp(Dot(Cross(b-a, p1-a), Cross(b-a, p2-a))) >= 0;
}

// 点在三角形 P0P1P2 中
bool PointInTri(const Point3& P, const Point3& P0,
  const Point3& P1, const Point3& P2) {
  return SameSide(P, P0, P1, P2) && SameSide(P, P1, P0, P2)
         && SameSide(P, P2, P0, P1);
}
// 四面体的重心
Point3 Centroid(const Point3& A, const Point3& B,
   const Point3& C, const Point3& D) {
   return (A + B + C + D)/4.0;
}
```

```
#include <algorithm>
using namespace std;

// 判断 P 是否在三角形 ABC 中，并且到 3 条边的距离都至少为 mindist。保证 P, A, B, C 共面
bool InsideWithMinDistance(const Point3& P, const Point3& A, const Point3& B,
const Point3& C, double mindist) {
  if(!PointInTri(P, A, B, C)) return false;
  if(DistanceToLine(P, A, B) < mindist) return false;
  if(DistanceToLine(P, B, C) < mindist) return false;
  if(DistanceToLine(P, C, A) < mindist) return false;
  return true;
}

// 判断 P 是否在凸四边形 ABCD（顺时针或逆时针）中，并且到 4 条边的距离都至少为 mindist。保证
P, A, B, C, D 共面
bool InsideWithMinDistance(const Point3& P, const Point3& A, const Point3& B,
const Point3& C, const Point3& D, double mindist) {
  if(!PointInTri(P, A, B, C)) return false;
  if(!PointInTri(P, C, D, A)) return false;
  if(DistanceToLine(P, A, B) < mindist) return false;
  if(DistanceToLine(P, B, C) < mindist) return false;
  if(DistanceToLine(P, C, D) < mindist) return false;
  if(DistanceToLine(P, D, A) < mindist) return false;
  return true;
}

int main() {
  for(int kase = 1; ; kase++) {
    Point3 P[5], F;
    for(int i = 0; i < 5; i++)
      if(!read_point3(P[i])) return 0;
    read_point3(F);

    // 求重心坐标
    Point3 c1 = Centroid(P[0], P[1], P[2], P[3]);
    Point3 c2 = Centroid(P[0], P[1], P[2], P[4]);
    double vol1 = fabs(Volume6(P[0], P[1], P[2], P[3])) / 6.0;
    double vol2 = fabs(Volume6(P[0], P[1], P[2], P[4])) / 6.0;
    Point3 centroid = (c1 * vol1 + c2 * vol2) / (vol1 + vol2);

    // 枚举放置方案
    double mindist = 1e9, maxdist = -1e9;
    for(int i = 0; i < 5; i++)
      for(int j = i+1; j < 5; j++)
        for(int k = j+1; k < 5; k++) {
          // 找出另外两个点的下标 a 和 b
          int vis[5] = {0};
          vis[i] = vis[j] = vis[k] = 1;
```

```
      int a, b;
      for(a = 0; a < 5; a++) if(!vis[a]) { b = 10-i-j-k-a; break; }

      // 判断 a 和 b 是否在平面 i-j-k 的异侧
      int d1 = dcmp(Volume6(P[i], P[j], P[k], P[a]));
      int d2 = dcmp(Volume6(P[i], P[j], P[k], P[b]));
      if(d1 * d2 < 0) continue;                      // 是，则放置方案不合法

      Vector3 n = Cross(P[j]-P[i], P[k]-P[i]);       // 法向量
      n = n / Length(n);                             // 单位化
      // 重心在平面 i-j-k 上的投影
      Point3 proj=GetPlaneProjection(centroid,P[i],n);
      bool ok = InsideWithMinDistance(proj, P[i], P[j], P[k], 0.2);
      if(!ok) {
        if(d1==0){
          // i, j, k, a 四点共面。i 和 j 一定为三角形 ABC 3 个顶点之一，k 和 a 是 D 或 E
          if(!InsideWithMinDistance(proj,P[i],P[k],P[j],P[a],0.2))
            continue;
        } else if(d2 == 0){
          // i, j, k, b 四点共面。i 和 j 一定为三角形 ABC 3 个顶点之一，k 和 b 是 D 或 E
          if(!InsideWithMinDistance(proj,P[i],P[k],P[j],P[b],0.2))
            continue;
        } else
          continue;
      }

      // 更新答案
      double dist = DistanceToPlane(F, P[i], n);
      mindist = min(mindist, dist);
      maxdist = max(maxdist, dist);
    }
  printf("Case %d: %.5lf %.5lf\n", kase, mindist, maxdist);
 }
 return 0;
}
/*
算法分析请参考:《算法竞赛入门经典——训练指南》升级版 4.4.4 节例题 19
同类题目: Don't Burst the Balloon, ACM/ICPC 会津 2013, Aizu 1342
*/
```

### 例 6-15　【三维几何：立方体切割】 黄金屋顶（The Golden Ceiling, ACM/ICPC, Greater NY 2011, HDU 4244）

给出一个长宽高为 $L,W,H$ 的立方体，立方体的一个顶点位于原点，并且其中所有点的坐标值都是正数。给出一个平面 $Ax + By + Cz = D$，平面不是垂直的（$C \geqslant 1$），并且平面一定会穿过立方体内部。也就是说，一定会有一个点$(x,y,z)$在立方体内部且在平面上方（$Ax+By+Cz>D$），并且还有其他点在平面下方。这个平面穿过立方体可能有很多种情况，计算切割出来的朝上的表面积，包含顶部切剩下的面积，以及切割出来的斜面面积，也就

是说，从 $z$ 轴无限远处能看到的立方体面积。图 6-9 是几种可能的切割情况。

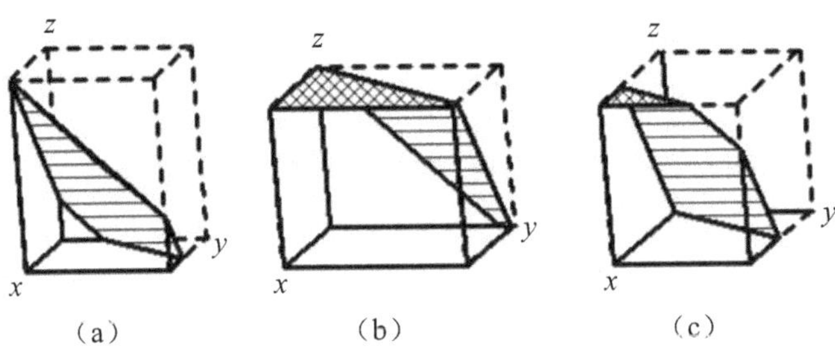


图 6-9 立方体切割

【代码实现】

```
// 陈锋
#include <bits/stdc++.h>
using namespace std;
typedef long long LL;
const double EPS = 0.0001;
struct Point3 {
  double x, y, z;
  Point3(double _x = 0, double _y = 0, double _z = 0):x(_x), y(_y), z(_z) {}
};
typedef Point3 Vector3;
Vector3 operator + (const Vector3& A, const Vector3& B)
{ return Vector3(A.x + B.x, A.y + B.y, A.z + B.z); }
Vector3 operator - (const Point3& A, const Point3& B)
{ return Vector3(A.x - B.x, A.y - B.y, A.z - B.z); }
Vector3 operator * (const Vector3& A, double p)
{ return Vector3(A.x * p, A.y * p, A.z * p); }
double dot(const Point3& A, const Point3& B)
{ return A.x * B.x + A.y * B.y + A.z * B.z; }
double length(const Point3& A) { return sqrt(dot(A, A)); }
// 线段 p1-p2 和平面 PV·V = D 的交点
Point3 LinePlaneIntersection(const Point3& p1, const Point3& p2,
                             const Vector3& PV, double D) {
  double v1 = dot(p1, PV) - D, v2 = dot(p2, PV) - D, denom = v1 - v2;
  return p1 * (-v2 / denom) + p2 * (v1 / denom);
}

// 这些顶点组成的多边形位于平面 PV-D 下方的多边形面积
double area_under(const vector<Point3>& ps, const Vector3& PV, double D) {
  vector<Point3> poly;
  for (size_t i = 0; i < ps.size(); i++) {
    const Point3 &p = ps[i], &np = ps[(i + 1) % ps.size()];
    double v = dot(PV, p) - D, nv = dot(PV, np) - D;
    if (v <= EPS) poly.push_back(p);                    // v 在平面下方或者经过平面
    if (v*nv < EPS && fabs(v)>EPS && fabs(nv)>EPS)// vi 和 nxt_vi 形成的边和平面相交
```

```
    poly.push_back(LinePlaneIntersection(np, p, PV, D)); // 边和平面的交点
  }
  double s = 0;                                        // 多边形都是和 xy 平面平行的
  for (size_t j = 1; j + 1 < poly.size() ; j++) {
    Point3 v1 = poly[j] - poly[0], v2 = poly[j + 1] - poly[0];
    s += v1.x * v2.y - v2.x * v1.y;
  }
  return fabs(s) / 2.0;
}

int main() {
  ios::sync_with_stdio(false), cin.tie(0);
  Point3 VS[8];                                        // 8 个顶点
  Vector3 PV;                                          // 平面向量{A, B, C}
  double D, L, W, H;
  int T; cin >> T;
  for (int t = 1, N; t <= T ; t++) {
    cin >> N >> L >> W >> H;
    cin >> PV.x >> PV.y >> PV.z >> D;
    for (int i = 0; i < 8 ; i++) {// 注意立方体顶点坐标   //   1 ---- 3
      Point3& p = VS[i];                                //  /|     /|  z
      if (i & 1) p.z = H;                               // 5 ---- 7 |  |
      if (i & 2) p.y = W;                               // | 0 ---| 2  .-- y
      if (i & 4) p.x = L;                               // |/     |/  /
    }                                                   // 4 ---- 6  x
    vector<Point3> top_vs = {VS[1], VS[3], VS[7], VS[5]},
                bottom_vs = {VS[0], VS[2], VS[6], VS[4]};
    double top_area = all_of(top_vs.begin(), top_vs.end(),
    [&](const Point3 & p) {return dot(PV, p) >= D;})
    ? 0.0 : area_under(top_vs, PV, D);            // 平面和顶面是否没有公共点

    double bottom_area = all_of(bottom_vs.begin(), bottom_vs.end(),
      [&](const Point3 & p) {return dot(PV, p) <= D;})
      ? L * W : area_under(bottom_vs, PV, D);     // 底面 4 个点是否都在平面 PV-D 下
    double cos_phi = PV.z / length(PV);           // 平面法向量和 z 轴夹角的余弦值
    double ans = top_area + (bottom_area - top_area) / cos_phi;
    printf("%d %.0lf\n", t, ceil(ans));
  }
  return 0;
}
/*
算法分析请参考：《算法竞赛入门经典——训练指南》升级版 4.4.4 节例题 20
同类题目：Intersection of Two Prisms, ACM/ICPC 东京 2010, UVa 1483
*/
```

## 本节例题列表

本节讲解的例题及其囊括的知识点，如表 6-4 所示。

表 6-4　三维几何基础例题归纳

| 编　号 | 题　号 | 标　题 | 知 识 点 | 代 码 作 者 |
|---|---|---|---|---|
| 例 6-11 | UVa 11275 | 3D Triangles | 线段和三角形相交 | 刘汝佳 |
| 例 6-12 | UVa 1469 | Ardenia | 线段之间的距离（3D） | 刘汝佳 |
| 例 6-13 | UVa 1438 | Asteroids | 三维凸包；点到平面的距离 | 刘汝佳 |
| 例 6-14 | UVa 1100 | Paperweight | 三维几何综合 | 刘汝佳 |
| 例 6-15 | HDU 4244 | The Golden Ceiling | 三维几何；立方体切割 | 陈锋 |

## 6.5　几何专题算法

本节的题目涉及综合多种算法思路的一些几何相关问题的算法实现，包括仿射变换、离散化、扫描线、运动规划等。

### 例 6-16　【二维仿射变换；枚举】仿射变换（Affine Mess, World Finals 2011, HDU 3838）

平面上有一幅画，其中有 3 个特殊点，坐标分别为$(x_1,y_1)$、$(x_2,y_2)$和$(x_3,y_3)$，其中$-500\leqslant x_i,y_i\leqslant 500$。

首先，我们对画进行旋转变换。旋转时，先在中心为(0,0)、边长为 20 的正方形边界上指定一个点$(x,y)$，然后把 $x$ 轴正半轴旋转到穿过$(x,y)$。旋转后，所有顶点都会被捕捉到最近的整点（如果小数部分恰好为 0.5，捕捉到离 0 较远的坐标点）。

接下来，是放大和平移（顺序未知）。放大的中心总是(0,0)，放大比例为非 0 整数（可以是负数，$x$ 方向和 $y$ 方向的放大比例不一定相同）；$x$ 和 $y$ 的平移量均为整数。

现在，只知道画上的 3 个特殊点在变换后的坐标为$(x_4,y_4)$、$(x_5,y_5)$和$(x_6,y_6)$，但不知道哪个点对应哪个点。问：可以确定变换方式吗？如果有多种可能的变换，它们是等价的吗？

【代码实现】

```
// 刘汝佳
#include <cstdio>
#include <cmath>
#include <vector>
#include <algorithm>
using namespace std;

/*
  求解下列方程组的整数解的个数：
  p*s + d = x   (1)
  q*s + d = y   (2)
  r*s + d = z   (3)
  其中，s 代表缩放系数，d 代表平移量

  解：联立方程(1),(2)，得(p-q)*s = x-y
  i) 如果 p-q = 0，则必须有 x == y，否则无解
  ii) 如果 p-q != 0，则 s = (x-y)/(p-q)。如果 s 不是整数，则无解，否则 s 是一个解
```

```
  类似地，还应联立方程(2),(3)和方程(3),(1)求解。
  i) 如果求出了多个 s，它们必须相同
  ii) 如果一个 s 都没有得到，说明有无穷多组解（返回 2 就可以了）
  iii) 如果 s = 0，根据题意，也无解
*/
int solve(int p, int q, int r, int x, int y, int z) {
  int a[] = {p, q, r};
  int b[] = {x, y, z};
  vector<int> ans;
  for(int i = 0; i < 3; i++) {
    int P = a[i], Q = a[(i+1)%3], X = b[i], Y = b[(i+1)%3];
    if(P == Q) { if(X != Y) return 0; }
    else if((X - Y) % (P - Q) != 0) return 0;
    else ans.push_back((X - Y) / (P - Q));
  }
  if(ans.empty()) return 2;                        // 3个方程等价，无穷多组解
  sort(ans.begin(), ans.end());
  if(ans[0] != ans.back() || ans[0] == 0) return 0; // 求出的s不全相同或者等于0
  return 1;
}

int x[3], y[3];                                    // 变换前的点
int x2[3], y2[3];                                  // 变换后的点
int ix[3], iy[3];                                  // 旋转+捕捉 f 后的点

int main() {
  int kase = 0;
  for(;;) {
    int ok = 0;
    for(int i = 0; i < 3; i++) {
      scanf("%d%d", &x[i], &y[i]);
      if(x[i] != 0 || y[i] != 0) ok = 1;
    }
    if(!ok) break;
    for(int i = 0; i < 3; i++) scanf("%d%d", &x2[i], &y2[i]);
    int ans = 0;                                   // 解的个数

    // 枚举旋转方式
    // 注意，旋转180度等价于缩放(-1,-1)，所以只枚举40个点而不是80个
    for(int i = 0; i < 40; i++) {
      int rx, ry;
      if(i < 20) { rx = 10; ry = i - 10; } // (10,-10), (10,-9), ..., (10,9), (10,9)
      else { rx = 30 - i; ry = 10; }   // (10,10), (9,10), ..., (-9,10)

      // 变换前3个点，保存在(ix[i],iy[i])中
      double len = sqrt(rx*rx+ry*ry);
      double cosa = rx / len;
      double sina = ry / len;
```

```
      int ix[3], iy[3];
      for(int j = 0; j < 3; j++) {
        ix[j] = (int)floor(x[j] * cosa - y[j] * sina + 0.5);
        iy[j] = (int)floor(x[j] * sina + y[j] * cosa + 0.5);
      }

      // 枚举(ix, iy)和(x2, y2)的对应关系
      int p[3] = {0, 1, 2};
      do {
        int cnt1 = solve(ix[0], ix[1], ix[2], x2[p[0]], x2[p[1]], x2[p[2]]);
        int cnt2 = solve(iy[0], iy[1], iy[2], y2[p[0]], y2[p[1]], y2[p[2]]);
        ans += cnt1 * cnt2;              // x, y 方向独立，分别求解
      } while(next_permutation(p, p+3));
    }

    printf("Case %d: ", ++kase);
    if(ans == 0) printf("no solution\n");
    else if(ans == 1) printf("equivalent solutions\n");
    else printf("inconsistent solutions\n");
  }
  return 0;
}
/*
算法分析请参考：《算法竞赛入门经典——训练指南》升级版 6.4.1 节例题 12
*/
```

## 例 6-17 【三维仿射变换；平面的变换】组合变换（Composite Transformations, UVa 12303）

空间中有 $n$ 个点和 $m$ 个平面，你的任务是按顺序向它们施加 $t$（$1 \leqslant n,m \leqslant 50\,000$，$1 \leqslant t \leqslant 1000$）个变换，输出每个点的最终位置和每个平面的最终方程。一共有 3 种变换，如表 6-5 所示。

表 6-5　3 种变换操作

| 变　换 | 说　明 |
|---|---|
| TRANSLATE $a$ $b$ $c$ | 点$(x,y,z)$变成$(x+a,y+b,z+c)$（$a$, $b$, $c$ 不全为 0） |
| ROTATE $a$ $b$ $c$ theta | 把每个点旋转 theta 度。旋转轴是向量$(a,b,c)$，并且穿过原点。当旋转轴指向你时，旋转看上去是逆时针的。参数 theta 是 0～359 的整数 |
| SCALE $a$ $b$ $c$ | 点$(x,y,z)$变成$(ax,by,cz)$ |

对于每个点，输出一行，即变换后的坐标。对于每个平面，输出一行，即变换后平面方程的参数 $a$, $b$, $c$ 和 $d$。输出应保证 $a^2+b^2+c^2=1$，如果有多种表示方法，输出任意一种均可。输出应保留两位小数。本题允许有一定的浮点误差。

【代码实现】

```
// 刘汝佳
#include <cstdio>
#include <cmath>
#include <cstdlib>
```

```
#include <cstring>
#include <cassert>
using namespace std;

const double PI = acos(-1.0);

struct Point3 {
  double x, y, z;
  Point3(double x=0, double y=0, double z=0):x(x),y(y),z(z) { }
};

typedef Point3 Vector3;
Vector3 operator + (const Vector3& A, const Vector3& B)
{ return Vector3(A.x+B.x, A.y+B.y, A.z+B.z); }
Vector3 operator - (const Point3& A, const Point3& B)
{ return Vector3(A.x-B.x, A.y-B.y, A.z-B.z); }
Vector3 operator * (const Vector3& A, double p)
{ return Vector3(A.x*p, A.y*p, A.z*p); }
Vector3 operator / (const Vector3& A, double p)
{ return Vector3(A.x/p, A.y/p, A.z/p); }

double Dot(const Vector3& A, const Vector3& B)
{ return A.x*B.x + A.y*B.y + A.z*B.z; }
double Length(const Vector3& A) { return sqrt(Dot(A, A)); }
Vector3 Cross(const Vector3& A, const Vector3& B)
{ return Vector3(A.y*B.z - A.z*B.y, A.z*B.x - A.x*B.z, A.x*B.y - A.y*B.x); }

// 平面
struct Plane {
  double a, b, c, d;
  Plane() {}
  Plane(Point3* P) {                    // 用三点确定一个平面，调用者须保证三点不共线
    Vector3 V = Cross(P[1]-P[0], P[2]-P[0]);
    V = V / Length(V);
    a = V.x; b = V.y; c = V.z; d = -Dot(V, P[0]);
  }
  Point3 sample() const {               // 随机采样
    double v1 = rand() / (double)RAND_MAX;
    double v2 = rand() / (double)RAND_MAX;
    if(a != 0) return Point3(-(d+v1*b+v2*c)/a, v1, v2);
    if(b != 0) return Point3(v1, -(d+v1*a+v2*c)/b, v2);
    if(c != 0) return Point3(v1, v2, -(d+v1*a+v2*b)/c);
    assert(0);                          // 不是一个平面
  }
};

// 4×4 齐次变换矩阵
struct Matrix4x4 {
  double v[4][4];
```

```
// 矩阵乘法
inline Matrix4x4 operator * (const Matrix4x4 &rhs) const {
  Matrix4x4 ans;
  for (int i = 0; i < 4; i++)
      for (int j = 0; j < 4; j++) {
          ans.v[i][j] = 0;
          for (int k = 0; k < 4; k++)
              ans.v[i][j] += v[i][k] * rhs.v[k][j];
      }
  return ans;
}

// 变换一个点，相当于右乘列向量(x, y, z, 1}
inline Point3 transform(Point3 P) const {
  double p[4] = {P.x, P.y, P.z, 1}, ans[4] = {0};
  for(int i = 0; i < 4; i++)
    for(int k = 0; k < 4; k++)
      ans[i] += v[i][k] * p[k];
  return Point3(ans[0], ans[1], ans[2]); // ans[3]肯定是1
}

// 单位矩阵
void loadIdentity() {
  memset(v, 0, sizeof(v));
  v[0][0] = v[1][1] = v[2][2] = v[3][3] = 1;
}

// 平移矩阵
void loadTranslate(double a, double b, double c) {
  loadIdentity();
  v[0][3] = a; v[1][3] = b; v[2][3] = c;
}

// 缩放矩阵
void loadScale(double a, double b, double c) {
  loadIdentity();
  v[0][0] = a; v[1][1] = b; v[2][2] = c;
}

// 绕固定轴旋转一定角度的矩阵
void loadRotation(double a, double b, double c, double deg) {
  loadIdentity();
  double rad = deg / 180 * PI;
  double sine = sin(rad), cosine = cos(rad);
  Vector3 L(a, b, c);
  L = L / Length(L);
  v[0][0] = cosine + L.x * L.x * (1.0 - cosine);
  v[0][1] = L.x * L.y * (1 - cosine) - L.z * sine;
```

```
    v[0][2] = L.x * L.z * (1 - cosine) + L.y * sine;
    v[1][0] = L.y * L.x * (1 - cosine) + L.z * sine;
    v[1][1] = cosine + L.y * L.y * (1 - cosine);
    v[1][2] = L.y * L.z * (1 - cosine) - L.x * sine;
    v[2][0] = L.z * L.x * (1 - cosine) - L.y * sine;
    v[2][1] = L.z * L.y * (1 - cosine) + L.x * sine;
    v[2][2] = cosine + L.z * L.z * (1 - cosine);
  }
};

const int maxn = 50000 + 10;
const int maxp = 50000 + 10;
Point3 P[maxn];
Plane planes[maxp];

int main() {
  int n, m, T;
  scanf("%d%d%d", &n, &m, &T);
  for(int i = 0; i < n; i++)
    scanf("%lf%lf%lf", &P[i].x, &P[i].y, &P[i].z);
  for(int i = 0; i < m; i++)
    scanf("%lf%lf%lf%lf",&planes[i].a,&planes[i].b,&planes[i].c,&planes[i].d);

  // 点P将被变换为 M[T-1] * ... * M[2] * M[1] * M[0] * P
  // 根据结合律，先计算 mat = (M[T-1] * ... * M[0])，则点P变换为 mat * P
  Matrix4x4 mat;
  mat.loadIdentity();
  for(int i = 0; i < T; i++) {
    char op[100];
    double a, b, c, theta;
    scanf("%s%lf%lf%lf", op, &a, &b, &c);
    Matrix4x4 M;
    if(op[0] == 'T') M.loadTranslate(a, b, c);
    else if(op[0] == 'S') M.loadScale(a, b, c);
    else if(op[0] == 'R') {
scanf("%lf", &theta); M.loadRotation(a, b, c, theta); }
    mat = M * mat;
  }

  // 变换点
  for(int i = 0; i < n; i++) {
    Point3 ans = mat.transform(P[i]);
    printf("%.2lf %.2lf %.2lf\n", ans.x, ans.y, ans.z);
  }
  // 变换平面
  for(int i = 0; i < m; i++) {
    Point3 A[3];
    for(int j = 0; j < 3; j++) A[j] = mat.transform(planes[i].sample());
    Plane pl(A);
```

```
    printf("%.2lf %.2lf %.2lf %.2lf\n", pl.a, pl.b, pl.c, pl.d);
  }
  return 0;
}
/*
算法分析请参考：《算法竞赛入门经典——训练指南》升级版 6.4.1 节例题 13
*/
```

## 例 6-18 【直线型的离散化】山的轮廓线（The Sky is the Limit, World Finals 2008, UVa 1077）

输入 $n$（$1 \leqslant n \leqslant 100$）座山的信息，计算它们的轮廓线长度（即从天空往下看，可以看到的线段的总长度）。如图 6-10 所示，虚线是不可见的，山和山之间的空白地带不算在轮廓线内，每座山都是一个等腰三角形。

图 6-10 山的轮廓线

【代码实现】

```
// 刘汝佳
#include <cstdio>
#include <cmath>
#include <algorithm>
using namespace std;

const double eps = 1e-10;
int dcmp(double x) {
  if(fabs(x) < eps) return 0;
  return x < 0 ? -1 : 1;
}
struct Point {
  double x, y;
  Point(double x=0, double y=0):x(x),y(y) { }
};
typedef Point Vector;
Vector operator + (const Vector& A, const Vector& B)
{ return Vector(A.x+B.x, A.y+B.y); }
Vector operator - (const Point& A, const Point& B)
{ return Vector(A.x-B.x, A.y-B.y); }
Vector operator * (const Vector& A, double p)
{ return Vector(A.x*p, A.y*p); }
bool operator < (const Point& a, const Point& b)
{ return a.x < b.x || (a.x == b.x && a.y < b.y); }
bool operator == (const Point& a, const Point &b)
{ return dcmp(a.x-b.x) == 0 && dcmp(a.y-b.y) == 0; }
double Dot(const Vector& A, const Vector& B) { return A.x*B.x + A.y*B.y; }
```

```
double Cross(const Vector& A, const Vector& B) { return A.x*B.y - A.y*B.x; }
double Length(const Vector& A) { return sqrt(Dot(A, A)); }

Point GetLineIntersection(const Point& P, const Vector& v,
  const Point& Q, const Vector& w) {
  Vector u = P-Q;
  double t = Cross(w, u) / Cross(v, w);
  return P+v*t;
}
bool SegmentProperIntersection(const Point& a1, const Point& a2,
  const Point& b1, const Point& b2) {
  double c1 = Cross(a2-a1,b1-a1), c2 = Cross(a2-a1,b2-a1),
  c3 = Cross(b2-b1,a1-b1), c4=Cross(b2-b1,a2-b1);
  return dcmp(c1)*dcmp(c2)<0 && dcmp(c3)*dcmp(c4)<0;
}

const int maxn = 100 + 10;
Point P[maxn], L[maxn][2][2];
double x[maxn*maxn];

int main() {
  int n, kase = 0;
  while(scanf("%d", &n) == 1 && n) {
    int c = 0;
    for(int i = 0; i < n; i++) {
      double X, H, B;
      scanf("%lf%lf%lf", &X, &H, &B);
      L[i][0][0] = Point(X-B*0.5, 0);
      L[i][0][1] = L[i][1][0] = Point(X, H);
      L[i][1][1] = Point(X+B*0.5, 0);
      x[c++] = X-B*0.5;
      x[c++] = X;
      x[c++] = X+B*0.5;
    }
    for(int i = 0; i < n; i++) for(int a = 0; a < 2; a++)
      for(int j = i+1; j < n; j++) for(int b = 0; b < 2; b++) {
        Point P1 = L[i][a][0], P2 = L[i][a][1], P3 = L[j][b][0], P4 = L[j][b][1];
        if(SegmentProperIntersection(P1, P2, P3, P4))
          x[c++] = GetLineIntersection(P1, P2-P1, P3, P4-P3).x;
      }

    // 根据所有交点离散化
    sort(x, x+c);
    c = unique(x, x+c) - x;

    double ans = 0;
    Point lastp;
    for(int k = 0; k < c; k++) {
      // 计算直线x=x[k]和山相交的最高点
```

```
    Point P(x[k], 0);
    Vector V(0, 1);
    double maxy = -1;
    for(int i = 0; i < n; i++) for(int a = 0; a < 2; a++) {
      Point P1 = L[i][a][0], P2 = L[i][a][1];
      Point intersection = GetLineIntersection(P, V, P1, P2-P1);
      if(dcmp(intersection.x-P1.x) >= 0 && dcmp(intersection.x-P2.x) <= 0)
        maxy = max(maxy, intersection.y);
    }
    Point newp(x[k], maxy);
    if(k > 0 && (dcmp(lastp.y) > 0 || dcmp(maxy) > 0)) ans += Length(newp - lastp);
    lastp = newp;
  }

  printf("Case %d: %.0lf\n\n", ++kase, ans);
 }
 return 0;
}
/*
算法分析请参考：《算法竞赛入门经典——训练指南》升级版 6.4.2 节例题 14
*/
```

## 例 6-19 【圆的离散化】核电厂（Nuclear Plants, UVa 1367）

假设某国的领土是一个长 $n$ 千米、宽 $m$ 千米的矩形（$1\leqslant n,m\leqslant 10\,000$），边平行于坐标轴，左上角的坐标为(0,0)，右下角的坐标为$(n,m)$。该国领土上有一些核电厂。核电厂有大小之分，数目不超过 100，小核电厂周围 0.58 千米内都不能种植大麦，大核电厂周围 1.31 千米内都不能种植大麦。你的任务是计算出可以种植大麦的区域的总面积。

【代码实现】

```
// 刘汝佳
#include <cstdio>
#include <cmath>
#include <cstring>
#include <iostream>
#include <vector>
#include <algorithm>
using namespace std;

const double eps = 5 * 1e-13;
int dcmp(double x) {
  if (fabs(x) < eps) return 0; else return x < 0 ? -1 : 1;
}

const double PI = acos(-1);
const double TWO_PI = PI * 2;

double NormalizeAngle(double rad, double center = PI) {
  return rad - TWO_PI * floor((rad + PI - center) / TWO_PI);
```

```
}

struct Point {
  double x, y;
  Point(double x = 0, double y = 0): x(x), y(y) { }
};

typedef Point Vector;

Vector operator + (Vector A, Vector B) { return Vector(A.x + B.x, A.y + B.y); }
Vector operator - (Point A, Point B) { return Vector(A.x - B.x, A.y - B.y); }
Vector operator * (Vector A, double p) { return Vector(A.x * p, A.y * p); }
Vector operator / (Vector A, double p) { return Vector(A.x / p, A.y / p); }

/* 理论上这个“小于”运算符是错误的，因为可能有3个点a, b, c, a和b很接近（即a<b和b<
 a都不成立），b和c很接近，但a和c不接近。所以使用这种“小于”运算符的前提是能排除上述情况
*/
bool operator < (const Point& a, const Point& b) {
  return dcmp(a.x - b.x) < 0 || (dcmp(a.x - b.x) == 0
                                  && dcmp(a.y - b.y) < 0);
}

bool operator == (Point A, Point B)
{ return dcmp(A.x - B.x) == 0 && dcmp(A.y - B.y) == 0; }
double Dot(Vector A, Vector B) { return A.x * B.x + A.y * B.y; }
double Length(Vector A) { return sqrt(Dot(A, A)); }
double Cross(Vector A, Vector B) { return A.x * B.y - A.y * B.x; }
double angle(Vector v) { return atan2(v.y, v.x); }
bool OnSegment(const Point& p, const Point& a1, const Point& a2) {
  return dcmp(Cross(a1 - p, a2 - p)) == 0
        && dcmp(Dot(a1 - p, a2 - p)) < 0;
}

// 交点相对于圆1的极角保存在rad中
void getCircleCircleIntersection(Point c1, double r1,
                                 Point c2, double r2, vector<double>& rad) {
  double d = Length(c1 - c2);
  if (dcmp(d) == 0) return;           // 不管是内含还是重合，都不相交
  if (dcmp(r1 + r2 - d) < 0) return;
  if (dcmp(fabs(r1 - r2) - d) > 0) return;

  double a = angle(c2 - c1);
  double da = acos((r1 * r1 + d * d - r2 * r2) / (2 * r1 * d));
  rad.push_back(NormalizeAngle(a - da));
  rad.push_back(NormalizeAngle(a + da));
}

Point GetLineProjection(Point P, Point A, Point B) {
  Vector v = B - A;
```

```
  return A + v * (Dot(v, P - A) / Dot(v, v));
}

// 直线AB和圆心为C、半径为r的圆的交点相对于圆的极角保存在rad中
void getLineCircleIntersection(Point A, Point B, Point C, double r,
vector<double>& rad) {
  Point p = GetLineProjection(C, A, B);
  double a = angle(p - C);
  double d = Length(p - C);
  if (dcmp(d - r) > 0) return;
  if (dcmp(d) == 0) { // 过圆心
    rad.push_back(NormalizeAngle(angle(A - B)));
    rad.push_back(NormalizeAngle(angle(B - A)));
  }
  double da = acos(d / r);
}

/////////// 题目相关
const int maxn = 200 + 5;
int n, N, M;                              // n是圆的总数，N和M是场地长宽
Point P[maxn];
double R[maxn];

// 取圆no中弧度为rad的点
Point getPoint(int no, double rad) {
  return Point(P[no].x + cos(rad) * R[no], P[no].y + sin(rad) * R[no]);
}

// 第no个圆中弧度为rad的点是否可见。相同的圆只有编号最小的可见（虽然对于本题来说不必要）
bool visible(int no, double rad) {
  Point p = getPoint(no, rad);
  if (p.x < 0 || p.y < 0 || p.x > N || p.y > M) return false;
  for (int i = 0; i < n; i++) {
    if (P[no] == P[i] && dcmp(R[no] - R[i]) == 0 && i < no) return false;
    if (dcmp(Length(p - P[i]) - R[i]) < 0) return false;
  }
  return true;
}

// 场地边界上的点p是否可见
bool visible(Point p) {
  for (int i = 0; i < n; i++) {
    if (dcmp(Length(p - P[i]) - R[i]) <= 0) return false;
  }
  return true;
}

/* 求圆的并在(0,0)-(N,M)内的面积
 使用一般曲边图形的面积算法。下文中，"所求图形"指的是不能种植大麦的区域，
```

```
它的边界由圆弧和直线段构成。
算法：对于所求图形边界上的每一段（可以是曲线）a~>b，
累加 Cross(a, b)和它在直线段 a->b 右边部分的面积（左边部分算负）
边界计算：
1. 每个圆被其他圆和场地边界分成了若干条圆弧，中点不被其他圆覆盖，且场地内的圆弧在所求图形边
界上
2. 场地的 4 条边界被圆分成了若干条线段。中点在某个圆内部的线段在所求图形边界上 */
double getArea() {
  Point b[4];
  b[0] = Point(0, 0);
  b[1] = Point(N, 0);
  b[2] = Point(N, M);
  b[3] = Point(0, M);
  double area = 0;

  // 圆弧部分
  for (int i = 0; i < n; i++) {
    vector<double> rad;
    rad.push_back(0);
    rad.push_back(PI * 2);

    // 圆和边界的交点
    for (int j = 0; j < 4; j++)
      getLineCircleIntersection(b[j], b[(j + 1) % 4], P[i], R[i], rad);

    // 圆和圆的交点
    for (int j = 0; j < n; j++)
      getCircleCircleIntersection(P[i], R[i], P[j], R[j], rad);

    sort(rad.begin(), rad.end());
    for (int j = 0; j < rad.size() - 1; j++) if (rad[j + 1] - rad[j] > eps) {
        double mid = (rad[j] + rad[j + 1]) / 2.0;// 圆弧中点相对于圆 i 圆心的极角
        if (visible(i, mid)) {                   // 弧中点可见，因此弧在图形边界上
          area += Cross(getPoint(i, rad[j]), getPoint(i, rad[j + 1])) / 2.0;
          double a = rad[j + 1] - rad[j];
          area += R[i] * R[i] * (a - sin(a)) / 2.0;
        }
      }
  }

  // 直线段部分
  for (int i = 0; i < 4; i++) {
    Vector v = b[(i + 1) % 4] - b[i];
    double len = Length(v);

    vector<double> dist;
    dist.push_back(0);
    dist.push_back(len);
    for (int j = 0; j < n; j++) {
```

```
      vector<double> rad;
      getLineCircleIntersection(b[i], b[(i + 1) % 4], P[j], R[j], rad);
      for (int k = 0; k < rad.size(); k++) {
        Point p = getPoint(j, rad[k]);
        dist.push_back(Length(p - b[i]));
      }
    }
    // 必须按照到起点的距离排序，而不能按照点的字典序排序，否则向量方向可能会反
    sort(dist.begin(), dist.end());
    vector<Point> points;
    for (int j = 0; j < dist.size(); j++)
      points.push_back(b[i] + v * (dist[j] / len));

    for (int j = 0; j < dist.size() - 1; j++) {
      Point midp = (points[j] + points[j + 1]) / 2.0;
      if (!visible(midp))  // 线段中点不可见，因此线段在图形边界上
        area += Cross(points[j], points[j + 1]) / 2.0;
    }
  }

  return N * M - area;
}

int main() {
  int ks, kl;
  while (scanf("%d%d%d%d", &N, &M, &ks, &kl) == 4 && N && M) {
    for (int i = 0; i < ks; i++)
      scanf("%lf%lf", &P[i].x, &P[i].y), R[i] = 0.58;
    sort(P, P + ks);
    ks = unique(P, P + ks) - P;
    for (int i = 0; i < kl; i++)
      scanf("%lf%lf", &P[ks + i].x, &P[ks + i].y), R[ks + i] = 1.31;
    sort(P + ks, P + ks + kl);
    n = unique(P + ks, P + ks + kl) - P;
    printf("%.2lf\n", getArea());
  }
  return 0;
}
/*
算法分析请参考：《算法竞赛入门经典——训练指南》升级版 6.4.2 节例题 15
*/
```

### 例 6-20 【投影；离散化】可见的屋顶（Raising the Roof, World Finals 2007, UVa 1065）

给定 $T$（$1 \leqslant T \leqslant 1000$）个三角形屋顶，你的任务是计算出暴露在阳光下的部分（即从天空向地面俯视时能看到的部分）的总面积。注意，被遮挡的部分不应该被算到总面积中。$xy$ 平面是地面，$z$ 轴竖直向上。

输出可见部分的总面积，保留两位小数。

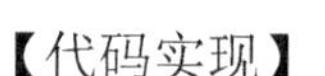

**【代码实现】**

```
// 刘汝佳
// 寻找 top 时，改用简单循环寻找，效率稍低但代码简单
#include <cmath>
#include <cstdio>
#define REP(i, n) for (int i = 0; i < (n); ++i)

const double eps = 1e-8;
int dcmp(double x) {
  if (fabs(x) < eps) return 0;
  return x < 0 ? -1 : 1;
}
struct Point3 {
  int x, y, z;
  Point3(int x = 0, int y = 0, int z = 0) : x(x), y(y), z(z) {}
};
typedef Point3 Vector3;
Vector3 operator-(const Point3& A, const Point3& B)
{ return Vector3(A.x - B.x, A.y - B.y, A.z - B.z); }
int Dot(const Vector3& A, const Vector3& B)
{ return A.x * B.x + A.y * B.y + A.z * B.z; }
double Length(const Vector3& A) { return sqrt(Dot(A, A)); }
Vector3 Cross(const Vector3& A, const Vector3& B) {
  return Vector3(A.y * B.z - A.z * B.y, A.z * B.x - A.x * B.z,
                 A.x * B.y - A.y * B.x);
}

#include <algorithm>
#include <cstdlib>
#include <cstring>
#include <vector>
using namespace std;

const int maxn = 300 + 10, maxt = 1000 + 10;
Point3 p[maxn];
int n, m;
int t[maxt][3];
Vector3 normal[maxt];        // 三角形 i 的法向量
double d[maxt];              // 三角形 i 的点法式为 Dot(normal[i], p) = d
double area_ratio[maxt];     // 三角形 i 的投影面积乘以 area_ratio[i]就是实际面积

// 输入中有在竖直平面内（即 normal[i].z=0）的三角形，
// 但主算法会自动忽略它们，不用担心 area_ratio[i]不存在
void init() {
  for (int i = 0; i < m; i++) {
    Point3 p0 = p[t[i][0]], p1 = p[t[i][1]], p2 = p[t[i][2]];
    normal[i] = Cross(p1 - p0, p2 - p0);
    d[i] = Dot(normal[i], p0);
    if (normal[i].z != 0)
```

```
    area_ratio[i] = fabs((double)Length(normal[i]) / normal[i].z);
  }
}

inline double getTriangleZ(int idx, double x, double y) {
  return (d[idx] - normal[idx].x * x - normal[idx].y * y) / normal[idx].z;
}

struct Event {
  int id;                        // 涉及的三角形编号
  double y;                      // 与扫描线交点的 y 坐标
  Event(int id, double y) : id(id), y(y) {}
  bool operator<(const Event& rhs) const { return y < rhs.y; }
};

double solve() {
  // 离散化
  vector<double> sx;
  for (int i = 1; i <= n; i++) sx.push_back(p[i].x);
  REP(i, m) REP(j, m) REP(a, 3) REP(b, 3) {
    // 求 pa-pb 和 qa-qb 投影到 xy 平面后的交点。直接解参数方程
    Point3 pa = p[t[i][a]];
    Point3 pb = p[t[i][(a + 1) % 3]];
    Point3 qa = p[t[j][b]];
    Point3 qb = p[t[j][(b + 1) % 3]];
    int dpx = pb.x - pa.x;
    int dpy = pb.y - pa.y;
    int dqx = qb.x - qa.x;
    int dqy = qb.y - qa.y;
    int deno = dpx * dqy - dpy * dqx;
    if (deno == 0) continue;
    double t = (double)(dqy * (qa.x - pa.x) + dqx * (pa.y - qa.y)) / deno;
    double s = (double)(dpy * (qa.x - pa.x) + dpx * (pa.y - qa.y)) / deno;
    if (t > 1 || t < 0 || s > 1 || s < 0) continue;
    sx.push_back(pa.x + t * dpx);
  }
  sort(sx.begin(), sx.end());
  sx.erase(unique(sx.begin(), sx.end()), sx.end());

  double ans = 0;
  for (int i = 0; i < sx.size() - 1; i++) {
    // 扫描线位于 x = xx
    double xx = (sx[i] + sx[i + 1]) / 2;
    // 计算扫描线穿过的三角形集合，为每个三角形创建“进入”和“离开”事件
    vector<Event> events;
    REP(j, m) if (normal[j].z != 0) REP(a, 3) {      // 忽略竖直平面内的三角形
      Point3 pa = p[t[j][a]], pb = p[t[j][(a + 1) % 3]];
      // 计算扫描线 x = xx 和 pa-pb 在平面 xy 上投影的交点
      if (pa.x == pb.x) continue;                    // 竖直线段
```

```
      if (!(min(pa.x, pb.x) <= sx[i] && max(pa.x, pb.x) >= sx[i + 1]))
        continue;                                          // 不在竖直条内
      double y = pa.y + (pb.y - pa.y) * (xx - pa.x) / (pb.x - pa.x);  // 解方程
      events.push_back(Event(j, y));
    }
    if (events.empty()) continue;

    // 按照 y 递增的顺序处理事件
    int inside[maxt];
    fill_n(inside, maxt, 0), sort(events.begin(), events.end());
    for (int j = 0; j < events.size() - 1; j++) {
      inside[events[j].id] ^= 1;
      if (fabs(events[j].y - events[j + 1].y) < eps)
        continue;  // y 相同的事件要等到所有 inside 更新完毕后才能处理

      // 投影梯形的面积等于中线乘以高
      double proj_are = (sx[i + 1] - sx[i]) * (events[j + 1].y - events[j].y);

      // 在下一个事件发生之前，哪个三角形在最上面
      int top = -1;                             // 测试 y 坐标中点，计算 zz 误差比较小
      double topz = -1e9, yy = (events[j].y + events[j + 1].y) / 2;
      for (int k = 0; k < m; k++)
        if (inside[k]) {
          double zz = getTriangleZ(k, xx, yy);
          if (zz > topz) topz = zz, top = k; // 更新最上面的三角形编号 top
        }

      // 投影部分面积乘以比例系数等于实际面积
      if (top >= 0) ans += area_ratio[top] * proj_are;
    }
  }
  return ans;
}

int main() {
  int kase = 0;
  while (scanf("%d%d", &n, &m) == 2 && n > 0) {
    for (int i = 1; i <= n; i++)
      scanf("%d%d%d", &p[i].x, &p[i].y, &p[i].z);  // 顶点编号为 1~n
    for (int i = 0; i < m; i++) scanf("%d%d%d", &t[i][0], &t[i][1], &t[i][2]);
    init();
    double ans = solve();
    printf("Case %d: %.2lf\n\n", ++kase, ans);
  }
  return 0;
}
/*
算法分析请参考：《算法竞赛入门经典——训练指南》升级版 6.4.2 节例题 16
*/
```

## 例 6-21 【扫描法；用 BST 维护扫描线】画家（Painter, World Finals 2008, UVa 1075）

画家 Peer 在一个矩形的画布上画了 $n$（$n \leqslant 100\,000$）个三角形。画完之后，他开始涂色。最外层的画布涂最浅的颜色，然后次外层的用次浅的颜色，以此类推。如图 6-11 所示，一共有 4 个层次的三角形，加上画布本身一共需要 5 种颜色。你的任务是帮助 Peer 在涂色之前判断出需要几种颜色。如果三角形出现相交（即其中一个三角形的某条边和另一个三角形的某条边有公共点），则涂色无法进行。

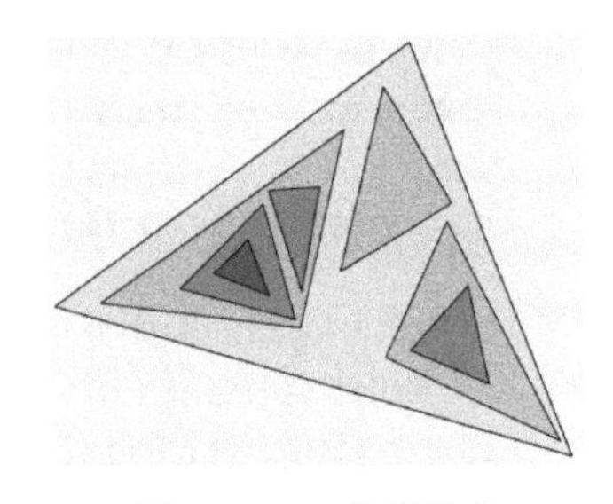

图 6-11　三角形涂色

输出需要的颜色数。如果无法涂色，输出 ERROR。

【代码实现】

```
// 刘汝佳
#include <cstdio>
#include <cstdlib>
#include <map>
#include <algorithm>
using namespace std;

typedef long long LL;

struct Point {
  int x, y;
  Point(int x = 0, int y = 0):x(x),y(y){}
  void read() { scanf("%d%d", &x, &y); }
  bool operator < (const Point& p) const {
    return x < p.x || x == p.x && y < p.y;
  }
  Point operator - (const Point& rhs) const {
    return Point(x - rhs.x, y - rhs.y);
  }
};

int icmp(LL x) {
  if(x == 0) return 0;
  return x > 0 ? 1 : -1;
}

inline LL Cross(Point p, Point p1, Point p2) {
  return (LL)(p1.x - p.x) * (LL)(p2.y - p.y) - (LL)(p1.y - p.y)*(LL)(p2.x - p.x);
}

// 由于线段相交判定执行次数较多，这里进行了一些简单优化
inline bool SegmentIntersection(const Point& a1, const Point& a2, const Point&
b1, const Point& b2) {
  if(min(a1.x, a2.x) > max(b1.x, b2.x)) return false;  // 快速排除
  if(min(a1.y, a2.y) > max(b1.y, b2.y)) return false;
```

```
  if(max(a1.x, a2.x) < min(b1.x, b2.x)) return false;
  if(max(a1.y, a2.y) < min(b1.y, b2.y)) return false;
  LL c1 = Cross(a1, a2, b1), c2 = Cross(a1, a2, b2);
  if(icmp(c1) * icmp(c2) > 0) return false;
  LL c3 = Cross(b1, b2, a1), c4 = Cross(b1, b2, a2);
  return icmp(c3) * icmp(c4) <= 0;
}

int curx;
const double eps = 1e-6;

struct Segment {
  Point p1, p2;
  int no;                                          // 三角形编号
  double d;
  Segment(Point p1, Point p2, int no):p1(p1),p2(p2),no(no) {
    d = (p2.y - p1.y) / (p2.x + eps - p1.x);
  }
  double y() const { return p1.y + d * (curx + eps - p1.x); }
  bool operator < (const Segment& rhs) const { return y() < rhs.y(); }
};

inline bool Intersect(const Segment& a, const Segment& b) {
  if(a.no == b.no) return false;
  return SegmentIntersection(a.p1, a.p2, b.p1, b.p2);
}

bool error;                                        // 是否已经出现相交线段
int max_depth;                                     // 当前最大深度

const int INF = 200000;

// 本题这样做可以提高代码可读性，但不要在工程中这样使用，非常危险
#define L first
#define depth second

// 扫描线类，用一个 multimap 实现
struct Scanline {
  multimap&lt;Segment, int&gt; line;
  typedef multimap&lt;Segment, int&gt;::iterator Pos;
  void init() {
    line.clear();
    line.insert(make_pair(Segment(Point(-INF,-INF), Point(INF,-INF), -1), 1));
    line.insert(make_pair(Segment(Point(-INF, INF), Point(INF, INF), -1), 0));
  }
  inline Pos Prev(const Pos& p) const { return --Pos(p); }
  inline Pos Next(const Pos& p) const { return ++Pos(p); }
  inline Pos Insert(const Segment& s, int d = 0) {
    Pos x = line.insert(make_pair(s, d));
```

```
    if(Intersect(x->L, Prev(x)->L) || Intersect(x->L, Next(x)->L)) error = true;
    return x;
  }
  inline void Erase(const Pos& x) {
    if(Intersect(Prev(x)->L, Next(x)->L)) error = true;
    line.erase(x);
  }
} scanline;

struct Triangle {
  int no;                          // 编号
  Point P[3];
  Scanline::Pos p12, p13, p23;
  void read(int no) {
    this->no = no;
    for(int i = 0; i < 3; i++) scanf("%d%d", &P[i].x, &P[i].y);
    sort(P, P+3);
  }
  // 更新x1和x2的depth。其中,x1是p12和p13中y较小的那个,x2是另一个(即Next(x1)=x2)
  void updateDepth(const Scanline::Pos& x1, Scanline::Pos& x2) {
    int d = scanline.Prev(x1)->depth + 1;
    max_depth = max(max_depth, d);
    x1->depth = d;
    x2->depth = d - 1;
  }
  // 处理第v个结点
  void process(int v) {
    if(v == 0) {
      p12 = scanline.Insert(Segment(P[0], P[1], no));
      p13 = scanline.Insert(Segment(P[0], P[2], no));
      scanline.Next(p12) == p13 ? updateDepth(p12, p13) : updateDepth(p13, p12);
    }
    else if(v == 1) {
      p23 = scanline.Insert(Segment(P[1], P[2], no), p12->depth);
      scanline.Erase(p12);
    }
    else {
      scanline.Erase(p13);
      scanline.Erase(p23);
    }
  }
};

struct Event {
  int x, t, v;                     // x坐标，三角形编号和顶点编号
  Event(){}
  Event(int x, int t, int v):x(x),t(t),v(v){}
  bool operator < (const Event& rhs) const {
    return x < rhs.x || x == rhs.x && v < rhs.v;
```

```
  }
};

const int maxn = 100000 + 10;             // 最大三角形个数
Triangle tri[maxn];
Event events[maxn*3];

int main() {
  int n, kase = 0;
  while(scanf("%d",&n) == 1 && n >= 0) {
    error = false;
    max_depth = 1;
    scanline.init();
    for(int i = 0; i < n; i++) {
      tri[i].read(i);
      for(int j = 0; j < 3; j++)
        events[i*3+j] = Event(tri[i].P[j].x, i, j);
    }
    sort(events, events+n*3);
    for(int i = 0; i < n*3; i++) {
      curx = events[i].x;
      tri[events[i].t].process(events[i].v);
      if(error) break;
    }
    if(!error) printf("Case %d: %d shades\n", ++kase, max_depth);
    else printf("Case %d: ERROR\n", ++kase);
  }
  return 0;
}
/*
算法分析请参考：《算法竞赛入门经典——训练指南》升级版 6.4.2 节例题 17
*/
```

## 本节例题列表

本节讲解的例题及其囊括的知识点，如表 6-6 所示。

表 6-6　几何专题算法例题归纳

| 编　号 | 题　号 | 标　题 | 知　识　点 | 代 码 作 者 |
|---|---|---|---|---|
| 例 6-16 | HDU 3838 | Affine Mess | 二维仿射变换；枚举 | 刘汝佳 |
| 例 6-17 | UVa 12303 | Composite Transformations | 三维仿射变换；平面的变换 | 刘汝佳 |
| 例 6-18 | UVa 1077 | The Sky is the Limit | 直线型的离散化 | 刘汝佳 |
| 例 6-19 | UVa 1367 | Nuclear Plants | 圆的离散化 | 刘汝佳 |
| 例 6-20 | UVa 1065 | Raising the Roof | 投影；离散化 | 刘汝佳 |
| 例 6-21 | UVa 1075 | Painter | 扫描法；用 BST 维护扫描线 | 刘汝佳 |

# 第 7 章　图　　论

## 7.1　深度优先遍历

深度优先遍历（DFS）不仅可用于搜索，拓扑排序、欧拉回路、点/边双连通分量、强连通分量、2-SAT 等也都是它的用武之地。

**例 7-1　【拓扑排序】给任务排序（Ordering Tasks, UVa 10305）**

假设有 $n$ 个变量，还有 $m$ 个二元组$(u, v)$，分别表示变量 $u$ 小于 $v$。那么，所有变量从小到大排列起来应该是什么样子呢？例如，有 4 个变量 $a, b, c, d$，若已知 $a<b$，$c<b$，$d<c$，则这 4 个变量的排序可能是 $a<d<c<b$。尽管还有其他可能（如 $d<a<c<b$），但是你只需找出其中一个即可。

【代码实现】

```
// 陈锋
#include <bits/stdc++.h>
using namespace std;
#define _for(i, a, b) for (int i = (a); i < (b); ++i)
typedef long long LL;
const int NN = 104;
vector<int> G[NN];
int VIS[NN];

void dfs(int u, deque<int>& order) {
  VIS[u] = -1;
  for (auto v : G[u]) {
    assert(VIS[v] != -1);
    if (!VIS[v]) dfs(v, order);
  }
  VIS[u] = 1;
  order.push_front(u);
}

int main() {
  for (int n, m, u, v; scanf("%d%d", &n, &m) == 2 && n; ) {
    _for(i, 0, n) G[i].clear();
    _for(i, 0, m) {
      scanf("%d%d", &u, &v);
      G[u - 1].push_back(v - 1);  // u < v, u-->v;
    }
    fill_n(VIS, NN, 0);
    deque<int> O;
```

```
    _for(u, 0, n) if (VIS[u] != 1) dfs(u, O);
    for (size_t i = 0; i < O.size(); i++)
      printf("%d%s", O[i] + 1, i == O.size() - 1 ? "\n" : " ");
  }
  return 0;
}
/*
算法分析请参考:《算法竞赛入门经典(第 2 版)》例题 6-15
注意:本题使用了 deque 作为在头部快速插入元素 O(1)的序列容器
同类题目: Spreadsheet Calculator, ACM/ICPC WF 1992, UVa 215
         Guess, UVa 1423
*/
```

### 例 7-2　【欧拉回路】单词(Play on Words, POJ 1386)

输入 $n$($n\leqslant 100\,000$)个单词，是否可以把所有这些单词排成一个序列，使得每个单词的第一个字母和上一个单词的最后一个字母相同(如 acm、malform、mouse)。每个单词最多包含 1000 个小写字母。输入中可以有重复单词。

**【代码实现】**

```
// 刘汝佳
#include <iostream>
#include <vector>
#include <algorithm>
using namespace std;

const int maxn = 1000 + 4, SZ = 256;
int pa[SZ];                   // 并查集
int findset(int x) { return pa[x] != x ? pa[x] = findset(pa[x]) : x; }
int used[SZ], deg[SZ];        // 字母出现过，度数
int main() {
  ios::sync_with_stdio(false), cin.tie(0);
  int T, n;
  string s;
  cin >> T;
  while (T--) {
    cin >> n, fill_n(used, SZ, 0), fill_n(deg, SZ, 0);
    for (int ch = 'a'; ch <= 'z'; ch++) pa[ch] = ch; // 初始化并查集
    int cc = 26;              // 连通块个数，刚好是 26 个字母
    for (int i = 0; i < n; i++) {
      cin >> s;
      char c1 = s[0], c2 = s[s.size() - 1];
      deg[c1]++, deg[c2]--, used[c1] = used[c2] = 1;
      int s1 = findset(c1), s2 = findset(c2);
      if (s1 != s2) pa[s1] = s2, cc--;
    }

    vector<int> d;
    for (int ch = 'a'; ch <= 'z'; ch++) {
```

```
      if (!used[ch]) cc--;  // 没出现过的字母
      else if (deg[ch] != 0) d.push_back(deg[ch]);
    }
    if (cc == 1 && (d.empty() || (d.size() == 2 && (d[0] == 1 || d[0] == -1))))
      cout << "Ordering is possible." << endl;
    else
      cout << "The door cannot be opened." << endl;
  }
  return 0;
}
/*
算法分析请参考:《算法竞赛入门经典(第 2 版)》例题 6-16
注意:本题使用了并查集来维护连通性
同类题目:The Necklace, UVa 10054
*/
```

## 例 7-3 【欧拉道路】检查员的难题（Inspector's Dilemma, ACM/ICPC Dhaka 2007, UVa 12118）

某国家有 $V$（$V \leqslant 1000$）个城市，每两个城市之间都有一条双向道路直接相连，长度为 $T$。你的任务是找一条最短的道路（起点和终点任意），使得该道路经过 $E$ 条指定的边。

例如，若 $V$=5，$E$=3，$T$=1，指定的 3 条边分别为 1-2、1-3 和 4-5，则最优道路为 3-1-2-4-5，长度为 4*1=4。

【代码实现】

```
// 陈锋
#include <bits/stdc++.h>

using namespace std;
typedef long long LL;
const int MAXV = 1000 + 4;
vector<int> G[MAXV];
int V, E, T, VIS[MAXV];

void dfs(int u, int& cnt) {
  VIS[u] = 1, cnt += G[u].size() % 2;
  for (size_t vi = 0; vi < G[u].size(); ++vi) {
    int v = G[u][vi];
    if (!VIS[v]) dfs(v, cnt);
  }
}

int main() {
  for (int k = 1; scanf("%d%d%d", &V, &E, &T) == 3 && (V || E || T); k++) {
    for (int i = 0; i < V; ++i) G[i].clear();
    fill_n(VIS, MAXV, 0);
    for (int i = 0, a, b; i < E; ++i) {
      scanf("%d%d", &a, &b), --a, --b;
      G[a].push_back(b), G[b].push_back(a);
```

```
    }
    int nc = 0, ans = 0;                  // 连通分量个数，需要增加的边数
    for (int u = 0; u < V; ++u)
      if (!G[u].empty() && !VIS[u]) {
        int p = 0;                        // 奇度数点的个数
        dfs(u, p);
        if (p > 2) ans += (p - 2) / 2;    // 增加(p-2)/2 条边才能保证存在欧拉道路
        nc++;
      }
    printf("Case %d: %d\n", k, T * (E + ans + max(0, nc - 1)));
  }
}
/*
算法分析请参考：《算法竞赛入门经典——习题与解答》习题 6-14
同类题目：Colored Sticks, POJ 2513
*/
```

## 例 7-4　【点-双连通分量；二分图判定】圆桌骑士（Knights of the Round Table, SPOJ KNIGHTS）

有 $n$（$1\leqslant n\leqslant 1000$）个骑士，他们经常举行圆桌会议，商讨大事。每次圆桌会议至少应有 3 个骑士参加，有 $m$（$1\leqslant m\leqslant 10^6$）对骑士相互憎恨，且相互憎恨的骑士不能坐在圆桌旁的相邻位置。如果发生意见分歧，则需要举手表决，因此参加会议的骑士数目必须是奇数，以防止赞同票和反对票一样多。知道哪些骑士相互憎恨之后，你的任务是统计有多少个骑士不可能参加任何一个会议。

【代码实现】

```
// 刘汝佳
#include <bits/stdc++.h>
using namespace std;
struct Edge { int u, v; };
const int NN = 1000 + 10;
int pre[NN], iscut[NN], bccno[NN], dfs_clock, bcc_cnt; // 割顶的 bccno 无意义
vector<int> G[NN], bcc[NN];

stack<Edge> S;
int dfs(int u, int fa) {
  int lowu = pre[u] = ++dfs_clock, child = 0;
  for (int i = 0; i < G[u].size(); i++) {
    int v = G[u][i];
    Edge e = (Edge) {u, v};
    if (!pre[v]) {                    // 没有访问过 v
      S.push(e), child++;
      int lowv = dfs(v, u);
      lowu = min(lowu, lowv);         // 用后代的 low 函数更新自己
      if (lowv >= pre[u]) {
        iscut[u] = true, bcc[++bcc_cnt].clear();
        while (true) {
          Edge x = S.top(); S.pop(); // 栈上是 eBCC 中的边，同一条边可能属于多个 eBCC
```

```
          if (bccno[x.u] != bcc_cnt)
            bcc[bcc_cnt].push_back(x.u), bccno[x.u] = bcc_cnt;
          if (bccno[x.v] != bcc_cnt)
            bcc[bcc_cnt].push_back(x.v), bccno[x.v] = bcc_cnt;
          if (x.u == u && x.v == v) break;
        }
      }
    }
    else if (pre[v] < pre[u] && v != fa)
      S.push(e), lowu = min(lowu, pre[v]);  // 用反向边更新自己
  }
  if (fa < 0 && child == 1) iscut[u] = false;
  return lowu;
}

void find_bcc(int n) {                        // 调用结束后S保证为空，所以不用清空
  fill_n(pre, n + 1, 0), fill_n(iscut, n + 1, 0), fill_n(bccno, n + 1, 0);
  dfs_clock = bcc_cnt = 0;
  for (int i = 0; i < n; i++)
    if (!pre[i]) dfs(i, -1);
}

int odd[NN], color[NN];
bool bipartite(int u, int b) {
  for (int i = 0; i < G[u].size(); i++) {
    int v = G[u][i];
    if (bccno[v] != b) continue;
    if (color[v] == color[u]) return false;
    if (!color[v]) {
      color[v] = 3 - color[u];
      if (!bipartite(v, b)) return false;
    }
  }
  return true;
}

int A[NN][NN];
int main() {
  for (int kase = 0, u, v, n, m; scanf("%d%d", &n, &m) == 2 && n; ) {
    for (int i = 0; i < n; i++) G[i].clear();
    memset(A, 0, sizeof(A));
    for (int i = 0; i < m; i++) {
      scanf("%d%d", &u, &v), u--, v--;
      A[u][v] = A[v][u] = 1;
    }
    for (int u = 0; u < n; u++)
      for (int v = u + 1; v < n; v++)
        if (!A[u][v]) G[u].push_back(v), G[v].push_back(u);
```

```
    find_bcc(n);
    fill_n(odd, n + 1, 0);
    for (int i = 1; i <= bcc_cnt; i++) {
      fill_n(color, n + 1, 0);
      for (int j = 0; j < bcc[i].size(); j++)
        bccno[bcc[i][j]] = i; // 主要是处理割顶
      int u = bcc[i][0];
      color[u] = 1;
      if (!bipartite(u, i))
        for (int j = 0; j < bcc[i].size(); j++) odd[bcc[i][j]] = 1;
    }
    int ans = n;
    for (int i = 0; i < n; i++) if (odd[i]) ans--;
    printf("%d\n", ans);
  }
  return 0;
}
/*
算法分析请参考：《算法竞赛入门经典——训练指南》升级版 5.2.2 节例题 5
注意：本题在记录同一个边双连通分量中的所有点时，遍历了栈中所有的边
其实也可以在栈中记录点，但是遍历边的方法适用场景更广泛
因为有的题目可能会涉及处理其中的边
*/
```

### 例 7-5　【点-双连通分量；割点】井下矿工（Mining Your Own Business, WF2011, SPOJ BUSINESS）

有一座地下的稀有金属矿，由 $n$（$n \leqslant 50\,000$）条隧道和一些连接点组成，其中每条隧道连接两个连接点。任意两个连接点之间最多只有一条隧道。为了降低矿工的危险，你的任务是在一些连接点处安装太平井和相应的逃生装置，使得不管哪个连接点倒塌，不在此连接点的所有矿工都能到达太平井逃生（假定除倒塌的连接点不能通行外，其他隧道和连接点完好无损）。为了节约成本，你应当在尽量少的连接点处安装太平井。还需要计算出当太平井的数目最小时的安装方案总数。

【代码实现】

```
// 陈锋
#include <bits/stdc++.h>
using namespace std;
const int NN = 1e5 + 8;
typedef long long LL;
int Low[NN], Pre[NN], DfsClock, IsCut[NN], BccNo;
vector<int> G[NN], Bcc[NN];

stack<int> S;
void init(int &n) {
  for (int i = 1; i <= n; ++i)
    G[i].clear(), Pre[i] = 0, IsCut[i] = 0;
  n = BccNo = DfsClock = 0;
```

```
}

void tarjan(int u, int root) {
  Pre[u] = Low[u] = ++DfsClock, S.push(u);
  int child = 0;
  for (auto v : G[u]) {
    if (!Pre[v]) {
      tarjan(v, root);
      Low[u] = min(Low[u], Low[v]), child++;
      if (Low[v] == Pre[u]) { // 发现一个BCC
        Bcc[++BccNo].clear();
        for (int x = 0; x != v; S.pop()) Bcc[BccNo].push_back(x = S.top());
        Bcc[BccNo].push_back(u);
      }
      if (u != root && Low[v] >= Pre[u]) IsCut[u] = 1;
    }
    else
      Low[u] = min(Low[u], Pre[v]);
  }
  if (u == root && child > 1) IsCut[u] = 1;
}
int main() {
  for (int kase = 1, n, m; scanf("%d", &m) == 1 && m; ++kase) {
    init(n);
    for (int i = 1, x, y; i <= m; ++i) {
      scanf("%d%d", &x, &y), n = max(n, max(x, y));
      G[x].push_back(y), G[y].push_back(x);
    }
    for (int i = 1; i <= n; ++i) if (!Pre[i]) tarjan(i, i);
    printf("Case %d:", kase);
    LL ans1 = 0, ans2 = 1;
    for (int i = 1; i <= BccNo; ++i) { // 点双连通分量-缩点
      int cutCnt = 0, sz = Bcc[i].size();
      for (int vi = 0; vi < sz; vi++) if (IsCut[Bcc[i][vi]]) cutCnt++;
      if (cutCnt == 0) ans1 += 2, ans2 *= 1LL * sz * (sz - 1) / 2;
      else if (cutCnt == 1) ans1++, ans2 *= sz - 1;
    }
    printf(" %lld %lld\n", ans1, ans2);
  }
  return 0;
}
/*
算法分析请参考：《算法竞赛入门经典——训练指南》升级版 5.2.3 节例题 6
同类题目：Network, CEOI 1996, POJ 1144
         Electricity, POJ 2117
         TWO NODES, HDU 4587
*/
```

### 例 7-6　【SCC；SCC 图】等价性证明（Proving Equivalences, NWERC 2008, HDU 2767）

在数学中，我们常常需要完成若干个命题的等价性证明。比如，有 4 个命题 $a, b, c, d$，我们证明 $a \Leftrightarrow b$，然后 $b \Leftrightarrow c$，最后 $c \Leftrightarrow d$。注意，每次证明都是双向的，因此一共完成了 6 次推导。另一种方法是证明 $a \Rightarrow b$，然后 $b \Rightarrow c$，接着 $c \Rightarrow d$，最后 $d \Rightarrow a$，只需 4 次。现在你的任务是证明 $n$ 个命题全部等价，且你的朋友已经为你做出了 $m$ 次推导（每次推导的内容已知），你至少还需要做几次推导才能完成整个证明？

【代码实现】

```
// 刘汝佳
#include <bits/stdc++.h>
using namespace std;
const int NN = 20000 + 10;
vector<int> G[NN];
int pre[NN], lowlink[NN], sccno[NN], dfs_clock, scc_cnt;
stack<int> S;
void dfs(int u) {
  int &lu = lowlink[u]; // 使用引用变量简化重复代码
  pre[u] = lu = ++dfs_clock, S.push(u);
  for (size_t i = 0; i < G[u].size(); i++) {
    int v = G[u][i];
    if (!pre[v]) dfs(v), lu = min(lu, lowlink[v]);
    else if (!sccno[v]) lu = min(lu, pre[v]);
  }
  if (lu == pre[u]) {
    scc_cnt++;
    for (int x = -1; x != u; S.pop()) x = S.top(), sccno[x] = scc_cnt;
  }
}

void find_scc(int n) {
  dfs_clock = scc_cnt = 0;
  fill_n(sccno, n, 0), fill_n(pre, n, 0);
  for (int i = 0; i < n; i++) if (!pre[i]) dfs(i);
}

bool in0[NN], out0[NN];
int solve(int n) {
  if (scc_cnt == 1) return 0;
  fill_n(in0 + 1, scc_cnt, true), fill_n(out0 + 1, scc_cnt, true);
  for (int u = 0; u < n; u++)
    for (size_t i = 0; i < G[u].size(); i++) {
      int v = G[u][i]; // u 所在 scc 到 v 所在 scc 的一条边，更新对应的度数
      if (sccno[u] != sccno[v]) in0[sccno[v]] = out0[sccno[u]] = false;
    }
  return max(count(in0 + 1, in0 + scc_cnt + 1, true),
         count(out0 + 1, out0 + scc_cnt + 1, true));
}
```

```
int main() {
  int T, n, m;
  scanf("%d", &T);
  while (T--) {
    scanf("%d%d", &n, &m);
    for (int i = 0; i < n; i++) G[i].clear();
    for (int i = 0, u, v; i < m; i++)
      scanf("%d%d", &u, &v), G[u - 1].push_back(v - 1);
    find_scc(n);
    printf("%d\n", solve(n));
  }
  return 0;
}
/*
算法分析请参考:《算法竞赛入门经典——训练指南》升级版 5.2.3 节例题 7
注意:统计度数为 0 的 SCC 个数时,使用 STL 中的 count 函数简化了代码
同类题目:Popular Cows, USACO 2003 Fall, POJ 2186
*/
```

## 例 7-7 【SCC;DAG 动态规划】最大团(The Largest Clique, UVa 11324)

给出一张有向图 $G$,求一个结点数最大的结点集,使得该结点集中任意两个结点 $u$ 和 $v$ 满足:要么 $u$ 可以到达 $v$,要么 $v$ 可以达到 $u$($u$ 和 $v$ 相互可达也可以)。

**【代码实现】**

```
// 陈锋
#include <bits/stdc++.h>
using namespace std;
const int NN = 1000 + 10;
vector<int> G[NN];
int pre[NN], lowlink[NN], sccno[NN], dfs_clock, scc_cnt;
stack<int> S;
void dfs(int u) {
  int& lu = lowlink[u];
  pre[u] = lu = ++dfs_clock, S.push(u);
  for (size_t i = 0; i < G[u].size(); i++) {
    int v = G[u][i];
    if (!pre[v])
      dfs(v), lu = min(lu, lowlink[v]);
    else if (!sccno[v])
      lu = min(lu, pre[v]);
  }
  if (lu == pre[u]) {
    scc_cnt++;
    for (int x = -1; x != u; S.pop()) sccno[x = S.top()] = scc_cnt;
  }
}
```

```
void find_scc(int n) {
  dfs_clock = scc_cnt = 0;
  fill_n(sccno, n, 0), fill_n(pre, n, 0);
  for (int i = 0; i < n; i++) if (!pre[i]) dfs(i);
}

int SccSz[NN], TG[NN][NN], D[NN];
int dp(int u) {
  int& d = D[u];
  if (d >= 0) return d;
  d = SccSz[u];
  for (int v = 1; v <= scc_cnt; v++)
    if (u != v && TG[u][v]) d = max(d, dp(v) + SccSz[u]);
  return d;
}

int main() {
  int T, n, m;
  scanf("%d", &T);
  while (T--) {
    scanf("%d%d", &n, &m);
    for (int i = 0; i < n; i++) G[i].clear();
    for (int i = 0, u, v; i < m; i++)
      scanf("%d%d", &u, &v), G[u - 1].push_back(v - 1);
    find_scc(n);                              // 查找强连通分量
    memset(TG, 0, sizeof(TG)), fill_n(SccSz, n + 1, 0);
    for (int i = 0; i < n; i++) {
      SccSz[sccno[i]]++;                      // 累加强连通分量大小（结点数）
      for (size_t j = 0; j < G[i].size(); j++)
        TG[sccno[i]][sccno[G[i][j]]] = 1;     // 构造 SCC 图
    }
    int ans = 0;
    fill_n(D, n + 1, -1);                     // 初始化记忆化数组
    for (int i = 1; i <= scc_cnt; i++)        // 注意，SCC 编号为 1~scc_cnt
      ans = max(ans, dp(i));
    printf("%d\n", ans);
  }
  return 0;
}
/*
算法分析请参考：《算法竞赛入门经典——训练指南》升级版 5.2.3 节例题 8
同类题目：最大半连通子图, ZJOI 2007, 牛客 NC 20603
*/
```

## 例 7-8　【2-SAT】宇航员分组（Astronauts, UVa 1391）

有 $A, B, C$ 3 个任务要分配给 $n$（$1 \leqslant n \leqslant 100\,000$）个宇航员，其中每个宇航员恰好要分配一个任务。设所有 $n$ 个宇航员的平均年龄为 $x$（年龄为 0～200 的整数），只有年龄大于或

等于 $x$ 的宇航员才能分配任务 $A$，只有年龄严格小于 $x$ 的宇航员才能分配任务 $B$，而任务 $C$ 没有限制。有 $m$（$1 \leqslant m \leqslant 100\,000$）对宇航员相互讨厌，因此不能分配到同一任务。编程找出一个满足上述所有要求的任务分配方案。

【代码实现】

```
// 刘汝佳
#include <cstdio>
#include <cstring>
#include <vector>
using namespace std;

const int maxn = 1e5 + 8;

struct TwoSAT {
  int n;
  vector<int> G[maxn * 2];
  bool mark[maxn * 2];
  int S[maxn * 2], c;

  bool dfs(int x) {
    if (mark[x ^ 1]) return false;
    if (mark[x]) return true;
    mark[x] = true, S[c++] = x;
    for (size_t i = 0; i < G[x].size(); i++)
      if (!dfs(G[x][i])) return false;
    return true;
  }

  void init(int n) {
    this->n = n;
    for (int i = 0; i < n * 2; i++) G[i].clear();
    fill_n(mark, 2 * n + 1, 0);
  }

  void add_clause(int x, int xval, int y, int yval) { // x = xval 或 y = yval
    x = x * 2 + xval, y = y * 2 + yval;
    G[x ^ 1].push_back(y), G[y ^ 1].push_back(x);
  }

  bool solve() {
    for (int i = 0; i < n * 2; i += 2)
      if (!mark[i] && !mark[i + 1]) {
        c = 0;
        if (!dfs(i)) {
          while (c > 0) mark[S[--c]] = false;
          if (!dfs(i + 1)) return false;
        }
```

```
    }
    return true;
  }
};

#include <algorithm>                            // 题目相关
int n, m, total_age, age[maxn];
int is_young(int x) { return age[x] * n < total_age; }
TwoSAT solver;
int main() {
  while (scanf("%d%d", &n, &m) == 2 && n) {
    total_age = 0;
    for (int i = 0; i < n; i++) scanf("%d", &age[i]), total_age += age[i];
    solver.init(n);
    for (int i = 0, a, b; i < m; i++) {
      scanf("%d%d", &a, &b), a--, b--;
      if (a == b) continue;
      solver.add_clause(a, 1, b, 1);            // 不能同去任务 C
      if (is_young(a) == is_young(b))           // 同类宇航员
        solver.add_clause(a, 0, b, 0);          // 不能同去任务 A 或者任务 B
    }
    if (!solver.solve()) {
      puts("No solution.");
      continue;
    }
    for (int i = 0; i < n; i++) {               // 看看 x[i]的值
      if (solver.mark[i * 2]) puts("C");        // false: 去任务 C
      else if (is_young(i)) puts("B");          // true: 年轻宇航员去任务 B
      else puts("A");                           // true: 年长宇航员去任务 A
    }
  }
  return 0;
}
/*
算法分析请参考：《算法竞赛入门经典——训练指南》升级版 5.2.4 节例题 10
同类题目：Now or later, UVa 1146
         游戏, NOI 2017, 牛客 NC 20802
*/
```

## 本节例题列表

本节讲解的例题及其囊括的知识点，如表 7-1 所示。

表 7-1　深度优先遍历例题归纳

| 编　号 | 题　号 | 标　题 | 知 识 点 | 代码作者 |
|---|---|---|---|---|
| 例 7-1 | UVa 10305 | Ordering Tasks | 拓扑排序 | 陈锋 |
| 例 7-2 | POJ 1386 | Play on Words | 欧拉回路 | 刘汝佳 |
| 例 7-3 | UVa 12118 | Inspector's Dilemma | 欧拉道路 | 陈锋 |

续表

| 编　　号 | 题　　号 | 标　　题 | 知　识　点 | 代码作者 |
|---|---|---|---|---|
| 例 7-4 | SPOJ KNIGHTS | Knights of the Round Table | 点-双连通分量；二分图判定 | 刘汝佳 |
| 例 7-5 | SPOJ BUSINESS | Mining Your Own Business | 点-双连通分量；割点 | 陈锋 |
| 例 7-6 | HDU 2767 | Proving Equivalences | SCC；SCC 图 | 刘汝佳 |
| 例 7-7 | UVa 11324 | The Largest Clique | SCC；DAG 动态规划 | 陈锋 |
| 例 7-8 | UVa 1391 | Astronauts | 2-SAT | 刘汝佳 |

## 7.2　最短路问题

形形色色的最短路问题恰恰是图论中最优美、最吸引人的问题。本节介绍 Floyd 算法、BellmanFord 算法以及 Dijkstra 算法相关的经典例题以及代码实现。

### 例 7-9　【Floyd 算法；传递闭包】电话圈（Calling Circles, ACM/ICPC World Finals 1996, UVa 247）

如果两个人相互打电话（直接或间接），则说他们在同一个电话圈里。例如，a 打给 b，b 打给 c，c 打给 d，d 打给 a，则这 4 个人在同一个电话圈里；如果 e 打给 f 但 f 不打给 e，则不能推出 e 和 f 在同一个电话圈里。输入 $n$（$n \leq 25$）个人的 $m$ 次电话，找出所有电话圈。人名只包含字母，不超过 25 个字符，且不重复。

【代码实现】

```
// 陈锋
#include <bits/stdc++.h>

using namespace std;
#define _for(i, a, b) for (int i = (a); i < (b); ++i)
#define _rep(i, a, b) for (int i = (a); i <= (b); ++i)
typedef long long LL;
const int NN = 32;
int N, M, G[NN][NN], VIS[NN];
vector<string> names;
map<string, int> indice;
int getID(const string& s) { // 获取结点 ID
  if (!indice.count(s)) indice[s] = names.size(), names.push_back(s);
  return indice[s];
}

int main() {
  string A, B;
  for (int t = 1; cin >> N >> M && N; t++) {
    if (t > 1) cout << endl;
    names.clear(), indice.clear();
```

```
    memset(G, 0, sizeof(G)), fill_n(VIS, N + 1, false);
    _for(i, 0, M) cin >> A >> B, G[getID(A)][getID(B)] = 1;
    assert(names.size() <= N);
    _for(k, 0, N) _for(i, 0, N) _for(j, 0, N)
    G[i][j] = G[i][j] || (G[i][k] && G[k][j]);
    cout << "Calling circles for data set " << t << ":" << endl;
    _for(u, 0, N) {
      if (VIS[u]) continue;
      cout << names[u], VIS[u] = 1;
      _for(v, 0, N) if (G[u][v] && G[v][u] && !VIS[v])
        VIS[v] = 1, cout << ", " << names[v];
      cout << endl;
    }
  }

  return 0;
}
/*
算法分析请参考：《算法竞赛入门经典（第 2 版）》例题 11-4
同类题目：Rank, HDU 1704
*/
```

## 例 7-10　【Floyd 算法；最大值最小路】噪声恐惧症（Audiophobia, UVa 10048）

输入一个 $C$ 个点、$S$ 条边（$C\leqslant 100$，$S\leqslant 1000$）的无向带权图，边权表示该路径上的噪声值。当噪声值太大时，耳膜可能会受到伤害，所以当你从某点去往另一个点时，总是希望经过的路上的最大噪声值最小。输入一些询问，每次询问两个点，输出这两点间最大噪声值最小的路径。例如，在图 7-1 中，$A$ 到 $G$ 的最大噪声值为 80，是所有其他路径中最小的（如 $A\to B\to E\to G$ 的最大噪声值为 90）。

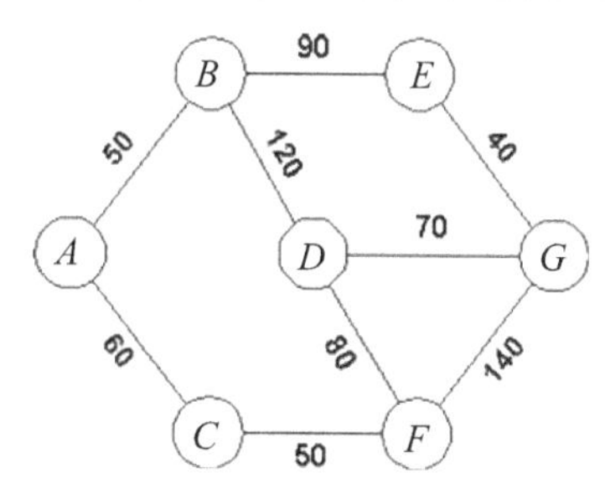

图 7-1　路径与噪声值

【代码实现】

```
// 陈锋
#include <bits/stdc++.h>

using namespace std;
#define _for(i, a, b) for (int i = (a); i < (b); ++i)
#define _rep(i, a, b) for (int i = (a); i <= (b); ++i)
typedef long long LL;
const int MAXC = 100 + 4, INF = 1e9;
int G[MAXC][MAXC];

int main() {
  for (int kase = 1, C, S, Q, c1, c2, d;
      scanf("%d%d%d", &C, &S, &Q) == 3 && C; kase++) {
    if (kase > 1) puts("");
    printf("Case #%d\n", kase);
```

```
    _for(i, 0, C) _for(j, 0, C) G[i][j] = i == j ? 0 : INF;
    _for(i, 0, S) {
      scanf("%d%d%d", &c1, &c2, &d), --c1, --c2;
      G[c1][c2] = min(G[c1][c2], d), G[c2][c1] = G[c1][c2];
    }
    _for(k, 0, C) _for(i, 0, C) _for(j, 0, C) {
      if (G[i][k] != INF && G[k][j] != INF)
        G[i][j] = min(G[i][j], max(G[i][k], G[k][j]));
    }
    _for(i, 0, Q) {
      scanf("%d%d", &c1, &c2), --c1, --c2;
      int ans = G[c1][c2];
      if (ans == INF) puts("no path");
      else printf("%d\n", ans);
    }
  }

  return 0;
}
/*
算法分析请参考：《算法竞赛入门经典（第 2 版）》例题 11-5
注意：本题在 floyd 算法实现中，为安全起见，更新 G[i][j]之前判定了相关元素不为 INF
同类题目：Say Cheese, ACM/ICPC WF 2001, UVa 1001
*/
```

## 例 7-11 【用 Dijkstra 预处理；枚举】机场快线（Airport Express, UVa 11374）

在 Iokh 市中，机场快线是市民从市内去机场的首选交通工具。机场快线分为经济线和商业线两种，线路、速度和价钱都不同。你有一张商业线车票，可以乘坐一站商业线，而其他时候只能乘坐经济线。假设换乘时间忽略不计，你的任务是找出一条去机场最快的线路。

输入包含多组数据。每组数据：第一行为 3 个整数 $N, S$ 和 $E$（$2 \leqslant N \leqslant 500$，$1 \leqslant S,E \leqslant 100$），即机场快线中的车站总数、起点编号和终点（即机场所在站）编号；下一行包含一个整数 $M$（$1 \leqslant M \leqslant 1000$），即经济线的路段条数；以下 $M$ 行，每行 3 个整数 $X, Y$ 和 $Z$（$1 \leqslant X,Y \leqslant N$，$1 \leqslant Z \leqslant 100$），表示可以乘坐经济线在车站 $X$ 和车站 $Y$ 之间往返，其中单程需要 $Z$ 分钟；下一行为商业线的路段条数 $K$（$1 \leqslant K \leqslant 1000$）；以下 $K$ 行是这些路段的描述，格式同经济线。所有路段都是双向的，但有可能必须使用商业车票才能到达机场。输入保证最优解唯一。

对于每组数据，输出 3 行。第一行按访问顺序给出经过的各个车站（包括起点和终点），第二行是换乘商业线的车站编号（如果没用商业线车票，输出 Ticket Not Used），第三行是总时间。

【代码实现】

```
// 刘汝佳
#include <bits/stdc++.h>
using namespace std;
#define _for(i, a, b) for (int i = (a); i < (b); ++i)
```

```
typedef long long LL;
struct Edge {
  int u, v, d;
  bool operator<(const Edge& e) const { return d < e.d; }
};

struct HeapNode {
  int u, d;
  bool operator<(const HeapNode& rhs) const { return d > rhs.d; }
};

template <int SZV, int INF>                  // |V|
struct Dijkstra {
  int n;
  vector<Edge> edges;
  vector<int> G[SZV];
  bool done[SZV];
  int d[SZV], p[SZV];

  void init(int n) {
    assert(n < SZV);
    this->n = n, edges.clear();
    _for(i, 0, n) G[i].clear();
  }

  void addEdge(int u, int v, int d) {   // u-v,d
    G[u].push_back(edges.size()), edges.push_back({u, v, d});
  }

  void dijkstra(int s) {
    priority_queue<HeapNode> Q;
    fill_n(done, n, false), fill_n(d, n, INF);
    d[s] = 0, Q.push({s, 0});
    while (!Q.empty()) {
      HeapNode x = Q.top();
      Q.pop();
      int u = x.u;                          // 距离已经确定最短路的点集最近的点
      if (done[u]) continue;
      done[u] = true;
      for (size_t ei = 0; ei < G[u].size(); ei++) {
        const auto& e = edges[G[u][ei]];
        int v = e.v;
        if (d[v] > d[u] + e.d)
          d[v] = d[u] + e.d, p[v] = G[u][ei], Q.push({v, d[v]});
      }
    }
  }

  // 获得 s->e 的路径
```

```
  void getPath(int s, int e, deque<int>& path, bool rev = false) {
    assert(d[s] == 0), assert(d[e] != INF);
    int x = e;
    if (rev) path.push_back(x);
    else path.push_front(x);
    while (x != s) {
      x = edges[p[x]].u;
      if (rev) path.push_back(x);
      else path.push_front(x);
    }
  }
};

const int MAXN = 500 + 4, INF = 1e9;
int main() {
  Dijkstra<MAXN, INF> SD, ED;                    // S -> * , E -> *
  for (int t = 0, N,S,E, M, K,u,v,d; scanf("%d%d%d", &N, &S, &E) == 3; t++) {
    if (t) puts("");
    SD.init(N + 1), ED.init(N + 1);
    scanf("%d", &M);
    for (int i = 0; i < M; i++) {                // 经济快线
      scanf("%d%d%d", &u, &v, &d);
      SD.addEdge(u, v, d), SD.addEdge(v, u, d);
      ED.addEdge(u, v, d), ED.addEdge(v, u, d);
    }
    SD.dijkstra(S), ED.dijkstra(E);
    int cu = -1, ans = INF;
    deque<int> path;
    if (SD.d[E] < ans) ans = SD.d[E], SD.getPath(S, E, path);
    // lambda 实现局部函数
    auto update = [&](int u, int v, int d) {     // S -> u -> v -> E;
      if (SD.d[u] < ans && ED.d[v] < ans && SD.d[u] + d + ED.d[v] < ans) {
        ans = SD.d[u] + d + ED.d[v], cu = u, path.clear();
        SD.getPath(S, u, path), ED.getPath(E, v, path, true);
      }
    };

    scanf("%d", &K);
    _for(i, 0, K)
    scanf("%d%d%d", &u, &v, &d), update(u, v, d), update(v, u, d);
    _for(i, 0, path.size()) {
      if (i) printf(" ");
      printf("%d", path[i]);
    }
    puts("");
    if (cu == -1) puts("Ticket Not Used");
    else printf("%d\n", cu);
    printf("%d\n", ans);
  }
```

```
  return 0;
}
/*
算法分析请参考:《算法竞赛入门经典——训练指南》升级版 5.3.1 节例题 11
注意:本题使用了 C++11 中提供的 lambda 来实现一些子过程的封装
同类题目: Walk Through the Forest, UVa 10917
*/
```

### 例 7-12　【最短路树】战争和物流（Warfare And Logistics, UVa 1416）

给出一个包含 $n$ 个结点、$m$ 条边的无向图（$1<n\leqslant 100$，$1\leqslant m\leqslant 1000$），每条边上有一个正权。令 $c$ 等于每对结点的最短路长度之和。例如，$n=3$ 时，$c=d(1,1)+d(1,2)+d(1,3)+d(2,1)+d(2,2)+d(2,3)+d(3,1)+d(3,2)+ d(3,3)$。要求删除一条边后，使得新的 $c$ 值 $c'$最大。不连通的两点的最短路长度视为 $L$（$1\leqslant L\leqslant 10^8$）。输出 $c$ 的原始值和删除一条边后的最大值 $c'$。

【代码实现】

```
// 刘汝佳
#include <cstdio>
#include <cstring>
#include <vector>
#include <algorithm>
#include <queue>
using namespace std;

const int INF = 1e9, NN = 100 + 8;
struct Edge { int from, to, dist; };
struct HeapNode {
  int d, u;
  bool operator < (const HeapNode& rhs) const {
    return d > rhs.d;
  }
};

template<size_t SZ>
struct Dijkstra {
  int n, m;
  vector<Edge> edges;
  vector<int> G[SZ];
  bool done[SZ];                    // 是否已永久标号
  int d[SZ];                        // s 到各个点的距离
  int p[SZ];                        // 最短路中的上一条弧

  void init(int n) {
    this->n = n;
    for (int i = 0; i < n; i++) G[i].clear();
    edges.clear();
  }

  void AddEdge(int from, int to, int dist) {
```

```
    edges.push_back((Edge) {from, to, dist});
    m = edges.size(), G[from].push_back(m - 1);
  }

  void dijkstra(int s) {
    priority_queue<HeapNode> Q;
    fill_n(d, n + 1, INF), fill_n(done, n + 1, false);
    d[s] = 0, Q.push((HeapNode) {0, s});
    while (!Q.empty()) {
      HeapNode x = Q.top(); Q.pop();
      int u = x.u;
      if (done[u]) continue;
      done[u] = true;
      for (size_t i = 0; i < G[u].size(); i++) {
        Edge& e = edges[G[u][i]]; // 此处和模板不同，忽略了 dist = -1 的边
        if (e.dist > 0 && d[e.to] > d[u] + e.dist) {
          // 此为删除标记，根据题意和 Dijkstra 算法的前提，正常的边 dist>0
          d[e.to] = d[u] + e.dist, p[e.to] = G[u][i];
          Q.push((HeapNode) {d[e.to], e.to});
        }
      }
    }
  }
};

// 题目相关
Dijkstra<NN> solver;
int N, M, L;
vector<int> gr[NN][NN]; // 两点之间的原始边权
int used[NN][NN][NN];   // used[src][a][b]表示源点为 src 的最短路树是否包含边 a->b
int idx[NN][NN];        // idx[u][v]为边 u->v 在 Dijkstra 求解器中的编号
int sum_single[NN];     // sum_single[src]表示源点为 src 的最短路树的所有 d 之和

int compute_c() {
  int ans = 0;
  memset(used, 0, sizeof(used));
  for (int src = 0; src < N; src++) {
    solver.dijkstra(src);
    sum_single[src] = 0;
    for (int i = 0; i < N; i++) {
      if (i != src) {
        int fa = solver.edges[solver.p[i]].from;
        used[src][fa][i] = used[src][i][fa] = 1;
      }
      sum_single[src] += (solver.d[i] == INF ? L : solver.d[i]);
    }
    ans += sum_single[src];
  }
  return ans;
```

```
}

int compute_newc(int a, int b) {
  int ans = 0;
  for (int src = 0; src < N; src++)
    if (!used[src][a][b]) ans += sum_single[src];
    else {
      solver.dijkstra(src);
      for (int i = 0; i < N; i++)
        ans += (solver.d[i] == INF ? L : solver.d[i]);
    }
  return ans;
}

int main() {
  while (scanf("%d%d%d", &N, &M, &L) == 3) {
    solver.init(N);
    for (int i = 0; i < N; i++)
      for (int j = 0; j < N; j++) gr[i][j].clear();

    for (int i = 0, a, b, s; i < M; i++) {
      scanf("%d%d%d", &a, &b, &s), a--, b--;
      gr[a][b].push_back(s), gr[b][a].push_back(s);
    }

    // 构造网络
    for (int i = 0; i < N; i++)
      for (int j = i + 1; j < N; j++) if (!gr[i][j].empty()) {
          sort(gr[i][j].begin(), gr[i][j].end());
          solver.AddEdge(i, j, gr[i][j][0]);
          idx[i][j] = solver.m - 1;
          solver.AddEdge(j, i, gr[i][j][0]);
          idx[j][i] = solver.m - 1;
        }

    int c = compute_c(), c2 = -1;
    for (int i = 0; i < N; i++) for (int j = i + 1; j < N; j++)
        if (!gr[i][j].empty()) {
          int& e1 = solver.edges[idx[i][j]].dist;
          int& e2 = solver.edges[idx[j][i]].dist;
          if (gr[i][j].size() == 1) e1 = e2 = -1;
          else e1 = e2 = gr[i][j][1];          // 第一、第二短的边
          c2 = max(c2, compute_newc(i, j));
          e1 = e2 = gr[i][j][0];               // 恢复
        }

    printf("%d %d\n", c, c2);
  }
  return 0;
```

```
}
/*
算法分析请参考：《算法竞赛入门经典——训练指南》升级版 5.3.1 节例题 13
*/
```

## 例 7-13 【Dijkstra 算法的变形】过路费（加强版）（Toll! Revisited, UVa 10537）

运送货物需要缴纳过路费。假设进入一个村庄需要缴纳 1 个单位的货物，而进入一个城镇时，每 20 个单位的货物要上缴 1 个单位的货物（比如，携带 70 个单位的货物进入城镇，需要缴纳 4 个单位）。如图 7-2 所示，你必须途径一个城镇和两个村庄才能到达目的地，为了运送 66 把勺子，你必须携带 76 把勺子出发。

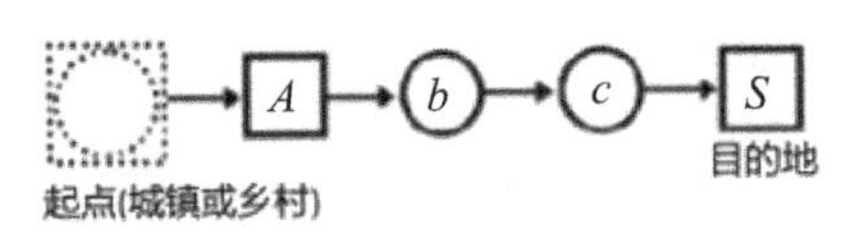


图 7-2 过路费

当起点与终点固定时，到达目的地的路线往往不唯一。如图 7-3 所示，运送 39 把勺子的最佳路线是 $A \rightarrow b \rightarrow c \rightarrow X$，而运送 10 把勺子的最佳路线是 $A \rightarrow D \rightarrow X$。这里，大写字母表示城镇，小写字母表示村庄。

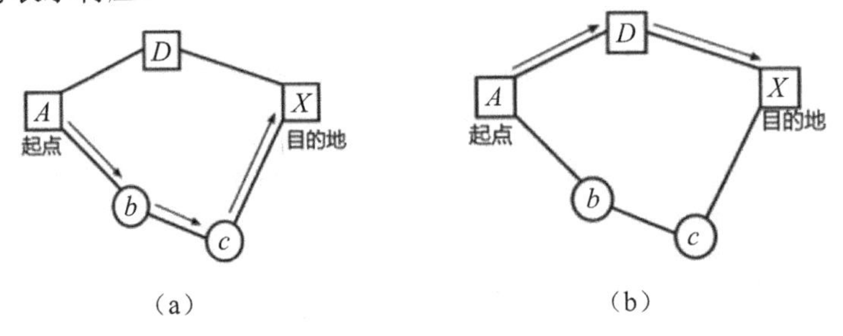


图 7-3 最佳路线

你的任务是找出一条缴纳过路费最少的路线。

【代码实现】

```
// 刘汝佳
#include <cstdio>
#include <cstring>
#include <algorithm>
#include <cctype>
using namespace std;

const int NN = 52 + 10;
const long long INF = 1LL << 60;
typedef long long LL;

int N, G[NN][NN], St, Ed, P, Vis[NN];        // 标记
LL D[NN];
    // D[i]表示从点 i 出发（已经交过点 i 的税）时至少要带多少东西，到 Ed 时还能剩 p 个东西
```

```
int read_node() {
  char s[9];
  scanf("%s", s);
  if (isupper(s[0])) return s[0] - 'A';
  return s[0] - 'a' + 26;
}
char node_label(int u) { return u < 26 ? 'A' + u : 'a' + (u - 26); }
LL forward(LL k, int u) {                     // 拿着 k 个东西去结点 u，还剩多少个东西
  if (u < 26) return k - (k + 19) / 20;       // 城镇
  return k - 1;                               // 村庄
}
// 至少要拿着多少个东西到达结点 u，交税以后还能剩 D[u]个东西
LL back(int u) {
  if (u >= 26) return D[u] + 1;               // 村庄
  LL X = D[u] * 20 / 19;                      // 初始值
  while (forward(X, u) < D[u]) X++;           // 调整，容易理解的做法
  return X;
}
void solve() {
  N = 52;                                     // 总是有 52 个结点
  fill_n(Vis, N + 1, 0), fill_n(D, N, INF);
  D[Ed] = P, Vis[Ed] = 1;
  for (int i = 0; i < N; i++)
    if (i != Ed && G[i][Ed]) D[i] = back(Ed);

  while (!Vis[St]) {          // Dijkstra 主过程，逆推，规模小则不需要优先级队列
    int minu = -1;                            // 找最小的 D[u]的 u
    for (int i = 0; i < N; i++)
      if (!Vis[i] && (minu < 0 || D[i] < D[minu])) minu = i;
    Vis[minu] = 1;
    for (int i = 0; i < N; i++)
      if (!Vis[i] && G[i][minu]) D[i] = min(D[i],back(minu)); // 更新其他结点的 d
  }
  printf("%lld\n%c", D[St], node_label(St));   // 输出
  LL k = D[St];                               // 当前手里有多少货
  for (int u = St, next; u != Ed; u = next) {
    for (next = 0; next < N; next++)          // 找到第一个可以走的结点
      if (G[u][next] && forward(k, next) >= D[next]) break;
    k = D[next];
    printf("-%c", node_label(next));
    u = next;
  }
  puts("");
}

int main() {
  for (int kase = 1; scanf("%d", &N) == 1 && N >= 0; kase++) {
    memset(G, 0, sizeof(G));
    for (int i = 0; i < N; i++) {
```

```
      int u = read_node(), v = read_node();
      if (u != v) G[u][v] = G[v][u] = 1;
    }
    scanf("%d", &P);
    St = read_node(), Ed = read_node();
    printf("Case %d:\n", kase);
    solve();
  }
  return 0;
}
/*
算法分析请参考:《算法竞赛入门经典——训练指南》升级版 5.3.1 节例题 14
*/
```

## 例 7-14 【复杂状态的最短路】这不是 bug，而是特性（It's not a Bug, it's a Feature, UVa 658）

补丁在修正 bug 时，有时也会引入新的 bug。假定有 $n$（$n$≤20）个潜在 bug 和 $m$（$m$≤100）个补丁，每个补丁用两个长度为 $n$ 的字符串表示，其中字符串的每个位置表示一个 bug。第一个串表示打补丁之前的状态（“-”表示该 bug 必须不存在，“+”表示必须存在，0 表示无所谓），第二个串表示打补丁之后的状态（“-”表示不存在，“+”表示存在，0 表示不变）。每个补丁都有一个执行时间，你的任务是用最少的时间把一个有 $n$ 个潜在 bug 的软件通过打补丁的方式变得没有 bug。一个补丁可以打多次。

【代码实现】

```
// 陈锋
#include <bits/stdc++.h>
using namespace std;
#define _for(i, a, b) for (int i = (a); i < (b); ++i)
#define _rep(i, a, b) for (int i = (a); i <= (b); ++i)
typedef long long LL;
const int MAXN = 20, MAXV = (1 << MAXN) + 4, INF = 0x7f7f7f7f;
struct HeapNode {
  int d, u;
  HeapNode(int _d, int _u) : d(_d), u(_u) {}
  bool operator<(const HeapNode& rhs) const { return d > rhs.d; }
};

int N, M, D[MAXV];
bitset<MAXV> Done;
struct Patch {
  int present, absent, introduce, remove, time;
  bool canApply(int u) const {
    return (present & u) == present && (absent & u) == 0;
  }
  int apply(int u) const {
    return (u | introduce) & (~remove) & ((1 << N) - 1);
  }
```

```
};
vector<Patch> patches;

void toInt(const char* s, int& i1, int& i2) {
  i1 = 0, i2 = 0;
  _for(i, 0, N) {
    if (s[i] == '+') i1 |= (1 << i);
    if (s[i] == '-') i2 |= (1 << i);
  }
  // assert(0 <= i1 && i1 < (1 << N));
  // assert(0 <= i2 && i2 < (1 << N));
}

int solve() {
  int V = 1 << N, st = V - 1;
  priority_queue<HeapNode> Q;
  Done.reset();
  fill_n(D, V, INF);
  D[st] = 0, Q.push(HeapNode(0, st));
  while (!Q.empty()) {
    HeapNode nd = Q.top();
    Q.pop();
    int u = nd.u;
    if (Done[u]) continue;
    Done.set(u);
    for (size_t pi = 0; pi < patches.size(); pi++) {
      const Patch& p = patches[pi];
      if (!p.canApply(u)) continue;
      int v = p.apply(u);
      if (D[v] > D[u] + p.time)
        D[v] = D[u] + p.time, Q.push(HeapNode(D[u] + p.time, v));
    }
  }

  return D[0];
}

int main() {
  char buf1[MAXN + 4], buf2[MAXN + 4];
  for (int t = 1; scanf("%d%d", &N, &M) == 2 && N && M; t++) {
    patches.clear();
    Patch p;
    _for(i, 0, M) {
      scanf("%d%s%s", &(p.time), buf1, buf2);
      toInt(buf1, p.present, p.absent), toInt(buf2, p.introduce, p.remove);
      patches.push_back(p);
    }
    int ans = solve();
    printf("Product %d\n", t);
```

```
    if (ans == INF)
      puts("Bugs cannot be fixed.");
    else
      printf("Fastest sequence takes %d seconds.\n", ans);
    puts("");
  }
  return 0;
}
/*
算法分析请参考：《算法竞赛入门经典（第 2 版）》例题 11-6
同类题目：Lift Hopping, UVa 10801
*/
```

## 例 7-15 【状态图设计；Dijkstra】蒸汽式压路机（Steam Roller, UVa 1078）

有一个由 $R$ 条横线和 $C$ 条竖线组成的网格，你的任务是开着一辆蒸汽式压路机，用最短的时间从起始点$(r_1, c_1)$出发，最后停到目的地$(r_2, c_2)$。其中，一些线段上有权值，代表全速通过需要的时间。权值为 0 的边不能通过（$1 \leqslant r_1, r_2 \leqslant R \leqslant 100$，$1 \leqslant c_1, c_2 \leqslant C \leqslant 100$）。

由于蒸汽式压路机的惯性较大，对于任意一条边，如果在进入这条边之前刚转弯，或者离开这条边以后立即需要转弯，则实际时间为理想值的两倍。同样的道理，通过整条路线的起点和终点所在的边也需要两倍时间。注意，“时间加倍”规则不可叠加。比如，若离开整条路线的第一条边之后立即转弯，则通过第一条边所花的时间仍是理想值的两倍而不是 4 倍。

沿着理想值为 9 的边走，总时间为 18+18+18+18+18+18=108，而沿着理想值为 10 的边走，总时间为 20+10+20+20+10+20=100，如图 7-4 所示。

开始

| 10 | 10 | 10 |
|---|---|---|

图 7-4　蒸汽式压路机

输出最短时间。如果无法到达，则输出“Impossible”。

【代码实现】

```
// 刘汝佳
#include <cstdio>
#include <cstring>
#include <iostream>
#include <queue>
using namespace std;
const int INF = 1e9, maxn = 50000 + 10;
struct Edge {
  int from, to, dist;
};
struct HeapNode {
  int d, u;
  bool operator<(const HeapNode& rhs) const { return d > rhs.d; }
};
struct Dijkstra {
```

```
  int n, m;
  vector<Edge> edges;
  vector<int> G[maxn];
  bool done[maxn];              // 是否已永久标号
  int d[maxn];                  // s 到各个点的距离
  int p[maxn];                  // 最短路中的上一条弧

  void init(int n) {
    this->n = n;
    for (int i = 0; i < n; i++) G[i].clear();
    edges.clear();
  }

  void AddEdge(int from, int to, int dist) {
    edges.push_back((Edge) {from, to, dist});
    m = edges.size(), G[from].push_back(m - 1);
  }

  void dijkstra(int s) {
    priority_queue<HeapNode> Q;
    for (int i = 0; i < n; i++) d[i] = INF;
    d[s] = 0, fill_n(done, n + 1, false);
    Q.push((HeapNode) {0, s});
    while (!Q.empty()) {
      HeapNode x = Q.top();
      Q.pop();
      int u = x.u;
      if (done[u]) continue;
      done[u] = true;
      for (size_t i = 0; i < G[u].size(); i++) {
        Edge& e = edges[G[u][i]];
        if (d[e.to] > d[u] + e.dist) {
          d[e.to] = d[u] + e.dist, p[e.to] = G[u][i];
          Q.push((HeapNode) {d[e.to], e.to});
        }
      }
    }
  }
};

//////// 题目相关

const int UP = 0, LEFT = 1, DOWN = 2, RIGHT = 3;

const int inv[] = {2, 3, 0, 1};
const int dr[] = { -1, 0, 1, 0};                                 // 上左下右
const int dc[] = {0, -1, 0, 1};
const int maxr = 100, maxc = 100;
int grid[maxr][maxc][4], n, id[maxr][maxc][5], R, C;
```

```
int ID(int r, int c, int dir) {
  int& x = id[r][c][dir];
  if (x == 0) x = ++n;                              // 从1开始编号
  return x;
}
bool cango(int r, int c, int dir) {
  if (r < 0 || r >= R || c < 0 || c >= C) return false;     // 走出网格
  return grid[r][c][dir] > 0;                               // 此路不通
}

Dijkstra solver;

int main() {
  int r1, c1, r2, c2, kase = 0;
  while (cin >> R >> C >> r1 >> c1 >> r2 >> c2 && R) {
    r1--, c1--, r2--, c2--;
    for (int r = 0; r < R; r++) {
      for (int c = 0; c < C - 1; c++) {
        cin >> grid[r][c + 1][LEFT];
        grid[r][c][RIGHT] = grid[r][c + 1][LEFT];
      }
      if (r != R - 1)
        for (int c = 0; c < C; c++) {
          cin >> grid[r + 1][c][UP];
          grid[r][c][DOWN] = grid[r + 1][c][UP];
        }
    }
    solver.init(R * C * 5 + 1);
    n = 0, memset(id, 0, sizeof(id));
    // 源点出发的边
    for (int dir = 0; dir < 4; dir++) {
      if (!cango(r1, c1, dir)) continue;
      solver.AddEdge(0, ID(r1 + dr[dir], c1 + dc[dir], dir),
        grid[r1][c1][dir] * 2);                           // 开始走下去
      solver.AddEdge(0, ID(r1 + dr[dir], c1 + dc[dir], 4),
        grid[r1][c1][dir] * 2);                           // 走一步停下来
    }

    // 计算每个状态(r,c,dir)的后继状态
    for (int r = 0; r < R; r++)
      for (int c = 0; c < C; c++) {
        for (int dir = 0; dir < 4; dir++) {
          if (!cango(r, c, inv[dir])) continue;
          solver.AddEdge(ID(r, c, dir), ID(r, c, 4),
            grid[r][c][inv[dir]]);                        // 停下来
          if (cango(r, c, dir))                           // 继续走
            solver.AddEdge(ID(r,c,dir),ID(r+dr[dir],c+dc[dir],dir),
                      grid[r][c][dir]);
        }
```

```
      for (int dir = 0; dir < 4; dir++) {
        if (!cango(r, c, dir))  continue;
        int nr = r + dr[dir], nc = c + dc[dir];
        solver.AddEdge(ID(r,c,4),ID(nr,nc,dir),grid[r][c][dir]*2);// 重新开始
        solver.AddEdge(ID(r,c,4),ID(nr,nc,4),grid[r][c][dir]*2);// 走一步停下
      }
    }

    solver.dijkstra(0);
    int ans = solver.d[ID(r2, c2, 4)];                              // 找最优解
    printf("Case %d: ", ++kase);
    if (ans == INF) puts("Impossible");
    else printf("%d\n", ans);
  }
  return 0;
}
/*
算法分析请参考：《算法竞赛入门经典——训练指南》升级版 5.3.3 节例题 17
注意：本题最重要的是各种状态之间的转换
同类题目：Low Cost Air Travel, UVa 1048
*/
```

### 例 7-16　【特殊图的 Dijkstra 算法】有趣的赛车比赛（Funny Car Racing, UVa 12661）

在一个赛车比赛中，赛道有 $n$（$n \leqslant 300$）个交叉点和 $m$（$m \leqslant 50\,000$）条单向道路。有趣的是，每条路都是周期性关闭的。每条路用 5 个整数 $u, v, a, b, t$ 表示（$1 \leqslant u,v \leqslant n$，$1 \leqslant a,b,t \leqslant 10^5$），表示起点的是 $u$，终点的是 $v$，通过时间为 $t$（单位为秒）。另外，这条路会打开 $a$ 秒，然后关闭 $b$ 秒，然后再打开 $a$ 秒，依此类推。比赛开始时，每条道路刚刚打开。你的赛车必须在道路打开时进入该道路，并且在它关闭之前离开（进出道路不花时间，所以可以在打开的瞬间进入，关闭的瞬间离开）。

你的任务是从 $S$ 出发，尽早到达目的地 $T$（$1 \leqslant S, T \leqslant n$）。道路的起点和终点不会相同，但是可能有两条道路的起点和终点分别相同。

【代码实现】

```
// 刘汝佳
#include <bits/stdc++.h>
using namespace std;
const int MAXV = 305;
typedef pair<int, int> IPair;                    // D[u]: D

struct Edge {
  int from, to, open, close, w;
  Edge(int f, int t, int a, int b, int c)
      : from(f), to(t), open(a), close(b), w(c) {}
};

vector<Edge> G[MAXV];
int N, M, S, T, D[MAXV];
```

```
int arrive(int t, const Edge& e) {      // 从到达道路e起点的时间t到达道路e终点时间
  int k = t % (e.open + e.close);       // e.w <= open
  if (k + e.w <= e.open) return t + e.w;    // x--t+e.w--x+a-----x+b
  return t + e.open + e.close - k + e.w;    // x--x+a--t+e.w--x+b
}

void Dijkstra() {
  priority_queue<IPair, vector<IPair>, greater<IPair>> Q;
  fill(D, D + MAXV, INT_MAX), D[S] = 0, Q.push(make_pair(0, S));
  while (!Q.empty()) {
    IPair p = Q.top();
    Q.pop();
    int u = p.second, d = p.first;
    if (D[u] != d) continue;                // d的最短路已经算出来了
    for (size_t i = 0; i < G[u].size(); i++) {
      const Edge& e = G[u][i];
      int v = e.to, &dv = D[e.to], nd = arrive(D[u], e); // 到达e.to的时间
      if (dv > nd) dv = nd, Q.push({dv, v});
    }
  }
}

int main() {
  for (int kase = 1; scanf("%d%d%d%d", &N, &M, &S, &T) == 4; ++kase) {
    for (int i = 0; i <= N; i++) G[i].clear();
    for (int i = 0, u, v, a, b, t; i < M; i++) {
      scanf("%d%d%d%d%d", &u, &v, &a, &b, &t);
      if (t > a) continue;                // 通过用时比开放时间长
      G[u].push_back(Edge(u, v, a, b, t));
    }
    Dijkstra();
    printf("Case %d: %d\n", kase, D[T]);
  }
  return 0;
}
/*
算法分析请参考:《算法竞赛入门经典(第2版)》例题11-11
注意:本题在Dijkstra算法中边的存在性与当前的d值有关
*/
```

### 例 7-17 【01 分数规划;负圈判定】在环中(Going in Cycle!!, UVa 11090)

给定一个 $n$($n \leqslant 50$)个点、$m$ 条边的加权有向图,求平均权值最小的回路。输出最小平均值。如果无解,输出“No cycle found.”。

【代码实现】

```
// 刘汝佳
#include <cstdio>
#include <cstring>
#include <queue>
```

```
using namespace std;

const int INF = 1e9, NN = 1000;

struct Edge {
  int from, to;
  double dist;
};

struct BellmanFord {
  int n, m;
  vector<Edge> edges;
  vector<int> G[NN];
  bool inq[NN];                                  // 是否在队列中
  double d[NN];                                  // s到各个点的距离
  int p[NN];                                     // 最短路中的上一条弧
  int cnt[NN];                                   // 进队次数

  void init(int n) {
    this->n = n;
    for (int i = 0; i < n; i++) G[i].clear();
    edges.clear();
  }

  void AddEdge(int from, int to, double dist) {
    edges.push_back((Edge) {from, to, dist});
    m = edges.size(), G[from].push_back(m - 1);
  }

  bool negativeCycle() {
    queue<int> Q;
    for (int i = 0; i < n; i++)
      d[i] = 0, inq[0] = true, Q.push(i), cnt[i] = 0;
    while (!Q.empty()) {
      int u = Q.front(); Q.pop();
      inq[u] = false;
      for (int i = 0; i < G[u].size(); i++) {
        Edge& e = edges[G[u][i]];
        if (d[e.to] > d[u] + e.dist) {
          d[e.to] = d[u] + e.dist, p[e.to] = G[u][i];
          if (!inq[e.to]) {
            Q.push(e.to), inq[e.to] = true;
            if (++cnt[e.to] > n) return true;        // 进队次数大于n，发现环
          }
        }
      }
    }
    return false;
  }
```

```
};

BellmanFord solver;
bool test(double x) { // 注意，每次判负环之前要修改对应边权并且还原
  for (int i = 0; i < solver.m; i++) solver.edges[i].dist -= x;
  bool ret = solver.negativeCycle();
  for (int i = 0; i < solver.m; i++) solver.edges[i].dist += x;
  return ret;
}

int main() {
  int T; scanf("%d", &T);
  for (int kase = 1, n, m; scanf("%d%d", &n, &m), kase <= T; kase++) {
    solver.init(n);
    int ub = 0;
    for (int i = 0, u, v, w; i < m; i++)
      scanf("%d%d%d", &u,&v,&w), ub = max(ub, w), solver.AddEdge(u-1, v-1, w);
    printf("Case #%d: ", kase);
    if (!test(ub + 1)) printf("No cycle found.\n"); // 二分之前首先确定有解
    else {
      double L = 0, R = ub;
      while (R - L > 1e-3) {
        double M = L + (R - L) / 2;
        if (test(M)) R = M; else L = M;
      }
      printf("%.2lf\n", L);
    }
  }
  return 0;
}
/*
算法分析请参考：《算法竞赛入门经典——训练指南》升级版 5.3.2 节例题 15
同类题目：Wormholes, UVa 558
*/
```

## 例 7-18 【差分约束系统】Halum 操作（Halum, UVa 11478）

给定一个 $n$ 个点、$m$ 条边的有向图（$n \leqslant 500$，$m \leqslant 2700$），每条边都有一个权值。每次你可以选择一个结点 $v$ 和一个整数 $d$，把所有以 $v$ 为终点的边的权值减小 $d$，把所有以 $v$ 为起点的边的权值增加 $d$（$1 \leqslant u,v \leqslant n$，$-10\,000 \leqslant d \leqslant 10\,000$），最后要让所有边权的最小值非负且尽量大。输出边权最小值的最大值。如果无法让所有边权都非负，输出“No Solution”；如果边权最小值可以任意大，输出“Infinite”。

【代码实现】

```
// 刘汝佳
#include <cstdio>
#include <cstring>
#include <queue>
using namespace std;
```

```
const int INF = 1e9, NN = 500 + 10, MM = 2700 + 10;
struct Edge {
  int to, dist;
};

// 邻接表写法
struct BellmanFord {
  int n, m, head[NN], next[MM];
  Edge edges[MM];
  bool inq[NN];            // 是否在队列中
  int d[NN];               // s到各个点的距离
  int cnt[NN];             // 进队次数

  void init(int n) { this->n = n, m = 0, fill_n(head, n + 1, -1); }
  void AddEdge(int from, int to, int dist) {
    next[m] = head[from], head[from] = m, edges[m++] = (Edge) {to, dist};
  }
  bool negativeCycle() {
    queue<int> Q;
    fill_n(inq, n + 1, false), fill_n(cnt, n + 1, 0);
    for (int i = 0; i < n; i++) d[i] = 0, Q.push(i);
    while (!Q.empty()) {
      int u = Q.front();
      Q.pop(), inq[u] = false;
      for (int i = head[u]; i != -1; i = next[i]) {
        Edge& e = edges[i];
        if (d[e.to] > d[u] + e.dist) {
          d[e.to] = d[u] + e.dist;
          if (inq[e.to]) continue;
          Q.push(e.to), inq[e.to] = true;
          if (++cnt[e.to] > n) return true;
        }
      }
    }
    return false;
  }
};

BellmanFord solver;

// 判断在初始差分约束系统的每个不等式右侧同时减去x之后是否有解
bool test(int x) {
  for (int i = 0; i < solver.m; i++) solver.edges[i].dist -= x;
  bool ret = solver.negativeCycle();
  for (int i = 0; i < solver.m; i++) solver.edges[i].dist += x;
  return !ret;          // 如果有负环，说明差分约束系统无解
}
```

```
int main() {
  for (int n, m; scanf("%d%d", &n, &m) == 2;) {
    solver.init(n);
    int ub = 0;
    for (int i = 0, u, v, d; i < m; i++) {
      scanf("%d%d%d", &u, &v, &d);
      ub = max(ub, d);
      solver.AddEdge(u - 1, v - 1, d);
    }
    // 如果可以让每条边权都大于 ub，说明每条边的权都增加了，重复一次会增加得更多，直到无限
    if (test(ub + 1)) puts("Infinite");
    else if (!test(1)) puts("No Solution");
    else {
      int L = 2, R = ub, ans = 1;
      while (L <= R) {
        int M = L + (R - L) / 2;
        if (test(M)) ans = M, L = M + 1;
        else R = M - 1;
      }
      printf("%d\n", ans);
    }
  }
  return 0;
}
/*
算法分析请参考：《算法竞赛入门经典——训练指南》升级版 5.3.3 节例题 16
同类题目：King, POJ 1364
         Layout, POJ 3169
*/
```

## 本节例题列表

本节讲解的例题及其囊括的知识点，如表 7-2 所示。

表 7-2　最短路问题例题归纳

| 编　　号 | 题　　号 | 标　　题 | 知　识　点 | 代 码 作 者 |
|---|---|---|---|---|
| 例 7-9 | UVa 247 | Calling Circles | Floyd 算法；传递闭包 | 陈锋 |
| 例 7-10 | UVa 10048 | Audiophobia | Floyd 算法；最大值最小路 | 陈锋 |
| 例 7-11 | UVa 11374 | Airport Express | 用 Dijkstra 预处理；枚举 | 刘汝佳 |
| 例 7-12 | UVa 1416 | Warfare And Logistics | 最短路树 | 刘汝佳 |
| 例 7-13 | UVa 10537 | Toll! Revisited | Dijkstra 算法的变形 | 刘汝佳 |
| 例 7-14 | UVa 658 | It's not a Bug | 复杂状态的最短路 | 陈锋 |
| 例 7-15 | UVa 1078 | Steam Roller | 状态图设计；Dijkstra | 刘汝佳 |
| 例 7-16 | UVa 12661 | Funny Car Racing | 特殊图的 Dijkstra 算法 | 刘汝佳 |
| 例 7-17 | UVa 11090 | Going in Cycle!! | 01 分数规划；负圈判定 | 刘汝佳 |
| 例 7-18 | UVa 11478 | Halum | 差分约束系统 | 刘汝佳 |

# 7.3　生成树相关问题

本节介绍与最小生成树以及最小有向生成树算法有关的几个经典例题以及代码实现。

**例 7-19　【最小生成树】苗条的生成树（Slim Span, ACM/ICPC Japan 2007, POJ 3522）**

给出一个 $n$（$n \leqslant 100$）个结点的图，求苗条度（最大边减去最小边的值）尽量小的生成树。

【代码实现】

```
// 陈锋
#include <algorithm>
#include <cstdio>
#include <iostream>
#include <vector>
using namespace std;

const int maxn = 100 + 10, INF = 1e9;
int N, pa[maxn];                                        // 并查集相关代码
int find_pa(int x) { return pa[x] != x ? pa[x] = find_pa(pa[x]) : x; }

struct Edge {
  int u, v, d;
  Edge(int u, int v, int d) : u(u), v(v), d(d) {}
  bool operator<(const Edge& rhs) const { return d < rhs.d; }
};

vector<Edge> E;
int solve() {                                           // Kruscal 算法
  int m = E.size(), ans = INF;
  sort(E.begin(), E.end());
  for (int L = 0; L < m; L++) {
    for (int i = 1; i <= N; i++) pa[i] = i;
    for (int R = L, cnt = N; R < m; R++) {
      int u = find_pa(E[R].u), v = find_pa(E[R].v);
      if (u == v) continue;
      pa[u] = v;
      if (--cnt == 1) {                                 // 连通分量只剩一个
        ans = min(ans, E[R].d - E[L].d);
        break;
      }
    }
  }
  if (ans == INF) ans = -1;
  return ans;
}

int main() {
```

```
  ios::sync_with_stdio(false), cin.tie(0);
  for (int m; cin >> N >> m && N; E.clear()) {
    for (int i = 0, u, v, d; i < m; i++)
      cin >> u >> v >> d, E.push_back(Edge(u, v, d));
    printf("%d\n", solve());
  }
  return 0;
}
/*
算法分析请参考:《算法竞赛入门经典(第2版)》例题 11-2
同类题目: Qin Shi Huang's National Road System, ACM/ICPC Beijing 2011, HDU 4081
*/
```

## 例 7-20 【最小生成树:动态 LCA】邦德(Bond, UVa 11354)

有 $n$ 座城市通过 $m$($2\leqslant n\leqslant 50\,000$,$1\leqslant m\leqslant 100\,000$)条双向道路相连,每条道路都有一个危险系数。你的任务是回答 $Q$($1\leqslant Q\leqslant 50\,000$)个询问,每个询问包含一个起点 $s$ 和一个终点 $t$,要求找到一条从 $s$ 到 $t$ 的路,使得途经的所有边的最大危险系数最小。输出最优路线上所有边的危险系数的最大值。

【代码实现】

```
// 陈锋
#include <bits/stdc++.h>

using namespace std;
#define _for(i, a, b) for (int i = (a); i < (int)(b); ++i)
const int MAXN = 50000 + 4;
struct Edge {
  int u, v, w;
  Edge(int _u = 0, int _v = 0, int _w = 0) : u(_u), v(_v), w(_w) {}
  bool operator<(const Edge& e) const {
    return w < e.w;
  }
};

int N, M;
vector<Edge> G[MAXN];                    // MST 多生成树
int L, Tin[MAXN], Tout[MAXN], UP[MAXN][20], MaxW[MAXN][20], timer;

bool isAncestor(int u, int v) { return Tin[u] <= Tin[v] && Tout[u] >= Tout[v]; }

void dfs(int u, int fa, int w) {
  Tin[u] = ++timer, UP[u][0] = fa, MaxW[u][0] = w;
  for (int i = 1; i <= L; i++) {
    int ui = UP[u][i - 1];
    UP[u][i] = UP[ui][i - 1];
    MaxW[u][i] = max(MaxW[u][i - 1], MaxW[ui][i - 1]);
  }
  _for(i, 0, G[u].size()) {
```

```
    const Edge& e = G[u][i];
    if (e.v != fa) dfs(e.v, u, e.w);
  }
  Tout[u] = ++timer;
}

int LCA(int u, int v) {
  if (isAncestor(u, v)) return u;
  if (isAncestor(v, u)) return v;
  for (int i = L; i >= 0; --i) if (!isAncestor(UP[u][i], v)) u = UP[u][i];
  return UP[u][0];
}

int find_maxw(int u, int v) {        // v → u 路径上的最大 w, u = Ancestor(v)
  if (u == v) return 0;
  assert(isAncestor(u, v));
  int w = 0;
  for (int i = L; i >= 0; --i)       // 保证 u 是 v 的祖先，且 u != v
    if (!isAncestor(UP[v][i], u) && UP[v][i] != u)
      w = max(w, MaxW[v][i]), v = UP[v][i];
  assert(UP[v][0] == u);
  return max(w, MaxW[v][0]);
}

int PA[MAXN];                        // 并查集
int find_pa(int i) { return PA[i] == i ? i : (PA[i] = find_pa(PA[i])); }

int main() {
  ios::sync_with_stdio(false), cin.tie(0);
  vector<Edge> es;
  for (int kase = 0, Q; cin >> N >> M; kase++) {
    L = ceil(log2(N));
    if (kase) puts("");
    es.clear();
    Edge e;
    _for(i, 0, M) cin >> e.u >> e.v >> e.w, es.push_back(e);
    sort(es.begin(), es.end());
    for (int i = 0; i <= N; i++) PA[i] = i, G[i].clear();
    _for(i, 0, es.size()) {
      const Edge& e = es[i];
      int u = e.u, v = e.v, pu = find_pa(u), pv = find_pa(v);
      if (pu != pv) {
        PA[pv] = pu;
        G[u].push_back(Edge(u, v, e.w)), G[v].push_back(Edge(v, u, e.w));
      }
    }
    timer = 0, dfs(1, 1, 0);          // MST 上计算 LCA 以及相关的倍增结构
    cin >> Q;
    for (int i = 0, s, t; i < Q; i++) {
```

```
      cin >> s >> t;
      int l = LCA(s, t);
      assert(s != t);
      printf("%d\n", max(find_maxw(l, s), find_maxw(l, t)));
    }
  }
  return 0;
}
/*
算法分析请参考：《算法竞赛入门经典——训练指南》升级版 5.4 节例题 21
注意：本题也使用了基于时间戳的倍增 LCA
同类题目：Imperial roads, ACM/ICPC 2017 Latin American, Codeforces Gym 101889I
*/
```

## 例 7-21　【最小有向生成树】比赛网络（Stream My Contest, UVa 11865）

你需要花费不超过 cost 元来搭建一个比赛网络。网络中有 $n$ 台机器，编号为 $0\sim n-1$（$1\leqslant n\leqslant 60$，$1\leqslant \mathrm{cost}\leqslant 10^9$），其中机器 0 为服务器，其他机器为客户机。一共有 $m$（$1\leqslant m\leqslant 10\,000$）条可以使用的网线，其中第 $i$ 条网线的发送端是机器 $u_i$，接受端是机器 $v_i$（数据只能从机器 $u_i$ 单向传输到机器 $v_i$），带宽是 $b_i$（Kbps），费用是 $c_i$ 元（$0\leqslant u_i,v_i<n$，$1\leqslant b_i,c_i\leqslant 10^6$，$u_i\neq v_i$）。每台客户机应当恰好从一台机器接收数据（即恰好有一条网线的接收端是该机器），而服务器不应从任何机器接收数据。你的任务是最大化网络中的最小带宽。

输出最小带宽的最大值。如果无法搭建网络，输出“streaming not possible.”（不含引号）。

【代码实现】

```
// 刘汝佳
#include <bits/stdc++.h>
using namespace std;
const int INF = 1e9, maxn = 100 + 10;

// 固定根的最小树型图，邻接矩阵写法
struct MDST {
  int n;
  int w[maxn][maxn];          // 边权
  int vis[maxn];              // 访问标记，仅用来判断无解
  int ans;                    // 计算答案
  int removed[maxn];          // 每个点是否被删除
  int cid[maxn];              // 所在圈编号
  int pre[maxn];              // 最小入边的起点
  int iw[maxn];               // 最小入边的权值
  int max_cid;                // 最大圈编号

  void init(int n) {
    this->n = n;
    for (int i = 0; i < n; i++)
      for (int j = 0; j < n; j++) w[i][j] = INF;
  }
```

```
void AddEdge(int u, int v, int cost) {
  w[u][v] = min(w[u][v], cost);   // 重边取权最小的
}

// 从 s 出发能到达多少个结点
int dfs(int s) {
  vis[s] = 1;
  int ans = 1;
  for (int i = 0; i < n; i++)
    if (!vis[i] && w[s][i] < INF) ans += dfs(i);
  return ans;
}

// 从 u 出发沿着 pre 指针找圈
bool cycle(int u) {
  max_cid++;
  int v = u;
  while (cid[v] != max_cid) { cid[v] = max_cid; v = pre[v]; }
  return v == u;
}

// 计算 u 的最小入弧，入弧起点不得在圈 c 中
void update(int u) {
  iw[u] = INF;
  for (int i = 0; i < n; i++)
    if (!removed[i] && w[i][u] < iw[u]) {
      iw[u] = w[i][u];
      pre[u] = i;
    }
}

// 根结点为 s，如果失败则返回 false
bool solve(int s) {
  memset(vis, 0, sizeof(vis));
  if (dfs(s) != n) return false;

  memset(removed, 0, sizeof(removed));
  memset(cid, 0, sizeof(cid));
  for (int u = 0; u < n; u++) update(u);
  pre[s] = s; iw[s] = 0;           // 根结点特殊处理
  ans = max_cid = 0;
  for (;;) {
    bool have_cycle = false;
    for (int u = 0; u < n; u++) if (u != s && !removed[u] && cycle(u)) {
        have_cycle = true;
        // 以下代码缩圈，圈上除 u 外的结点均删除
        int v = u;
        do {
          if (v != u) removed[v] = 1;
```

```
          ans += iw[v];
          // 对于圈外点 i，把边 i->v 改成 i->u（并调整权值），v->i 改为 u->i
          // 注意，圈上可能还有一个 v'使得 i->v'或 v'->i 存在，因此只保留权值最小的 i->u
和 u->i
          for (int i = 0; i < n; i++) if (cid[i] != cid[u] && !removed[i]) {
            if (w[i][v] < INF) w[i][u] = min(w[i][u], w[i][v] - iw[v]);
            w[u][i] = min(w[u][i], w[v][i]);
            if (pre[i] == v) pre[i] = u;
          }
          v = pre[v];
        } while (v != u);
        update(u);
        break;
      }
      if (!have_cycle) break;
    }
    for (int i = 0; i < n; i++)
      if (!removed[i]) ans += iw[i];
    return true;
  }
};

//////// 题目相关
MDST solver;
struct Edge {
  int u, v, b, c;
  bool operator < (const Edge& rhs) const {
    return b > rhs.b;
  }
};

const int maxm = 10000 + 10;
int N, M, C;
Edge edges[maxm];

// 取 b 前 cnt 大的边构造网络，判断最小树型图的边权和是否小于 C
bool check(int cnt) {
  solver.init(N);
  for (int i = 0; i < cnt; i++)
    solver.AddEdge(edges[i].u, edges[i].v, edges[i].c);
  if (!solver.solve(0)) return false;
  return solver.ans <= C;
}

int main() {
  int T;
  scanf("%d", &T);
  while (T--) {
    scanf("%d%d%d", &N, &M, &C);
```

```
    for (int i = 0; i < M; i++) {
      scanf("%d%d%d%d", &edges[i].u, &edges[i].v, &edges[i].b, &edges[i].c);
    }
    sort(edges, edges + M);
    int l = 1, r = M, ans = -1;
    while (l <= r) {
      int m = l + (r - l) / 2;
      if (check(m)) ans = edges[m - 1].b, r = m - 1;
      else l = m + 1;
    }
    if (ans < 0) printf("streaming not possible.\n");
    else printf("%d kbps\n", ans);
  }
  return 0;
}
/*
算法分析请参考：《算法竞赛入门经典——训练指南》升级版 5.5 节例题 22
同类题目：Command Network, POJ 3164
*/
```

### 例 7-22　【动点的最小生成树】星际游击队（Asteroid Rangers, ACM/ICPC WF2012, UVa 1279）

三维空间里有 $n$（$2 \leqslant n \leqslant 50$）个匀速移动的点，第 $i$ 个点的初始坐标为$(x,y,z)$，速度为$(vx,vy,vz)$。求最小生成树会改变多少次。输入保证在任意时刻最小生成树总是唯一的，并且每次变化时，新的最小生成树至少会保持 $10^{-6}$ 个单位的时间。

【代码实现】

```
// 刘汝佳
#include <algorithm>
#include <cmath>
#include <cstdio>
#include <vector>
using namespace std;

const int maxn = 50 + 5, maxks = maxn * (maxn + 1) / 2;
const double eps = 1e-8;

struct Event {
  double t;
  int newks, oldks;            // 每个事件后，newks 比 oldks 小
  Event(double t = 0, int newks = 0, int oldks = 0)
    : t(t), newks(newks), oldks(oldks) {}
  bool operator<(const Event& rhs) const { return t - rhs.t < 0; }
};
int n, nks;
vector<Event> ES;

struct KineticPoint {
```

```
  double x, y, z;                                         // 初始位置
  double dx, dy, dz;                                      // 初始速度
  void read() { scanf("%lf%lf%lf%lf%lf%lf", &x, &y, &z, &dx, &dy, &dz); }
} kp[maxn];

struct KineticSegment {
  double a, b, c;                                         // 长度是 at^2+bt+c
  int u, v;                                               // 端点
  bool operator<(const KineticSegment& rhs) const {      // 初始长度比较
    return c - rhs.c < 0;
  }
} ks[maxks];

inline double sqr(double x) { return x * x; }

int pa[maxn];

void init_ufset() {
  for (int i = 0; i < n; i++) pa[i] = i;
}
int findset(int x) { return pa[x] != x ? pa[x] = findset(pa[x]) : x; }

void make_segments() {
  nks = 0;
  for (int i = 0; i < n; i++)
    for (int j = i + 1; j < n; j++) {
      /*
        点 i 和点 j 的距离平方是 sum{((kp[i].dx-kp[j].dx)*t+ (kp[i].x- kp[j].x)) ^2}
        可以写成 at^2 + bt + c. a > 0, c > 0
      */
      ks[nks].a = sqr(kp[i].dx - kp[j].dx) + sqr(kp[i].dy - kp[j].dy) +
                  sqr(kp[i].dz - kp[j].dz);
      ks[nks].b = 2 * ((kp[i].dx - kp[j].dx) * (kp[i].x - kp[j].x) +
                       (kp[i].dy - kp[j].dy) * (kp[i].y - kp[j].y) +
                       (kp[i].dz - kp[j].dz) * (kp[i].z - kp[j].z));
      ks[nks].c = sqr(kp[i].x - kp[j].x) + sqr(kp[i].y - kp[j].y) +
                  sqr(kp[i].z - kp[j].z);
      ks[nks].u = i;
      ks[nks].v = j;
      nks++;
    }
  sort(ks, ks + nks);
}

void make_events() {
  ES.clear();
  for (int i = 0; i < nks; i++)
    for (int j = i + 1; j < nks; j++) {
      int s1 = i, s2 = j;                                 // 何时线段 i 和 j 长度相等
```

```
    if (ks[s1].a - ks[s2].a < 0)
      s1 = j, s2 = i;                                   // s1 更陡

    double a = ks[s1].a - ks[s2].a;
    double b = ks[s1].b - ks[s2].b;
    double c = ks[s1].c - ks[s2].c;
    if (fabs(a) < eps) {                                // bt + c = 0
      if (fabs(b) < eps) continue;                      // 无解
      if (b > 0) {
        swap(s1, s2);
        b = -b;
        c = -c;
      }                                                 // bt + c = 0, b < 0
      if (c > 0) ES.push_back(Event(-c / b, s1, s2)); // t > 0
      continue;
    }
    double delta = b * b - 4 * a * c;
    if (delta < eps) continue;                          // 无解
    delta = sqrt(delta);
    double t1 = -(b + delta) / (2 * a);                 // 答案 1
    double t2 = (delta - b) / (2 * a);                  // 答案 2
    if (t1 > 0) ES.push_back(Event(t1, s1, s2));        // 更陡的更小
    if (t2 > 0) ES.push_back(Event(t2, s2, s1));        // 更平的更小
  }
  sort(ES.begin(), ES.end());
}

int solve() {
  int pos[maxks];          // pos[i]: 线段 i 在 MST 中的编号，0 表示不在 MST 中
  int e[maxn];             // e[i]是 MST 中的第 i 条边，pos[e[i]] = i
  init_ufset();            // 计算初始的 MST
  for (int i = 0; i < nks; i++) pos[i] = 0;
  int idx = 0;
  for (int i = 0; i < nks; i++) {
    int u = findset(ks[i].u), v = findset(ks[i].v);
    if (u != v) {
      e[pos[i] = ++idx] = i;
      pa[u] = v;
    }
    if (idx == n - 1) break;
  }

  int ans = 1;
  for (int i = 0; i < ES.size(); i++) {
    if (pos[ES[i].oldks] && (!pos[ES[i].newks])) {
      init_ufset();
      int oldpos = pos[ES[i].oldks];
      for (int j = 1; j < n; j++)
        if (j != oldpos) {
```

```
        int u = findset(ks[e[j]].u), v = findset(ks[e[j]].v);
        if (u != v) pa[u] = v;
      }
      int u = findset(ks[ES[i].newks].u), v = findset(ks[ES[i].newks].v);
      if (u != v) {       // 新的MST用newks替换oldks
        ans++;
        pos[ES[i].newks]=oldpos, e[oldpos] = ES[i].newks, pos[ES[i].oldks] = 0;
      }
    }
  }
  return ans;
}

int main() {
  for (int kase = 1; scanf("%d", &n) == 1; kase++) {
    for (int i = 0; i < n; i++) kp[i].read();
    make_segments(), make_events();
    int ans = solve();
    printf("Case %d: %d\n", kase, ans);
  }
  return 0;
}
/*
算法分析请参考：《算法竞赛入门经典（第2版）》例题11-14
*/
```

### 本节例题列表

本节讲解的例题及其囊括的知识点，如表7-3所示。

表7-3 生成树相关问题例题归纳

| 编　号 | 题　号 | 标　题 | 知 识 点 | 代码作者 |
|---|---|---|---|---|
| 例7-19 | POJ 3522 | Slim Span | 最小生成树 | 陈锋 |
| 例7-20 | UVa 11354 | Bond | 最小生成树；动态LCA | 陈锋 |
| 例7-21 | UVa 11865 | Stream My Contest | 最小有向生成树 | 刘汝佳 |
| 例7-22 | UVa 1279 | Asteroid Rangers | 动点的最小生成树 | 刘汝佳 |

## 7.4 二分图匹配

虽然很多问题都可以借助最大流或者最小费用流算法解决，但二分图匹配算法更简单，速度也更快。和前面的内容一样，算法思想本身也是很有启发性的。

### 例7-23 【二分图最大匹配；最小点覆盖】我是SAM（SAM I AM, UVa 11419）

给出一个$r \times c$大小的网格，网格上面放了$n$个（$1 \leqslant r,c \leqslant 1000$，$1 \leqslant n \leqslant 10^6$）目标。可以在网格外发射子弹，子弹会沿着垂直或者水平方向飞行，并且打掉飞行路径上的所有目标，如图 7-5 所示。你的任务是计算出最少需要多少子弹，各从哪些位置发射，才能把所有目标全部打掉。

输出一行，其中第一个整数表示最少需要的子弹数目，接下来是这些子弹的发射位置。用 $r_x$ 表示第 $x$ 行，$c_x$ 表示第 $x$ 列。

图 7-5　射击

【代码实现】

```
// 刘汝佳
#include <algorithm>
#include <cstdio>
#include <cstring>
#include <vector>
using namespace std;

const int maxn = 1000 + 5; // 单侧顶点的最大数目

// 二分图最大基数匹配
struct BPM {
  int n, m;                  // 左右顶点个数
  vector<int> G[maxn];       // 邻接表
  int left[maxn];            // left[i]为右边第 i 个点的匹配点编号，-1 表示不存在
  bool T[maxn];              // T[i]为右边第 i 个点是否已标记

  int right[maxn];           // 求最小覆盖数
  bool S[maxn];              // 求最小覆盖数

  void init(int n, int m) {
    this->n = n, this->m = m;
    for (int i = 0; i < n; i++) G[i].clear();
  }

  void AddEdge(int u, int v) { G[u].push_back(v); }

  bool match(int u) {
    S[u] = true;
    for (size_t i = 0; i < G[u].size(); i++) {
      int v = G[u][i];
      if (!T[v]) {
        T[v] = true;
        if (left[v] == -1 || match(left[v])) {
          left[v] = u, right[u] = v;
          return true;
        }
      }
    }
    return false;
  }

  // 求最大匹配
```

```
  int solve() {
    fill_n(left, m + 1, -1), fill_n(right, n + 1, -1);
    int ans = 0;
    for (int u = 0; u < n; u++) {                          // 从左边结点u开始增广
      fill_n(S, n + 1, false), fill_n(T, m + 1, false);
      if (match(u)) ans++;
    }
    return ans;
  }

  // 求最小覆盖，X和Y为最小覆盖中的点集
  int mincover(vector<int>& X, vector<int>& Y) {
    int ans = solve();
    fill_n(S, n + 1, false), fill_n(T, m + 1, false);
    for (int u = 0; u < n; u++)if(right[u] == -1) match(u);// 从所有X未盖点出发
增广
    for (int u = 0; u < n; u++)if (!S[u]) X.push_back(u);   // X中的未标记点
    for (int v = 0; v < m; v++)if (T[v]) Y.push_back(v);    // Y中的已标记点
    return ans;
  }
};

BPM solver;
int main() {
  for (int R, C, N; scanf("%d%d%d", &R, &C, &N) == 3 && R && C && N;) {
    solver.init(R, C);
    for (int i = 0, r, c; i < N; i++)
      scanf("%d%d", &r, &c), solver.AddEdge(r - 1, c - 1);
    vector<int> X, Y;
    int ans = solver.mincover(X, Y);
    printf("%d", ans);
    for (size_t i = 0; i < X.size(); i++) printf(" r%d", X[i] + 1);
    for (size_t i = 0; i < Y.size(); i++) printf(" c%d", Y[i] + 1);
    printf("\n");
  }
  return 0;
}
/*
算法分析请参考：《算法竞赛入门经典——训练指南》升级版5.5.4节例题27
同类题目：Mission Improbable, Uva 1751
          Machine Schedule, HDU 1150
          Sentry Robots, ACM/ICPC SWERC 2012, Uva 12549
*/
```

### 例7-24 【二分图最大独立集】保守的老师（Guardian of Decency, NWERC 2005, POJ 2771）

Frank是一个思想有些保守的高中老师。有一次，他需要带 $n$（$n\leqslant 500$）个学生出去旅行，但又怕其中一些学生在旅途中萌生爱意。为了降低这种事情发生的概率，他需要确保带出去的任意两个学生至少要满足下面4条中的一条。

- ❑ 身高至少相差 40cm。
- ❑ 性别相同。
- ❑ 最喜欢的音乐属于不同类型。
- ❑ 最喜欢的体育比赛相同（他们很有可能是不同球队的球迷，这样他们就可能聊得不愉快）。

你的任务是帮 Frank 挑选尽量多的学生，使得任意两个学生至少满足上述条件中的一条。输出可以参加旅行的学生数目的最大值。

【代码实现】

```
// 刘汝佳
#include <cstdio>
#include <cstring>
#include <vector>
#include <algorithm>
using namespace std;
const int maxn = 500 + 5;        // 单侧顶点的最大数目
struct BPM {                     // 二分图最大基数匹配，邻接矩阵写法
  int n, m;                      // 左右顶点个数
  int G[maxn][maxn];             // 邻接表
  int left[maxn];                // left[i]为右边第 i 个点的匹配点编号，-1 表示不存在
  bool T[maxn];                  // T[i]为右边第 i 个点是否已标记

  void init(int n, int m) {
    this->n = n, this->m = m;
    memset(G, 0, sizeof(G));
  }

  bool match(int u) {
    for (int v = 0; v < m; v++) if (G[u][v] && !T[v]) {
        T[v] = true;
        if (left[v] == -1 || match(left[v])) {
          left[v] = u;
          return true;
        }
      }
    return false;
  }

  // 求最大匹配
  int solve() {
    int ans = 0;
    fill_n(left, m + 1, -1);
    for (int u = 0; u < n; u++) { // 从左边结点 u 开始增广
      fill_n(T, m + 1, false);
      if (match(u)) ans++;
    }
    return ans;
```

```
  }
};

BPM solver;

#include <iostream>
#include <string>
struct Student {
  int h;
  string music, sport;
  Student(int h = 0, const string& music = "", const string& sport = "")
    : h(h), music(music), sport(sport) {}
};

bool conflict(const Student& a, const Student& b) {
  return abs(a.h - b.h) <= 40 && a.music == b.music && a.sport != b.sport;
}

int main() {
  int T; cin >> T;
  for (int t = 0, n; cin >> n, t < T; t++) {
    vector<Student> male, female;
    Student s;
    for (int i = 0; i < n; i++) {
      string gender;
      cin >> s.h >> gender >> s.music >> s.sport;
      if (gender[0] == 'M') male.push_back(s);
      else female.push_back(s);
    }
    int x = male.size(), y = female.size();
    solver.init(x, y);
    for (int i = 0; i < x; i++)
      for (int j = 0; j < y; j++)
        if (conflict(male[i], female[j])) solver.G[i][j] = 1;
    printf("%d\n", x + y - solver.solve());
  }
  return 0;
}
/*
算法分析请参考：《算法竞赛入门经典——训练指南》升级版 5.5.4 节例题 28
同类题目：Girls and Boys, HDU 1068
*/
```

### 例 7-25 【DAG 最小路径覆盖】出租车（Taxi Cab Scheme, NWERC 2004, POJ 2060）

假设你在一座城市里负责一个大型活动的接待工作。明天将有 $m$（$0 \leqslant m < 500$）位客人从城市的不同位置出发，到达他们各自的目的地。已知每人的出发时间、出发地点和目的地，你的任务是用尽量少的出租车接送他们，使得每次出租车接客人时，至少能提前一分钟到达客人所在的位置。注意，为了满足这一条件，要么这位客人是这辆出租车接送的第

一个人，要么在接送完上一个客人后，有足够的时间从上一个目的地开到这位客人所在的位置。

为简单起见，假定城区是网格型的，地址用坐标$(x,y)$表示。出租车从$(x_1,y_1)$处到$(x_2,y_2)$处需要行驶$|x_1-x_2|+|y_1-y_2|$分钟。输出最少需要的出租车数目。

【代码实现】

```
// 陈锋
#include <cstdio>
#include <cstring>
#include <vector>
#include <algorithm>
using namespace std;
const int maxn = 500 + 5;        // 单侧顶点的最大数目
struct BPM {                      // 二分图最大基数匹配，邻接矩阵写法
  int n, m;                       // 左右顶点个数
  int G[maxn][maxn];              // 邻接表
  int left[maxn];                 // left[i]为右边第 i 个点的匹配点编号，-1 表示不存在
  bool T[maxn];                   // T[i]为右边第 i 个点是否已标记

  void init(int n, int m) {
    this->n = n, this->m = m;
    memset(G, 0, sizeof(G));
  }

  bool match(int u) {
    for (int v = 0; v < m; v++)
      if (G[u][v] && !T[v]) {
        T[v] = true;
        if (left[v] == -1 || match(left[v])) {
          left[v] = u;
          return true;
        }
      }
    return false;
  }

  int solve() {                       // 求最大匹配
    fill_n(left, m + 1, -1);
    int ans = 0;
    for (int u = 0; u < n; u++) {     // 从左边结点 u 开始增广
      fill_n(T, m + 1, false);
      if (match(u)) ans++;
    }
    return ans;
  }
};

BPM solver;
```

```
int X1[maxn], Y1[maxn], X2[maxn], Y2[maxn], T1[maxn], T2[maxn];
inline int dist(int a, int b, int c, int d) { return abs(a - c) + abs(b - d); }

int main() {
  int T;
  scanf("%d", &T);
  for (int t = 0, n; t < T; t++){
    scanf("%d", &n);
    for (int i = 0, h, m; i < n; i++) { // 注意输入时如何适应特定的格式
      scanf("%d:%d%d%d%d%d", &h, &m, &X1[i], &Y1[i], &X2[i], &Y2[i]);
      T1[i] = h * 60 + m, T2[i] = T1[i] + dist(X1[i], Y1[i], X2[i], Y2[i]);
    }
    solver.init(n, n);
    for (int i = 0; i < n; i++)
      for (int j = i + 1; j < n; j++)
        if (T2[i] + dist(X2[i], Y2[i], X1[j], Y1[j]) < T1[j])
          solver.G[i][j] = 1;              // 至少要提前 1 分钟到达
    printf("%d\n", n - solver.solve());
  }
  return 0;
}
/*
算法分析请参考:《算法竞赛入门经典——训练指南》升级版 5.3.2 节例题 29
同类题目: The King's Problem, HDU 3861
*/
```

## 例 7-26 【后继模型;二分图最小权匹配】巴士路线优化设计(Optimal Bus Route Design, UVa 1349)

给出包含 $n$ 个点($n \leqslant 100$)的有向带权图,找到若干个有向圈,每个点恰好属于一个圈,要求权值和尽量小。注意,即使$(u,v)$和$(v,u)$都存在,它们的权值也不一定相同。

【代码实现】

```
// 刘汝佳
#include <cstdio>
#include <cstring>
#include <cmath>
#include <algorithm>
using namespace std;

const int INF = 0x7f7f7f7f;
template<size_t SZ>
struct KM {
  int n;
  int W[SZ][SZ];                  // 权值
  int Lx[SZ],Ly[SZ],slack[SZ];    // 顶标
  int left[SZ];                   // left[i]为右边第 i 个点的匹配点编号,-1 表示不存在
  bool S[SZ], T[SZ];              // S[i]和 T[i]分别为左、右第 i 个点是否已标记

  void init(int n) {
```

```
    this->n = n;
    for (int i = 0; i < n; i++)
      for (int j = 0; j < n; j++)
        W[i][j] = -INF;
  }

  void add_edge(int u, int v, int w) { W[u][v] = max(W[u][v], w); }

  bool match(int i) {
    S[i] = true;
    for (int j = 0; j < n; j++) {
      if (T[j]) continue;
      int tmp = Lx[i] + Ly[j] - W[i][j];
      if (!tmp) {
        T[j] = true;
        if (left[j] == -1 || match(left[j])) {
          left[j] = i;
          return true;
        }
      } else
        slack[j] = min(slack[j], tmp);
    }
    return false;
  }

  void update() {
    int a = INF;
    for (int i = 0; i < n; i++)
      if (!T[i]) a = min(a, slack[i]);
    for (int i = 0; i < n; i++) {
      if (S[i]) Lx[i] -= a;
      if (T[i]) Ly[i] += a;
    }
  }

  void solve() {
    for (int i = 0; i < n; i++) {
      left[i] = -1;
      Lx[i] = -INF; Ly[i] = 0;
      for (int j = 0; j < n; j++)
        Lx[i] = max(Lx[i], W[i][j]);
    }
    for (int i = 0; i < n; i++) {
      fill_n(slack, n, INF);
      while (true) {
        fill_n(S, n, false), fill_n(T, n, false);
        if (match(i)) break; else update();
      }
    }
```

```
  }
};

const int NN = 104;
KM<NN> solver;
int main() {
  for (int n; scanf("%d", &n) == 1 && n;) {
    solver.init(n);
    for (int i = 0, j, c; i < n; i++) {
      while (scanf("%d", &j) && j)
        scanf("%d", &c), solver.add_edge(i, j - 1, -c);
    }
    int ans = 0;
    bool valid = true;
    solver.solve();
    for (int y = 0; y < n; y++) {
      int x = solver.left[y], w = solver.W[x][y];
      if (w == -INF) { valid = false; break; }
      ans += -w;
    }
    if (!valid) printf("N\n");
    else printf("%d\n", ans);
  }
  return 0;
}
/*
算法分析请参考：《算法竞赛入门经典（第 2 版）》例题 11-10
同类题目：Game with Pearls, HDU 5090
*/
```

## 例 7-27 【KM 算法；可行顶标】少林决胜（Golden Tiger Claw, UVa 11383）

给定一个 $N\times N$（$N\leqslant 500$）矩阵，每个格子里都有一个正整数 $w(i,j)$ （均为不超过 100 的正整数）。你的任务是给每行确定一个整数 row($i$)，每列也确定一个整数 col($i$)，使得对于任意格子($i,j$)，$w(i,j)$ $\leqslant$row($i$)+col($j$)。所有 row($i$)和 col($i$)之和应尽量小。输出 3 行，第 1 行为从上到下各行的 row($i$)；第 2 行为从左到右各列的 col($i$)，第 3 行为所有 row($i$)和 col($i$)的总和的最小值。如果有多种方案，任意输出一种即可。

【代码实现】

```
// 刘汝佳
#include <bits/stdc++.h>
using namespace std;

const int INF = 1e9;
template<size_t SZ>
struct KM {
  int n;                       // 左右顶点个数
  vector<int> G[SZ];           // 邻接表
  int W[SZ][SZ];               // 权值
```

```
int Lx[SZ], Ly[SZ];         // 顶标
int left[SZ];               // left[i]为右边第 i 个点的匹配点编号，-1 表示不存在
bool S[SZ], T[SZ];          // S[i]和 T[i]分别为左、右第 i 个点是否已标记

void init(int n) {
  this->n = n;
  for (int i = 0; i < n; i++) G[i].clear();
  memset(W, 0, sizeof(W));
}

void AddEdge(int u, int v, int w) {
  G[u].push_back(v), W[u][v] = w;
}

bool match(int u) {
  S[u] = true;
  for (size_t i = 0; i < G[u].size(); i++) {
    int v = G[u][i];
    if (Lx[u] + Ly[v] == W[u][v] && !T[v]) {
      T[v] = true;
      if (left[v] == -1 || match(left[v])) {
        left[v] = u;
        return true;
      }
    }
  }
  return false;
}

void update() {
  int a = INF;
  for (int u = 0; u < n; u++) if (S[u])
      for (size_t i = 0; i < G[u].size(); i++) {
        int v = G[u][i];
        if (!T[v]) a = min(a, Lx[u] + Ly[v] - W[u][v]);
      }
  for (int i = 0; i < n; i++) {
    if (S[i]) Lx[i] -= a;
    if (T[i]) Ly[i] += a;
  }
}

void solve() {
  for (int i = 0; i < n; i++)
    Lx[i] = *max_element(W[i], W[i] + n), left[i] = -1, Ly[i] = 0;
  for (int u = 0; u < n; u++) {
    while (true) {
      for (int i = 0; i < n; i++) S[i] = T[i] = false;
      if (match(u)) break; else update();
```

```
      }
    }
  }
};

const int maxn = 500 + 5; // 顶点的最大数目
KM<maxn> km;
int main() {
  for (int n, w; scanf("%d", &n) == 1; ) {
    km.init(n);
    for (int i = 0; i < n; i++)
      for (int j = 0; j < n; j++)
        scanf("%d", &w), km.AddEdge(i, j, w);
    km.solve();
    int sum = 0;
    for (int i = 0; i < n - 1; i++) printf("%d ", km.Lx[i]), sum += km.Lx[i];
    printf("%d\n", km.Lx[n - 1]);
    for (int i = 0; i < n - 1; i++) printf("%d ", km.Ly[i]), sum += km.Ly[i];
    printf("%d\n", km.Ly[n - 1]);
    printf("%d\n", sum + km.Lx[n - 1] + km.Ly[n - 1]);
  }
  return 0;
}
/*
算法分析请参考:《算法竞赛入门经典——训练指南》升级版 5.5.2 节例题 24
*/
```

## 例 7-28 【二分图最佳匹配】蚂蚁（Ants, NEERC 2008, POJ 3565）

给出 $n$（$1 \leqslant n \leqslant 100$）个白点和 $n$ 个黑点的坐标，且任意 3 点不共线。要求用 $n$ 条不相交的线段把它们连接起来，其中每条线段恰好连接一个白点和一个黑点，每个点恰好连接到一条线段，如图 7-6 所示。输出 $n$ 行，其中第 $i$ 行为第 $i$ 个白点所连接的黑点编号。

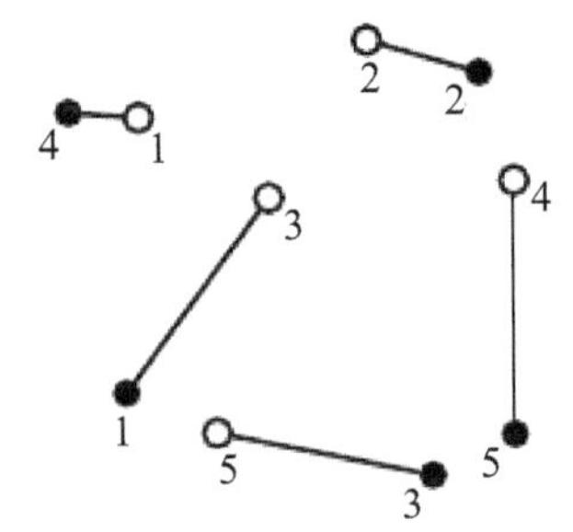


图 7-6　线段相连

【代码实现】

```
// 刘汝佳
#include <cstdio>
#include <cstring>
#include <cmath>
#include <algorithm>
#include <cassert>
using namespace std;

const double INF = 1e30;
template<size_t SZ>
struct KM {
  double W[SZ][SZ];          // 权值
  double Lx[SZ], Ly[SZ];     // 顶标
```

```
int n, left[SZ];             // left[i]为右边第 i 个点的匹配点编号
bool S[SZ], T[SZ];           // S[i]和 T[i]分别为左、右第 i 个点是否已标记

bool eq(double a, double b) { return fabs(a - b) < 1e-9; }

void init(size_t _n) {
  assert(_n < SZ);
  this->n = _n;
}

bool match(int i) {
  S[i] = true;
  for (int j = 1; j <= n; j++) if (eq(Lx[i] + Ly[j], W[i][j]) && !T[j]) {
      T[j] = true;
      if (!left[j] || match(left[j])) {
        left[j] = i;
        return true;
      }
    }
  return false;
}

void update() {
  double a = INF;
  for (int i = 1; i <= n; i++) if (S[i])
      for (int j = 1; j <= n; j++) if (!T[j])
          a = min(a, Lx[i] + Ly[j] - W[i][j]);
  for (int i = 1; i <= n; i++) {
    if (S[i]) Lx[i] -= a;
    if (T[i]) Ly[i] += a;
  }
}

void solve() {
  for (int i = 1; i <= n; i++) {
    left[i] = Lx[i] = Ly[i] = 0;
    for (int j = 1; j <= n; j++)
      Lx[i] = max(Lx[i], W[i][j]);
  }
  for (int i = 1; i <= n; i++) {
    for (;;) {
      for (int j = 1; j <= n; j++) S[j] = T[j] = 0;
      if (match(i)) break; else update();
    }
  }
}
};

const int NN = 100 + 10;
```

```
int x1[NN], y1[NN], x2[NN], y2[NN];
KM<NN> solver;
int main() {
  for (int kase = 1, n; scanf("%d", &n) == 1; kase++) {
    if (kase > 1) printf("\n");
    solver.init(n);
    for (int i = 1; i <= n; i++) scanf("%d%d", &x1[i], &y1[i]);
    for (int i = 1; i <= n; i++) scanf("%d%d", &x2[i], &y2[i]);
    for (int i = 1; i <= n; i++)
      for (int j = 1; j <= n; j++)
        solver.W[j][i] = -sqrt((double)(x1[i] - x2[j]) * (x1[i] - x2[j]) +
                          (double)(y1[i] - y2[j]) * (y1[i] - y2[j]));
    solver.solve(); // 最大权匹配
    for (int i = 1; i <= n; i++) printf("%d\n", solver.left[i]);
  }
  return 0;
}
/*
算法分析请参考:《算法竞赛入门经典——训练指南》升级版 5.5.2 节例题 23
同类题目: Cyclic Tour, HDU 1853
*/
```

### 例 7-29 【图论建模；二分图最佳匹配】固定分区内存管理（Fixed Partition Memory Management, World Finals 2001,UVa 1006）

早期的多任务操作系统常把可用内存划分成一些大小固定的区域，不同的区域一般大小不同，而所有区域的大小之和即为可用内存的大小。给定一些程序，操作系统需要给每个程序分配一个区域，使得它们可以同时执行。可是每个程序的运行时间可能和它所占有的内存区域大小有关，因此调度并不容易。

编程计算最优的内存分配策略，即给定 $m$（$1 \leqslant m \leqslant 10$）个区域的大小和 $n$（$1 \leqslant n \leqslant 50$）个程序在 $k$（$k \leqslant 10$）种内存大小范围下的运行时间，给出 $k$ 对整数 $s_1, t_1, s_2, t_2, \cdots, s_k, t_k$，满足 $s_i < s_{i+1}$。当内存不足 $s_1$ 时，程序无法运行；当内存大小 $s$ 满足 $s_i \leqslant s < s_{i+1}$ 时，运行时间为 $t_i$；如果内存至少为 $s_k$，运行时间为 $t_k$。找出一种调度方案，使得平均回转时间（即平均结束时刻）尽量小。具体来说，你需要给每个程序分配一个区域，使得任意两个程序都不会在同一时间运行在同一个内存区域中，而所有程序分配的区域大小都不小于该程序的最低内存需求。程序对内存的需求不会超过最大内存块的大小。

输出最小平均回转时间和调度方案。如果有多组解，任意输出一组即可。

【代码实现】

```
// 刘汝佳
#include <algorithm>
#include <cstdio>
#include <cstring>
#include <vector>
using namespace std;
```

```
const int maxn = 500 + 5;       // 顶点的最大数目
const int INF = 1e9;

// 最大权匹配
struct KM {
  int n;                          // 左右顶点个数
  vector<int> G[maxn];            // 邻接表
  int W[maxn][maxn];              // 权值
  int Lx[maxn], Ly[maxn];         // 顶标
  int left[maxn];                 // left[i]为右边第 i 个点的匹配点编号，-1 表示不存在
  bool S[maxn], T[maxn];          // S[i]和 T[i]分别为左、右第 i 个点是否已标记

  void init(int n) {
    this->n = n;
    for (int i = 0; i < n; i++) G[i].clear();
    memset(W, 0, sizeof(W));
  }

  void AddEdge(int u, int v, int w) { G[u].push_back(v), W[u][v] = w; }

  bool match(int u) {
    S[u] = true;
    for (int i = 0; i < G[u].size(); i++) {
      int v = G[u][i];
      if (Lx[u] + Ly[v] == W[u][v] && !T[v]) {
        T[v] = true;
        if (left[v] == -1 || match(left[v])) {
          left[v] = u;
          return true;
        }
      }
    }
    return false;
  }

  void update() {
    int a = INF;
    for (int u = 0; u < n; u++)
      if (S[u])
        for (int i = 0; i < G[u].size(); i++) {
          int v = G[u][i];
          if (!T[v]) a = min(a, Lx[u] + Ly[v] - W[u][v]);
        }
    for (int i = 0; i < n; i++) {
      if (S[i]) Lx[i] -= a;
      if (T[i]) Ly[i] += a;
    }
  }
```

```
  void solve() {
    for (int i = 0; i < n; i++) {
      Lx[i] = *max_element(W[i], W[i] + n), left[i] = -1, Ly[i] = 0;
    }
    for (int u = 0; u < n; u++) {
      for (;;) {
        for (int i = 0; i < n; i++) S[i] = T[i] = false;
        if (match(u)) break;
        else update();
      }
    }
  }
};

KM solver;

const int maxp = 50 + 5;     // 程序（program）的最大数目
const int maxr = 10 + 5;     // 区域（region）的最大数目
int n, m;                    // 程序数目和区域数目
int runtime[maxp][maxr];     // runtime[p][r]为程序 p 在区域 r 中的运行时间

// 打印具体方案
void print_solution() {
  // 起始时刻、分配到的区域编号、总回转时间
  int start[maxp], region_number[maxp], total = 0;
  for (int r = 0; r < m; r++) {
    vector<int> ps;           // 本 region 执行的所有程序，逆序排列（"倒数"第 pos 个程序）
    for (int pos = 0; pos < n; pos++) {
      int right = r * n + pos, left = solver.left[right];
      if (left >= n) break; // 匹配到虚拟结点，说明本 region 已经没有更多程序
      ps.push_back(left), region_number[left] = r;
      total -= solver.W[left][right];  // 权值取相反数
    }
    reverse(ps.begin(), ps.end());
    for (size_t i = 0, time = 0; i < ps.size(); i++)
      start[ps[i]] = time, time += runtime[ps[i]][r];
  }

  printf("Average turnaround time = %.2lf\n", (double)total / n);
  for (int p = 0; p < n; p++)
    printf("Program %d runs in region %d from %d to %d\n", p + 1,
           region_number[p] + 1, start[p],
           start[p] + runtime[p][region_number[p]]);
  printf("\n");
}

int main() {
  for (int kase = 1; scanf("%d%d", &m, &n) == 2 && m && n; kase++) {
    solver.init(m * n);
```

```
    int size[maxr];
    for (int r = 0; r < m; r++) scanf("%d", &size[r]);
    for (int p = 0; p < n; p++) {
      int s[10], t[10], k;
      scanf("%d", &k);
      for (int i = 0; i < k; i++) scanf("%d%d", &s[i], &t[i]);
      for (int r = 0; r < m; r++) {          // 计算程序p在内存区域r中的运行时间
        int& time = runtime[p][r];
        time = INF;
        if (size[r] < s[0]) continue;
        for (int i = 0; i < k; i++)
          if (i == k - 1 || size[r] < s[i + 1]) {
            time = t[i];
            break;
          }
        // 连边X(p) -> Y(r,pos)
        for (int pos = 0; pos < n; pos++)    // 要求最小值，权值要取相反数
          solver.AddEdge(p, r * n + pos, -(pos + 1) * time);
      }
    }
    for (int i = n; i < n * m; i++)          // 补完其他边
      for (int j = 0; j < n * m; j++) solver.AddEdge(i, j, 1);
    solver.solve();
    printf("Case %d\n", kase);
    print_solution();
  }
  return 0;
}
/*
算法分析请参考：《算法竞赛入门经典——训练指南》升级版 5.5.2 节例题 25
同类题目：Going Home, POJ 2195
*/
```

## 本节例题列表

本节讲解的例题及其囊括的知识点，如表 7-4 所示。

表 7-4　二分图匹配例题归纳

| 编　号 | 题　号 | 标　题 | 知 识 点 | 代码作者 |
|---|---|---|---|---|
| 例 7-23 | UVa 11419 | SAM I AM | 二分图最大匹配；最小点覆盖 | 刘汝佳 |
| 例 7-24 | POJ 2771 | Guardian of Decency | 二分图最大独立集 | 刘汝佳 |
| 例 7-25 | POJ 2060 | Taxi Cab Scheme | DAG 最小路径覆盖 | 刘汝佳 |
| 例 7-26 | UVa 1349 | Optimal Bus Route Design | 后继模型；二分图最小权匹配 | 刘汝佳 |
| 例 7-27 | UVa 11383 | Golden Tiger Claw | KM 算法；可行顶标 | 刘汝佳 |
| 例 7-28 | POJ 3565 | Ants | 二分图最佳匹配 | 刘汝佳 |
| 例 7-29 | UVa 1006 | Fixed Partition Memory Management | 图论建模；二分图最佳匹配 | 刘汝佳 |

# 7.5 网络流问题

本节通过一些经典题目介绍网络流相关模型的代码实现。本节给出的代码在大多数比赛中已经完全够用。

### 例 7-30 【最大流；ISAP】网络扩容（Frequency Hopping, UVa 11248）

给定一个有向网络，包含 $ECE\leqslant 10\,000$ 条边，每条边$(u, v)$均有一个容量 cap（$1\leqslant u,v\leqslant N$，$1\leqslant \text{cap}\leqslant 5000$）。问是否存在一个从点 1 到点 $N$、流量为 $C$（$1\leqslant N\leqslant 100$，$C\leqslant 2\times 10^9$）的流。如果不存在，是否可以恰好修改一条弧的容量，使得存在这样的流。

如果流已经存在，输出“possible”；如果目前不存在流，但可以通过修改恰好一条弧的容量得到，则输出“possible option:”和这些弧的列表（按照起点从小到大排序，起点相同时按照终点从小到大排序）；否则，输出“not possible”。

【代码实现】

```
// 刘汝佳
#include <algorithm>
#include <cstdio>
#include <cstring>
#include <queue>
#include <vector>
using namespace std;

const int NN = 100 + 10, INF = 1e9;
struct Edge {
  int from, to, cap, flow;
};
bool operator<(const Edge& a, const Edge& b) {
  return a.from < b.from || (a.from == b.from && a.to < b.to);
}
struct ISAP {
  int n, m, s, t;
  vector<Edge> edges;
  vector<int> G[NN];     // 邻接表，G[i][j]表示结点 i 的第 j 条边在 e 数组中的序号
  bool vis[NN];          // BFS 使用
  int d[NN];             // 从起点到 i 的距离
  int cur[NN];           // 当前弧指针
  int p[NN];             // 可增广路上的上一条弧
  int num[NN];           // 距离标号计数

  void AddEdge(int from, int to, int cap) {
    edges.push_back((Edge) {from, to, cap, 0});
    edges.push_back((Edge) {to, from, 0, 0});
    m = edges.size();
    G[from].push_back(m - 2), G[to].push_back(m - 1);
```

```
}

bool BFS() {
  fill_n(vis, n + 1, false);
  queue<int> Q;
  Q.push(t), vis[t] = 1, d[t] = 0;
  while (!Q.empty()) {
    int x = Q.front();
    Q.pop();
    for (size_t i = 0; i < G[x].size(); i++) {
      Edge& e = edges[G[x][i] ^ 1];
      if (!vis[e.from] && e.cap > e.flow)
        vis[e.from] = 1, d[e.from] = d[x] + 1, Q.push(e.from);
    }
  }
  return vis[s];
}

void ClearAll(int n) {
  this->n = n;
  for (int i = 0; i < n; i++) G[i].clear();
  edges.clear();
}

void ClearFlow() {
  for (size_t i = 0; i < edges.size(); i++) edges[i].flow = 0;
}

int Augment() {
  int x = t, a = INF;
  while (x != s) {
    Edge& e = edges[p[x]];
    a = min(a, e.cap - e.flow), x = edges[p[x]].from;
  }
  x = t;
  while (x != s)
    edges[p[x]].flow += a, edges[p[x] ^ 1].flow -= a, x = edges[p[x]].from;
  return a;
}

int Maxflow(int s, int t, int need) {
  this->s = s, this->t = t;
  int flow = 0;
  BFS();
  fill_n(num, n + 1, 0);
  for (int i = 0; i < n; i++) num[d[i]]++;
  int x = s;
  fill_n(cur, n + 1, 0);
  while (d[s] < n) {
```

```
    if (x == t) {
      flow += Augment();
      if (flow >= need) return flow;
      x = s;
    }
    int ok = 0;
    for (size_t i = cur[x]; i < G[x].size(); i++) {
      Edge& e = edges[G[x][i]];
      if (e.cap > e.flow && d[x] == d[e.to] + 1) {      // Advance
        ok = 1, p[e.to] = G[x][i], cur[x] = i;          // 注意
        x = e.to;
        break;
      }
    }
    if (!ok) {                                           // Retreat
      int m = n - 1;                                     // 初值注意
      for (size_t i = 0; i < G[x].size(); i++) {
        Edge& e = edges[G[x][i]];
        if (e.cap > e.flow) m = min(m, d[e.to]);
      }
      if (--num[d[x]] == 0) break;
      num[d[x] = m + 1]++, cur[x] = 0;                   // 注意
      if (x != s) x = edges[p[x]].from;
    }
  }
  return flow;
}

vector<int> Mincut() {                                   // 最大流后调用
  BFS();
  vector<int> ans;
  for (size_t i = 0; i < edges.size(); i++) {
    Edge& e = edges[i];
    if (!vis[e.from] && vis[e.to] && e.cap > 0) ans.push_back(i);
  }
  return ans;
}

void Reduce() {
  for (size_t i = 0; i < edges.size(); i++) edges[i].cap -= edges[i].flow;
}

void print() {
  printf("Graph:\n");
  for (size_t i = 0; i < edges.size(); i++) {
    const Edge& e = edges[i];
    printf("%d->%d, %d, %d\n", e.from, e.to, e.cap, e.flow);
  }
}
```

```
};

ISAP g;
void solve(int n, int c) {
  int flow = g.Maxflow(0, n - 1, INF);
  if (flow >= c) {
    puts("possible");
    return;
  }
  vector<int> cut = g.Mincut();
  g.Reduce();
  vector<Edge> ans;
  for (size_t i = 0; i < cut.size(); i++) {
    Edge& e = g.edges[cut[i]];
    e.cap = c, g.ClearFlow();
    if (flow + g.Maxflow(0, n - 1, c - flow) >= c) ans.push_back(e);
    e.cap = 0;
  }
  if (ans.empty()) {
    puts("not possible");
    return;
  }
  sort(ans.begin(), ans.end());
  printf("possible option:(%d,%d)", ans[0].from + 1, ans[0].to + 1);
  for (size_t i = 1; i < ans.size(); i++)
    printf(",(%d,%d)", ans[i].from + 1, ans[i].to + 1);
  puts("");
}

int main() {
  for (int n, e, c, kase = 1; scanf("%d%d%d", &n, &e, &c) == 3 && n; kase++) {
    g.ClearAll(n);
    for (int i = 0, b1, b2, fp; i < e; i++)
      scanf("%d%d%d", &b1, &b2, &fp), g.AddEdge(b1 - 1, b2 - 1, fp);
    printf("Case %d: ", kase);
    solve(n, c);
  }
  return 0;
}
/*
算法分析请参考：《算法竞赛入门经典——训练指南》升级版 5.6.4 节例题 30
同类题目：Island Transport, HDU 4280
*/
```

### 例 7-31 【最大流；Dinic；图论建模】运送超级计算机（Bring Them There, NEERC 2003, POJ 1895）

宇宙中有 $N$ 个星球，你的任务是用最短的时间把 $k$ 个超级计算机从星球 $S$ 运送到星球 $T$，其中 $2 \leqslant N \leqslant 50$，$1 \leqslant k \leqslant 50$，$1 \leqslant S,T \leqslant N$，$S \neq T$。每个超级计算机需要一整艘飞船来运输。星

球之间有 $M$（$1 \leqslant M \leqslant 200$）条双向隧道，每条隧道需要一天时间来通过，且不能有两艘飞船同时使用同一条隧道。隧道不会连接两个相同的星球，且每一对星球之间最多只有一条隧道。

输出第一行为最少需要的天数 $L$。以下 $L$ 行，每行描述一天的运输行动。每行第一个整数为 $C_i$，即当天移动的飞船数。接下来有 $C_i$ 对整数$(A, B)$，表示有一艘飞船从星球 $A$ 出发到达星球 $B$。输入保证有解。

【代码实现】

```
// 刘汝佳
#include <algorithm>
#include <cstdio>
#include <cstring>
#include <queue>
#include <vector>
using namespace std;

const int maxn = 5000 + 10;
const int INF = 1e9;
struct Edge {
  int from, to, cap, flow;
};
bool operator<(const Edge& a, const Edge& b) {
  return a.from < b.from || (a.from == b.from && a.to < b.to);
}

struct Dinic {
  int n, m, s, t;
  vector<Edge> edges;   // 边数的两倍
  vector<int> G[maxn];  // 邻接表，G[i][j]表示结点 i 的第 j 条边在 e 数组中的序号
  bool vis[maxn];       // BFS 使用
  int d[maxn];          // 从起点到 i 的距离
  int cur[maxn];        // 当前弧指针

  void init() { edges.clear(); }

  void clearNodes(int a, int b) {
    for (int i = a; i <= b; i++) G[i].clear();
  }

  void AddEdge(int from, int to, int cap) {
    edges.push_back((Edge) {from, to, cap, 0});
    edges.push_back((Edge) {to, from, 0, 0});
    m = edges.size();
    G[from].push_back(m - 2), G[to].push_back(m - 1);
  }

  bool BFS() {
    memset(vis, 0, sizeof(vis));
```

```
    queue<int> Q;
    Q.push(s), vis[s] = true, d[s] = 0;
    while (!Q.empty()) {
      int x = Q.front();
      Q.pop();
      for (size_t i = 0; i < G[x].size(); i++) {
        Edge& e = edges[G[x][i]];
        if (!vis[e.to] && e.cap > e.flow)
          vis[e.to] = true, d[e.to] = d[x] + 1, Q.push(e.to);
      }
    }
    return vis[t];
  }

  int DFS(int x, int a) {
    if (x == t || a == 0) return a;
    int flow = 0, f;
    for (int& i = cur[x]; i < G[x].size(); i++) {
      Edge& e = edges[G[x][i]];
      if (d[x] + 1 == d[e.to] && (f = DFS(e.to, min(a, e.cap - e.flow))) > 0) {
        e.flow += f, edges[G[x][i] ^ 1].flow -= f;
        flow += f, a -= f;
        if (a == 0) break;
      }
    }
    return flow;
  }

  // 求 s-t 最大流。如果最大流超过 limit，则只找一个流量为 limit 的流
  int Maxflow(int s, int t, int limit) {
    this->s = s, this->t = t;
    int flow = 0;
    while (BFS()) {
      memset(cur, 0, sizeof(cur));
      flow += DFS(s, limit - flow);
      if (flow == limit) break;      // 达到流量限制，直接退出
    }
    return flow;
  }
};

Dinic g;

const int maxm = 200 + 10;
int main() {
  int u[maxm], v[maxm];                    // 输入边
  for (int n, m, k, S, T; scanf("%d%d%d%d%d", &n, &m, &k, &S, &T) == 5;) {
    for (int i = 0; i < m; i++) scanf("%d%d", &u[i], &v[i]);
    g.init();
```

```
  int day = 1;
  g.clearNodes(0, n - 1); // 第一层点为0~n-1。day层（day≥1）：day*n~day*n+n-1
  int flow = 0;
  for (;;) {                    // 判断day天是否有解
    // 一艘飞船最多需要n-1天到达目的星球，沿着这一路线最多需要n+k-2天
    // 就可以运完所有飞船，总结点数不超过(n+k-1)n
    g.clearNodes(day * n, day * n + n - 1);
    for (int i = 0; i < n; i++)
      g.AddEdge((day - 1) * n + i, day * n + i, INF);  // 原地不动
    for (int i = 0; i < m; i++) {
      g.AddEdge((day - 1) * n + u[i] - 1, day * n + v[i] - 1, 1); // u[i]->v[i]
      g.AddEdge((day - 1) * n + v[i] - 1, day * n + u[i] - 1, 1); // v[i]->u[i]
    }
    flow += g.Maxflow(S - 1, day * n + T - 1, k - flow);
    if (flow == k) break;
    day++;
  }

  // 输出解
  printf("%d\n", day);
  int idx = 0;
  vector<int> location(k, S);      // 每艘飞船的当前位置
  for (int d = 1; d <= day; d++) {
    idx += n * 2;
    vector<int> moved(k, 0);       // 第d天有没有移动飞船i
    vector<int> a, b;              // 第d天有一艘飞船从a[i]到b[i]
    for (int i = 0; i < m; i++) {
      int f1 = g.edges[idx].flow;
      idx += 2;
      int f2 = g.edges[idx].flow;
      idx += 2;
      if (f1 == 1 && f2 == 0) a.push_back(u[i]), b.push_back(v[i]);
      if (f1 == 0 && f2 == 1) a.push_back(v[i]), b.push_back(u[i]);
    }
    printf("%d", a.size());
    for (int i = 0; i < a.size(); i++) {
      // 查找是哪艘飞船从a[i]移动到了b[i]
      for (int j = 0; j < k; j++)
        if (!moved[j] && location[j] == a[i]) {
          printf(" %d %d", j + 1, b[i]);
          moved[j] = 1, location[j] = b[i];
          break;
        }
    }
    printf("\n");
   }
  }
  return 0;
}
```

```
/*
算法分析请参考：《算法竞赛入门经典——训练指南》升级版 5.6.4 节例题 31
同类题目：The K-League, POJ 1336
*/
```

### 例 7-32　【拆点；最小费用流】生产销售规划（Acme Corporation, UVa 11613）

Acme 公司生产一种 $X$ 元素。给出该元素在未来 $M$ 个月中每个月的单位售价、最大产量、生产成本、最大销售量以及最大储存时间（过期报废，不过可以储存任意多的量）。你的任务是计算出公司能够赚到的最大利润。

输入的第一行为数据组数 $T$（$T\leqslant 100$）。每组数据的第一行为两个整数 $M$ 和 $I$（$M\leqslant 100$，$0\leqslant I\leqslant 10^6$），表示要考虑的月数以及每个单位的 $X$ 元素存放一个月的代价。接下来的 $M$ 行描述了每个月的参数，其中第 $i$ 行包含 5 个整数 $m_i, n_i, p_i, s_i, E_i$（$0\leqslant m_i,n_i,p_i,s_i\leqslant 10^6$，$0\leqslant E_i\leqslant M$），$m_i$ 是第 $i$ 月的单位生产成本，$n_i$ 是最大产量，$p_i$ 是销售单价，$s_i$ 是当月最大销售量，$E_i$ 是这个月生产的 $X$ 元素能够储存的最大时间。例如，对于第 1 个月，$E_1=3$，这个月生产的 $X$ 元素就只能在第 1～4 个月销售，到了第 5 个月就不能卖了。

对于每组数据，输出前 $M$ 个月能够取得的最大利润。注意，只能考虑前 $M$ 个月的销售。如果有任何元素的储存超过这个期限，无论卖不卖都得忽略。

【样例输入】

```
1
2 2
2 10 3 20 2
10 100 7 5 2
```

【样例输出】

```
Case 1: 20
```

【代码实现】

```
// 刘汝佳
#include <algorithm>
#include <cassert>
#include <cstdio>
#include <cstring>
#include <queue>
#include <vector>
using namespace std;
const int maxn = 202 + 10, INF = 1e9;
typedef long long LL;
struct Edge {
  int from, to, cap, flow, cost;
};

struct MCMF {
  int n, m, s, t;
  vector<Edge> edges;
```

```
vector<int> G[maxn];
int inq[maxn];  // 是否在队列中
int d[maxn];    // Bellman-Ford 算法
int p[maxn];    // 上一条弧
int a[maxn];    // 可改进量

void init(int n) {
  this->n = n;
  for (int i = 0; i < n; i++) G[i].clear();
  edges.clear();
}

void AddEdge(int from, int to, int cap, int cost) {
  edges.push_back((Edge) {from, to, cap, 0, cost});
  edges.push_back((Edge) {to, from, 0, 0, -cost});
  m = edges.size();
  G[from].push_back(m - 2);
  G[to].push_back(m - 1);
}

bool BellmanFord(int s, int t, LL& ans) {
  fill_n(inq, n + 1, false), fill_n(d, n + 1, INF);
  queue<int> Q;
  d[s] = 0, inq[s] = 1, p[s] = 0, a[s] = INF, Q.push(s);
  while (!Q.empty()) {
    int u = Q.front();
    Q.pop();
    inq[u] = 0;
    for (size_t i = 0; i < G[u].size(); i++) {
      Edge& e = edges[G[u][i]];
      if (e.cap > e.flow && d[e.to] > d[u] + e.cost) {
        d[e.to] = d[u] + e.cost, p[e.to] = G[u][i];
        a[e.to] = min(a[u], e.cap - e.flow);
        if (!inq[e.to]) Q.push(e.to), inq[e.to] = 1;
      }
    }
  }
  if (d[t] > 0) return false;
  ans += (LL)d[t] * (LL)a[t];
  int u = t;
  while (u != s) {
    edges[p[u]].flow += a[t], edges[p[u] ^ 1].flow -= a[t];
    u = edges[p[u]].from;
  }
  return true;
}

// 需要保证初始网络中没有负权圈
LL Mincost(int s, int t) {
```

```
    LL cost = 0;
    while (BellmanFord(s, t, cost))
      ;
    return cost;
  }
};

MCMF g;

int main() {
  int T;
  scanf("%d", &T);
  for (int kase = 1, M, store_cost; kase <= T; kase++) {
    scanf("%d%d", &M, &store_cost);
    g.init(2 * M + 2);
    int source = 0, sink = 2 * M + 1;
    for (int i=1, make_cost, make_limit, price, sell_limit, max_store; i<=M; i++){
      scanf("%d%d%d%d%d",&make_cost,&make_limit,&price,sell_limit,&max_store);
      g.AddEdge(source, i, make_limit, make_cost);
      g.AddEdge(M + i, sink, sell_limit, -price);   // 收益是负费用
      for (int j = 0; j <= max_store; j++)
        if (i + j <= M)                           // 存 j 个月以后卖
          g.AddEdge(i, M + i + j, INF, store_cost * j);
    }
    printf("Case %d: %lld\n", kase, -g.Mincost(source, sink));
  }
  return 0;
}
/*
算法分析请参考：《算法竞赛入门经典——训练指南》升级版 5.6.4 节例题 34
同类题目：Rent a Car, UVa 12433
*/
```

### 例 7-33　【网络流建模；EdmondsKarp】矩阵解压（Matrix Decompressing, UVa 11082）

对于一个 $R$ 行 $C$ 列的正整数矩阵（$1 \leq R, C \leq 20$），设 $A_i$ 为前 $i$ 行所有元素之和，$B_i$ 为前 $i$ 列所有元素之和。已知 $R,C$ 和数组 $A$ 和 $B$，找一个满足条件的矩阵。矩阵中的元素必须是 1～20 的正整数。输入保证有解。

【代码实现】

```
// 使用 EdmondsKarp 的慢速版本
// 刘汝佳
#include <bits/stdc++.h>
using namespace std;

const int NN = 50 + 5, INF = 1e9;
```

```
struct Edge {
  int from, to, cap, flow;
  Edge(int u, int v, int c, int f): from(u), to(v), cap(c), flow(f) {}
};
struct EdmondsKarp {
  int n, m;
  vector<Edge> edges;    // 边数的两倍
  vector<int> G[NN];     // 邻接表，G[i][j]表示结点 i 的第 j 条边在 e 数组中的序号
  int a[NN];             // 当起点到 i 的可改进量
  int p[NN];             // 最短路树上 p 的入弧编号

  void init(int n) {
    for (int i = 0; i < n; i++) G[i].clear();
    edges.clear();
  }

  void AddEdge(int from, int to, int cap) {
    edges.push_back(Edge(from, to, cap, 0));
    edges.push_back(Edge(to, from, 0, 0));
    m = edges.size();
    G[from].push_back(m - 2), G[to].push_back(m - 1);
  }

  int Maxflow(int s, int t) {
    int flow = 0;
    for (;;) {
      memset(a, 0, sizeof(a));
      queue<int> Q;
      Q.push(s);
      a[s] = INF;
      while (!Q.empty()) {
        int x = Q.front(); Q.pop();
        for (size_t i = 0; i < G[x].size(); i++) {
          Edge& e = edges[G[x][i]];
          if (!a[e.to] && e.cap > e.flow) {
            p[e.to] = G[x][i];
            a[e.to] = min(a[x], e.cap - e.flow);
            Q.push(e.to);
          }
        }
        if (a[t]) break;
      }
      if (!a[t]) break;
      for (int u = t; u != s; u = edges[p[u]].from) {
        edges[p[u]].flow += a[t];
        edges[p[u] ^ 1].flow -= a[t];
      }
      flow += a[t];
    }
```

```
    return flow;
  }
};

EdmondsKarp g;
int no[NN][NN];

int main() {
  int T; scanf("%d", &T);
  for (int kase = 1, R, C, v; kase <= T; kase++) {
    scanf("%d%d", &R, &C);
    g.init(R + C + 2);
    for (int i = 1, last = 0; i <= R; i++) {
      scanf("%d", &v);
      g.AddEdge(0, i, v - last - C);     // 行的和为v-last
      last = v;
    }
    for (int i = 1, last = 0; i <= C; i++) {
      scanf("%d", &v);
      g.AddEdge(R + i, R + C + 1, v - last - R); // 列和为v-last
      last = v;
    }
    for (int i = 1; i <= R; i++)
      for (int j = 1; j <= C; j++)       // no[i][j]是cell(i,j)对应的边的编号
        g.AddEdge(i, R + j, 19), no[i][j] = g.edges.size() - 2;
    g.Maxflow(0, R + C + 1);

    printf("Matrix %d\n", kase);
    for (int i = 1; i <= R; i++) {
      for (int j = 1; j <= C; j++)
        printf("%d ", g.edges[no[i][j]].flow + 1); // 每个空格之前减过一
      puts("");
    }
    puts("");
  }
  return 0;
}
/*
算法分析请参考:《算法竞赛入门经典(第2版)》例题11-8
同类题目: Chips Challenge, ACM/ICPC WF 2011, UVa 1104
*/
```

### 例 7-34　【结点容量；拆点法；最小费用流】海军上将（Admiral, ACM/ICPC NWERC 2012, UVa 1658）

给出一个包含 $v$（$3 \leqslant v \leqslant 1000$）个点、$e$（$3 \leqslant e \leqslant 10\,000$）条边的有向加权图，求 1 到 $v$ 的两条不相交（除起点和终点外没有公共点）的路径，使得权值和最小。如图 7-7 所示，从 1 到 6 的两条最优路径为 1-3-6（权和为 33）和 1-2-5-4-6（权值和为 53）。

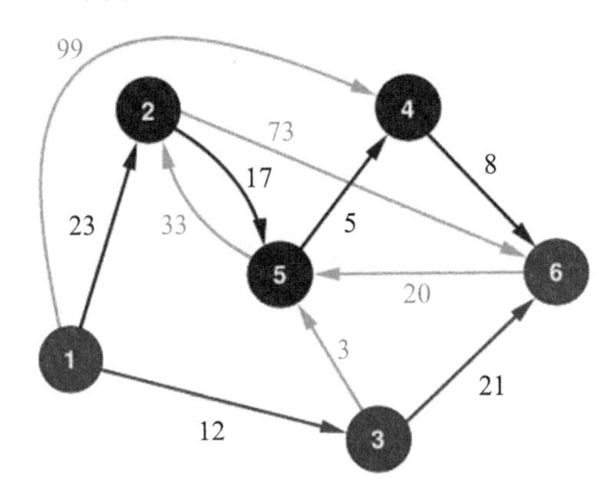


图 7-7　从 1 到 6 的两条最优路径

【代码实现】

```
// 刘汝佳
using namespace std;
#include <bits/stdc++.h>
#define _for(i, a, b) for (int i = (a); i < (b); ++i)
typedef long long LL;
struct Edge {
  int from, to, cap, flow, cost;
  Edge(int u, int v, int c, int f, int co)
      : from(u), to(v), cap(c), flow(f), cost(co) {}
};

template <int maxn, int INF>
struct MCMF {
  int n, m;
  vector<Edge> edges;
  vector<int> G[maxn];
  bool inq[maxn];         // 是否在队列中
  int d[maxn];            // Bellman-Ford 算法
  int p[maxn];            // 上一条弧
  int a[maxn];            // 可改进量

  void init(int n) {
    this->n = n;
    for (int i = 0; i < n; i++) G[i].clear();
    edges.clear();
  }

  void AddEdge(int from, int to, int cap, int cost) {
    edges.push_back(Edge(from, to, cap, 0, cost));
    edges.push_back(Edge(to, from, 0, 0, -cost));
    m = edges.size();
    G[from].push_back(m - 2), G[to].push_back(m - 1);
  }
```

```
  bool BellmanFord(int s, int t, int& flow, LL& ans) {
    fill_n(d, n, INF), fill_n(inq, n, false);
    d[s] = 0, inq[s] = true, p[s] = 0, a[s] = INF;

    queue<int> Q;
    Q.push(s);
    while (!Q.empty()) {
      int u = Q.front();
      Q.pop();
      inq[u] = false;
      for (size_t i = 0; i < G[u].size(); i++) {
        Edge& e = edges[G[u][i]];
        if (e.cap > e.flow && d[e.to] > d[u] + e.cost) {
          d[e.to] = d[u] + e.cost, p[e.to] = G[u][i];
          a[e.to] = min(a[u], e.cap - e.flow);
          if (!inq[e.to]) Q.push(e.to), inq[e.to] = true;
        }
      }
    }
    if (d[t] == INF) return false;  // s-t 不连通，失败退出
    flow += a[t];
    ans += (LL)d[t] * (LL)a[t];
    int u = t;
    while (u != s) {
      edges[p[u]].flow += a[t], edges[p[u] ^ 1].flow -= a[t];
      u = edges[p[u]].from;
    }
    return true;
  }

  // 需要保证初始网络中没有负权圈
  LL Mincost(int s, int t, int& flow) {
    LL ans = 0;
    flow = 0;
    while (BellmanFord(s, t, flow, ans))
      ;
    return ans;
  }
};
const int MAXV = 1000 + 4, INF = 0x7f7f7f7f;
MCMF<2 * MAXV + 2, INF> solver;
int main() {
  for (int a, b, c, V, E, flow; cin >> V >> E;) {
    solver.init(2 * V + 2);
    int S = 1, T = V + V;
    solver.AddEdge(1, 1 + V, 2, 0);
    _for(v, 2, V) solver.AddEdge(v, v + V, 1, 0);
    solver.AddEdge(V, V + V, 2, 0);
```

```
  _for(i, 0, E) cin >> a >> b >> c, solver.AddEdge(a + V, b, 1, c);
  LL ans = solver.Mincost(S, T, flow);
  assert(flow == 2);
  cout << ans << endl;
 }
 return 0;
}
/*
算法分析请参考：《算法竞赛入门经典（第 2 版）》例题 11-9
同类题目：Transportation, HDU 3667
*/
```

## 例 7-35 【最小割建模】水塘（Pool construction, NWERC 2011, UVa 1515）

输入一个 $h$ 行 $w$ 列的字符矩阵，草地用“#”表示，洞用“.”表示，如图 7-8 所示。你可以把草地改成洞，每格花费为 $d$；也可以把洞填埋成草地，每格花费为 $f$；最后还需要在草地和洞之间修围栏，每个单位围栏的花费为 $b$。整个矩阵第一行/列和最后一行/列必须都是草地。求最小花费。其中，$2 \leqslant w, h \leqslant 50$，$1 \leqslant d, f, b \leqslant 10\ 000$。

```
#..##
##.##
#.#.#
#####
```

图 7-8　水塘问题示意图

例如，$d$=1，$f$=8，$b$=1，则图 7-8 中的最小花费为 27，方法是先把第一行的洞填埋成草地（花费 16），然后把第 3 行、第 3 列的草地挖成洞（花费 1），再修 10 个单位的围栏（花费 10）。

【代码实现】

```
// 刘汝佳
// 因为图较大，所以采用 Dinic 算法而不是 EdmondsKarp 算法
// 得益于接口一致性，读者无须理解 Dinic 就能使用它
#include <bits/stdc++.h>
using namespace std;

const int maxn = 50 * 50 + 10, INF = 1e9;
struct Edge {
  int from, to, cap, flow;
};
bool operator<(const Edge& a, const Edge& b) {
  return a.from < b.from || (a.from == b.from && a.to < b.to);
}

struct Dinic {
  int n, m, s, t;
  vector<Edge> edges;          // 边数的两倍
  vector<int> G[maxn];         // 邻接表，G[i][j]表示结点 i 的第 j 条边在 e 数组中的序号
  bool vis[maxn];              // BFS 使用
  int d[maxn];                 // 从起点到 i 的距离
  int cur[maxn];               // 当前弧指针
```

```
  void init(int n) {
    for (int i = 0; i < n; i++) G[i].clear();
    edges.clear();
  }

  void AddEdge(int from, int to, int cap) {
    edges.push_back((Edge){from, to, cap, 0});
    edges.push_back((Edge){to, from, 0, 0});
    m = edges.size(), G[from].push_back(m - 2), G[to].push_back(m - 1);
  }

  bool BFS() {
    memset(vis, 0, sizeof(vis));
    queue<int> Q;
    Q.push(s), vis[s] = 1, d[s] = 0;
    while (!Q.empty()) {
      int x = Q.front();
      Q.pop();
      for (size_t i = 0; i < G[x].size(); i++) {
        Edge& e = edges[G[x][i]];
        if (!vis[e.to] && e.cap > e.flow)
          vis[e.to] = 1, d[e.to] = d[x] + 1, Q.push(e.to);
      }
    }
    return vis[t];
  }

  int DFS(int x, int a) {
    if (x == t || a == 0) return a;
    int flow = 0, f;
    for (int& i = cur[x]; (size_t)i < G[x].size(); i++) {
      Edge& e = edges[G[x][i]];
      if (d[x] + 1 == d[e.to] && (f = DFS(e.to, min(a, e.cap - e.flow))) > 0) {
        e.flow += f, edges[G[x][i] ^ 1].flow -= f;
        flow += f, a -= f;
        if (a == 0) break;
      }
    }
    return flow;
  }

  int Maxflow(int s, int t) {
    this->s = s, this->t = t;
    int flow = 0;
    while (BFS()) memset(cur, 0, sizeof(cur)), flow += DFS(s, INF);
    return flow;
  }
};
```

```
Dinic g;
int w, h;
char pool[99][99];
inline int ID(int i, int j) { return i * w + j; }
int main() {
  int T, d, f, b;
  scanf("%d", &T);
  while (T--) {
    scanf("%d%d%d%d%d", &w, &h, &d, &f, &b);
    for (int i = 0; i < h; i++) scanf("%s", pool[i]);
    int cost = 0;
    for (int i = 0; i < h; i++) {
      if (pool[i][0] == '.') pool[i][0] = '#', cost += f;
      if (pool[i][w - 1] == '.') pool[i][w - 1] = '#', cost += f;
    }
    for (int i = 0; i < w; i++) {
      if (pool[0][i] == '.') pool[0][i] = '#', cost += f;
      if (pool[h - 1][i] == '.') pool[h - 1][i] = '#', cost += f;
    }
    g.init(h * w + 2);

    for (int i = 0; i < h; i++)
      for (int j = 0; j < w; j++) {
        if (pool[i][j] == '#') {              // 草地 grass
          int cap = INF;
          if (i != 0 && i != h - 1 && j != 0 && j != w - 1) cap = d;
          g.AddEdge(h * w, ID(i, j), cap);    // s->grass, cap=d or inf
        } else {                              // 洞 hole
          g.AddEdge(ID(i, j), h * w + 1, f);  // hole->t, cap=f
        }
        if (i > 0) g.AddEdge(ID(i, j), ID(i - 1, j), b);
        if (i < h - 1) g.AddEdge(ID(i, j), ID(i + 1, j), b);
        if (j > 0) g.AddEdge(ID(i, j), ID(i, j - 1), b);
        if (j < w - 1) g.AddEdge(ID(i, j), ID(i, j + 1), b);
      }
    printf("%d\n", cost + g.Maxflow(h * w, h * w + 1));
  }
  return 0;
}
/*
算法分析请参考：《算法竞赛入门经典（第 2 版）》例题 11-12
同类题目：Cable TV Network, ACM/ICPC SEERC 2004, UVa 1660
*/
```

### 例 7-36 【最小费用循环流】帮助小罗拉（Help Little Laura，北京 2007，UVa 1659）

平面上有 $m$ 条有向线段连接了 $n$ 个点。你从某个点出发顺着有向线段行走，给沿途经过的每条线段涂一种不同的颜色，最后回到起点。你可以多次行走，给多个回路涂色。可以重复经过一个点，但不能重复经过一条有向线段。如图 7-9 所示，是一种涂色方法（虚线表示未涂色）。

每涂一个单位长度，将得到 $x$ 分。每使用一种颜料，将扣掉 $y$ 分。假定颜料有无限多种，如何涂色才能使得分最大？输入保证若存在有向线段 $u\to v$，则不会出现有向线段 $v\to u$。$n\leqslant 100, m\leqslant 500, 1\leqslant x,y\leqslant 1000$。

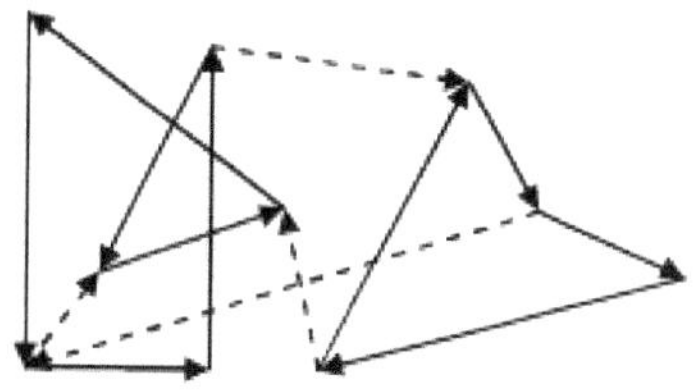

图 7-9　涂色方法示意图

【代码实现】

```
// 算法一：改造网络，去掉负权
// 刘汝佳
#include <bits/stdc++.h>
using namespace std;

const int NN = 100 + 10, INF = 1e9;

struct Edge {
  int from, to, cap, flow;
  double cost;
  Edge(int u, int v, int c, int f, double w)
    : from(u), to(v), cap(c), flow(f), cost(w) {}
};

struct MCMF {
  int n, m;
  vector<Edge> edges;
  vector<int> G[NN];
  int inq[NN];       // 是否在队列中
  double d[NN];      // Bellman-Ford 算法
  int p[NN];         // 上一条弧
  int a[NN];         // 可改进量

  void init(int n) {
    this->n = n;
    for (int i = 0; i < n; i++) G[i].clear();
    edges.clear();
  }

  void AddEdge(int from, int to, int cap, double cost) {
    edges.push_back(Edge(from, to, cap, 0, cost));
    edges.push_back(Edge(to, from, 0, 0, -cost));
    m = edges.size();
    G[from].push_back(m - 2), G[to].push_back(m - 1);
  }

  bool BellmanFord(int s, int t, int& flow, double& cost) {
    for (int i = 0; i < n; i++) d[i] = INF;
    fill_n(inq, n + 1, 0);
    d[s] = 0, inq[s] = 1, p[s] = 0, a[s] = INF;
```

```
    queue<int> Q;
    Q.push(s);
    while (!Q.empty()) {
      int u = Q.front();
      Q.pop();
      inq[u] = 0;
      for (size_t i = 0; i < G[u].size(); i++) {
        Edge& e = edges[G[u][i]];
        if (e.cap > e.flow && d[e.to] > d[u] + e.cost) {
          d[e.to] = d[u] + e.cost, p[e.to] = G[u][i];
          a[e.to] = min(a[u], e.cap - e.flow);
          if (!inq[e.to]) Q.push(e.to), inq[e.to] = 1;
        }
      }
    }
    if (d[t] == INF) return false;
    flow += a[t], cost += d[t] * a[t];
    for (int u = t; u != s; u = edges[p[u]].from)
      edges[p[u]].flow += a[t], edges[p[u] ^ 1].flow -= a[t];
    return true;
  }

  // 需要保证初始网络中没有负权圈
  int MincostMaxflow(int s, int t, double& cost) {
    int flow = 0;
    cost = 0;
    while (BellmanFord(s, t, flow, cost))
      ;
    return flow;
  }
};

MCMF g;
int x[NN], y[NN], c1[NN], c2[NN];
vector<int> G[NN];

int main() {
  for (int n, a, b, v, kase = 1; scanf("%d%d%d", &n, &a, &b) == 3; kase++) {
    g.init(n + 2);
    for (int u = 0; u < n; u++) {
      G[u].clear(), scanf("%d%d", &x[u], &y[u]);
      while (scanf("%d", &v) && v) G[u].push_back(v - 1);
    }
    fill_n(c1, n + 1, 0), fill_n(c2, n + 1, 0);
    double sum = 0;
    for (int u = 0; u < n; u++)
      for (size_t i = 0; i < G[u].size(); i++) {
        int v = G[u][i];
```

```
      double d = sqrt((x[u]-x[v]) * (x[u]-x[v]) + (y[u]-y[v]) * (y[u]-y[v]));
      double edge_cost = -d * a + b;  // 最小化 sum{edge_cost}
      if (edge_cost >= 0)
        g.AddEdge(u, v, 1, edge_cost);
      else
        g.AddEdge(v, u, 1, -edge_cost), c1[v]++, c2[u]++, sum += -edge_cost;
    }
    for (int u = 0; u < n; u++) {
      if (c1[u] > c2[u]) g.AddEdge(n, u, c1[u] - c2[u], 0);
      if (c2[u] > c1[u]) g.AddEdge(u, n + 1, c2[u] - c1[u], 0);
    }

    double cost;
    g.MincostMaxflow(n, n + 1, cost);
    double ans = sum - cost;
    if (ans < 0) ans = 0;  // 避免出现 -0.0
    printf("Case %d: %.2lf\n", kase, ans);
  }
  return 0;
}
/*
算法分析请参考：《算法竞赛入门经典（第 2 版）》例题 11-15
*/
```

## 本节例题列表

本节讲解的例题及其囊括的知识点，如表 7-5 所示。

表 7-5　网络流问题例题归纳

| 编　号 | 题　号 | 标　题 | 知　识　点 | 代码作者 |
| --- | --- | --- | --- | --- |
| 例 7-30 | UVa 11248 | Frequency Hopping | 最大流；ISAP | 刘汝佳 |
| 例 7-31 | POJ 1895 | Bring Them There | 最大流；Dinic；图论建模 | 刘汝佳 |
| 例 7-32 | UVa 11613 | Acme Corporation | 拆点；最小费用流 | 刘汝佳 |
| 例 7-33 | UVa 11082 | Matrix Decompressing | 网络流建模；EdmondsKarp | 刘汝佳 |
| 例 7-34 | UVa 1658 | Admiral | 结点容量；拆点法；最小费用流 | 刘汝佳 |
| 例 7-35 | UVa 1515 | Pool construction | 最小割建模 | 刘汝佳 |
| 例 7-36 | UVa 1659 | Help Little Laura | 最小费用循环流 | 刘汝佳 |